"十四五"职业教育国家规划教材

"十三五"职业教育国家规划教材

园林生态学

第3版

宋志伟　王保明　主编

中国农业大学出版社

·北京·

内 容 简 介

本教材为高等职业教育园林类专业核心课程配套教材，主要阐述园林植物生长的土、水、光、温、大气等环境因素，园林植物的种群生态、群落生态、园林生态系统等知识，为园林生态工程建设和应用提供科学依据。教材内容设计为11个学习情境：园林生态与环境、土壤环境与园林植物生长、水分环境与园林植物生长、光照环境与园林植物生长、温度环境与园林植物生长、大气环境与园林植物生长、园林植物的种群生态、园林植物的群落生态、园林生态系统、园林生态工程建设、园林生态工程应用。全书按照"学习情境—活动"体例进行编写，每一学习情境包括情境创设、活动内容、师生互动、知识拓展等栏目，突出岗位职业技能训练，按工作任务环节或流程或实际案例进行编写，注重体现工学结合、校企合作教学需要。

本书可作为园林类、林业类、生态环境类等专业的高等职业教育教材与成人专科的教材，亦可供相关专业的教师、园林企业技术人员参考。

图书在版编目(CIP)数据

园林生态学/宋志伟，王保明主编. --3版 .--北京：中国农业大学出版社，2022.3(2025.5重印)
ISBN 978-7-5655-2715-9

Ⅰ.①园… Ⅱ.①宋…②王… Ⅲ.①园林植物-植物生态学-高等职业教育教材
Ⅳ.①S688.01

中国版本图书馆CIP数据核字(2022)第017515号

书　　名　园林生态学　第3版
作　　者　宋志伟　王保明　主编

策划编辑　张　玉　　**责任编辑**　张　玉
封面设计　郑　川　李尘工作室
出版发行　中国农业大学出版社
社　　址　北京市海淀区圆明园西路2号　　**邮政编码**　100193
电　　话　发行部 010-62818525，8625　　读者服务部 010-62732336
　　　　　编辑部 010-62732617，2618　　出　版　部 010-62733440
网　　址　http://www.cau.edu.cn/caup　　**E-mail** cbsszs @ cau.edu.cn
经　　销　新华书店
印　　刷　天津鑫丰华印务有限公司
版　　次　2022年3月第3版　　2025年5月第3次印刷
规　　格　185 mm×260 mm　　16开本　　19.25印张　　480千字
定　　价　52.00元

图书如有质量问题本社发行部负责调换

编审人员
CONTRIBUTORS

主　编　宋志伟（河南农业职业学院）
　　　　　王保明（临沂科技职业学院）

副主编　刘桂芳（临汾职业技术学院）
　　　　　王亚英（山西林业职业技术学院）
　　　　　黄虹心（广西农业职业技术大学）

参　编　刘金萍（黑龙江农业职业技术学院）
　　　　　王　璞（河南科技学院高等职业技术学院）
　　　　　吴艳兵（河南科技学院高等职业技术学院）
　　　　　李　平（河南农业职业学院）

审　稿　范志江（北京城市经典园林绿化有限公司）

前言 PREFACE

根据国务院《国家职业教育改革实施方案》、教育部等 4 部门《关于在院校实施“学历证书+若干职业技能等级证书”制度试点方案》、教育部《关于加强高职高专教育教材建设的若干意见》、教育部《高等职业学校专业教学标准(农林牧渔大类)》等文件有关精神，借鉴高等职业教育近年来工学结合的实践性成果，充分吸收园林生态领域的新知识、新技术、新成果、新工艺，按照新时代职业教育对教材的要求，在第 2 版基础上，我们修订了《园林生态学》教材。第 3 版教材主要有如下特点：

1. 简化编写体例。现阶段项目式教材编写体例多由 3～4 个环节组成，略显繁琐，不便于学生学习。本教材编写时，体例简化为“学习情境—活动”体例。全书共设置了 11 个学习情境、36 个活动。每一学习情境包括情境创设、活动内容、师生互动、知识拓展等栏目，每一活动按活动目标、活动准备、相关知识、活动过程、问题处理等体例编写，实现“理实一体、教学做一体”，使教材简练、实用，较传统该类教材有重大突破。

2. 注重思政元素。党的二十大报告指出，中国式现代化是人与自然和谐共生的现代化。教材编写注重课程思政，每一学习情境中都设有“思政园地”，将园林建筑中体现的工匠精神，园林科学家刻苦钻研、精益求精、甘于奉献的科学研究精神，园林风景的美学，习近平总书记“绿水青山就是金山银山”这一科学论断的来由，习近平总书记谈生态文明等内容与教材有机融合，培养学生科学求索、建设美丽家乡的情怀。

3. 突出职业特色。教材编写体现了现代职业教育体系最新教学改革精神，突出“专业与产业、职业岗位对接，专业课程内容与职业标准对接，教学过程与生产过程对接，学历证书与职业资格证书对接，职业教育与终身教育学习对接”等 5 个对接。每一活动的活动规程按照工作任务的环节以表格任务单、流程单或实际案例形式进行编写和训练，突出操作环节和质量要求，体现教学与职业岗位的“零距离对接”。

4. 体现内容创新。教材编写中及时吸纳当前的新知识、新技术、新成果，使教材内容体现新颖性，并增加了实用性。较原来传统教材增加了“园林生态工程建设”“园林生态工程应用”等新内容，突出生产应用，并提供了大量的应用案例，起到引领示范作用。

5. 多元编审队伍。教材编审人员体现多元性，邀请学校、生产企业等单位的人员组成编审队伍，参加教材编写和审稿，使教材内容更具有前瞻性、针对性和实用性，更体现生产实际需要，更具有企业个性和职业特色。

6. 创新教材形态。采用二维码信息技术，学生可以扫码学习课程思政有关内容，获取课件 PPT，培养学生的工匠精神、生态文明意识，方便教师教学和学生学习。

本教材由河南农业职业学院宋志伟、临沂科技职业学院王保明担任主编，临汾职业技术学院刘桂芳、山西林业职业技术学院王亚英、广西农业职业技术大学黄虹心担任副主编。学习情境一由李平编写，学习情境二由刘桂芳编写，学习情境三由王保明编写，学习情境四和学习情境五由黄虹心编写，学习情境六由刘金萍编写，学习情境七由王璞编写，学习情境八由吴艳兵编写，学习情境九和学习情境十由宋志伟编写，学习情境十一由王亚英编写，全书由宋志伟统稿。本书承蒙北京城市经典园林绿化有限公司范志江总经理审稿。在编写过程中，得到中国农业大学出版社、河南农业职业学院、临汾职业技术学院、山西林业职业技术学院、广西农业职业技术大学、黑龙江农业职业技术学院、河南科技学院高等职业技术学院、临沂科技职业学院、北京城市经典园林绿化有限公司等单位的大力支持，在此一并表示感谢。

本教材在编写体例和内容组织上较传统的园林生态学、园林植物环境等教材有很大改变，仅仅是一种尝试。由于编者水平有限，加之编写时间仓促，错误和疏漏之处在所难免，恳请各位师生批评指正，以便今后修改完善。对本教材有疑惑或修改建议者，可与主编联系，主编信箱：326135085@qq.com。

宋志伟

2023 年 8 月

目录 CONTENTS

Chapter 1

学习情境一

园林生态与环境

活动一　走进园林生态学课程

活动二　城市环境与生态因子

【情境创设】

能力目标	专业能力	1. 了解园林生产企业人员的工作经历、经验，明白作为一名员工应具备的园林生态基本能力； 2. 熟悉主要环境因子测定仪器及其使用方法。
	方法能力	1. 具备获取信息、收集资料的能力； 2. 具备制订计划、执行计划的能力； 3. 具备自主学习、发现问题、解决问题的能力。
	社会能力	1. 具备良好的团队协作、配合能力； 2. 具备良好的与人沟通、协调能力； 3. 具备一定的方法综合、创新能力。
知识目标	1. 了解生态学、园林生态学等基本知识； 2. 了解环境、城市环境、生态因子等基本知识。	
思政目标	学习“样式雷”的工匠精神，专注于自己所在的行业、工作岗位，成为掌握一技之长的实用人才。 二维码 思政园地	
教学条件	多媒体课件、多媒体教室、实训室、图书馆、互联网、微信公众号。	
教学方法	课堂讲授、资料查阅、现场训练、课外活动。	
考核评价	学习过程考核	计划制订(20%)、师生析疑(10%)、完成任务(50%)、检查评价(20%)。
	拓展能力考核	工作态度(20%)、岗位技能(50%)、拓展能力(20%)、团队合作(10%)。
考核方式	教师评价(70%)、小组互评(20%)、学生自评(10%)	

【活动内容】

活动一 走进园林生态学课程

1. 活动目标

◆知识目标:了解生态学、园林生态学有关知识。

◆能力目标:了解园林生产企业人员的工作经历、经验,明白作为一名员工需具备的园林生态基本能力。

2. 活动准备

根据班级人数,按3～5人一组进行分组,每组准备以下材料和仪器:园林生态学教材、园林生态学有关书籍、计算机、笔记本等。

3. 相关知识

(1)什么是生态学

1866年,德国动物学家海克尔首次提出生态学一词,并定义生态学是研究生物在其生活过程中与环境的关系,尤其是动物与其他动物、植物之间互惠或敌对的关系的科学。随着科学技术的发展,生态学的内涵日益丰富,外延不断扩展,生态学的定义也在不断变化,但多数学者还是认同海克尔的经典定义。即生态学是研究生物与其环境之间相互关系的科学,这里的生物包括植物、动物、微生物与人类,环境包括有机环境和无机环境,无机环境主要是指气、热、水、光、养分等。

概括地讲,生态学的产生与发展大致可分为4个时期:生态学的萌芽时期(公元16世纪以前)、生态学的建立时期(公元17世纪至19世纪末)、生态学的巩固时期(20世纪初至20世纪50年代)和现代生态学时期(20世纪60年代至今)。

生态学主要研究从生物个体到生物圈各个层次上的生物与环境的相互关系,并形成了相应的分支学科,如个体生态学、种群生态学、群落生态学、生态系统生态学、景观生态学、全球生态学。近年来生态学除向宏观方向发展外,还向微观方向发展,出现了分子生态学和微生态学等。

根据研究性质可将生态学划分为理论生态学和应用生态学。理论生态学主要研究生态学进程、生态关系的数学推理及生态建模，如进化生态学、数学生态学、生态系统分析等。应用生态学是将生态学原理应用到不同部门或领域，为人类的生产活动服务，形成了众多的生态学分支，如农业生态学、森林生态学、草地生态学、城市生态学、园林生态学、恢复生态学、景观生态学、人类生态学、环境生态学等。

目前，生态学开始进入社会实践及经济建设领域中，并引起全社会对生态学的兴趣与广泛关注，出现了一些新的研究领域，如生态农业、休闲农业、生态工程、生态工艺、生态恢复、生态规划、生态旅游、生态安全等，特别是应用生态学原理解决城市生态环境问题受到普遍重视。

(2)现代园林发展

在一定的地域运用工程技术和艺术手段，通过改造地形（或进一步筑山、叠石、理水）、种植树木花草、营造建筑和布置园路等途径创作而成的美的自然环境和游憩境域，就称为园林。园林包括庭园、宅园、小游园、花园、公园、植物园、动物园等，随着园林学科的发展，还包括森林公园、广场、街道、风景名胜区、自然保护区或国家公园的游览区以及休养胜地。园林的发展历史和城市的建设密不可分。我国园林的发展历史大致上可以分为传统园林阶段（造园阶段）、城市绿化阶段和大地景观规划阶段。

传统园林阶段的园林主要服务对象是以皇帝为主的贵族阶层，我国的古典园林自商周出现雏形，到明、清发展为古典园林的鼎盛时期，形成了独具特色的东方自然山水园林，如北京的颐和园、承德的避暑山庄和苏州的拙政园等（图 1-1）。在这个时期，世界各国也发展了不同特色的园林，如古巴比伦王国的悬空园、古罗马的别墅庄园、欧洲中世纪的城堡庭园、法国的规则式园林、英国的风景式园林等。

图 1-1　苏州园林景观

城市绿化阶段是在工业化革命以后开始的，伴随着大工业化的生产，城市人口迅速增加，城市规模不断扩大，园林绿化从过去服务于少数贵族阶层逐渐扩展到广大的城市居民，园林范围也从别墅到公园和整个城市绿化系统。城市由于人口密集，工厂分布多，就出现了交通拥挤、噪声嘈杂、大气污染等诸多问题。为了改变城市的生态环境，在城市里规划建设公园、绿地是十分必要的。根据城市的有限空间，要因地制宜把园林绿化融合到城市的各个角落，在城市中建造的公园和绿地不但要有艺术欣赏价值，能提供优美的环境，而且还必须发挥改善小气候、减少污染、维护城市生态平衡的作用，有良好的生态效益。我国进行城市绿化较早，20 世纪 80 年代开始提出走生态园林道路，90 年代提出建设园林城市。近几年开始规划生态园林城市，这是对园林功能的重新认识，强调园林在改善城市环境、维护城市居民身心健康方面的重要作用（图 1-2）。

图 1-2　现代城市绿化景观（郑州郑东新区）

大地景观规划阶段是从二战以后开始的，西方的工业化和城市化已经发展到鼎盛时期，城市交通拥挤、工厂林立、大气污染等问题，使得城市郊区恶性发展。城市规模的扩大，道路四通八达，使原有的大地景观被切割得支离破碎，自然生态过程受到严重威胁；生物多样性减少，使人类自身的生存和繁衍受到严重威胁。因此，园林的服务对象不再是特殊的少数人，园林的范围逐渐扩大到大地综合体，即是多个生态系统的镶嵌体，大地景观规划、生态规划等成为园林的主要内容（图 1-3）。

(3)走进园林生态学课程

①什么是园林生态学　园林生态学是生态学的分支学科，属于应用生态学范畴。正因为园林生态学是一个比较年轻的分支学科，学术界对园林生态学的概念和内涵有不同的界定。许绍惠（1995）提出，园林生态学是研究城市中人工栽培的各种园林树木、花卉、草坪等组成的园林植物群落内各种生物之间及其与城市环境之间相互关系的科学，也是研究城市园林生态系统的结构与功能机理的科学。李嘉乐（1997）认为园林生态学是以人类生态学为基础，融会景观学、景观生态学、植物生态学和有关城市生态学理论，研究风景园林和城市绿化可能影响的范围内，人类生活、资源利用和环境质量三方面之间的关系及调控途径的科学。冷平生认为园林生态学属于园林学与生态学的交叉学科，主要内容有 5 个方面：一是城

图 1-3 郑州绿化博览园

市生态环境条件与园林植物的相互作用关系，园林植物及城市绿地改善城市环境的作用和机理；二是城市植被生态学，尤其是城市植被的恢复重建、生态过程及生物多样性保护；三是城市生态系统的结构、功能及城市生态平衡的维持；四是城市景观生态规划及城市生态恢复和生态管理等；五是园林生态设计与生态工程技术问题。由此可见，园林生态学是研究城市居民、生物与环境之间相互关系的科学，它以城市居民、植物、动物、微生物和城市环境为研究对象，以健康的城市人居环境为研究目的，利用生态学的原理来改善城市环境，合理利用自然资源，调控人、生物与环境之间的关系，达到实现城市可持续发展的目的。

②园林生态学的发展　人们对人居环境的普遍重视极大地推动了园林学与生态学的发展和融合，园林生态学处在发展历史上的最佳时期。当代园林生态学的研究和发展主要体现在以下方面：城市绿地生态服务功能研究；城市生物多样性保护研究；城市区域绿地网络研究；城市植被恢复和生态过程研究；生态规划设计与生态管理研究；园林生态工程技术研究。随着园林生态学的不断发展和学科间的相互渗透，园林生态学的研究领域将不断拓宽，其研究深度也日益增加，研究手段也越来越现代化，现代遥感技术、地球信息系统技术、计算机技术、数字模拟技术、生态环境的自动监测技术正在用于园林生态研究。

③园林生态学课程学习方法　最常用的有 3 种方法：一是实地观察。就是在具体的生境条件下观察、调查园林植物个体、种群、群落、生态系统、景观与环境之间的关系。实地观察中除了常规手段外，GIS（地理信息系统）、GPS（全球定位系统）、RS（遥感系统）等现代技术手段也得以应用。二是实验分析。主要有原地实验和人工控制实验。原地实验是指在自然或半自然条件下通过某些措施获取某些因素变化对生物的影响；人工控制实验是指在受控条件下研究各种环境因子对生物的作用。三是生态模型与模拟。生态模型与模拟可以从错综复杂的问题中把问题简单化，进而解释问题。

4. 活动过程

①利用查阅图书馆图书、杂志等纸质资料，学习有关生态学、园林学、园林生态学等内容。

②利用互联网、微信公众号查阅有关生态学、园林、园林生态学等内容。

③利用现场参观园林生产企业，了解园林生产企业人员的工作经历、经验，明白作为一名员工需要具备哪些园林生态学知识和能力。

5. 问题处理

活动结束后，请完成以下问题：

(1)现代园林与古代园林各有何特点？

(2)什么是园林生态学？园林生态学研究的内容有哪些？

(3)如果作为一名园林企业员工，你需要具备哪些园林生态学的知识和能力？

活动二　城市环境与生态因子

1. 活动目标

◆知识目标：了解环境、城市环境、生态因子及作用等有关知识。

◆能力目标：熟悉主要环境因子测定仪器及其使用方法。

2. 活动准备

根据班级人数，按3～5人一组进行分组，每组准备以下材料和仪器：红外线二氧化碳分析仪、大气采样仪、空盒气压表、视距测高器、便携式温湿度计、海拔仪等。

3. 相关知识

(1)环境

①环境的含义　环境是针对某一特定主体而言的，与某一特定主体有关的周围一切事

物的总和就是这个主体的环境。在生物科学中，以生物为主体，环境是指某一特定生物体或生物群体以外的一切因素的总和。对环境科学而言，以人为主体，环境是指围绕着人群的空间以及各种外部条件或因素。

构成环境的各个因素称为环境因子。环境因子不一定对生物都有作用，而对生物的生长、发育和分布产生直接或间接作用的环境因子常称为生态因子，如光、温度、水、土壤、大气、生物等。生态因子是生物存在不可缺少的环境条件，即生存条件。所有生态因子构成生物的生态环境。

②环境的类型　环境是一个非常复杂的体系，目前尚没有统一的分类方法，依据不同的角度有不同的分类方法（表 1-1）。

表 1-1　环境的不同类型

分类依据	环境类型
环境主体	人类环境和生物环境，或自然环境、半自然环境和人工环境
环境范围	体内环境、生境、区域环境、地球环境和宇宙环境
环境要素	自然环境（大气环境、水环境、土壤环境、生物环境、地质环境等）、社会环境（聚落环境、生产环境、交通环境、文化环境等）

③依环境主体分类　一般分为自然环境、半自然环境和人工环境。自然环境是指一切可以直接或间接影响生物生存的自然界中物质和能量的总体，主要包括空气、水分、热量、土壤、岩石矿物、太阳辐射等。自然环境根据其范围由大到小可分为宇宙环境、地球环境、区域环境、生境、小环境和体内环境（表 1-2）。

表 1-2　自然环境的类型

类型	内容
宇宙环境	包括地球在内的整个宇宙空间。到目前为止，人类认知的宇宙空间内仅有地球存在生命
地球环境	是以生物圈为中心，包括与之相互作用、紧密联系的大气圈、水圈、岩石圈、土壤圈共 5 个圈层
区域环境	是指在地区不同区域，由于生物圈、大气圈、水圈、岩石圈、土壤圈等 5 大圈层不同的交叉组合所形成的不同环境。如海洋（沿岸带、半深海带、深海带和深渊带）和陆地（高山、高原、平原、丘陵、江河、湖泊等）
生境	又称栖息地，是生物生活空间和其中全部生态因素的综合体
小环境	是指对生物有着直接影响的邻接环境，如接近植物个体表面的大气环境、植物根系接触的土壤环境等
体内环境	是指植物体各个组成部分如叶片、茎干、根系等的内部结构

半自然环境是指通过人工调控管理自然环境，使其更好地发挥作用的环境，包括人工草地环境、人工林地环境、农田环境、人为开发管理的自然风景区、人工建造的园林生态环境等。

人工环境是指人类创建并受人类强烈干预的环境。如温室、大棚及各种无土栽培液、人工照射条件、温控条件、湿控条件等。

(2)城市环境

①城市环境的组成　城市是人类聚居、活动的中心。城市环境是指影响城市人类活动的各种自然的或人工的外部条件的总和。这里的城市环境主要是指城市的物理环境，其组成可分为自然环境和人工环境两个部分。

城市自然环境包括地形、地质、土壤、水文、气候、植被、动物、微生物等因素，它们是城市环境的基础。城市环境的形成在许多方面受到自然环境的影响和作用，同时城市自然环境的性质和状况也因人类活动而发生很大的变化。城市人工环境包括房屋、道路、管线、基础设施、不同用途的土地、废气、废水、废渣、噪声等因素，它们是人类对自然环境加以改造后形成的结果。

城市生态环境也可分为生物环境和非生物环境两部分。生物环境包括城市中的植物、动物和微生物；非生物环境则包括城市的气候、水文、土壤、建筑和基础建设等。

②城市环境的特征　主要表现在 4 个方面。

一是城市环境的高度人工化特征。人类创造的城市建筑景观使城市气候的某些方面，如风向、风速、局部气流、日照、温度等有别于郊区。密集的城市建筑物使城市的粗糙度加大，空气经过城市要比经过开阔平坦的郊区更易产生湍流。但在一般情况下，城市的风速比郊区的风速小。由于生产、生活的燃料释放出大量的热，据估计这部分能量在市中心甚至可与来自太阳辐射的热量相当；另一方面城市中相当大的面积为建筑物及路面覆盖，蒸发比郊区少，因而地面相对耗散少，大部分以湍流热传给大气，使气温增高；此外城市夜间因空气污染物大量存在，它对地面长波辐射的吸收较强，也造成了城市温度高于郊区。由此而形成的“热岛”和城市环流是城市气候的一个重要特征。空气中存在的大量污染物使得空气能见度大为降低，也使城市日照时数及太阳辐射强度比周围地区约减少 20%。细小的尘埃也是水汽的凝结核，故使城市的雨量多于郊区。

二是城市环境的空间特征。城市环境呈现出一定的平面和立面特征，这是城市环境各组成要素在城市平面和高度上有形的表现。如城市景观、城市地貌、城市的形态、城市用地扩展(配置形式、道路网的形状、大型工厂及飞机场的位置等)或城市环境建设发展的方向，因此而呈现出城市环境的用地空间结构、城市环境的绿化空间结构和城市环境的社会空间结构等。随着人类社会的不断发展，城市环境内部结构也日趋复杂，这不仅表现在城市功能越来越复杂，也表现在为满足人类不断增长的各种活动需求而建造的环境越来越复杂，同时还表现在各种功能和环境之间的有机联系越来越复杂。

三是城市环境的地域层次特征。城市环境是一个地域综合体，根据其呈现出的以不同活动为中心事物的物质环境的地域分异，可划分出与一定活动相联系的地域子环境，如居住环境、工业环境、商业环境等，其下还可以细分为具体的用地，充分体现出城市环境的地域层次特征。一般可区分为 3 个典型特征空间：建筑空间、道路广场空间和绿地空间。

四是城市环境污染特征。较之自然环境，城市环境在组成及结构和影响因素上发生了很大的变化，如城市“热岛”的产生，地形的变迁，人工地面改变了自然土壤的结构与性能，不透水地面的增加，生物多样性的减少，在不大的空间里建立了大量的人类技术物质(建筑物、桥梁和其他设施等)，集中了大量的人口、物质和能源，并产生了大量的污染物质等，所有这些使得城市环境的自我调节净化能力下降，容易出现环境污染，给城市居民的生活和健康带来危害。

③城市环境的容量　城市环境容量是指环境对城市规模及人的活动提出的限度，即城市所在地域的环境在一定的时间、空间范围内，在一定的经济水平和安全卫生要求下，在满足城市生产、生活等各种活动正常进行的前提下，通过城市的自然条件、经济条件、社会文化历史条件等共同作用，对城市建设发展规模以及人们在城市中各项活动的强度提出的容许限度。主要有大气环境容量、水环境容量、土壤环境容量等。

(3)生态因子

①生态因子的分类　生态因子是指环境中对生物的生长、发育、生殖、行为和分布等有直接或间接影响的环境要素。通常按其性质可分为气候、土壤、地理、生物、人类活动等条件或因子(表 1-3)。

表 1-3　生态因子的类型

类型	内容
气候	如光照、温度、湿度、降水、雷电等
土壤	如土壤的结构、组成、性质及土壤生物等
地理	如海洋、陆地、山川、沼泽、平原、高原、丘陵等，海拔、坡向、坡度、经度、纬度等
生物	动物、植物、微生物对环境及它们之间的影响
人类活动	人类活动对生物的影响、对环境的影响等

②生态因子作用原理　环境对生物的影响，从生物界的总体看，主要表现于生物在自然界的分布、丰富度、生长发育和活动强度等方面。

一是最小因子定律。最小因子定律最早是由德国化学家李比希于 1840 年提出的。他在研究谷物的产量时发现，谷类植物生长不是受大量营养物质所限制，而是取决于那些在土壤中极为稀少，处于最低量的营养物质成分(如 B、Mg、Fe 等)的影响。他认为：每种植物都需要一定种类和一定数量的营养物质，如果环境中缺乏其中一种，植物就会发育不良，甚至死亡。如果这种营养物质处于小量状态，植物的生长量就最小。这就是李比希的“最小因子定律”。但以后人们发现这个定律在某些情况下并不适用，只有在物质和能量的输入与输出处于平衡状态时才适用，如果稳定状态受到破坏，物质和能量的输入输出不是处于平衡状态，那么植物对各种营养物质的需求就会不断变化，在这种情况下，最小因子法则就不适用。

二是耐受性定律。美国生态学家谢尔福德(1913)提出了耐受性定律。他认为一种生物的生存与繁殖，要依赖一种综合环境全部因子的存在，只要其中一种因子的量或质不足或过多，超过了该种生物的耐受限度，则该物种不能生存，甚至灭绝。这一概念被称为谢氏“耐受性定律”。在这一定律中，任何接近或超过耐受性下限或上限的因子都称为限制因子，把耐受下限和上限之间的范围称为生态幅。生态幅表示一种生物对某一种环境因子的耐受性范围，其中也包括它所要求的最适范围和最适点，即其生长率和活动强度可达最大的点(图 1-4)。一个物种在环境梯度上总有一个最适分布区，在此分布区内它可保持较高的生理活动强度和较大种群数量；超过这个最适区其生理过程受到逆境的压力，处于不活跃状态或异常状态，这就是生理压力区(生理紧张带)，直到耐受上限或下限；超过耐受限度，这种生物就衰退或不能生存。一般而言，如果一种植物对所有生态因子的耐受范围都是广泛的，那么这种植物的分布也一定很广泛，即为广生态幅物种，反之则为狭生态幅物种。

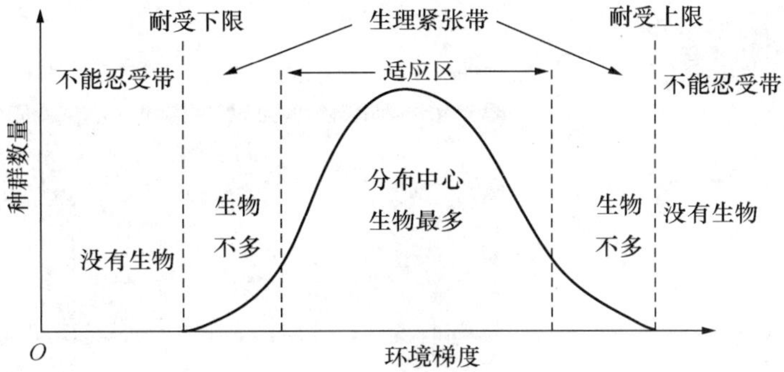

图 1-4　耐受性定律

任何一种生物，对自然环境中的各种理化生态因子都有一定的耐受范围，耐受范围越广的生物种，适应性越广，分布越广，反之亦然。据此，可将生物大体划分为广适应生物和窄适应生物。

植物对环境的适应和对生态因子的耐受性并不是完全被动的，进化可以使它们积极地适应环境，甚至改变自然环境条件，从而减轻生态因子的限制作用。如地理分布较广的物种常形成不同的生态型，它们是同一物种的不同个体或群体长期生存在不同的生态环境条件下，发生趋异适应，遗传分化后形成的形态、生理和生态特性不同的基因型类群。

三是限制因子。耐受性定律和最小因子定律主要是限制因子的问题，综合两条规律，可以得出限制因子的概念。在诸多生态因子中，使植物的生长发育受到限制甚至死亡的因子称为限制因子。任何一种生态因子只要接近或超过生物的耐受范围就会成为这种生物的限制因子。这说明生物的生存和繁荣取决于综合环境条件状况，任何接近或超过耐受限度的状况都可以说是限制因子。

4. 活动过程

(1)TY-9800A 型红外线二氧化碳分析仪

①仪器结构　主要用于环境中二氧化碳浓度的测定，仪器由液晶显示器、电源开关、低电压显示灯、充电器插座、电池盖、标定仪器时标准气入口组成(图 1-5)。

②操作方法

第一步，将电源开关按下，打开电源。

第二步，等待约 1 min 仪器显示稳定即可读数。

第三步，直接读数的单位为 mg/kg。

③注意事项

第一，仪器前面面板上红灯(或黄灯)亮后，请关机充电，过放电会影响电池使用寿命。

第二，当仪器长时间放置不用时，最好每 2 个月给仪器充电一次，以保证电池完好耐用。

(2)QC-2A 型大气采样仪

①仪器结构　主要用于采集空气中的 TVOC(总挥发性有机物)、SO_2、Cl_2、H_2S 等气体样品。仪器由采样仪主机、吸收瓶挂件、缓冲瓶、三脚架、硅胶管、仪器箱等组成。QC-2A 型

图 1-5　TY-9800A 型红外线二氧化碳分析仪

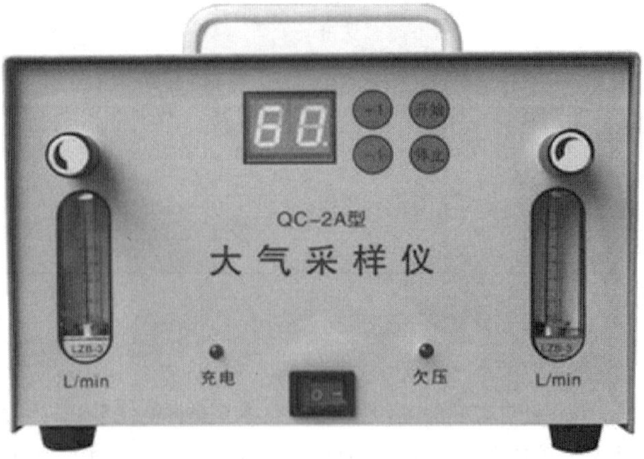

图 1-6　QC-2A 型大气采样仪

大气采样仪如图 1-6 所示。

②操作方法

第一步，将采样仪面向所检测方向水平放置在呼吸带高处。

第二步，把所要采样的吸收管放在金属架上，然后与仪器旁侧吸气接头相连接。注意吸收管方向不能接反，以免吸收液倒流入流量计内。

第三步，按下电源开关，状态指示灯亮显示橙色，按“设定/启动”键，状态指示灯显示绿色，表示当前处于时间设定状态，同时数码管显示“15”，为仪器默认设定时间。此时按“定时调整”按键即可分别调整时间的十位和个位，时间最大设定值为 99，单位为 min。时间设定后再次按下“设定/启动”键，状态指示灯显示红色，内部抽气泵开始工作，同时数码显示的时间开始倒计时并显示。然后调整流量调节旋钮，使流量计指示到需要采样的流量红线处，即可自动进行采样，到指定时间仪器自动停止采样。如需继续采样时，可换上新的吸收管，按以上操作继续工作即可。

第四步，为了使用方便，仪器底部有一个支架安装孔，另外增加一个活动支架作为附件，用时只要将支架撑起 1.6 m，将其中心固定螺丝旋入仪器安装座孔内即可。

③注意事项

一是吸收管吸气、出气不能接反，以防止吸收管内的吸收液倒流入流量计内。

二是流量测量达不到 0.5 L/min 时应考虑以下因素：电池已用完，需要更换；如用蓄电池则需要重新充电；橡皮管或泵有漏气现象，应进行检修。

(3)DYM3 型空盒气压表

①仪器结构　主要用于测量大气压力，由指针、指针轴、游丝、指针轴托板、表盘、反光镜、表盘固定轴、上托板、托板固定轴、温度表、扇形齿轮、中间轴、调节螺钉、配重块、连接杆、空盒组、调节器、下托板、安装螺钉等组成(图 1-7)。

图 1-7　DYM3 型空盒气压表

②操作方法

第一步，使用时请将空盒气压表水平放置。

第二步，读数前请用手指轻轻叩敲空盒气压表的外壳或表面玻璃，以消除传动机构中的摩擦。

第三步，观察时指针与镜面指针相重叠，此时指针所指数值即为气压表示值，读数精确到一位小数。

第四步，读取空盒气压表上温度表示值，精确到一位小数。

第五步，读取的气压表示值经过订正后方为气压值。

温度订正：由于环境温度的变化，将会对仪器金属的弹性产生影响，因此必须进行温度订正。温度订正值计算式：

$$\Delta p_t = a \cdot t$$

式中：Δp_t 为温度订正值；a 为温度系数值；t 为温度表读数。

示度订正：因空盒及其传动的非线性，当气压变化时就会产生示度误差，所以需要进行示度订正。求算方法是根据检定证书上的示度订正值，在气压表示值相对应的气压范围内，用内插法求出订正示度值 Δp_s。

补充订正：为消除空盒随时间产生的剩余变形对示值产生的影响，从检定证书上得到补充订正值 Δp_d。

经过订正后的气压值

$$p = p_s + (\Delta p_t + \Delta p_s + \Delta p_d)$$

式中：p_s 为表盘读数。

③注意事项

仪器工作时必须水平放置，以防止倾斜造成的读数误差；

不得擅自调动螺钉，以免造成仪器的误差；

由于仪器的补充订正值随时间而改变，补充订正值不得超过 6 个月使用期限，超过时必须重新进行检定；

切勿将塑料壳内仪器取出，以免造成不必要的损坏。

(4)TES-1360 型便携式温湿度计

①仪器结构　用于测定大气的温度和湿度。主要由仪表体和温湿度感应器组成。仪表体由液晶显示器和各操作按键组成(图 1-8)，各操作按键的作用为：

"POWER"为电源开关键，将此键推至"ON"的位置为打开，推至"OFF"位置为关闭。

"HOLD"为读数锁定键，将此键推至"ON"的位置为锁住目前所测的数值，推至"OFF"位置为关闭。

"FUNCT"为温度、湿度选择键，将此键推至"%RH"位置，液晶显示器上将显示湿度值；将此键推至"℃"位置，液晶显示器上将显示温度值。

"WET"为高湿度校正点。

图 1-8　TES-1360 型便携式温湿度计

"DRY"为低湿度校正点。

"OUTRUT"为类比信号输出端。

②操作方法

第一步,将电池盖打开,装上一枚 9 V 电池,将"POWER"键推至"ON"的位置,打开电源。

第二步,"FUNCT"键推至"℃"或"%RH"位置,液晶显示器上将显示相应的数值。

第三步,"HOLD"键推至"ON"的位置,将锁住目前所测的数值,推至"OFF"位置为关闭。

第四步,测完后关上电源开关。

③注意事项　避免碰撞感应器头或直接将感应器头暴露在强电磁场下;感应器头不能放在水中或溶剂中,如有灰尘可用擦镜纸或酒精擦拭;当电池电力不足时,则液晶显示器上将显示"BT",表示必须更换电池。

(5)BKT381 海拔仪

①仪器结构　主要用于测量位置高度(绝对高度)、高度差、大气压力。主要由海拔气压表盘、指北针、温度计及表带组成(图 1-9)。

②操作方法

第一步,在已知海拔高程点,拧动海拔气压表盘外盘,直到红色指针正对已知高程刻度。

第二步,到达测定地点后,从海拔气压表盘外盘上读出指针指示的高度,即测点海拔高度。

第三步,可从内盘上读出测点处气压值,从温度计上读出测点大气温度,并用指北针测定朝向。

③注意事项　在已知海拔高程点校准好海拔仪后,不要拧动海拔气压表盘,以免海拔读数不准;在携带和操作过程中,注意随时按下表带纽扣,防止海拔气压表盘、温度计和指北针掉地损坏;使用前轻拍仪器以确保读数准确;请勿将仪器长期暴露于恶劣条件下;必要时应进行海拔高程指示值校正。

图 1-9　BKT381 海拔仪

5. 问题处理

(1)什么是环境、城市环境?城市环境有什么特征?

(2)什么是生态因子?生态因子有哪些类型?

(3)生态因子作用的基本原理有哪些?举例说明。

(4)熟悉测定生态因子各种仪器结构,总结各仪器使用方法、注意事项等。

【师生互动】

将全班按 5～10 人标准分为若干团队,对学校所在城市与郊区相比较,调查以下内容,并进行团队互动,提出合理化建议。

1. 这个城市环境与郊区相比有哪些特点？
2. 这个城市环境与郊区相比存在哪些问题？
3. 这个城市环境中园林植物的覆盖率是多少？

【知识拓展】

如果同学们想了解更多的知识，可以通过下面渠道进行学习：

1. 阅读杂志

(1)《生态学报》

(2)《应用生态学报》

(3)《生态学杂志》

(4)《中国环境科学》

(5)《园林》

(6)《中国园林》

2. 浏览网站

(1)中国生态网　http://www.zgshtw.com/

(2)环境生态网　http://www.eedu.org.cn/

(3)中国科学院生态研究中心　http://www.rcees.ac.cn/

(4)中国生态工程网　http://www.cneect.cn/

(5)中国风景园林网　http://www.chla.com.cn/

(6)园林学习网　http://www.ylstudy.com/

(7)中国园林网　http://www.yuanlin.com/

3. 阅读书籍

(1)《园林生态学》(第2版)，冷平生主编，中国农业出版社

(2)《园林生态学》(第2版)，张先平主编，中国农业出版社

(3)《园林生态学》，姚方，张文颖主编，黄河水利出版社

(4)《城市园林生态学》，徐惠风等编著，中国林业出版社

(5)《园林生态学》，唐文跃、李晔编著，中国科学技术出版社

(6)《园林生态学实验与实践》，刘旭、张翠丽、迟春明主编，西南交通大学出版社

Chapter 2

学习情境二

土壤环境与园林植物生长

活动一　土壤组成与园林植物生长

活动二　土壤性质与园林植物生长

活动三　园林土壤环境调查

活动四　园林土壤的利用与管理

【情境创设】

能力目标	专业能力	1. 熟练进行土壤样品的采集与制备； 2. 熟练进行土壤有机质测定； 3. 熟悉进行土壤质地、容重、紧实度、酸碱性测定； 4. 能进行园林土壤剖面观测与肥力性状调查； 5. 能进行不良园林土壤的改良。
	方法能力	1. 具备获取信息、收集资料的能力； 2. 具备制订计划、执行计划的能力； 3. 具备自主学习、发现问题、解决问题的能力。
	社会能力	1. 具备良好的团队协作、配合能力； 2. 具备良好的与人沟通、协调能力； 3. 具备一定的方法综合、创新能力。
知识目标	1. 熟悉园林土壤的基本组成知识； 2. 熟悉园林土壤的基本性质知识； 3. 熟悉园林土壤的合理利用方法。	
思政目标	学习“最美农技员王庆安”不忘初心、坚守农业技术推广最前线的精神，引导学生认真读书、辛勤工作、甘于奉献、服务美丽乡村建设。	二维码 思政园地
教学条件	多媒体课件、多媒体教室、实训室、图书馆、互联网、微信公众号。	
教学方法	课堂讲授、资料查阅、现场训练、课外活动。	
考核评价	学习过程考核	计划制订(20%)、师生析疑(10%)、完成任务(50%)、检查评价(20%)。
	拓展能力考核	工作态度(20%)、岗位技能(50%)、拓展能力(20%)、团队合作(10%)。
考核方式	教师评价(70%)、小组互评(20%)、学生自评(10%)。	

【活动内容】

活动一　土壤组成与园林植物生长

1. 活动目标

◆知识目标：了解土壤、土壤肥力、土壤组成等有关知识。

◆能力目标：熟练掌握土壤样品采集与制备、土壤有机质含量的测定。

2. 活动准备

根据班级人数，按 3～5 人一组进行分组，每组准备以下材料和仪器：

(1)土壤样品采集与制备准备

取土钻或小铁铲、布袋（塑料袋）、标签、铅笔、钢卷尺、制样板、木棍、镊子、土壤筛（18 目、60 目）、广口瓶、研钵、样品盘。

(2)土壤有机质含量的测定准备

准备硬质试管（Φ18 mm×180 mm）、油浴锅或远红外消解炉、铁丝笼、温度计（300℃）、分析天平或电子天平（感量 0.000 1 g）、电炉、滴定管（25 mL）、弯颈小漏斗、三角瓶（250 mL）、量筒（10 mL、100 mL）、移液管（10 mL）等，并提前进行下列试剂配制：

①0.4 mol/L 重铬酸钾-硫酸溶液　称取 40.0 g 重铬酸钾溶于 600～800 mL 水中，用滤纸过滤到 1 L 量筒内，用水洗涤滤纸，并加水至 1 L。将此溶液转移至 3 L 大烧杯中；另取密度为 1.84 g/L 的化学纯浓硫酸 1 L，慢慢倒入重铬酸钾溶液内，并不断搅拌。每加约 100 mL 浓硫酸后稍停片刻，待冷却后再加另一份浓硫酸，直至全部加完。此溶液可长期保存。

②0.2 mol/L 硫酸亚铁溶液　称取化学纯硫酸亚铁 55.60 g 溶于 600～800 mL 蒸馏水中，加化学纯浓硫酸 20 mL，搅拌均匀，加水定容至 1 000 mL，贮于棕色瓶中保存备用。

③0.2 mol/L 重铬酸钾标准溶液　称取经 130℃ 烘 1.5 h 以上的分析纯重铬酸钾 9.807 g，先用少量水溶解，然后无损地移入 1 L 容量瓶中，加水定容。

④硫酸亚铁溶液的标定　准确吸取 3 份 0.2 mol/L $K_2Cr_2O_7$ 标准溶液各 20 mL 于 250 mL 三角瓶中，加入浓硫酸 3～5 mL 和邻菲罗啉指示剂 3～5 滴，然后用 0.2 mol/L $FeSO_4$ 溶液滴定至棕红色为止，其浓度计算为：

$$c = (6 \times 0.200\,0 \times 20) \div V$$

式中：c 为硫酸亚铁溶液摩尔浓度（mol/L）；V 为滴定用去硫酸亚铁溶液体积（mL）；6 为 6 mol/L $FeSO_4$ 与 1 mol/L $K_2Cr_2O_7$ 完全反应的摩尔系数比值。

⑤邻菲罗啉指示剂　称取化学纯硫酸亚铁 0.695 g 和分析纯邻菲罗啉 1.485 g 溶于 100 mL 蒸馏水中，贮于棕色滴瓶中备用。

⑥其他试剂　石蜡（固体）或磷酸或植物油 2.5 kg；浓 H_2SO_4（化学纯，密度 1.84 g/L）等。

3. 相关知识

土壤是指发育于地球陆地表面能够生长绿色植物的疏松多孔表层物质。土壤是由岩石风化后再经成土作用形成的，是生物、气候、母质、地形、时间等自然因素和人类活动综合作用下的产物，其最基本特性是具有肥力。土壤肥力是土壤能经常适时供给并协调植物生长所需的水分、养分、空气、热量和其他条件的能力。

土壤由固相、液相和气相三相物质组成。固相物质是土壤矿物质、土壤有机质及土壤生物，而分布于土壤的大小孔隙中的成分为土壤液相（土壤水分）和土壤气相（土壤空气）。

(1)土壤矿物质

土壤中所有无机物质的总和称为土壤矿物质，主要来自岩石与矿物的风化物。一切自然产生的化合物或单质称为矿物，例如石英、白云母、黑云母、长石、金刚石、蒙脱石、伊利石、高岭石等。

土壤矿物质按产生方式不同可分为原生矿物和次生矿物。原生矿物是指岩浆冷凝后留在地壳上没有改变化学组成和结晶结构的一类矿物，如长石、石英、云母、角闪石、辉石、橄榄石等。原生矿物经过风化作用其组成和性质发生变化而新形成的矿物称为次生矿物，主要有蒙脱石、伊利石、高岭石等。土壤中常见矿物的组成和风化特点见表 2-1。

表 2-1　土壤中常见矿物的性质

名称	化学成分	物理性质	风化特点和分解产物
石英	SiO_2	无色、乳白色或灰色，硬度大	不易风化，是沙粒的主要来源
正长石	$KAlSi_3O_8$	正长石呈肉红色，斜长石为灰色或乳白色，硬度次于石英	较易风化，风化产物主要是高岭土、二氧化硅和无机盐，是土壤钾素、黏粒的主要来源
斜长石	$n NaAlSi_3O_8 \cdot m CaAl_2Si_2O_8$		
白云母	$KAl_2(AlSi_3O_{10})(OH)_2$	白云母无色或浅黄色，黑云母黑色或黑褐色。均呈片状，有弹性，硬度低	白云母不易风化，黑云母易风化，是钾素和黏粒的来源之一
黑云母	$K(Mg,Fe)_2(AlSi_3O_{10})(OH \cdot F)_2$		
角闪石	$Ca_2Na(Mg,Fe)_4(Al,Fe)_4(Si,Al)_4O_{11}(OH)_2$	黑色、墨绿色或棕色，硬度仅次于长石。角闪石为长柱状，辉石为短柱状	易风化，风化后产生含水氧化铁、氧化硅及黏粒，并释放少量钙、镁等
辉石	$Ca(Mg,Fe,Al)(Si \cdot Al)_2O_6$		
橄榄石	$(Mg,Fe)_2(SiO_4)$	含有铁、镁硅酸盐，颜色黄绿	易风化，风化后形成褐铁矿、二氧化硅以及蛇纹石等

续表 2-1

名称	化学成分	物理性质	风化特点和分解产物
高岭石	$Al_4(Si_4O_{10})(OH)_8$	均为细小片状结晶，易粉碎，干时为粉状，滑腻，易吸水呈糊状	是长石、云母风化形成的次生矿物，颗粒细小，土壤黏粒的主要来源
蒙脱石	$Al_4(Si_8O_{20})(OH)_4 \cdot nH_2O$		
伊利石	$K_2(Al \cdot Fe \cdot Mg)_4(SiAl)_8O_{20}(OH)_4 \cdot nH_2O$		

(2)土壤生物与土壤有机质

土壤生物是指全部或部分生命周期在土壤中生活的那些生物。土壤有机质是存在于土壤中所有含碳有机化合物的总称，包括土壤中各种动、植物和微生物残体，土壤生物的分泌物与排泄物，及这些有机物质分解和转化后的物质。土壤生物在土壤有机质转化中具有重要地位。

①土壤生物　土壤生物主要包括动物、植物、微生物等。土壤动物种类繁多，包括众多的脊椎动物、软体动物、节肢动物、线形动物、扁形动物和原生动物等，如蚯蚓、线虫、蚂蚁、蜗牛、螨类等，一般为土壤生物量的10%～20%。土壤微生物种类多、数量大，是土壤生物中最活跃的部分。土壤微生物包括细菌、真菌、放线菌和藻类以及病毒等，其中细菌数量最多，放线菌、真菌次之，藻类数量最少。土壤植物是土壤的重要组成部分，就高等植物而言，主要是指高等植物地下部分，包括植物根系，地下块茎、块根(甘薯、马铃薯等)。越是靠近根系的土壤，其微生物数量也越大。通常把受到根系明显影响的土壤范围称为根际，一般距根表2 mm范围内的土壤属于根际。

土壤生物的主要功能有：一是影响土壤结构的形成与土壤养分的循环，如微生物的分泌物可促进土壤团粒结构的形成，也可分解植物残体释放碳、氮、磷、硫等养分；二是影响土壤无机物质的转化，如微生物及其他生物分泌物可将土壤中难溶性磷、铁、钾等养分转化为有效养分；三是固持土壤有机质，提高土壤有机质含量；四是通过生物固氮，改善植物氮素营养；五是可以分解转化农药、激素等在土壤中的残留物质，降解毒性，净化土壤。

②土壤有机质　自然土壤中有机质主要来源于生长在土壤上的高等绿色植物，其次是生活在土壤中的动物和微生物；农业土壤中有机质的重要来源是每年施用的有机肥料、作物残茬和根系及分泌物、工农业副产品的下脚料、城市垃圾、污水等。我国大部分农田土壤有机质的含量在10～40 g/kg。

土壤有机质主要由腐殖质和非腐殖质组成，其中腐殖质占85%～90%。腐殖质是土壤中由动植物残体形成的、完全分解的、无定形的且有一定稳定性的高分子有机化合物。非腐殖质主要是一些较简单、易被微生物分解的糖类、有机酸、氨基酸、氨基糖、木质素、蛋白质、纤维素、半纤维素、脂肪等高分子物质。

土壤有机物质在土壤生物，特别是土壤微生物的作用下所发生的分解与合成作用为土壤有机质的转化，有矿质化过程和腐殖化过程两种(图2-1)。矿质化过程是指有机质在土壤生物，特别是在土壤微生物的作用下所发生的分解作用；腐殖化过程是指土壤有机质在土壤微生物的作用下转化为土壤腐殖质的过程。

土壤有机质具有重要作用：第一，提供作物所需的养分。土壤有机质不仅能提供植物所需的养分，而且能促进土壤其他矿质养分的转化。第二，提高土壤的保肥性和供肥能力。有

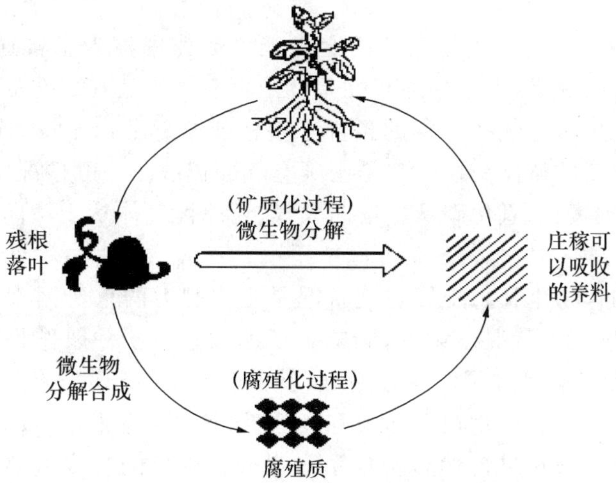

图 2-1　土壤有机质转化示意

机质是一种两性胶体,能和磷、铁、铝离子形成络合物或螯合物,可提高土壤保肥和供肥能力;同时有机质又是一种缓冲体系,能增强土壤的缓冲性。第三,改善土壤物理性质。有机质通过促进大小适中、紧实度适合的良好土壤结构的形成,改善土壤孔隙状况,协调土壤通气透水性与保水性之间的矛盾;降低了黏粒之间的团聚力,降低了土壤耕作阻力,因此改善了土壤的耕性。第四,其他方面的作用。如能够促进微生物的活动、增强微生物活性。部分小分子质量的腐殖酸具有一定的生理活性,能够促进种子发芽,增强根系活力,促进作物生长。有机质在环境学上有重要意义。

(3)土壤水分与土壤空气

土壤水分和空气存在于土壤孔隙中,二者彼此消长,即水多气少,水少气多。

①土壤水分　土壤水分是土壤的重要组成物质,也是土壤肥力的重要因素,是植物赖以生存的生活条件。土壤水并不是纯水,而是含有多种无机盐与有机物的稀薄溶液,是植物吸水的最主要来源,也是自然界水循环的一个重要环节,处于不断变化和运动中,它是土壤表现出各种性质和进行各种过程不可缺少的条件。具体内容学习情境三中有详细阐述。

②土壤空气

——土壤空气组成与特点。土壤空气来自大气,但在土壤内,由于根系和微生物等的活动,以及土壤空气与大气的交换受到土壤孔隙性质的影响,使得土壤空气的成分与大气有一定的差别(表 2-2)。

表 2-2　土壤空气与大气的体积组成　　%

气体类型	氮(N_2)	氧(O_2)	二氧化碳(CO_2)	其他气体
土壤空气	78.8～80.24	18.00～20.03	0.15～0.65	1
大气	78.05	20.99	0.03	1

与大气相比,土壤空气的组成特点如下:土壤空气中的二氧化碳含量高于大气;土壤空气中的氧气含量低于大气;土壤空气的相对湿度比大气高;土壤空气中有时像甲烷等还原性气体的含量远高于大气;土壤空气各成分的浓度在不同季节和不同土壤深度内变化

很大。

——土壤通气性。土壤空气与大气的交换能力或速率称为土壤通气性。如交换速度快，则土壤的通气性好；反之，土壤的通气性差。土壤空气与大气之间的交换机理为：一是土壤空气的整体交换。土壤空气在一定的条件下整体或全部移出土壤，或大气以同样的方式进入土壤称为土壤空气的整体交换。二是土壤空气的扩散。一般情况下土壤空气扩散的方向是：氧气从大气向土壤、二氧化碳从土壤向大气、还原性气体从土壤向大气、水汽从土壤向大气。

——土壤空气与作物生长。土壤空气状况是土壤肥力的重要因素之一，不仅影响植物生长发育，还影响土壤肥力状况。第一，影响种子萌发。对于一般作物种子，土壤空气中的氧气含量大于10%则可满足种子萌发需要；如果小于5%种子萌发将受到抑制。第二，影响根系生长和吸收功能。所有植物根系均为有氧呼吸，氧气含量低于12%才会明显抑制根系的生长。植物根系的生长状况自然影响根系对水分和养分的吸收。第三，影响土壤微生物活动。在水分含量较高的土壤中，微生物以厌氧活动为主，反之，微生物以好气呼吸为主。第四，影响植物生长的土壤环境状况。通气良好时，有利于有机质矿化和土壤养分释放；通气不良时，有机质分解不彻底，可能产生还原性有毒气体。

4. 活动过程

(1)土壤样品采集与制备

①基本原理　土壤样品的采集必须遵循随机、多点混合和具有代表性的原则，严格按照要求和目的进行操作。因此通过多点采集，使土样具有代表性；根据农化分析样品的要求，将采集的代表土样磨成一定的细度，以保证分析结果的可比性；四分法以保证样品制备和取舍时的代表性。

A. 样品的代表性。采样时必须按照一定的采样路线进行。采样点的分布尽量做到“均匀”和“随机”；布点的形式以蛇形为好，在地块面积小、地势平坦、肥力均匀的情况下，方可采用对角线或棋盘式采样路线(图 2-2)。

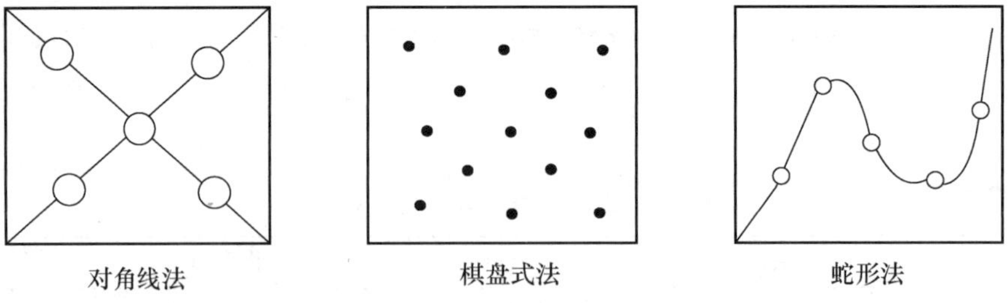

图 2-2　采样点分布法

B. 四分法。将各点采集的土样捏碎混匀，铺成四方形或圆形，划分对角线分成四份，然后按对角线去掉两份(占 1/2)，或去掉四堆中的一堆(占 1/4)。可反复进行类似的操作，直至数量符合要求(图 2-3)。

②操作过程　选择园林树木、草坪、林木等场所，进行耕层土壤混合样品采集(表 2-3)。

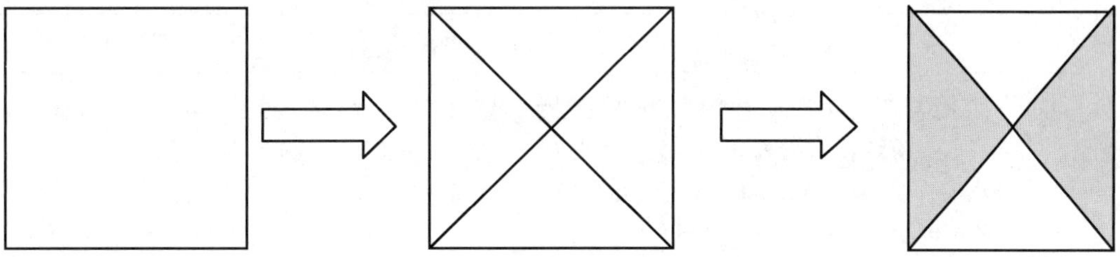

图 2-3　四分法取舍样品示意

表 2-3　土壤样品的采集与处理

工作环节	操作规程	质量要求
合理布点	(1)布点方法。为保证样品的代表性,采样前确定采样点可根据地块面积大小,按照一定的路线进行选取。采样的方向应该与土壤肥力的变化方向一致,采样线路一般分为对角线式、棋盘式和蛇形三种 (2)采样点确定。保证采样点"随机""均匀",避免特殊取样。一般以5～20个点为宜 (3)采样时间。采样目的不同,采样时间不同。根据土壤测定需要,应随时采样。供养分普查的土样,可在播种前采集混合样品。供缺素诊断用的样品,要在病株的根部附近采集土样,单独测定,并和正常的土壤对比。为了摸清养分变化和作物生长规律,可按作物生育期定期取样;为了制订施肥计划供施肥诊断用的土样,除在前作物收获后或施基肥、播前采集土样,以了解土壤养分起始供应水平外,还可在作物生长季节定期连续采样,以了解土壤养分的动态变化。若要了解施肥效果,则在作物生长期间,施肥的前后进行采样	(1)一般面积较大,地形起伏不平,肥力不均,采用蛇形布点;面积中等,地形较整齐,肥力有些差异,采用棋盘式布点;面积较小,地形平坦,肥力较均匀,采用对角线法布点 (2)每个采样点的选取是随机的,尽量分布均匀,每点采取土样深度一致,采样量一致 (3)将各点土样均匀混合,提高样品代表性 (4)采样点要避免田埂、路旁、沟边、挖方、填方、堆肥地段及特殊地形部位
正确取土	在选定采样点上,先将2～3 mm表土杂物刮去,然后用土钻或小铁铲垂直入土15～20 cm。用小铁铲取土,应挖一个一铲宽和20 cm深的小坑,坑壁一面修光,然后从光面用小铲切下约厚1 cm的土片(土片厚度上下应一致),然后集中起来,混合均匀。每点的取土深度、质量应尽量一致。如果测定微量元素,应避免用含有所测定的微量元素的工具来采样,以免造成污染	(1)样品具代表性,取土深度、质量一致 (2)采集剖面层次分析标本,分层取样,依次由下而上逐层采取土壤样品
样品混合	将采集的各点土样在盛土盘上集中起来,剔除石砾、虫壳、根系等物质,混合均匀,量多时采用四分法,弃去多余的土,直至所需要数量为止,一般每个混合土样的质量以1 kg左右为宜	四分法操作时,初选剔杂后土样混合均匀,土层摊开底部平整,薄厚一致

续表 2-3

工作环节	操作规程	质量要求
装袋与填写标签	采好后的土样装入布袋中,用铅笔写好标签,标签一式两份,一份系在布袋外,一份放入布袋内。标签注明采样地点、日期、采样深度、土壤名称、编号及采样人等,同时做好采样记录	装袋量以大半袋 1 kg 左右为宜
风干剔杂	从野外采回的样品要及时放在样品盘上,将土样内的石砾、虫壳、根系等物质仔细剔除,捏碎土块,摊成薄薄一层,置于干净整洁的室内通风处自然风干	土样置阴凉处风干,严禁暴晒,并注意防止酸、碱、气体及灰尘的污染,同时要经常翻动
磨细过筛	(1)18 目(1 mm 筛孔)样品制备。将完全风干的土样平铺在制样板上,用木棍先行碾碎。经初步磨细的土样,用 1 mm 筛孔(18 目)的筛子过筛,不能通过筛分的,则用研钵继续研磨,直到全部通过 1 mm 筛孔(18 目)为止,装入具有磨口塞的广口瓶中,称为 1 mm 土样或 18 目样 (2)60 目(0.25 mm 筛孔)样品制备。剩余的约 1/4 土样,则继续用研钵研磨,至全部通过 0.25 mm(60 目)筛,按四分法取出 200 g 左右,供有机质、全氮测定之用。将土样装瓶,称为 0.25 mm 土样或 60 目样	石砾和石块少量可弃去,多量时,必须收集起来称重,称其质量,计算其百分含量,在计算养分含量时考虑进去。过 18 目筛后的土样经充分混匀后,供 pH、速效养分等测定用
装瓶贮存	装样后的广口瓶中,内外各附标签一张,标签上写明土壤样品编号、采样地点、土壤名称、深度、筛孔号、采集人及日期等。制备好的样品要妥为保存,若需长期贮存最好用蜡封好瓶口	在保存期间避免日光、高温、潮湿及酸碱气体的影响或污染,有效期 1 年

(2)土壤有机质含量的测定

①基本原理　土壤有机质含量,一般是通过测定有机碳的含量计算求得的,将所测的有机碳乘以常数 1.724,即为有机质总量。在加热条件下,用稍过量的标准重铬酸钾-硫酸溶液,氧化土壤有机碳,剩余的重铬酸钾用标准硫酸亚铁滴定,以土样和空白样所消耗标准硫酸亚铁量的差值可以计算出有机碳量,进一步可计算土壤有机质的含量,其反应式如下:

$$2K_2Cr_2O_7+3C+8H_2SO_4 \rightarrow 2K_2SO_4+2Cr_2(SO_4)_3+3CO_2\uparrow+8H_2O$$

$$K_2Cr_2O_7+6FeSO_4+7H_2SO_4 \rightarrow K_2SO_4+Cr_2(SO_4)_3+3Fe_2(SO_4)_3+7H_2O$$

用 Fe^{2+} 滴定剩余的 $Cr_2O_7^{2-}$ 时,以邻菲罗啉为氧化还原指示剂。在滴定过程中指示剂的变色过程如下:开始时溶液以重铬酸钾的橙色为主,此时指示剂在氧化条件下,呈淡蓝色被重铬酸钾的橙色掩盖,滴定时溶液逐渐呈绿色(Cr^{3+}),至接近终点时变为灰绿色。当 Fe^{2+} 溶液过量半滴时,溶液则变成棕红色,表示颜色已达终点。

②操作过程　选择所提供的土壤分析样品,进行下列全部或部分内容操作(表 2-4)。

表 2-4　土壤有机质含量测定与调控

工作环节	操作规程	质量要求
称样	用分析天平准确称取通过 60 目筛的风干土样 0.05～0.5 g(精确到 0.000 1 g)，放入干燥的硬质试管底部，记下土样质量	一般有机质含量＜20 g/kg，称量 0.4～0.5 g；20～70 g/kg，称量 0.2～0.3 g；70～100 g/kg，称量 0.1 g；100～150 g/kg，称量 0.05 g
加氧化剂	用移液管准确加入重铬酸钾-硫酸溶液 10 mL，小心将土样摇散，贴上标签，盖上小漏斗，将试管插入铁丝笼中待加热	此法只能氧化 90% 的有机质，所以在计算分析结果时氧化校正系数为 1.1
加热氧化	将铁丝笼放入预先加热至 185～190℃的油浴锅或远红外消解炉中，此时温度控制在 170～180℃，自试管内大量出现气泡开始计时，保持溶液沸腾 5 min，取出铁丝笼，待试管稍冷后，用卷纸或废报纸擦净试管外部油液，冷却至室温	加热时产生的二氧化碳气泡不是真正沸腾，只有待真正沸腾时才能开始计算时间
溶液转移	将试管内含物用蒸馏水少量多次洗入 250 mL 的三角瓶中，总体积控制在 60～70 mL，加入邻菲罗啉指示剂 3～5 滴摇匀	要用水冲洗试管和小漏斗，转移时要做到无损；最后使溶液的总体积达 60 mL，酸度为 2～3 mol/L
滴定	用标准的硫酸亚铁溶液滴定 250 mL 三角瓶的内含物。溶液颜色由橙色(或黄绿)经绿色、灰绿色变到棕红色即为终点	指示剂变色敏锐，临近终点时，要放慢滴定速度
空白实验	必须同时做两个空白试验，取其平均值，空白试验用石英砂或灼烧的土代替土样，其余规程同上	如果试样滴定所用硫酸亚铁溶液的毫升数不到空白实验所消耗的硫酸亚铁溶液毫升数的 1/3，则有氧化不完全的可能，应减少土样称量重做
结果计算	$\text{土壤有机质含量}=\dfrac{(V_0-V)\times c_2\times 0.003\times 1.724\times 1.1}{m}\times 10$ 式中：V_0 为滴定空白时消耗的硫酸亚铁溶液体积(mL)；V 为滴定样品时消耗的硫酸亚铁溶液体积(mL)；c_2 为硫酸亚铁溶液的浓度(mol/L)；0.003 为 1/4 碳原子的毫摩尔质量(g)；1.724 为由有机碳换算为有机质的系数；1.1 为氧化校正系数；m 为烘干土样重	平行测定结果允许相差：有机质含量＜10 g/kg，允许绝对相差≤0.5 g/kg；有机质含量 10～40 g/kg，允许绝对相差≤1.0 g/kg；有机质含量 40～70 g/kg，允许绝对相差≤3.0 g/kg；有机质含量＞100 g/kg，允许绝对相差≤5.0 g/kg

续表 2-4

工作环节	操作规程	质量要求
土壤有机质调控	(1)合理施肥。一是增施有机肥料、秸秆覆盖还田、种植绿肥、归还植物凋落物等。二是适量施用氮肥 (2)适宜耕种。一是适宜免耕、少耕。二是实行绿肥或牧草与植物轮作、旱地改水田 (3)调节土壤水、气、热状况。可通过农田基本建设、合理灌溉排水、适时覆盖、适宜耕作、合理施肥、设施农业等措施调节土壤水分、土壤通气性、土壤热量状况	(1)施用的有机肥原则上要腐熟,以免烧苗。氮肥的施用千万避免过量 (2)免耕、少耕的采用一定要结合当地生产情况;适时调整作物轮作、水旱轮作,避免连作 (3)只有土壤温度、湿度适宜,并有适当的通气条件时,才能使矿质化和腐殖化过程协调

5. 问题处理

活动结束后,完成以下问题:

(1)为什么说随机采样和四分法可以提高样品的代表性?

(2)在土样采集和制备过程中,应注意哪些问题?

(3)为什么不能直接在磨细通过 1 mm 筛孔的土样中筛出一部分作为通过 60 目筛的土样?

(4)可将各次称重结果记录入表 2-5 中,便于计算。

表 2-5 土壤有机质测定时数据记录

土样号	土样重/g	初读数/mL	终读数/mL	净体积/mL	有机质含量/(g/kg)	平均含量/%
样品 1						
样品 2						
样品 3						
空白 1						
空白 2						

(5)怎样确定样品的质量?消煮后的溶液颜色偏绿说明什么问题?应该怎么办?如果在滴定时忘记加指示剂会出现什么结果?加入硫酸银的作用是什么?

活动二　土壤性质与园林植物生长

1. 活动目标

◆知识目标：了解土壤物理性质、化学性质等有关知识。

◆能力目标：熟练掌握土壤质地、土壤容重、土壤紧实度、土壤酸碱性的测定。

2. 活动准备

根据班级人数，按3～5人一组进行分组，每组准备以下材料和仪器。

(1)土壤容重测定准备

环刀(容积100 cm^3)、天平(称量500 g和1 000 g，感量0.01 g和0.1 g)、恒温干燥箱、削土刀、小铁铲、铝盒、酒精、草纸、剪刀、滤纸等。

(2)土壤紧实度测定准备

TE-3型土壤硬度计、记录纸等。

(3)土壤酸碱性测定准备

白瓷比色板、混合指示剂等。并提前进行下列试剂配制。

①pH 4～8混合指示剂　分别称取溴甲酚绿、溴甲酚紫及甲酚红各0.25 g于玛瑙研钵中，加15 mL 0.1 mol/L的氢氧化钠及5 mL蒸馏水，共同研匀，再加蒸馏水稀释至1 000 mL，此指示剂的pH变色范围如表2-6所示。

表2-6　pH 4～8混合指示剂显色情况

pH	4.0	4.5	5.0	5.5	6.0	6.5	7.0	8.0
颜色	黄色	绿黄色	黄绿色	草绿色	灰绿色	灰蓝色	蓝紫色	紫色

②pH 4～11混合指示剂　称取0.2 g甲基红、0.4 g溴百里酚蓝、0.8 g酚酞，在玛瑙研钵中混合研匀，溶于95%的400 mL酒精中，加蒸馏水580 mL，再用0.1 mol/L氢氧化钠调至pH 7(草绿色)，用pH计或标准pH溶液校正，最后定容至1 000 mL，其变色范围如表2-7所示。

表2-7　pH 4～11混合指示剂显色情况

pH	4.0	5.0	6.0	7.0	8.0	9.0	10.0	11.0
颜色	红色	橙黄色	稍带绿	草绿色	绿色	暗蓝色	紫蓝色	紫色

3. 相关知识

(1)土壤质地

土壤质地是指土壤中各粒级土粒含量(质量)百分率的组合,又称为土壤机械组成,是土壤最基本的物理性质之一。

①土壤质地分类　土壤质地分类是根据土壤的粒级组成对土壤颗粒组成状况进行的类别划分,生产实际中以卡庆斯基制使用较为方便。卡庆斯基土壤质地分类制是依据物理性黏粒或物理性砂粒的含量,并参考土壤类型,将土壤质地分成沙土类、壤土类和黏土类;然后再根据各粒级含量的变化进一步细分(表 2-8)。对我国而言,一般土壤可选用草原土及红黄壤类的分类级别。

表 2-8　卡庆斯基制质地分类制　　%

质地分类		物理性黏粒含量			物理性砂粒含量		
类别	名称	灰化土类	草原土类及红黄壤类	碱化及强碱化土类	灰化土类	草原土类及红黄壤类	碱化及强碱化土类
沙土	松沙土	0～5	0～5	0～5	100～95	100～95	100～95
	紧沙土	5～10	5～10	5～10	95～90	95～90	95～90
壤土	壤沙土	10～20	10～20	10～15	90～80	90～80	90～85
	轻壤土	20～30	20～30	15～20	80～70	80～70	85～80
	中壤土	30～40	30～45	20～30	70～60	70～55	80～70
	重壤土	40～50	45～60	30～40	60～50	55～40	70～60
黏土	轻黏土	50～65	60～75	40～50	50～35	40～25	60～50
	中黏土	65～80	75～85	50～65	35～20	25～15	50～35
	重黏土	≥80	≥85	≥65	≤20	≤15	≤35

②土壤质地的肥力特性与生产性状　土壤质地对土壤的许多性质和过程均有显著影响,首先是土壤的孔隙状况和表面性质受土壤质地的控制,而这些性质又影响土壤的通气与排水、有机物质的降解速率、土壤溶质的运移、水分渗漏、植物养分供应、根系生长、出苗、耕作质量等。沙土、壤土和黏土在上述各方面都有明显差异(表 2-9)。

园林生产中经常遇到土壤质地不适应所选用植物需要的情况,或者某一地区由于母质的原因,土壤质地不利于大规模生产的需要,就必须对土壤质地进行改良。主要措施有:增施有机肥,改良土性;掺沙掺黏,客土调剂,逐年客土改良,使之达到三泥七沙或四泥六沙的壤土质地范围;对于沿江沿河的沙质土壤,采用引洪漫淤方法;对于黏质土壤,采用引洪漫沙方法;翻淤压沙,翻沙压淤;种树种草,培肥改土。

表 2-9　土壤质地对土壤性质的影响

性质	沙土	壤土	黏土
保水性	低	中～高	高
毛管上升高度	低	高	中
通气性	好	较好	不好
排水速度	快	较慢	慢或很慢
有机质含量	低	中	高
有机质降解速率	快	中	慢
养分含量	低	中等	高
供肥能力	弱	中等	强
污染物淋洗	允许	中等阻力	阻止
防渗能力	差	中等	好或很好
胀缩性	小或无	中等	大
可塑性	无	较低	强或很强
升温性	易升温	中等	较慢
耕性	好	好或较好	较差或恶劣
有毒物质	无	较低	较高

(2)土壤结构

土壤结构包含土壤结构体和土壤结构性。土壤结构体是指土壤颗粒(单粒)团聚形成的具有不同形状和大小的土团和土块。土壤结构性是指土壤结构体的类型、数量、稳定性以及土壤的孔隙状况。按照土壤结构体的大小、形状和发育程度可分为团粒结构、粒状结构、块状结构、核状结构、柱状结构、棱柱状结构、片状结构等,各种结构体的特点如图 2-4、表 2-10 所示。

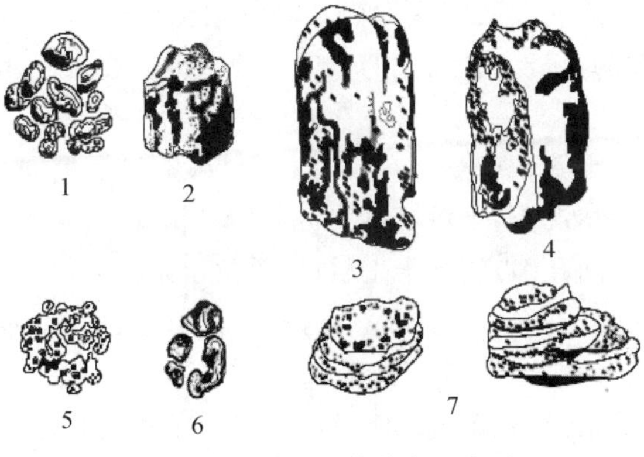

图 2-4　土壤结构体的主要类型

1. 团粒结构　2. 块状结构　3. 柱状结构　4. 棱柱状结构
5. 粒状结构　6. 核状结构　7. 片状结构

表 2-10　各种土壤结构体的特点

名称	俗称	产生条件	特点
团粒结构	蚂蚁蛋、米糁子	有机质含量较高、质地适中的土壤	近似球形且直径大小在 0.25～10 mm 的土壤结构体；是农业生产中最理想的结构体
粒状结构		有机质含量不高、质地偏沙的耕作层土壤	土粒团聚成棱角比较明显，水稳性与机械稳定性较差，大小与团粒结构相似的土团
块状结构	坷垃	有机质含量较低或黏重的土壤	结构体呈不规则的块体，长、宽、高大致相近，边面不明显，结构体内部较紧实
核状结构	蒜瓣土	黏土而缺乏有机质的心土层和底土层	外形与块状结构体相似，体积较小，但棱角、边、面比较明显，内部紧实坚硬，泡水不散
柱状结构	立土	水田土壤、典型碱土、黄土母质的下层	结构体呈立柱状，纵轴大于横轴，比较紧实，孔隙少
棱柱状结构		质地黏重而水分又经常变化的下层土壤	外形与柱状结构体很相似，但棱角、边、面比较明显，结构体表面覆盖有胶膜物质
片状结构	卧土	表层遇雨或灌溉后出现的结皮、犁底层	结构体形状扁平、成层排列，呈片状或板状

促进土壤团粒结构形成的措施主要有：增施有机肥料；调节土壤酸碱度；适时深耕、耙耱、镇压、中耕等，破除土壤板结；合理轮作，如用地植物和养地植物轮作；合理灌溉、晒垡、冻垡；施用土壤结构改良剂。

(3)土壤孔隙

土壤中土粒或团聚体之间以及团聚体内部的空隙称为土壤孔隙。土壤孔性，也称为土壤孔隙性，是指土壤孔隙的数量、大小、比例和性质的总称。通常是用间接的方法，测定土壤密度、容重后计算出来的。

①土壤密度和容重　土壤密度是指单位体积土粒(不包括粒间孔隙)的烘干土质量，单位是 g/cm^3 或 t/m^3；一般情况下，土壤密度为 2.65 g/cm^3。土壤容重是指在田间自然状态下，单位体积土壤(包括粒间孔隙)的烘干土质量，单位也是 g/cm^3 或 t/m^3；多数土壤容重在 1.0～1.8 g/cm^3，沙土多在 1.4～1.7 g/cm^3；黏土一般在 1.1～1.6 g/cm^3；壤土介于二者之间。土壤密度与土壤容重的区别如图 2-5 所示。

对于质地相同的土壤来说，容重过小则表明土壤处于疏松状态，容重过大则表明土壤处于紧实状态；对于园林植物来说，土壤过松过紧都不适宜，过松则通气透水性强，易漏风跑墒；过紧则通气透水性差，妨碍根系延伸。

②土壤孔隙度　土壤孔隙数量常以孔隙度来表示。土壤孔隙度是指自然状况下，单位体积土壤中孔隙体积占土壤总体积的百分数。实际工作中，可根据土壤密度和容重计算得出。

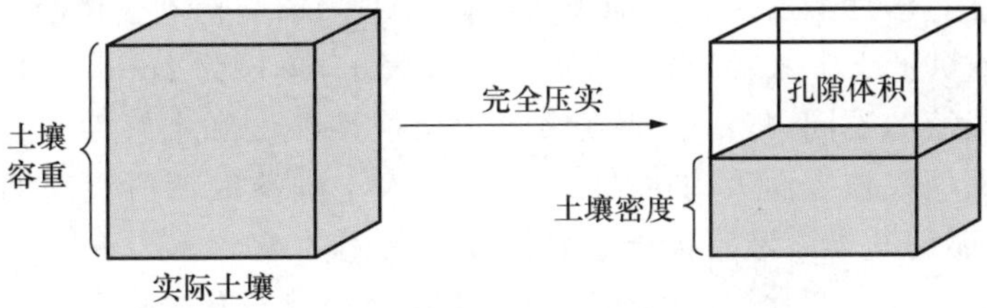

图 2-5 土壤密度与土壤容重的区别示意

$$土壤孔隙度=\left(1-\frac{土壤容重}{土壤密度}\right)\times 100\%$$

根据土壤孔隙的通透性和持水能力,将其分为 3 种类型,如表 2-11 所示。

表 2-11 土壤孔隙类型及性质

项目	孔隙类型		
	通气孔隙	毛管孔隙	无效孔隙(非活性孔隙)
当量孔径/mm	>0.02	0.02～0.002	<0.002
土壤水吸力/kPa	<15	15～150	>150
主要作用	起通气透水作用,常被空气占据	水分受毛管力影响,能够移动,可被植物吸收利用,起到保水蓄水作用	水分移动困难,不能被植物吸收利用,空气及根系不能进入

土壤孔隙度的变幅一般在 30%～60%,适宜园林植物生长发育的土壤孔隙度指标是:耕层的总孔隙度为 50%～56%,通气孔隙度在 10%以上,如能达到 15%～20%更好。土体内孔隙垂直分布为“上虚下实”,耕层上部(0～15 cm)的总孔隙度为 55%左右,通气孔隙度为 10%～15%;下部(15～30 cm)的总孔隙度 50%左右,通气孔隙度为 10%左右。“上虚”有利于通气透水和种子发芽、破土;“下实”则有利于保水和扎稳根系。

(4)土壤酸碱性

土壤酸性或碱性通常用土壤溶液的 pH 来表示。土壤的 pH 表示土壤溶液中 H^+ 浓度的负对数值,$pH=-\lg[H^+]$。我国一般土壤的 pH 变动范围在 4～9,多数土壤的 pH 在 4.5～8.5 范围内,极少有低于 4 或高于 10 的。“南酸北碱”就概括了我国土壤酸碱度的地区性差异。

①土壤酸性指标 土壤中 H^+ 的存在有两种形式,一是存在于土壤溶液中,一是吸收在胶粒表面。因此,土壤酸度可分为两种基本类型:

——活性酸度。活性酸度是由土壤溶液中氢离子浓度直接反映出来的酸度,又称有效酸度,通常用 pH 表示。表 2-12 土壤的酸碱度分级即是指活性酸度。

表 2-12 土壤的酸碱度分级

土壤 pH	<4.5	4.5～5.5	5.5～6.5	6.5～7.5	7.5～8.5	8.5～9.5	>9.5
酸碱度级别	极强酸性	强酸性	酸性	中性	碱性	强碱性	极强碱性

——潜性酸度。潜性酸度是指致酸离子(H^+、Al^{3+})被交换到土壤溶液后引起的土壤酸度,通常用每 1 kg 烘干土中氢、铝离子的厘摩尔数表示,单位为 cmol(+)/kg。根据测定潜性酸度时所用浸提液的不同,将潜性酸度又分为交换性酸度和水解性酸度。用过量的中性盐溶液浸提土壤而使胶粒表面吸附的 H^+、Al^{3+} 进入土壤溶液后所表现的酸度称为交换性酸度;而用弱酸强碱的盐类溶液浸提土壤而使胶粒吸附的 H^+、Al^{3+} 进入土壤溶液所产生的酸度称为水解性酸度。二者常被用作改良酸性土壤时计算石灰施用量的参考依据。

②土壤碱性指标　土壤碱性除用 pH 表示外,还可用总碱度和碱化度两个指标表示。我国北方多数土壤 pH 为 7.5~8.5,而含有碳酸钠、碳酸氢钠的土壤,pH 常在 8.5 以上。

总碱度是指土壤溶液中碳酸根和重碳酸根离子的总浓度,常用中和滴定法测定,单位为 cmol(+)/L。

通常把土壤中交换性钠离子的数量占交换性阳离子数量的百分比,称为土壤碱化度。一般碱化度为 5%~10%时为轻度碱化土壤;10%~15%时为中度碱化土壤;15%~20%时为强度碱化土壤;>20%时为碱土。

③土壤酸碱性与植物生长　不同植物对土壤酸碱性都有一定的适应范围,一般园林植物在弱酸、弱碱和中性土壤上(pH 为 6.0~8.0)都能正常生长。土壤中氮、磷、钾、钙、镁等养分有效性受土壤酸碱性变化的影响很大。微生物对土壤 pH 也有一定的适应范围。土壤酸碱性对土壤理化性质也有影响。土壤酸碱度与土壤肥力的关系见表 2-13。

表 2-13　土壤酸碱度与土壤肥力的关系

土壤酸碱度		极强酸性	强酸性	酸性	中性	碱性	强碱性	极强碱性
pH		3.0　4.0	4.5　5.0	5.5　6.0	6.5　7.0	7.5　8.0	8.5　9.0	9.5
主要分布区域或土壤		华南沿海的泛酸田	华南黄壤、红壤		长江中下游水稻土	西北和北方石灰性土壤	含碳酸钙的碱土	
肥力状况	土壤物理性质	越酸因钙、镁离子减少,氢离子增多,土壤结构越易破坏,妨碍土壤中水分和空气的调节				盐碱土中由于钠离子的作用,土粒分散,湿时泥泞不透水,干时坚硬		
	微生物	越酸有益细菌活动越弱,而真菌的活动越强			适宜于有益细菌的生长		越碱有益细菌活动越弱	
	氮素	硝态氮的有效性降低			氨化作用、硝化作用、固氮作用最为适宜,氮的有效性高		越碱氮的有效性越低	
	磷素	越酸磷易被固定,磷的有效性降低		磷的有效性最高	磷的有效性降低		磷的有效性增加	
	钾钙镁	越酸有效性含量越低			有效性含量随 pH 增加而增加		钙镁的有效性降低	
	铁	越酸铁越多,植物易受害			越碱有效性越低			
	硼锰铜锌	越酸有效性越高			越碱有效性越低(但 pH 8.5 以上,硼的有效性最高)			
	钼	越酸有效性越低			越碱有效性越高			
	有毒物质	越酸铝离子、有机酸等有毒物质越多			盐土中过多的可溶性盐类以及碱土中的碳酸钠对植物有毒害			

续表 2-13

土壤酸碱度	极强酸性	强酸性	酸性	中性	碱性	强碱性	极强碱性
指示植物	酸性土：铁芒萁、映山红、石松等			钙质土：蜈蚣草、铁丝蕨、南天竺等 盐土：虾须草、盐蒿、扁竹叶、柽柳等 碱土：剪刀股、碱蓬、牛毛草、麻陆等			
化肥施用	宜施用碱性肥料			宜施用酸性肥料			

(5)土壤吸收性能

土壤吸收性能是指土壤能吸收和保持土壤溶液中的分子、离子、悬浮颗粒、气体(CO_2、O_2)以及微生物的能力。土壤吸收性能是土壤的重要性质之一，能保存施入土壤中的肥料，并持续地供应植物需要；同时影响土壤的酸碱度、缓冲能力，以及土壤的结构性、耕性、水热状况。根据土壤对不同形态物质吸收、保持方式的不同，可分为 5 种类型：

①机械吸收　机械吸收是指土壤对进入土体的固体颗粒的机械阻留作用。土壤是个多孔体系，可将不溶于水中的一些物质阻留在一定的土层中，起到保肥作用。这些物质中所含的养分在一定条件下转化为植物可以吸收利用的养分。

②物理吸收　物理吸收是指土壤对分子态物质的吸附保持作用。土壤利用分子引力吸附一些分子态物质，如有机肥中的分子态物质(尿酸、氨基酸、醇类、生物碱)、铵态氮肥中的氨气分子(NH_3)及大气中的二氧化碳(CO_2)等。物理吸收保蓄的养分能被植物吸收利用。

③化学吸收　化学吸收是指易溶性盐在土壤中转变为难溶性盐而保存在土壤中的过程，也称之为化学固定。如把过磷酸钙肥料施入石灰性土壤中，有一部分磷酸一钙会与土壤中的钙离子发生反应，生成难溶性的磷酸三钙、磷酸八钙等物质，不能被植物吸收利用。

④离子交换吸收　离子交换吸收作用是指土壤溶液中的阳离子或阴离子与土壤胶粒表面扩散层中的阳离子或阴离子进行交换后而保存在土壤中的作用，又称物理化学吸收作用。这种吸收作用是土壤胶体所特有的性质，由于土壤胶粒主要带有负电荷，因此绝大部分土壤发生的是阳离子交换吸附作用。离子交换吸附作用是土壤保肥供肥最重要的方式。

⑤生物吸收　生物吸收是指土壤中的微生物、植物根系以及一些小动物可将土壤中的速效养分吸收保留在体内的过程。生物吸收的养分可以通过其残体重新回到土壤中，且经土壤微生物的作用，转化为植物可吸收利用的养分。因此这部分养分是缓效性的。

(6)土壤养分

在植物生长发育所必需的 16 种营养元素中，除去碳、氢、氧 3 种元素来自大气中的二氧化碳和水以外，其他的营养元素大部分来自土壤。

①土壤养分的来源　土壤养分的来源，大体上有以下几个方面：土壤矿物质风化所释放的养分；土壤有机质分解释放的养分；土壤微生物的固氮作用；植物根系对养分的集聚作用；大气降水对土壤加入的养分；施用肥料，包括化学肥料和有机肥料中的养分。

②土壤养分的形态　土壤养分由于其存在的形态不同，对植物的有效性差异很大。按其对植物的有效程度，土壤养分一般可分为 5 种类型：一是水溶态养分，是指能溶于水的养分。二是交换态养分，是指吸附于土壤胶体表面的交换性离子，如 NH_4^+、K^+、Ca^{2+}、$H_2PO_4^-$ 等。水溶态养分和交换态养分合称速效养分。三是缓效态养分，是指某些矿物中较易释放的养分。四是难溶态养分，是指存在于土壤原生矿物中且不易分解释放的养分。如氟磷灰

石中的磷、正长石中的钾。五是有机态养分，是指存在于土壤有机物质中的养分。有机态养分多数不能被植物吸收利用，需经过分解转化后才能释放出有效养分。但有机态养分的分解释放较矿物态养分容易得多。

土壤中各种形态的养分没有截然的界限。由于土壤条件和环境的变化，土壤中的养分能够发生相互的转化。

4. 活动过程

(1)土壤质地判断(手测法)

①基本原理　手测法是以手指对土壤的感觉为主，结合视觉和听觉来确定土壤质地名称。手测法是最简便的土壤质地测定法，广泛应用于野外、田间土壤质地的鉴定。

②操作过程　手测法分为干测法和湿测法两种，无论是何种方法，均为经验方法。选择所提供的土壤分析样品，进行下列全部或部分内容(表 2-14)的操作。标准见表 2-15、表 2-16。

表 2-14　手测法测定土壤质地

工作环节	操作规程	质量要求
干测法	取玉米粒大小的干土块，放在拇指与食指间使之破碎，并在手指间摩擦，根据指压时间大小和摩擦时感觉来判断	(1)应拣掉土样中的植物根、结核体(铁子、石灰结核)、侵入体等 (2)干测法见表 2-15 (3)湿测法见表 2-16
湿测法	取一小块土，放在手中捏碎，加入少许水，以土粒充分浸润为度(水分过多过少均不适宜)，根据能否搓成球、条及弯曲时断裂等情况加以判断	
结果判断	(1)按照先摸后看，先沙后黏，先干后湿的顺序，对已知质地的土壤手摸测定其质地 (2)先摸后看就是首先目测，观察有无坷垃、坷垃多少和硬软程度。质地粗的土壤一般无坷垃，质地越细坷垃越多越硬。沙质土壤比较粗糙无滑感，黏重的土壤正好相反	加入的水分必须适当，不粘手为最佳，随后按照搓成球状、条状、环形的顺序进行，最后将环压扁成片状，观察指纹是否明显

(2)土壤容重与孔隙度测定

①基本原理　土壤容重采用质量法原理进行测定。先称出已知容积的环刀重，然后带环刀(图 2-6)到田间取原状土，立即称重并测定其自然含水量，通过前后差值换算出环刀内的烘干土重，求得容重值，再利用公式计算出土壤孔隙度。

②操作过程　选取园林林地、绿化地、草坪等，进行表 2-17 的操作。

(3)土壤紧实度测定

①基本原理　主要根据土壤穿入阻力，了解土壤的松紧程度。

②操作过程　选取园林林地、绿化地、草坪等，进行表 2-18 的操作。

表 2-15　土壤质地手测法判断标准(干测法)

质地名称	干燥状态下在手指间挤压或摩擦的感觉	在湿润条件下揉搓塑形时的表现
沙土	几乎由沙粒组成,感觉粗糙,研磨时沙沙作响	不能呈球形,用手捏成团,但一解即散,不能成片
沙壤土	沙粒为主,混有少量黏粒,很粗糙,研磨时有响声,干土块用小力即可捏碎	勉强可呈厚而极短的片状,能搓成表面不光滑的小球,不能搓成条
轻壤土	干土块稍用力挤压即碎,手捻有粗糙感	片长不超过 1 cm,片面较平整,可成直径约 3 mm 的土条,但提起后易断裂
中壤土	干土块用较大力才能挤碎为粗细不一的粉末,沙粒和黏粒的含量大致相同,稍感粗糙	可成较长的薄片,片面平整,但无反光,可以搓成直径约 3 mm 的小土条,弯成 2～3 cm 的圆形时会断裂
重壤土	干土块用大力才能破碎成为粗细不一的粉末,黏粒的含量较多,略有粗糙感	可成较长的薄片,片面光滑,有弱反光,可以搓成直径约 2 mm 的小土条,能弯成 2～3 cm 的圆形,压扁时有裂缝
黏土	干土块很硬,用力不能压碎,细而均一,有滑腻感	可成较长的薄片,片面光滑,有强反光,可以搓成直径约 2 mm 的细条,能弯成 2～3 cm 的圆形,且压扁时无裂缝

表 2-16　土壤质地野外手感鉴定分类标准(湿测法)

质地名称		手捏	手刮	手挤
卡庆斯基制	国际制			
沙土	沙土	不管含水量为多少,都不能搓成球	不能成薄片,刮面全部为粗沙粒	不能挤成扁条
壤沙土	沙壤土	能搓成不稳定的土球,但搓不成条	不能成薄片,刮面留下很多细沙粒	不能挤成扁条
轻壤土	壤土	能搓成直径 3～5 mm 粗的小土条,拿起时摇动即断	较难成薄片,刮面粗糙似鱼鳞状	能勉强挤成扁条,但边缘缺裂大,易断
中壤土	黏壤土	小土条弯曲成圆环时有裂痕	能成薄片,刮面稍粗糙,边缘有少量裂痕	能挤成扁条,摇动易断
重壤土	壤黏土	小土条弯曲成圆环时无裂痕,压扁时产生裂痕	能成薄片,刮面较细腻,边缘有少量裂痕,刮面有弱反光	能挤成扁条,摇动不易断
黏土	黏土	小土条弯曲成圆环时无裂痕,压扁时也无裂痕	能成薄片,刮面细腻平滑,无裂痕,发光亮	能挤成卷曲扁条,摇动不易断

表 2-17　土壤孔隙度测定

工作环节	操作规程	质量要求
称空重	检查每组环刀与上下盖和环刀托是否配套(图 2-6),用草纸擦净环刀,加盖称重,记下编号;同时称重干洁的铝盒,记录编号,然后带上环刀、铝盒、削土刀、小铲或铁锹到田间取样	样品称量精确到 0.1 g;要注意环刀与上下盖、铝盒及盖要保持对应
选点	测耕作层土壤容重,则在待测田间选择代表性地点,除去地表杂物,用铁锹铲平地表,去掉约 1 cm 的最表层土壤,然后取土,重复 3 次。若测土壤剖面不同层次的容重,则需先在田间选择挖掘土壤剖面的位置,然后挖掘土壤剖面,按剖面层次,自下而上分层采样,每层重复 3 次	选择待测田间代表性地点,使取样有代表性
取土	将环刀托放在已知质量的环刀上,套在环刀无刃口一端,将环刀刃口向下垂直压入土中,至环刀筒中充满土样为止。环刀压入时要平稳,用力要一致	要用力均匀使环刀入土;在用小刀削平土面时,应注意防止切割过分或切割不足;多点取土时取土深度应保持一致
称重	用小铁铲或铁锹挖去环刀周围的土壤,在环刀下方切断,取出已装满土的环刀,使环刀两端均留有多余的土壤。用小刀削去环刀两端多余的土壤,使两端的土面恰与刃口平齐,并擦净环刀外面的土,立即称重。若带回室内称重,则应在田间立即将环刀两端加盖,以免水分蒸发影响称重	若不能立即称重,带回室内称重,则应立即将环刀两端加盖,以免水分蒸发影响称重
测定土壤含水量	在田间环刀取样的同时,在同层采样处,用铝盒采样(20 g 左右)或者直接从称重后的环刀筒中取土(约 20 g)测定土壤含水量	酒精燃烧法测定土壤自然含水量
土壤容重计算	按下式计算土壤容重: $$土壤容重(d,g/cm^3)=\frac{(M-G)\times 100}{V(100+W)}$$ 式中:M 为环刀+湿土重(g);G 为环刀重(g);V 为环刀容积(cm^3);W 为土壤含水量(%)	此法重复测定不少于 3 次,允许平行绝对误差<0.03 g/cm^3,取算术平均值
土壤孔隙度计算	计算方法如下: $$土壤孔隙度(P_1)=\left(1-\frac{土壤容重}{土壤密度}\right)\times 100\%$$ 式中:土壤密度采用密度值 2.65 g/cm^3 土壤毛管孔隙度(P_2)=土壤田间持水量×土壤容重 土壤非毛管孔隙度(P_3)=P_1-P_2	

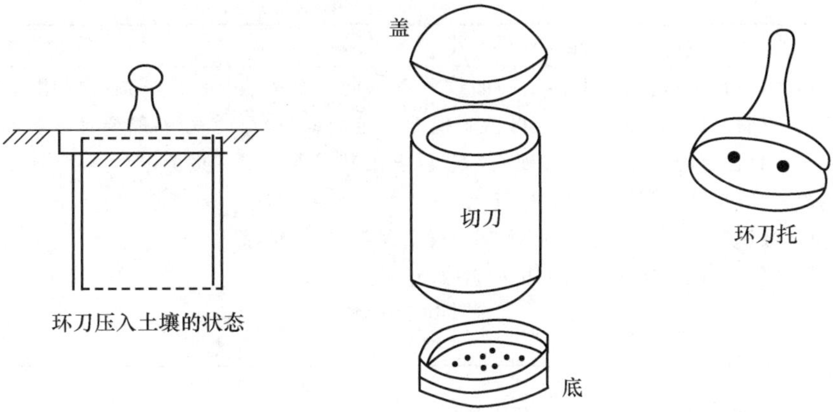

图 2-6 环刀

表 2-18 土壤紧实度测定

工作环节	操作规程	质量要求
安装或更换弹簧	(1)从仪器箱中取出仪器,旋下螺旋杆上的顶头螺钉 (2)拔出记录插销,并取下记录盘。记录盘上有两只挡销,只有将记录盘旋转到某一特定位置时,挡销才能从弹簧上盖螺帽的槽中通过,即可取下记录盘 (3)取下 8110 轴承法兰,旋下弹簧上盖螺帽取出 (4)装入或更换所需规格的弹簧,并根据卸装顺序的反向装上所有部件	(1)应根据土壤硬度更换相应大小的应变弹簧,以便精确测定 (2)土壤硬度大的时候安装 0.75 kN 弹簧,小时安装 0.25 kN 弹簧,一般安装 0.50 kN 弹簧
土壤硬度测定	(1)取出仪器,装上把手、摇把、测力接杆和测头。如果用 0.75 kN 弹簧,踏板的安装位置与摇柄和把手垂直以利两人操作 (2)翻下记录笔,旋下记录盘上的一只纸筒,将记录纸装在一纸筒上,然后装进记录盘,再将纸的另端绕过记录盘外表面后,插入另一纸筒中,绷紧记录纸(在装纸带时,记录笔可以先翻到朝下位置) (3)旋下记录笔夹,插入笔芯,使笔芯伸出 3 mm 左右旋紧笔夹,翻上记录笔使其压在记录纸带上 (4)拔出记录盘上的插销,反时针摇动摇把,使测杆上升,直到螺旋杆上刻度的 0 线与记录盘顶端相平为止。将记录盘上的插销插入螺旋杆的螺旋槽中 (5)将仪器置于测点上,用脚踏住踏板,顺时针摇动摇把,直至螺旋杆上的顶头螺钉与记录盘相碰为止。再将记录笔翻到朝下位置(顶头螺钉与记录笔脱离)。反时针摇动摇把,使螺旋杆返回,测量结束	(1)在测量过程中,要时刻注意记录笔在记录纸上的记录情况,如果笔在纸上的垂直方向移动很少,说明仪器中的应变测力弹簧太硬,应换小一级的。如果笔在纸上的垂直方向移动很大(大于 40 mm),应停止工作,换大一级的弹簧 (2)避免仪器碰撞;小心翻动记录笔,翻上记录笔时应轻放,以免碰断笔芯 (3)测定完时应在翻下记录笔后反向摇动摇把使螺旋杆返回,不可直接从土壤中拔出测力接杆及测头,更不能摇动仪器以免测力接杆折断在土壤中 (4)每次测定完后,应擦净泥污,卸下所装部件放入仪器箱中

续表 2-18

工作环节	操作规程	质量要求
土壤硬度值查对	(1)取下记录纸，从纸上绘出的曲线可看出同一个测点上的不同深度的弹簧变形量，再参照仪器标定曲线，查出测头在该深度的阻力(即土壤硬度)，若要求出某一点的平均阻力，算出弹簧变形量的平均值 (2)在测定量程"仪器标定曲线"上，根据弹簧变形(即垂直距离示值，mm)查出各示值相对应的硬度值 $\text{弹簧变形量的平均值}=\dfrac{\text{曲线包围面积}}{\text{测深}}$	仪器出厂时附有弹簧标定曲线，在需要时可重新进行弹簧刚度标定

(4)土壤酸碱性测定

①基本原理　混合指示剂法测定是利用指示剂在不同 pH 溶液中，可显示不同颜色的特性，根据其显示颜色与标准酸碱比色卡进行比色，即可确定土壤溶液的 pH。

②操作过程　选取园林林地、绿化地、草坪等土壤，进行表 2-19 的操作。

表 2-19　混合指示剂法测定土壤酸碱性

工作环节	操作规程
试样制备	取黄豆大小待测土壤样品，置于清洁白瓷比色板穴中，加指示剂 3～5 滴，以能全部湿润样品而稍有剩余为宜，水平振动 1 min，静置片刻
pH 测定	待稍澄清后，倾斜瓷板，观察溶液色度与标准色卡比色，确定 pH
比色卡制备	为了方便而准确，事先配制成不同 pH 的标准缓冲液，每隔半个或一个 pH 单位为一级，取各级标准缓冲液 3～4 滴于白瓷比色板穴中，加混合指示剂 2 滴，混匀后，即可出现标准色阶，用颜料配制成比色卡片备用

5. 问题处理

活动结束后，完成以下问题：

(1)调查当地土壤质地情况，完成表 2-20 中内容。并根据当地种植的主要植物，判断其适宜的土壤质地类型是什么？有无不良质地？如何进行合理改良？

表 2-20　3 种不同土壤质地的特点和农业生产特性

性质与生产特性	沙土	黏土	壤土
通气透水性			
保水保肥性			
养分含量			
供肥性能			
土温变化			
植物生长特性			
适宜园林作物(3 种)			

(2)可将各次称重结果记录入表 2-21 中,便于计算。

表 2-21　土壤容重测定记录表

土样编号	环刀重 G/g	环刀＋湿土重 M/g	铝盒重 W_1/g	铝盒＋湿土重 W_2/g	铝盒＋干土重 W_3/g	含水量/%	容重/(g/cm^3)	孔隙度/%

测定土样土壤容重时,为什么要保持土样的自然状态?测定中应注意哪些问题?你测定的容重及孔隙状况是否符合良好的园林土壤的要求?

(3)可将各次测定结果记录在表 2-22 中。

表 2-22　土壤紧实度测定记录表　　cm

测点	土层深度				
	0～5	5～10	10～15	15～20	总平均
1					
2					
3					
平均值					

(4)调查当地园林土壤,比较四类土壤结构体的特性、发生条件,填入表 2-23 中。当地农户有哪些创造团粒结构的好经验?

表 2-23　土壤结构体特性及发生条件

结构类型	特性	俗称	发生条件
团粒结构			
块状结构			
柱状结构			
片状结构			

(5)用混合指示剂法测当地土壤 pH,并判断其与种植园林植物有何关系。调查当地如何改良过酸或过碱土壤,你的团队能提出哪些改进意见?

活动三　园林土壤环境调查

1. 活动目标

◆知识目标:了解园林土壤剖面的层次及特点。

◆能力目标:能正确进行土壤剖面的设置、挖掘和观察记载,并能较准确地鉴别土壤生产性状，找出限制生产的障碍因素，为合理地改良利用土壤提供依据。

2. 活动准备

将全班按4人一组分为若干组，每组准备以下材料和用具：海拔仪、土壤硬度计、测高器、指北针、铁锹、土铲、锄头、剖面刀、放大镜、铅笔、钢卷尺、小刀、橡皮、白瓷比色板、土壤剖面记载表、10%盐酸、酸碱混合指示剂、赤血盐等。

3. 相关知识

从地表向下所挖出的垂直切面称为土壤剖面。土壤剖面一般由平行于地表、外部形态各异的层次组成，这些层次称为土壤发生层或土层。土壤剖面形态是土壤内部性质的外在表现，是土壤发生、发育的结果。不同类型的土壤具有不同的剖面特征。

(1)自然土壤剖面

自然土壤剖面一般可分为4个基本层次：腐殖质层(A)、淋溶层(B)、淀积层(C)和母质层(D)。每一层次又可细分若干层，如图2-7所示。

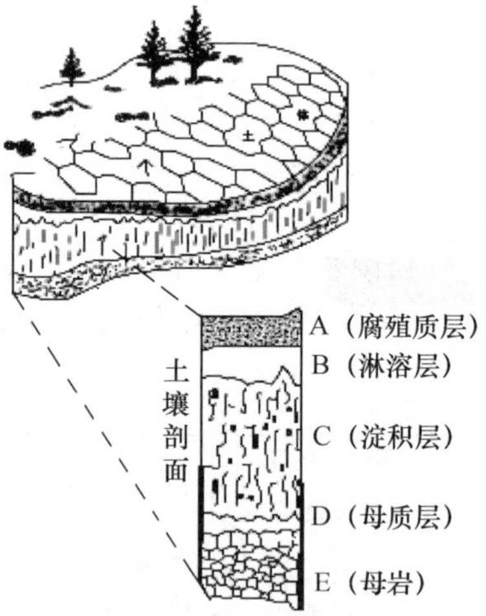

图2-7 自然土壤剖面示意

由于自然条件和发育时间、程度的不同，土壤剖面构型差异很大，有的可能不具有以上所有的土层，其组合情况也可能各不相同。如发育处在初期阶段的土壤类型，剖面中只有A—C层，或A—AC—C层；受侵蚀地区表土冲失，产生B—BC—C层的剖面；只有发育时间很长，成土过程亦很稳定的土壤才有可能出现完整的A—B—C式的剖面。有的在B层中还有Bg层(潜育层)、BCa层(碳酸盐聚积层)、Bs层(硫酸盐聚积层)等。

(2)耕作土壤剖面

旱地耕作土壤剖面一般也分为4层：耕作层(表土层)、犁底层(亚表土层)、心土层及底土层(表2-24)。

表2-24 旱地耕作土壤剖面构造

层次	代号	特征
耕作层	A	又称为表土层或熟化层，厚15～20 cm。受人类耕作生产活动影响最深，有机质含量高，颜色深，疏松多孔，理化与生物学性状好
犁底层	P	厚约10 cm，受农机具影响常呈片状或层状结构，通气透水不良，有机质含量显著下降，颜色较浅
心土层	B	厚度为20～30 cm，土体较紧实，有不同物质淀积，通透性差，根系少量分布，有机质含量极低
底土层	G	一般在地表50～60 cm及以下，受外界因素影响很小，但受降雨、灌排和水流影响仍很大

4. 活动过程

选择当地主要园林土壤，进行表 2-25 全部或部分内容的操作。

表 2-25 园林土壤剖面挖掘与观察

工作环节	操作规程	质量要求
土壤剖面设置	剖面位置的选择一定要有代表性。对某类土壤来说，只有在地形、母质、植被等成土因素一致的地段上设置剖面点，才能准确地反映出土壤的各种性状	避免选择在路旁、田边、沟渠边及新垦搬运过的地块上
土壤剖面挖掘	选好剖面点后，先画出剖面的挖掘轮廓，然后挖土。主剖面的规格一般长为 1.5 m、宽 0.8 m、深 1.0 m。深度不足 1.0 m 者，挖至母岩、砾石层或地下水位为止。将观察面分成两半，一半用土壤剖面刀自上而下地整理成毛面，另一半削成光面，以便观察时相互进行比较	观察面要垂直向阳，观察面的对面要挖成阶梯状。所挖出表土和底土分别堆放在土坑的两侧，以便回填时先填底土，再填表土，尽可能恢复原状
剖面层次划分	自然土壤剖面按发生层次划分土层：枯枝落叶层、腐殖质层、淋溶层、淀积层、母质层等层次。耕作土壤剖面层次划分：耕作层、犁底层、心土层、底土层或母岩层。水稻土剖面层次：耕作层、犁底层、潴育层、潜育层或青泥层	由于自然条件和发育时间、程度的不同，土壤剖面构型差异很大，一般不具有所有层次，其组合情况也各不相同
剖面形态观察记载	(1)土壤颜色：土壤颜色有黑、白、红、黄 4 种基本色，但实际出现的往往是复色。观察时，先确定主色，后确定次色，次色记在前面，主色在后	确定土壤颜色时，旱田以干状态时为准，水田以观察时的土色为准
	(2) 土壤质地：野外测定土壤质地，一般用手测法，其中有干测法和湿测法两种，可相互补充，一般以湿测法为主	标准见土壤质地测定
	(3) 土壤结构：用挖土工具把土挖出，让其自然落地散碎或用手轻捏，使土块分散，然后观察被分散开的个体形态的大小、硬度、内外颜色及有无胶膜、锈纹、锈斑等，最后确定结构类型	标准见土壤结构的观察
	(4) 松紧度：野外鉴定土壤松紧的方法可根据小刀插入土体的难易和阻力大小来判断。有条件的可用土壤紧实度仪测定	松：小刀易入土，基本无阻力；散：稍加力，小刀即可插入土体；紧：用力较大，小刀才能插入土体；紧实：用力很大，小刀才能插入土体；坚实：十分费力，小刀也难以插入土体
	(5)土壤干湿度：按各土层的自然含水状态分级	干：土壤呈干土块，手试无凉感，嘴吹时有尘土扬起； 润：手试有凉感，嘴吹无尘土扬起； 潮：有潮湿感，手握成土团，落地即散，放在纸上能使纸变湿； 湿：放在手上使手湿润，握成土团后无水流出

续表 2-25

工作环节	操作规程	质量要求
剖面形态观察记载	(6)新生体:新生体是在土壤形成过程中产生的物质,如铁锰结核、石灰结核等	反映土壤形成过程中物质的转化情况
	(7)侵入体:是外界侵入土壤中的物体,如瓦片、砖碴、炭屑等	其存在,与土壤形成过程无关
	(8)根系:反映植物根系分布状况	多量:1 cm^2 有 10 条根以上; 中量:1 cm^2 有 5～10 条根; 少量:1 cm^2 有 2 条根左右; 无根:见不到根痕
	(9)石灰性反应:用 10%稀盐酸,直接滴在土壤上,观察气泡产生情况,判断其石灰含量	无石灰质:无气泡、无声音; 少石灰质:徐徐产生小气泡,可听到响声,含量为 1%以下; 中量石灰质:明显产生大气泡和响声,但很快消失,含量为 1%～5%; 多石灰质:发生剧烈沸腾现象,产生大气泡,响声大,历时较久,含量为 5%以上
	(10)亚铁反应:用赤血盐直接滴加测定;土壤酸碱度:土壤酸碱度的测定用混合指示剂法	土壤酸碱度标准见土壤酸碱度测定技能训练

5. 问题处理

活动结束后,完成以下问题:

将上述观察结果记录于土壤剖面观察记载表(表 2-26)。

表 2-26 土壤剖面观察记载表

剖面野外编号________室内编号______地点:____县____乡____村 调查时间:____年____月____日

土壤名称:当地名称________最后定名________ 代表面积________

(一)土壤剖面环境

1. 地形___________ 2. 海拔___________ 3. 成土母质___________ 4. 自然植被___________

5. 农业利用方式____ 6. 灌溉方式______ 7. 排水条件___________ 8. 地下水位___________

9. 地下水水质______ 10. 侵蚀情况______

(二)土壤生产性能

1. 耕作制度________

2. 产量水平

(1)__________

(2)__________

3. 施肥水平

(1)__________

(2)__________

(3)__________

4. 植物生长表现:

5. 耕作性能:

6. 障碍因素:

7. 肥力等级:

(三)土壤剖面示意

续表 2-26

(四)土壤剖面描述

序号	剖面图	层次代号	深度/cm	质地	新生体			紧实度	植物根系	侵入体	孔隙度
					类别	形态	数量				

序号	剖面图	层次代号	深度/cm	亚铁反应	石灰反应	pH	全氮/%	碱解氮/(mg/kg)	速效磷/(mg/kg)	速效钾/(mg/kg)	有机质/(g/kg)

活动四 园林土壤的利用与管理

1. 活动目标

◆知识目标:了解园林土壤的基本特点。

◆能力目标:能熟练进行园林土壤的利用与管理。

2. 活动准备

根据班级人数,按 4 人一组,分为若干组,小组共同调研,制订园林土壤培肥改良计划或方案,共同研讨,并进行小组评价。

3. 相关知识

园林土壤是自然土壤被城市占据,在人类强烈活动影响下形成的。随着我国城市化进程不断加快,城市迅速扩大,重视城市土壤资源的特征与管理是一项重要的任务。园林土壤具有以下特征：

(1)人为影响大，肥力性状差

自然土壤或耕作土壤经城市占用并受人类活动的影响，土壤性状会发生明显的变化。城市土壤微生物数量较少，植被类型明显减少；土壤生物量大幅度降低，土壤生物多样性下降；土壤物质流和能量流循环失衡，土壤物质运行受到阻隔；土壤腐殖质逐渐减少；土壤团粒结构被破坏，土壤结构趋向块状和片状，碴、砾增多；土壤紧实度加剧，土壤容重明显变大，孔隙状况不良，总孔隙度小，土壤持水能力降低；土壤酸性或碱性加剧，营养元素含量下降。

(2)土壤污染严重

城市化伴随工业发展，城市人口密度和数量增大，各种化学用品不断增加，生活垃圾、工程废料和生活废水及工业污染物排放等都是污染土壤的因素。

(3)净化功能明显降低，有害成分增加

城市土壤由于腐殖质呈明显的下降趋势，土壤生物活性明显降低，土壤黏土矿物更新过程放缓，所以土壤降解、转化污染物的能力大大降低，土壤过滤器和净化器的功能明显减弱。各类污染物易进入地下水或通过生物链进入动物、植物体内，造成城市地下水体污染和城市植物有害成分增加。

4. 活动过程

城市园林土壤是在当地自然土壤或农业土壤基础上形成的，依据当地土壤情况完成表2-27所列操作过程。

表 2-27　城市土壤利用与管理

工作环节	操作规程	质量要求
合理利用城市土壤	根据土壤类型选择适宜植物栽培。绿化用地在绿化前，要进行园林绿化设计，在运用植物造景进行植物配置时，力求做到适地适树。在施工过程中发现土壤条件不适宜设计上安排的树种，要及时改换其他树种栽植	紧实土壤或带宽小于2 m，要选择适应性强的树种栽植；碴、砾多的土壤要栽植喜气耐肥树种；水位高、潮湿土壤上要栽植喜湿树种；盐碱地要选用耐盐碱的树种；楼北的地方要选种耐阴树种
适时改良城市土壤	(1)改土。如果遇到松散土壤或极紧土壤不适宜树木栽植，要进行改土。改土是将土坑按规格要求挖好后，遇有碴、砾要去掉，坑内施基肥换好土栽植，栽植第二年后要在树坑外围环状改土。在可能情况下，改土后经2～3年再在树的周围用同样方法扩大改土面积 (2)改土复壮。对已栽植多年的树木因土壤碴、砾多或土壤紧实而造成长势弱的植株要进行改土复壮。改土方法基本同上，但要将环状改土分2～3年完成，每年可改土一部分，减少树根损伤	改土规格是在树坑外围挖成宽0.8 m左右，深0.8 m左右的环状沟。沟挖完后，视土壤情况确定土壤处理方法。多碴土壤要筛除碴、砾，换上掺有草炭、有机肥、锯末等保水保肥物质；紧实土壤可掺些树木屑、枝叶、沙砾等松土物质

续表 2-27

工作环节	操作规程	质量要求
适时改良城市土壤	(3)改善土壤环境。石灰碴土在植树前要将坑内的土全部换成好土。盐渍化土要采取挖沟排盐、灌水洗盐等措施降低土壤含盐量。水湿土壤要在绿化前挖沟排水或垫土抬高地面 (4)生物改良土壤。种植白三叶既可以绿化又可以通过固氮改良土壤	改土规格是在树坑外围挖成宽 0.8 m 左右，深 0.8 m 左右的环状沟。沟挖完后，视土壤情况确定土壤处理方法。多碴土壤要筛除碴、砾，换上掺有草炭、有机肥、锯末等保水保肥物质；紧实土壤可掺些树木屑、枝叶、沙砾等松土物质
因地制宜土壤培肥	(1)增加土壤养分。要将每年修剪的枝叶收集粉碎以备改土之用。贫瘠土壤或营养面积不足的绿地，要施足基肥、及时追肥。城市建筑占用肥力高土壤，可将表土储备起来用作绿化地改土换土之用 (2)改善土壤通气状况。紧实土壤进行松土并掺混一些能增加土壤透气物质。条件允许情况下人行道铺装改成透气铺装 (3)调节土壤水分。根据土壤墒情做到适时浇水。保水性差的土壤可改土增加土壤保水性。扩大城市地表水面积，减少铺装，提高土壤含水量 (4)加强土壤管理。禁止在绿地挖土、堆放杂物。禁止建筑垃圾埋入绿地。防止有害物质污染土壤。禁止人为践踏土壤	(1)肥料要选用专用树肥或多元素无机肥与有机肥混施效果最佳。施肥时间、深度、范围和施肥量等确定要有利于植物根系吸收为宜 (2)保水差的土壤浇水要少量多次；板结土壤应在根区松土筑埂浇水

5. 问题处理

活动结束后，完成以下问题：

(1)简述当地园林土壤利用情况。当地园林土壤利用中存在的主要问题是什么？

(2)对当地园林土壤利用与管理有什么好建议？

【师生互动】

将全班按 5～8 人标准分为若干团队，对学校所在城市与郊区相比，调查以下内容，并进行团队互动，提出合理化建议。

1. 调查当地园林工作者，并实地测量 5 处土壤容重，提出当地主要植物生长适宜的土壤孔隙指标是多少。

2. 描述一下当地园林土壤的质地、孔性、结构等，并探讨其改善或调控措施有哪些。

3. 调查当地园林土壤的吸收性能如何，土壤的保肥与供肥方式主要是什么。当地常采取哪些措施来改善园林土壤的保肥与供肥？

4. 调查当地园林土壤存在哪些主要问题，有何典型管理经验。

5. 选取当地典型园林土壤类型，采取土壤样品并进行有关室内分析，挖掘土壤剖面，进行该土壤生产性状描述。

【知识拓展】

如果同学们想了解更多的知识，可以通过下面的渠道进行学习：

1. 阅读杂志

(1)《中国土壤与肥料》

(2)《土壤通报》

(3)《土壤》

(4)《土壤学报》

2. 浏览网站

(1)中国科学院南京土壤研究所网　http://www.issas.ac.cn/

(2)中国肥料信息网　http://www.natesc.gov.cn/

(3)中国农业科学院土壤肥料研究所网　http://sfi.caas.ac.cn/

(4)××省(市)土壤肥料信息网

3. 阅读书籍

(1)《土壤肥料》(第4版)，宋志伟主编，中国农业出版社

(2)《土壤肥料》，李小为，高素玲主编，中国农业大学出版社

(3)《植物生长环境》(第3版)，宋志伟主编，中国农业大学出版社

(4)《植物生长与环境》，宋志伟、杨净云主编，中国农业出版社

Chapter 3

学习情境三

水分环境与园林植物生长

活动一 园林植物生长的水分环境

活动二 园林植物对水分的生态适应

活动三 园林植物生长的水分环境调控

【情境创设】

能力目标	专业能力	1. 熟练测定土壤自然水分含量； 2. 熟练进行园林植物蒸腾强度的测定； 3. 熟练进行土壤墒情判断及水分环境调控。
	方法能力	1. 具备获取信息、收集资料的能力； 2. 具备制订计划、执行计划的能力； 3. 具备自主学习、发现问题、解决问题的能力。
	社会能力	1. 具备良好的团队协作、配合能力； 2. 具备良好的与人沟通、协调能力； 3. 具备一定的方法综合、创新能力。
知识目标	1. 熟悉陆地的水分分布与城市水分环境； 2. 了解水对园林植物的作用，熟悉水分对园林植物的生态效应，熟悉园林植物对水分环境的适应； 3. 熟悉园林植物的水分环境调控主要措施。	
思政目标	学习“中国现代园林之父陈从周：以中国特色倡导造园、复园、改园”的工作事迹，培养学生坚持中国自信、精益求精、甘于奉献的精神。 二维码 思政园地	
教学条件	多媒体课件、多媒体教室、实训室、图书馆、互联网、微信公众号。	
教学方法	课堂讲授、资料查阅、现场训练、课外活动。	
考核评价	学习过程考核	计划制订(20%)、师生析疑(10%)、完成任务(50%)、检查评价(20%)。
	拓展能力考核	工作态度(20%)、岗位技能(50%)、拓展能力(20%)、团队合作(10%)。
考核方式	教师评价(70%)、小组互评(20%)、学生自评(10%)。	

【活动内容】

活动一　园林植物生长的水分环境

1. 活动目标

◆知识目标:熟悉陆地的水分分布与城市水分环境。

◆能力目标:熟练准确地测定土壤自然水分含量。

2. 活动准备

根据班级人数,按 2 人一组,分为若干组,每组准备以下材料和用具:烘箱、天平(感量为 0.01 g 和 0.001 g)、橡皮筋、铝盒、剖面刀、无水酒精等。

3. 相关知识

(1)陆地的水分分布

①水分循环　水是地球上分布最广泛的物质之一,地球上水的总储藏量为 13.8 亿 km^3,其中海水、盐湖水等咸水占 97.47%,淡水仅占 2.53%。在淡水资源中大约只有 1%的水与植物的生命活动发生直接关系。这部分淡水包括地表水、土壤水和地下水,它们来源于大气降水。

自然界的水分循环,根据其循环途径可分为大循环和小循环。大循环是指由海洋蒸发到大气中的水汽,其中一部分被气流输送到大陆上空,以凝结降水的形式降落到地面,这些降水一部分被蒸发重新回到大气中,一部分形成地表径流汇入河川,再以河川径流的形式注入海洋;其余的部分则渗入土壤,再以地下水的形式注入海洋。在水分的大循环中,整个地球表面的年平均蒸发量和降水量是相当的,约为 1 100 mm。海洋表面的年蒸发量占地球表面总年蒸发量的 84%,陆地上的蒸发量约占 16%。每年通过各种降水到达海洋表面的水量为总降水量的 77%,到达陆地表面的水量为总降水量的 23%,其中有 7%的降水通过地表径流归还海洋以达到平衡。小循环是指由海洋和陆地蒸发的水汽(包括江、河、湖、水库等水面蒸发、潜水蒸发、陆面蒸发及植物蒸腾等)上升到空中,成云致雨,又降落到陆地或水面的过程(图 3-1)。

②地表降水　降水是指从云中降落到地面的液态或固态水,包括降水、降雪、雾和露、霜。

一是雨。从云中降到地面的液态水滴。直径一般为 0.5～7 mm。下降速度与直径有关,雨滴越大,其下降速度也越快。

二是雪。从云中降到地面的各种类型冰晶的混合物。雪大多呈六角形的星状、片状或

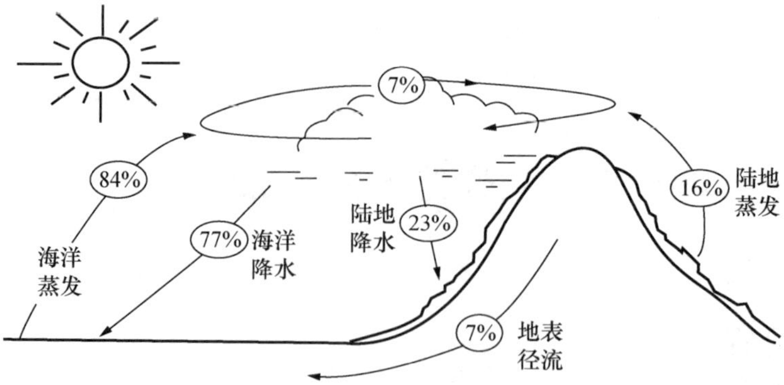

图 3-1　水循环

柱状晶体。

三是雾。当近地气层温度降低到露点以下时，空气中的水汽凝结成小水滴或水冰晶，弥漫在空气中，使水平方向上的能见度不到 1 km 的天气现象称为雾。

四是露和霜。露和霜是地面和地面物体表面辐射冷却，温度下降到空气的露点以下时，空气接触到这些冷的表面，而产生的水汽凝结现象。如露点高于 0℃，就凝结为露；如果露点低于 0℃，就凝结为霜。

降水的表示方法主要是降水量和降水强度。降水量是指一定时段内从大气中降落到地面未经蒸发、渗透和流失而在水平面上积聚的水层厚度。降水量是表示水多少的特征量，通常以 mm 为单位。降水强度是指单位时间内的降水量。降水强度是反映降水急缓的特征量，单位为 mm/d 或 mm/h。

按降水强度的大小可将降水分为若干等级(表 3-1)。

表 3-1　降水等级的划分标准

mm

种类	时间单位/h	小	中	大	暴	大暴	特大暴
雨	12	0.1～5.0	5.1～15.0	15.1～30.0	30.1～60.0	≥60.1	
	24	0.1～10.0	10.0～25.0	25.1～50.0	50.1～100	100.1～200.0	>200.0
雪	12	0.1～0.9	1.0～2.9	≥3.0	—	—	—
	24	≤2.4	2.5～5.0	>5.0	—	—	—

在没有测量雨量的情况下，我们也可以从当时的降雨状况来判断降水强度(表 3-2)。

表 3-2　降水等级的判断标准

降水强度等级	降水状况
小雨	雨滴下降清晰可辨；地面全湿，落地不四溅，但无积水或洼地积水形成很慢，屋上雨声微弱，檐下只有雨滴
中雨	雨滴下降连续成线，落硬地雨滴四溅，屋顶有沙沙雨声；地面积水形成较快
大雨	雨如倾盆，模糊成片，四溅很高，屋顶有哗哗雨声；地面积水形成很快
暴雨	雨如倾盆，雨声猛烈，开窗说话时，声音受雨声干扰而听不清楚；积水形成特快，下水道往往来不及排泄，常有外溢现象

续表 3-2

降水强度等级	降水状况
小雪	积雪深小于 3 cm 的降雪过程
中雪	积雪深达 3 cm 的降雪过程
大雪	积雪深达 5 cm 的降雪过程
暴雪	积雪深达 8 cm 的降雪过程

③土壤水分　土壤水分并非纯净水，而是稀薄的溶液，不仅溶有各种溶质，而且还有胶粒悬浮或分散于其中。根据水分在土壤中的物理状态、移动性、有效性和对植物的作用，可常把土壤水分划分为吸湿水、膜状水、毛管水、重力水等不同的形态(图 3-2)。

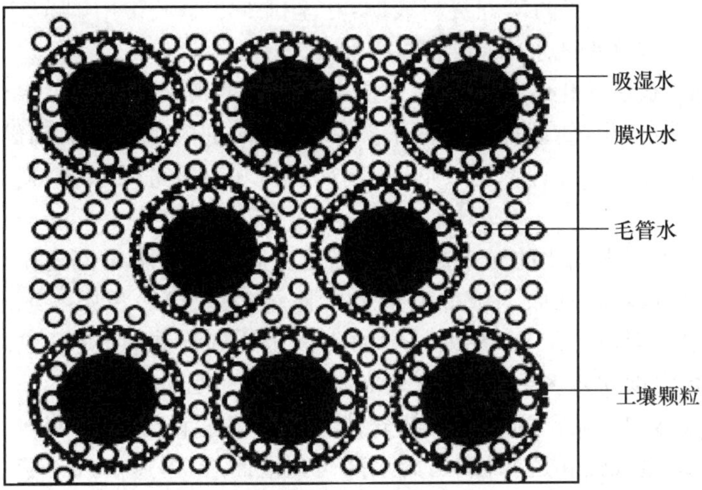

图 3-2　土壤水分形态模式

——吸湿水。由于固体土粒表面的分子引力和静电引力对空气中水汽分子的吸附力而被紧密保持的水分称为吸湿水。其厚度只有 2～3 个水分子层，分子排列紧密，不能自由移动，无溶解力，也不能为植物吸收，属于无效水分。

——膜状水。膜状水是指土粒靠吸湿水外层剩余的分子引力从液态水中吸附一层极薄的水膜。膜状水受到的引力比吸湿水小，因而有一部分可被植物吸收利用。但因其移动缓慢，只有当植物根系接触到时才能被吸收利用。吸湿水和膜状水又合称为束缚水。

——毛管水。毛管水是指土壤依靠毛管引力的作用将水分保持在毛管孔隙中的水，称为毛管水。毛管水是土壤中最宝贵的水分，也是土壤的主要保水形式。根据毛管水在土壤中存在的位置不同，可分为毛管悬着水和毛管上升水。毛管悬着水是指在地下水位较低的土壤，当降水或灌溉后，水分下移，但不能与地下水联系而“悬挂”在土壤上层毛细管中的水分；毛管上升水是指地下水随毛管引力作用而保持在土壤孔隙中的水分。

——重力水。当土壤中的水分超过田间持水量时，不能被毛管力所保持，而受重力作用的影响，沿着非毛管孔隙(空气孔隙)自上而下渗漏的水分称为重力水。

土壤含水量的表示方法主要有质量含水量、容积含水量、相对含水量等，常用的质量含水量，是指土壤水分质量占烘干土壤质量的比值，标准单位是 g/kg，通常用百分数来表示。即：

$$质量含水量=\frac{水分质量(g)}{烘干土质量(g)}\times 100\%$$

(2)城市水环境

城市水环境是指一个城市所处的地球表层的空间中水圈的所有水体、水中悬浮物及溶解物的总称。城市水圈中的水体包括河流、湖泊、水库、冰川、海洋等地面水和地下水，它构成一个城市的总体水资源，其中淡水资源对人们的生活关系密切。城市水环境体现以下特点。

①淡水资源短缺　随着我国城镇化的快速发展，城市人口和面积不断扩大，城市对水资源的需求也越来越大。城市人口密集，工业发达，用水需求过度集中，淡水缺乏是我国城市发展面临的新问题。2000 年的研究资料表明：在全国 669 个城市中，400 个城市常年供水不足，其中有 110 个城市严重缺水，日缺水量达 1 600 万 m^3。

②水污染严重、水质恶化　水体污染是指进入水体的污染物超过了水体的自净能力，使水的组成和性质发生变化，使动植物生长条件恶化，影响到人类的生活和健康。我国城市地区工业和生活污水多，污水处理率比较低，相当部分污水直接进入水体，造成水体污染，水质恶化。

③城市降雨量大　现代化的城市高楼林立，这些高层建筑阻碍流过城市的气流，会在小区域内产生涡流，形成堆积现象。城市由于工厂林立，大气中的污染物远远高于郊区，堆积的气流和上空的粉尘形成凝结核，在大气中的水汽压达到饱和时，就形成降水。因此，城市的降水频率和降水强度比郊区要高一些(表 3-3)。

④城市径流量增加　城市的郊区大部分种有作物和蔬菜，土壤不断耕作，土壤孔隙度在 50%以上，有良好的透气性和透水性，当雨水降落到地面后，迅速渗入土壤中补充地下水，有一大部分保存在土壤的毛管中，为植物的生长发育提供有效水分，雨水除少量蒸发以外，其余部分形成地表径流。城市有宽阔的马路，高大的建筑物，植被破坏严重，自然土壤面积较小，下雨后，雨水有 2/3 流入下水管道，形成地表径流，雨水渗透到土壤中的很少，造成水资源的严重浪费。一般城市化水平越高径流量越大(表 3-3)。

表 3-3　北京市城区与郊区水文特征比较

mm

地点	降水量	径流总量	地表径流	地下径流	蒸发量	地表径流系数	地下径流系数
城区	675	405	337	68	270	0.50	0.10
郊区	644.5	267	96	171	377	0.15	0.26

⑤城市的湿度低、云雾多　由于城市的下垫面发生了变化，降雨后很快形成地表径流，进入下水道外排，雨停后路面干燥快，加上城市植被覆盖面积比郊区要少，所以城市水分蒸发散失的数量也小，导致城市的湿度比郊区小，形成所谓“干岛效应”。据顾丽华等对南京气象站资料的研究，南京市 20 世纪 80 年代之后的干岛强度要明显高于 60 年代和 70 年代，城市化进程加快，使得南京城市的干岛强度增大，郊区的相对湿度明显高于市区，80 年代后期的市区年平均相对湿度为 72%，郊区为 76%。

城市一般雾霾天气多，主要是大气污染颗粒物为雾的形成提供了丰富的凝结核，同时高大的建筑物降低了风速，为雾的形成提供了合适的风速条件。当城市地面空气的相对湿度接近或达到饱和时，水汽在凝结核上凝结成小水滴，这些小水滴和城市的烟尘悬浮在城市低空形成雾。城市的大雾阻滞了空气中污染物的稀释和扩散，加重了大气污染，减弱了太阳辐射，使能见度降低，影响了城市交通和生物的生命活动。

4. 活动过程

(1)酒精燃烧法测定土壤自然含水量

①基本原理　利用酒精在土壤中燃烧放出的热量，使土壤水分蒸发干燥，通过燃烧前后质量之差，计算土壤含水量的百分数。酒精燃烧在火焰熄灭的前几秒钟，即火焰下降时，土温才迅速上升到 180～200℃，然后温度很快降至 85～90℃，再缓慢冷却。由于高温阶段时间短，样品中有机质及盐类损失很少，故此法测定的土壤水分含量有一定的参考价值。

②操作过程　选择种植园林树木、草坪等地方，完成表 3-4 内容的操作。

表 3-4　酒精燃烧法测定土壤自然含水量

工作环节	操作规程	质量要求
新鲜样品采集	用小铲子在田间挖取表层土壤 1 kg 左右装入塑料袋中，带回实验室以便测定	最好多点、随机采取，增加土样的代表性
称空重	用感量为 0.01 g 的天平对洗净烘干的铝盒称重，记为铝盒重(W_1)，并记下铝盒的盒盖和盒帮的号码	应注意铝盒的盒盖和盒帮相对应，避免出错
加湿土并称重	将塑料袋中的土样倒出约 200 g，在实验台上用小铲子将土样稍研碎混合。取 10 g 左右的土样放入已称重的铝盒中，称重，记为铝盒加新鲜土样重(W_2)	应将土样内的石砾、虫壳、根系等物质仔细剔除，以免影响测定结果
酒精燃烧	将铝盒盖开口朝下扣在实验台上，铝盒放在铝盒盖上。用滴管向铝盒内加入工业酒精，直至将全部土样覆盖。用火柴点燃铝盒内酒精，任其燃烧至火焰熄灭，稍冷却；小心用滴管重新加入酒精至全部土样湿润，再点火任其燃烧；重复燃烧 3 次	酒精燃烧法不适用于含有机质高的土壤样品的测定。燃烧过程中严控温度，注意防止土样损失，以免出现误差
冷却称重	燃烧结束后，待铝盒冷却至不烫手时，将铝盒盖盖在铝盒上，待其冷却至室温，称重，记为铝盒加干土重(W_3)	冷却后应及时称重，避免土样重新吸水
结果计算	平行测定结果用算术平均值表示，保留小数后一位。 $$土壤含水量=\frac{W_2-W_3}{W_3-W_1}\times100\%$$	平行测定结果的允许绝对相差： 水分含量＜5%，允许绝对相差≤0.2%； 水分含量 5%～15%，允许绝对相差≤0.3%； 水分含量＞15%，允许绝对相差≤0.7%

(2)烘干法测定土壤自然含水量

①基本原理　烘干法测定水分的原理是：在(105±2)℃下，水分从土壤中全部蒸发，而结构水不被破坏，土壤有机质也不致分解。因此，将土壤样品置于(105±2)℃下烘至恒重，根据烘干前后质量之差，可计算出土壤水分含量的百分数。

②操作过程　选择种植园林树木、草坪等地方，完成表3-5内容的操作。

表3-5　烘干法测定土壤自然含水量

工作环节	操作规程	质量要求
称空重	用感量为0.001 g的天平对洗净烘干的铝盒称重，记为铝盒重(W_1)，并记下铝盒的盒盖和盒帮的号码	应注意铝盒的盒盖和盒帮相对应，避免出错
加新鲜土并称重	取10 g左右的土样放入已称重的铝盒中，称重，记为铝盒加新鲜土样重(W_2)	应将土样内的石砾、虫壳、根系等物质仔细剔除，以免影响测定结果
烘干	将铝盒放入预先温度升至(105±2)℃的电热烘箱内烘6～8 h。稍冷却后，将铝盒盖盖上，并放入干燥器中进一步冷却至室温	烘干过程中严控温度，注意防止土样损失，以免出现误差
冷却称重	待铝盒冷却至不烫手时，将铝盒盖盖在铝盒上，待其冷却至室温，称重，记为铝盒加干土重(W_3)	冷却后应及时称重，避免土样重新吸水
结果计算	平行测定结果用算术平均值表示，保留小数后一位 $土壤含水量=\frac{W_2-W_3}{W_3-W_1}\times 100\%$	平行测定结果的允许绝对相差： 水分含量<5%，允许绝对相差≤0.2%； 水分含量5%～15%，允许绝对相差≤0.3%； 水分含量>15%，允许绝对相差≤0.7%

5. 问题处理

活动结束后，完成以下问题：

(1)土壤含水量测定数据记录格式参见表3-6。

表3-6　土壤含水量测定数据记录表

样品号	盒盖号	盒帮号	铝盒重(W_1)/g	铝盒加新鲜土重(W_2)/g	铝盒加干土重(W_3)/g	含水量/%	平均值

(2)运用酒精燃烧法测定土壤水分时，一般情况下要经过3～4次燃烧后，土样才可达到恒重。

活动二　园林植物对水分的生态适应

1. 活动目标

◆知识目标：了解水分对园林植物的作用，熟悉水分对园林植物的生态效应，熟悉园林植物对水分环境的适应。

◆能力目标：熟练进行植物蒸腾强度的测定。

2. 活动准备

根据班级人数，按2～4人一组，分为若干组，并准备扭力天平、打孔器、秒表等。

3. 相关知识

(1)水分对园林植物生长的影响

水是园林植物的重要组成成分，水对园林植物的生命具有决定性作用。

①水分是园林植物新陈代谢过程的重要物质　细胞原生质含水量在70%～80%或以上，才能保持新陈代谢活动正常进行，随着细胞内水分减少，植物的生命活动就会大大减弱。水是园林植物光合作用、合成有机物的重要原料，植物有机物质的合成及分解过程必须有水分参与。还有其他生物化学反应，如呼吸作用中的许多反应，脂肪、蛋白质等物质的合成和分解反应，也需要水参与。没有水，这些重要的生化过程都不能正常进行。

②水分是园林植物进行代谢作用的介质　细胞内外物质运输，植物体内的各种生理生化过程，矿质元素的吸收与运输，气体交换，光合产物的合成、转化和运输以及信号物质的传导等都需要以水分作为介质。土壤中的无机物和有机物，要溶解在水中才能被园林植物吸收。许多生化反应，也要在水介质中才能进行。园林植物体内物质的运输，是与水分在园林植物体内不断流动同时进行的。

③水分能使园林植物体保持固有的姿态　植物细胞含有的大量水分，可产生一定的水压，以维持细胞的紧张度，保持膨胀状态，使植物枝叶挺立，花朵开放，根系得以伸展，从而有利于植物体获取光照、交换气体、吸收养分等。如水分供应不足，植物便萎蔫，不能正常生活。

④水分具有重要的生态作用　由于水所具有的特殊理化性质，对园林植物的生命活动提供许多便利。因此，可作为生态因子，在维持适合植物生活的环境方面起着特别重要的作

用。例如，植物可通过蒸腾散热，调节体温，以减少烈日的伤害；水温变化幅度小，在寒冷的环境中也可保持体温不下降得太快。如遇干旱时，也可通过灌水来调节植物周围的空气湿度，改善田间小气候。水有很大的表面张力和附着力，对于物质和水分的运输有重要作用。水是透明的，可见光和紫外光可透过，这对于植物叶子吸收太阳光进行光合作用很重要。此外，可以通过水分，促进肥料的释放，从而调节养分的供应速度。

(2)水分对园林植物的生态效应

①水分与园林植物分布　降水在地球上的分布是不均匀的，但存在一定的规律性。一般可根据降水量分为潮湿赤道带、热带荒漠带、中纬荒漠带、湿润亚热带、中纬地带、极地及亚极地带。水分条件与温度条件是决定植物分布的重要生态因子，而森林、草地与荒漠植被的分布主要取决于降水条件。在我国常用年降水量 400 mm 的等雨量线作为森林和草原的分界线，高于此指标的东部和南部为森林分布区。

我国常用干燥度(K)来反映当地的水分状况，干燥度是指潜在蒸发量与降水量的比值。水分状况或年降水量与该地区的植被分布有密切关系，并影响到该地区的物种数量、群落结构演替等(表 3-7)。因此，进行园林绿化时，在园林植物的选择和城市森林及绿地的建设方面应充分考虑本地区的气候特点。

表 3-7　我国水分状况与植被类型关系

干燥度	水分状况	自然植被
≤0.99	湿润	森林
1.00～1.49	半湿润	森林草原
1.50～3.99	半干旱	草甸、草原、荒漠草原
≥4.00	干旱	荒漠

②园林植物对水分的调节作用

一是增加空气湿度。园林植物(特别是园林树木)具有较大的叶面积，能遮挡大量的太阳热辐射，并阻碍水蒸气迅速扩散；同时由于园林植物具有强大的蒸腾水分能力，不断地向空气中输送水蒸气，从而提高空气湿度。

二是涵养水源，保持水土。园林植物与绿地能改变降水的去向及其所占比例，从而通过林冠截留、地被物层吸水保土、地表水的吸收和下渗、对融雪的调节作用等途径发挥涵养水源、保持水土的效益(图 3-3)。

三是净化水体。园林植物对水污染的净化作用主要表现在：植物的富集作用，植物通过吸收水中污染物质而起到净化作用；园林植物具有代谢解毒能力，降低水中污染物质的毒性。

(3)园林植物对水分环境的适应

由于长期生活在不同的水环境中，植物会产生固有的生态适应特征。根据水环境的不同以及植物对水环境的适应情况，可以把植物分为水生植物和陆生植物两大类。

①水生植物　生长在水体中的植物统称为水生植物。水生植物对水体环境的适应特点：首先是体内有发达的通气系统，根、茎、叶形成连贯的通气组织，以保证身体各部位对氧气的需要。例如，荷花从叶片气孔进入的空气，通过叶柄、茎进入地下茎和根部的气室，形成

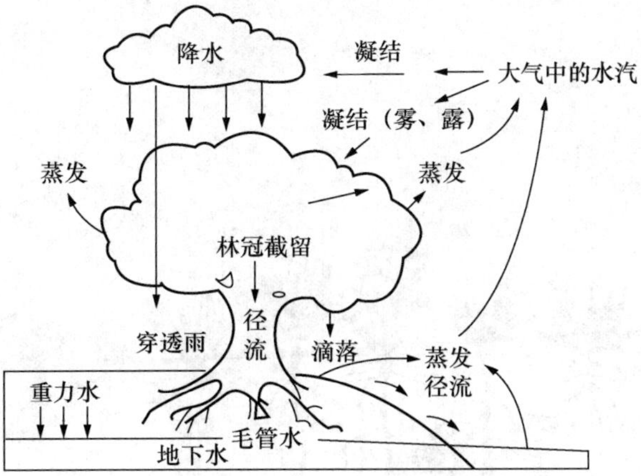

图 3-3　森林水分循环和降水分配

了一个完整的通气组织，以保证植物体各部分对氧气的需要。其次，其机械组织不发达甚至退化，以增强植物的弹性和抗扭曲能力，适应于水体流动。同时，水生植物在水下的叶片多分裂成带状、线状，而且很薄，以增加吸收阳光、无机盐和 CO_2 的面积。最典型的是伊乐藻属植物，叶片只有一层细胞。

水生植物类型很多，根据生长环境中水的深浅不同，可划分为沉水植物、浮水植物和挺水植物 3 类：

——沉水植物，整个植物沉没在水下，与大气完全隔绝的植物，根退化或消失，表皮细胞可直接吸收水体中气体、营养和水分，叶绿体大而多，适应水体中弱光环境，无性繁殖比有性繁殖发达。如金鱼藻、狸藻和黑藻等。

——浮水植物，是指叶片漂浮在水面的植物，气孔分布在叶的上面，维管束和机械组织不发达，茎疏松多孔，根漂浮或伸入水底。包括不扎根的浮水植物（如凤眼莲、浮萍等）和扎根的浮水植物（如睡莲、菱角和眼子菜等）。

——挺水植物，是指植物体大部分挺出水面的植物，根系浅，茎秆中空。如荷花、芦苇、香蒲等。

②陆生植物　生长在陆地上的植物统称陆生植物，可分为旱生植物、湿生植物和中生植物 3 种类型。

——旱生植物，是指长期处于干旱条件下，能长时间忍受水分不足，但仍能维持水分平衡和正常生长发育的植物。这类植物在形态上或生理上有多种多样的适应干旱环境的特征，多分布在干热草原和荒漠区（图 3-4）。根据旱生植物的生态特征和抗旱方式，又可分为多浆液植物和少浆液植物两类：多浆液植物，又称肉质植物，如仙人掌、番杏、猴面包树、景天、马齿苋等；少浆液植物，又称硬叶旱生植物，如柽柳、沙拐枣、羽茅、梭梭、骆驼刺、木麻黄等。

——湿生植物，是指适于生长在潮湿环境，且抗旱能力较弱的植物。根据湿生环境的特点，还可以区分为耐阴湿生植物和喜光湿生植物两种类型：耐阴湿生植物，也称为阴性湿生植物，主要生长在阴暗潮湿环境里，如多种蕨类植物、兰科植物，以及海芋、秋海棠、翠云草等；喜光湿生植物，也称为阳性湿生植物，主要生长在光照充足，土壤水分经常处于饱和状态的环境中，如池杉、水松、灯芯草、半边莲、小毛茛以及泽泻等。

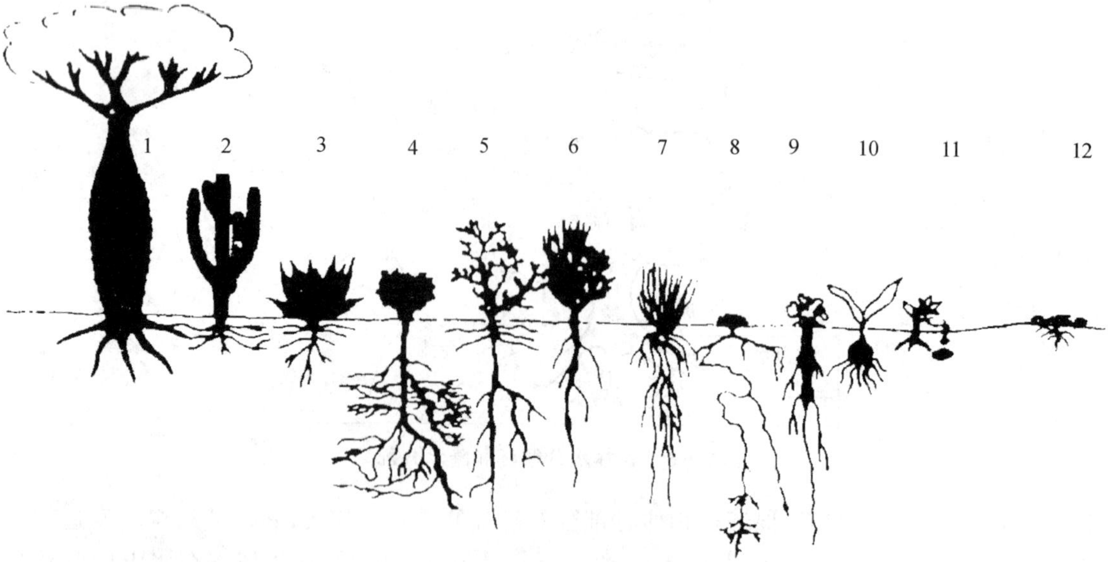

图 3-4 植物对干旱适应生存的一些生长形式

1. 树干中贮水的落叶瓶形树(如猴面包树) 2. 茎中贮水的植物仙人掌类 3. 叶中贮水的植物如景天科、龙舌兰属 4. 具有深根系的常绿树和灌木(硬叶型) 5. 落叶、常多刺灌木 6. 具叶绿素茎灌木 7. 丛生状草 8. 垫状植物 9. 地下芽植物 10. 鳞茎类植物 11. 一年生植物 12. 耐干化植物

——中生植物,是指适于生长在水湿条件适中的环境中的植物。这类植物种类多,数量大,分布最广,它们不仅需要适中的水湿条件,同时也要求适中的营养、通气、温度条件。中生植物具有一套完整的保持水分平衡的结构和功能,其形态结构及适应性均介于湿生植物与旱生植物之间,其根系和输导组织均比湿生植物发达,随水分条件的变化,可趋于旱生方向,或趋于湿生方向。

(4)园林植物蒸腾

植物蒸腾作用是指植物体内的水分以气态散失到大气中去的过程。蒸腾作用虽然会造成植物体内水分的亏缺,甚至会引起危害,但它对植物的生命活动有很大的益处:蒸腾作用产生的蒸腾拉力是植物吸水的主要动力;根系吸收的矿物质或合成的物质可随着水分上升在植物体内转运;蒸腾作用散失大量水分,高温环境中可降低植物体的温度,避免高温危害;叶片进行蒸腾作用时,气孔开放,二氧化碳易进入叶内被同化,促进光合产物的积累。

①蒸腾作用的方式　植物蒸腾水分部位主要是叶片。叶片的蒸腾作用方式有两种:一是角质蒸腾,是指植物体内的水分通过角质层而蒸腾的过程;二是气孔蒸腾,是指植物体内的水分通过气孔而蒸腾的过程。植物以气孔蒸腾为主。

②蒸腾作用的指标　蒸腾作用的强弱常用蒸腾速率、蒸腾效率和蒸腾系数来表示。

蒸腾速率又称为蒸腾强度,是指植物在单位时间内,单位叶面积上通过蒸腾作用散失的水量。大多数植物白天的蒸腾速率为 15～250 $g/(m^2 \cdot h)$,夜晚为 1～20 $g/(m^2 \cdot h)$。蒸腾效率是指植物每蒸腾 1 kg 水时所形成的干物质的克数。蒸腾效率一般为 1～8 g/kg。蒸腾系数是指植物每制造 1 g 干物质所消耗水分的克数。蒸腾系数在 125～1 000(表 3-8),蒸腾系数越小,则表示该植物利用水分的效率越高。

表 3-8 几种主要植物的蒸腾系数

植物	蒸腾系数	植物	蒸腾系数	植物	蒸腾系数
小麦	450～600	棉花	300～600	蔬菜	500～800
燕麦	600～800	大麻	600～800	松树	450
玉米	250～300	亚麻	400～500	云杉	500
荞麦	500～800	向日葵	500～600	橡树	560
黍子	200～250	牧草	500～700	榉树	800
水稻	500～800	马铃薯	300～600	白蜡	850

③影响蒸腾作用的因素　主要有光照、空气湿度、温度、风速、土壤条件等。

一是光照。光照除影响气孔开闭外，还可通过改变气温、叶温而影响水的汽化、扩散与蒸腾；所以，光照度高，蒸腾强度随之升高。但光照度过高，会引起气孔关闭，蒸腾强度则会大大下降。

二是空气湿度。植物叶片与空气之间的水势差越大，蒸腾强度越高。

三是温度。在一定的温度范围内，随着温度的升高，蒸腾作用加强。

四是风速。适当增加风速，能促进叶面水蒸气的扩散，促进蒸腾；但是，如果风速过大，气孔关闭，反而抑制蒸腾。

五是土壤条件。影响根系吸水的各种土壤条件如土壤温度等，都间接地影响蒸腾作用；地下部的水分供应充足，地上部的蒸腾作用也相应地加强。

4. 活动过程

①基本原理　容积法测定植物的蒸腾强度，是将带叶的植物枝条，通过一段乳胶管与一支滴定管相连，管内充满水，组成一个简易蒸腾计。蒸腾一定时间(t)后，即可从滴定管刻度读出蒸腾失水的容积，换算成质量即为蒸腾的水量(m)，然后用重量法测定出枝条中叶的总面积(s)。得到以上数据后，代入下面公式

$$Q=\frac{m}{ts}$$

即可求出蒸腾强度。

②操作过程　选取当地园林植物，进行以下操作(表 3-9)。

表 3-9 园林植物蒸腾强度的测定

工作环节	操作规程	质量要求
取样	取植物枝条(不能太粗或太细，以能插入乳胶管并保持密封为度)，保留几片叶子，然后于水中将枝条剪断，以免导管内进入空气	选取的材料要有代表性

续表 3-9

工作环节	操作规程	质量要求
注水插枝条	(1)在水槽中将移液管和乳胶管内注满水，于水中将移液管下端与乳胶管一端相连，调节管内水位在 0 刻度以下 (2)将枝条在水中插入乳胶管的另一端	枝条与乳胶管接口处不能漏水(若漏水可用凡士林封住)；管内务必不能有气泡
简易蒸腾计安装	将安装好的简易蒸腾计固定在滴定管夹上呈 U 形装置。轻轻擦干叶片表面水分，开始计时并记下移液管内的初始水位	乳胶管的两端涂上凡士林以防漏气
测定	(1)30～60 min 后，记录移液管水位刻度，将水的密度视为 1 g/mL，计算水的质量 (2)将枝条上的叶子全部剪下，用重量法计算出叶片总面积	要在水中剪断枝条，以免导管内进入空气，乳胶管内务必不能有气泡

5. 问题处理

活动结束后，完成表 3-10 的问题：

表 3-10　园林植物蒸腾强度测定记录

蒸腾开始	时间	
	水位	
蒸腾结束	时间	
	水位	
某张报纸	面积(b)	
	质量(a)	
与叶片同等大小的报纸总质量(x)		
叶片总面积 $s=\frac{b}{a}x$		
蒸腾强度 $Q=\frac{m}{ts}$		

活动三　园林植物生长的水分环境调控

1. 活动目标

◆知识目标：熟悉园林植物的水分环境调控主要措施。

◆能力目标:能熟练正确地进行园林植物的水分环境调控。

2. 活动准备

选择当地园林植物、草坪等地块,调查水分条件,查阅当地有关改善水分环境的资料。

3. 相关知识

(1)农业生产维护水分平衡的措施

在农业生产上维护水分平衡的技术措施有以下几个方面:

①带苗床土移栽　在农业生产上为了保证作物移栽后的成活率,带苗床土移栽是常用的方法之一,一般用于瓜类、烟草。具体做法是在移栽前一天在苗床里灌水,到第二天在水分渗透以后,用平头铁锹在苗床土以下 5 cm 处推进土壤,而后把整锹幼苗放在平板上便于运输,在移栽时掰开带土球的幼苗埋好封平,这样就能保证作物幼苗的成活率。

②利用营养钵育苗移栽　种植棉花和西瓜经常采用营养钵育苗移栽的方法,保证成活率 100%。具体方法是在菜园比较肥沃的土地上,向下挖宽 1 m,长若干米的苗床,把挖出来的原土洒一些水搅拌均匀,用专用小机械(如打煤球机)打成营养钵,放在挖好的苗床里摆放整齐,在营养钵的中心用小棍子插入深度 3 cm 进行播种后均匀覆土,而后覆盖塑料薄膜,定期喷水,保证苗床湿度适宜,待幼苗长到 10 cm 左右,开始发十字叶时就可进行移栽。要注意在大田移栽前两天灌一次水,保证移栽时土壤成块而不散为宜,把营养钵的土球埋好封平,保证幼苗在地平面以上即可。由于幼苗是在潮湿的营养钵(为圆柱形土块)里,没有伤到植物的根系,因此,幼苗成活率高,缓苗快,生长健壮。

③埋蔓插栽　埋蔓插栽一般用于甘薯。具体做法是先把土壤起垄,把甘薯的茎蔓插在土壤里,用右脚在插好薯蔓的下半部分重踩一下,留一个脚窝,在脚窝里灌满水,待第二天早上将脚窝封平,把茎蔓的上部也埋在土壤里,待 1 周后茎蔓基部开始扎根,再去土露出茎蔓的上半部分,这样可以减少茎蔓的蒸腾作用,有利于甘薯茎蔓基部形成新根,保证甘薯插栽的成活率。

(2)园林树木移栽维护水分平衡的措施

①带土球移栽少伤根系　一般园林树木移栽时为了确保成活率,除了较小的植株以外,一般要求带土球移栽,带土球的大小和茎的直径大小成正比例关系。带土球移栽的理论基础是少伤根系,在移栽以后,有利于植物根系对水分和肥料的吸收。因为植物吸收水分和矿质营养主要是靠根毛区,损伤根系就会影响植物的吸收功能,植物缓苗慢,严重时会使整个植株死亡。

②去掉枝叶,减少水分的散失　一般植株较小的植物,要求带土球移栽就可以了,并不要求去枝叶。但有一些园林植物在移栽时仅有根系和地上 2 m 左右的树干,没有留枝叶,如柳树、悬铃木(法桐)、银杏。凡是大树或是古树移栽,为了长途运输方便,仅留主干和主侧枝

基部 1.5 m 左右。去掉枝叶的作用主要是减少水分的散失。为了防止树的皮孔散失水分，常常在树干上用稻草绳子密密缠绕后，再包上一层塑料薄膜，在主干和侧枝的断开处用机油或油漆涂抹防止失水。

③改善栽植处的立地条件　对于将要移栽大树古树的地下部分，一般可采用松土、覆土、覆沙等措施来改善树根的通气、透水状况，采用培土、砌石等措施来增加其根部的营养面积。对于缺肥、板结的土壤，必须采用打孔与换土的方法，来彻底改变其根部的生长环境。打孔在草坪管理工作中应用较为普遍，主要是通过打孔来解决土壤的板结问题。这在大树复壮上也同样适用，但孔的深度需要达到 50 cm 以上，孔径在 2 cm 以上为好。在树冠中午投影范围内打孔，同时再往孔内撒入具有通气性的固体颗粒缓释肥。

④固定植株，覆盖遮阳网　大树在移栽以后，一般采取饱灌水的方法让大树尽快复活，但在灌水以后覆盖树根的土壤成泥团状态，容易被大风刮倒或刮歪，因此，在灌水之前必须对大树进行固定，一般常用三角固定法。尤其是反季节移栽大树，一定在固定后覆盖遮阳网，减少太阳辐射，防止皮孔散失水分，维持新栽大树的水分平衡。

⑤树体保护与养分补充　为防止在移栽过程后引发病害，必须对大树古树受损的树干、树根进行灭菌消毒处理，可采用广谱杀菌剂喷洒，然后视情况对受损树干进行修补处理。如果伤口太大或呈环状受损，难以愈合，则可以通过桥接嫩枝来输送水分和养分。另外，对根部受损特别严重的大树古树，可在其树干基部采用靠接法嫁接新根，以增强树体的养分、水分吸收能力。同时，可适当浇灌生根液，促进新根的萌发。

移栽后的大树古树养分、水分的收支平衡被打破，过低的根压导致树体无法正常吸收土壤中的水分、养分，而地上部的蒸腾作用又不断消耗树体内的资源，因此，需要采用人工措施对其进行养分、水分补充。一般可采用大树输液或强行注射法。将稀释好的激活素利用吊针的形式进行输液，也可采用新型树干注射机进行强行注射。

⑥日常养护与病虫防治　除了必要的保护措施，平时的日常管理也十分重要。应做好水肥管理、防止水土流失和人为破坏等。大树古树已基本定型，对肥料需求不会太大。一般只在冬季于树冠投影圈内侧，挖深约 20 cm 的施肥沟，投放经沤制的有机肥或长效颗粒缓释肥，生长期不用施肥。对于生长过于衰败的，可能是因其根部受到严重伤害，可在春秋季对叶面喷施细胞复活剂，浓度在 1 500～3 000 倍，每隔 5 天喷施 1 次，切不可盲目施用化肥。

4. 活动过程

根据当地园林植物生长情况，进行水分调控，满足园林植物生长需要（表 3-11、表 3-12）。

表 3-11　土壤墒情判断与水分环境调控技术

工作环节	操作规程	质量要求
植物生长根系土壤墒情判断	群众习惯把农田土壤的湿度称为墒，把土壤湿度变化的状况称为墒情。在田间验墒时，要既看表层又要看下层。先量干土层厚度，再分别取土验墒。若干土层在 3 cm 左右，而以下墒情为黄墒，则可播种，并适宜植物生长；若干土层厚度达 6 cm 以上，且在其下墒情也差，则要及早采取措施，缓解旱情	群众在生产中根据土壤含水量的变化与土壤颜色及性状的关系，把墒情类型分为五级（表 3-12）
当地园林植物生产水分调控措施调查	分成若干组，然后到当地园林绿化公司、苗圃、园林施工现场等，访问有经验的技术人员、生产工人，学习都有哪些先进的水分调控措施和经验	

表 3-12　土壤墒情类型和性状(轻壤土)

项目	墒情				
	汪水	黑墒	黄墒	灰墒	干土面
土色	暗黑	黑～黑黄	黄	灰黄	灰～灰白
手感干湿程度	湿润，手捏有水滴出	湿润，手捏成团，落地不散，手有湿印	湿润，手捏成团，落地散碎，手微有湿印和凉爽之感	潮干，半湿润，捏不成团，手无湿印，而有微温暖的感觉	干，无湿润感，捏散成面，风吹飞动
含水量(质量%)	＞23	20～23	10～20	8～10	＜8
相对含水量/%		100～70	70～45	45～30	＜30
性状和问题	水过多，空气少，氧气不足，不宜播种	水分相对稍多，氧气稍嫌不足，为适宜播种的墒情上限，能保苗	水分、空气都适宜，是播种最好的墒情，能保全苗	水分含量不足，是播种的临界墒情，由于昼夜墒情变化，只一部分种子出苗	水分含量过低，种子不能出苗
措施	排水，耕作散墒	适时播种，春播稍作散墒	适时播种，注意保墒	抗旱抢种，浇水补墒后再种	先浇后播

5. 问题处理

活动结束后，完成以下问题：调查当地生产中如何进行土壤水分调控，写一篇 1 000 字左右的经验总结文章。

【师生互动】

1. 在教师指导下，收集相关资料，完成表 3-13 内容。

表 3-13　不同地区水分调控经验总结

我国不同地区	降水量	蒸发量	水分调控技术经验
干旱地区			
半干旱地区			
半湿润地区			
湿润地区			

2. 对学校所在城市的园林植物，调查以下内容，并进行团队互动，提出合理化建议。

(1)学校所在城市的水环境有哪些特征？存在哪些环境问题？

(2)学校分布的园林植物有哪些是水生植物？哪些是陆生植物？

(3)学校的园林植物对水分的调控作用表现在哪些方面？

【知识拓展】

如果同学们想了解更多的知识，可以通过下面渠道进行学习：

1. 阅读杂志

(1)《气象》

(2)《中国农业气象》

(3)《气象知识》

(4)《中国气象》

(5)《贵州气象》《广东气象》《山东气象》《陕西气象》

2. 浏览网站

(1)农博天气　http://weather.aweb.com.cn/

(2)中国天气网　http://www.weather.com.cn/

(3)中国气象新闻网　http://www.zgqxb.com.cn/

(4)中央气象台　http://www.nmc.cn/

(5)××省(市)气象信息网

3. 阅读书籍

(1)《园林生态学》(第 2 版)，冷平生主编，中国农业出版社

(2)《城市园林生态学》，徐惠风等编著，中国林业出版社

(3)《园林生态学实验与实践》，刘旭、张翠丽、迟春明主编，西南交通大学出版社

(4)《风景园林生态学》，廖飞勇主编，中国林业出版社

(5)《植物生长环境》(第 3 版)，宋志伟主编，中国农业大学出版社

(6)《植物生长与环境》，宋志伟、杨净云主编，中国农业出版社

Chapter 4

学习情境四

光照环境与园林植物生长

活动一　园林植物生长的光环境指标测定

活动二　园林植物对光的生态效应与适应

活动三　园林植物生长的光环境调控

【情境创设】

能力目标	专业能力	1. 会使用仪器测量光照强度与日照时数； 2. 能熟练鉴定园林植物的遮阴效果和耐阴性； 3. 熟悉当地园林植物的光照环境条件调控。
	方法能力	1. 具备调查、归纳、分析能力； 2. 会制订抽样调查计划； 3. 具备一定的统计分析能力。
	社会能力	1. 具备良好的团队协作、配合能力； 2. 具备良好的与人沟通、协调能力； 3. 具备一定的方法综合、创新能力。
知识目标	1. 了解太阳辐射、光的变化，熟悉城市光照条件和光污染知识； 2. 了解光照强度对园林植物的生态效应、日照长度对园林植物的生态效应、园林植物对光强和日照长度的生态适应； 3. 认识光调节在园林植物上的应用和园林植物配植对光照的需要，熟悉园林植物光照调节方法。	
思政目标	学习“光合作用发现历史见证了科学家的坚持不懈、刻苦研究的进展”，培养学生坚持不懈、甘于寂寞、刻苦钻研、勇于探索的科学求索精神。	二维码 思政园地
教学条件	多媒体教室、实训室、网络、园林绿地、微信公众号。	
教学方法	课堂讲授、现场训练、调查。	
考核评价	学习过程考核	计划制订(20%)、师生析疑(10%)、完成任务(50%)、检查评价(20%)。
	拓展能力考核	工作态度(20%)、岗位技能(50%)、拓展能力(20%)、团队合作(10%)。
考核方式	教师评价(70%)、小组互评(20%)、学生自评(10%)。	

【活动内容】

活动一　园林植物生长的光环境指标测定

1. 活动目标

◆知识目标：了解光的性质、光的变化，熟悉城市光照条件和光污染知识。
◆能力目标：能会使用仪器测量光照强度、日照时数。

2. 活动准备

根据班级人数，按 2～4 人一组进行分组，每组准备以下材料和仪器：照度计、暗筒式（乔唐式）日照计、笔记本等。

3. 相关知识

(1)太阳辐射

太阳以电磁波的形式向外放射巨大能量的过程称为太阳辐射，放射出来的能量称为太阳辐射能。太阳辐射是地面和大气最主要的能量源泉，是一切生命活动的基础。

①太阳辐照度　太阳辐照度是反映太阳辐射强弱程度的物理量，是指单位时间内垂直投射到单位面积上的太阳辐射能量的多少，单位是 $J/(m^2 \cdot s)$。太阳辐照度主要由太阳高度角和日照时间决定。太阳高度角大，日照时间长，则太阳辐照度强。

②光照度　光照度是表示物体被光照射明亮程度的物理量，是指可见光在单位面积上的光通量，单位是勒克斯(lx)。光照度与太阳高度角、大气透明度、云量等有关。一般来说，夏季晴天中午地面的光照度约为 1.0×10^5 lx，阴天或背阴处光照度为 1.0×10^4～2.0×10^4 lx。

③太阳辐射光谱　太阳辐射能随波长的分布曲线称为太阳辐射光谱。在大气上界太阳辐射能量多数集中在 150～400 nm，按其波长可分为紫外线（波长小于 400 nm）、可见光（波长 400～760 nm）和红外线（波长大于 760 nm）3 个光谱区。其中可见光区的能量占太阳辐射总能量的 50%左右，由红、橙、黄、绿、青、蓝、紫 7 种光组成；红外线区占 43%左右；紫外线区占 7%左右（图 4-1）。由于大气吸收，地球表面测得的太阳辐射光谱在 290～530 nm，而且在空间和时间都有变化。

太阳辐射被植物色素吸收具有生理活性的波段称为光合有效辐射，为 380～740 nm，这

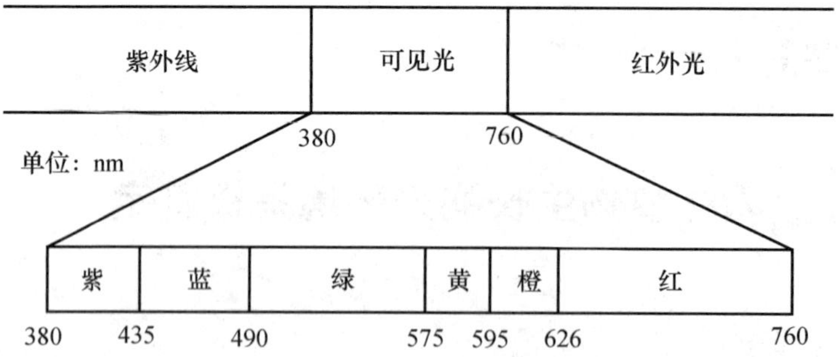

图 4-1　可见光谱

个波段与可见光的波段基本相符。可见光中对植物生理活动具有最大活性的是红橙光，其次是蓝紫光。植物对绿光吸收量最少，绿光多被叶子透射和反射，所以植物叶片多为绿色。在短波中，290～380 nm 波长的紫外光能抑制茎的延伸，促进花青素的形成；而小于 290 nm 波长的紫外光对生物有很强的杀伤作用，不过这部分光多被高空臭氧层所吸收。长波中红外线具有热效应，可以给植物生长提供所需的热量，植物吸收的红外线主要通过蒸腾作用或以辐射的方式散去。

(2)光的变化

①大气中的光照变化　当测量某一生境的光照强度时，常用照度单位勒克斯(lx)，主要指可见光部分。

太阳辐射通过大气层后，一部分被反射，一部分被大气层吸收，只有一部分投射到地球表面。大气中水汽、CO_2、O_2、O_3、尘埃对太阳辐射吸收较多。水汽主要吸收红外线和红光，CO_2 主要吸收红外线和长波辐射，O_3 主要吸收紫外线。云层、空气分子、尘埃、云雾滴等质点对太阳辐射具有反射作用和散射作用，因此到达地面的光随时随地在发生着变化。由于大气的吸收、散射和反射作用使太阳辐射大大减弱，地面接收的太阳辐射能只有大气上界的 1/2 左右(图 4-2)。

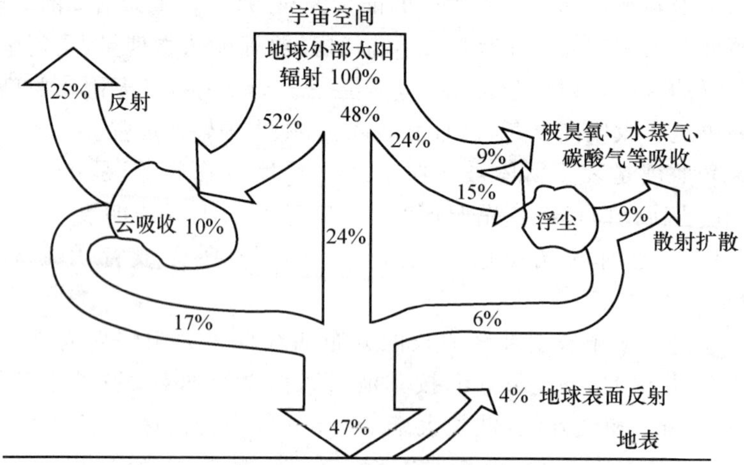

图 4-2　太阳辐射到达地表分配示意(北半球平均值)

②地表的光照变化　太阳光通过大气层到达地表，由于地理位置、海拔、地形和太阳高度角的差异，光照状况在不同地区以及不同时间都有差异，进而影响着地表的水热状况。

A. 纬度。光照强度随纬度的增加而减弱，其原因为：纬度越低，太阳高度角越大，太阳光通过大气层的距离越短，地表光照强度就越大。在赤道，太阳直射光的射程最短，光照最强；随着纬度增加，太阳高度角变小，光照强度相应减弱。

B. 海拔。海拔高度愈高，太阳光通过大气的路程愈短，大气透明度也愈大。因此，太阳辐射就愈强。如在海拔 1 000 m 的山地可获得全部太阳辐射能的 70%，而在海平面上只能获得 50%。

C. 坡向与坡度。坡向也影响太阳辐射强度。在坡地上，太阳光线的入射角随坡向和坡度的不同而变化。在北半球纬度 30°以北的地区，太阳的位置偏南，在相同的辐射强度下，所照射的地面面积是南坡小于平地，则单位面积的太阳辐射量是南坡大于平地，北坡则较平地少。这是由于在南坡上太阳的入射角较大，照射时间较长，北坡则相反。而且这种差异随坡度的增加而增加。

D. 日照长度。太阳辐射强度一般随季节和昼夜发生有规律的变化。通常，一年中夏季的太阳辐射强度最大，冬季最小；一天中，中午的辐射强度最大，早晚较小。日照长度反映每天太阳光的照射时数，即所谓的昼长。在北半球，夏半年(春分到秋分)昼长夜短，以夏至的昼最长，夜最短；冬半年(秋分到春分)则昼短夜长，以冬至的昼最短，夜最长。日照长度的季节变化随纬度而不同，在赤道附近，终年昼夜相等；随纬度增加，冬半年昼越短，夜越长；在两极地则出现极昼、极夜现象，即夏季全是白天，冬季全是黑夜。

③植物群落中的光照变化　投射在植物叶片上的太阳光有 70%左右被叶片所吸收，20%左右被叶面反射出去，通过叶片透射下来的光较少，一般为 10%左右。在树冠中，叶片相互重叠并彼此遮阴，从树冠表面到树冠内部光强度逐步递减，因此，在一棵树的树冠内，各个叶片接受的光强度是不同的，这取决于叶片所处位置以及与入射光的角度(图 4-3)。

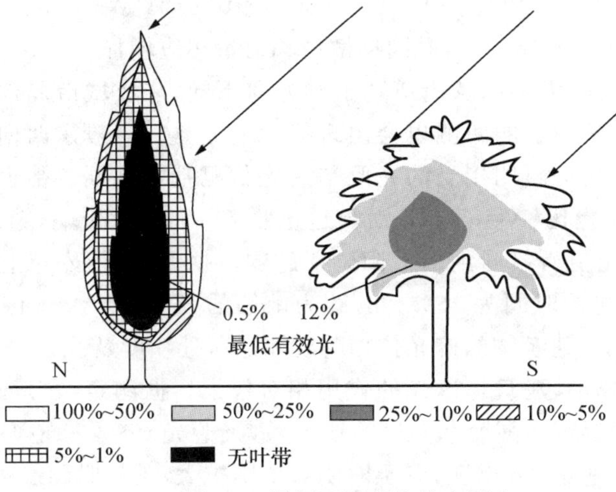

图 4-3　树冠不同部位的光照度

(设开阔地光照度为 100%，左为浓密的柏木树冠，右为稀疏的油橄榄树冠)

在植物群落内，光照强度、光质和日照时间等随植物种类、群落结构以及时间和季节的不同而发生变化。如较稀疏的栎树林，上层林冠反射的光约占 18%，吸收的约占 5%，射入群落下层的约为 77%。针阔混交林群落，上层树冠反射的光约占 10%，吸收的约占 70%，射入群落下层的约为 20%。越稀疏的林冠，光的辐射透过率也越大。

一年中，随季节的更替植物群落的叶量有变化，因而透入群落内的光照强度也随之变化。落叶阔叶林在冬季林地上可照射到50%～70%的阳光，春季树木发叶后林地上可照射到20%～40%的阳光，但在夏季盛叶期林冠郁闭后，透到林地的光照可能在10%以下。对常绿林而言，则一年四季透到林内的光照强度较少并且变化不大。

(3)城市光照条件

城市光照的特点是云雾多，阴天较多，日照长度减少，空气混浊度增加，日照强度减弱。城市中建筑物高低、方向、大小以及街道宽窄和方向不同，都会使太阳辐射分布不均匀。在城市地区，空气中悬浮颗粒物较多，凝结核随之增多，较易形成低云，同时，建筑物的摩擦阻碍效应容易激起机械湍流，在湿润气候条件下也有利于低云的形成。因此，城市雾霾天气多，而晴天日数、日照时数比郊区少(表4-1)。

表4-1　上海市市区与郊区年平均云量，晴天、阴天日数及日照时数比较(1960—1980年)

项目	总云量	低云量	晴日数(日均总云量≤2)	阴日数(日均总云量≥8)	晴日数(日均低云量≤2)	阴日数(日均低云量≥8)	年日照时数/h
市区	6.6	3.5	48.8	157.4	156.9	52.7	2 035.6
郊区	6.4	3.0	58	156.8	177	39.5	2 138.0
差值	0.2	0.5	－9.2	＋0.6	－20.1	＋13.2	－102.4

注：云量指云遮蔽天空视野的成数。

城市地区云雾增多，空气污染严重，大气浑浊度增加，到达地面的太阳直接辐射减少，散射增多，越近市区中心，该种辐射量变化越大。经过对上海市多年太阳辐射情况进行调查分析，发现随着上海市区的扩大和工业的发展，太阳直接辐射量逐年减少。1958—1970年太阳直接辐射量年平均为82.45 W/m^2；1971—1980年为69.81 W/m^2，下降15.3%；1981—1985年为57.99 W/m^2，下降16.9%，而同期散射辐射量相应增加。

城市建筑物高低、方向、大小以及街道宽窄和方向不同，造成城市局部地区太阳辐射的分布很不均匀，即使同一条街道的两侧也会出现很大的差异。一般东西向街道北侧接受太阳辐射比南侧多，南北向街道两侧接受的光照与遮光状况基本相同。街道狭窄指数即建筑物高度 H 与街道宽度 D 之比($N=H/D$)对街道光照条件有很大影响，建筑物愈高，街道愈窄，街道狭窄指数越高，街道所接受到的太阳辐射越弱。据调查，西安市北墙在街道狭窄指数 $N=1/2$ 情况下，6月可照时间为169.1 h，约为南墙的80%；当 $N=1/3$ 时，可照时间为79.7 h，约为南墙的40%。建筑物的遮光作用与观测点所处纬度及观察季节密切相关，一般高纬度地区太阳高度角较小，建筑物遮光的作用相对较大。据测定，在建筑物北侧，夏至正午时，阴影边缘在相当于建筑物高度0.4倍的地方，每天遮光0～4 h；春分和秋分在建筑物高度0.9倍的地方，每天遮光4 h以上；冬至时阴影范围扩大，正午时阴影边缘相当于建筑物高度的2.2倍，每天遮光时间更长(图4-4)。建筑物遮光，园林植物的生长发育会受到相应的影响，特别是在建筑物附近生长的树木，接收到的太阳辐射量不同，极易形成偏冠，使树冠朝向街心方向生长。

(4)光污染

光污染是指环境中光辐射超过各种生物正常生命活动所能承受的指数，从而影响人类和其他生物正常生存和发展的现象。光污染是我国城市地区呈上升趋势的一种环境污

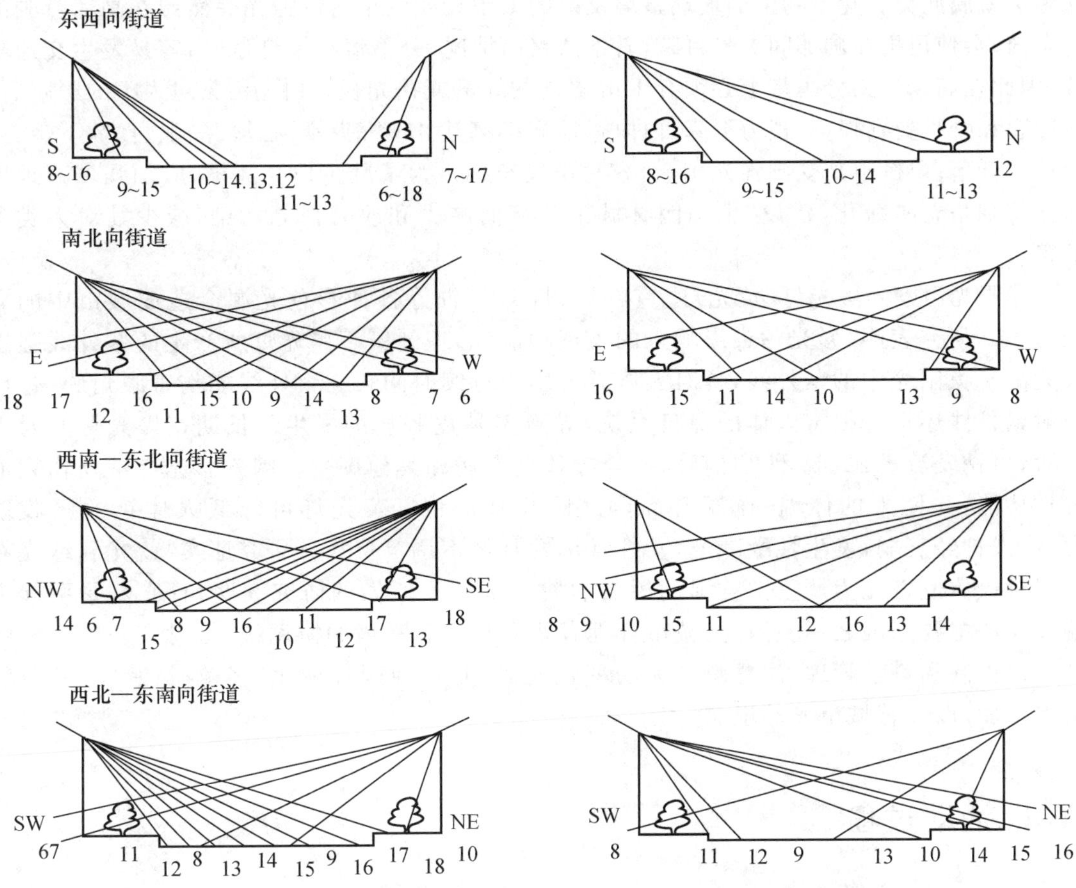

图 4-4　不同朝向街道一天中的遮阴效果(图中数字表示一天中的遮阴小时数)

染,对人们的身体健康危害极大。近年来已引起有关部门的高度重视。光污染分为 3 种类型:人造白昼污染、白亮污染和彩光污染。

①人造白昼污染　人类社会的进步和照明科技的发展,使得城市夜景照明等室外照明加大了夜空的亮度,产生了人造白昼的现象。由此造成的对人和生物的危害称为人造白昼污染。人造白昼污染形成的原因主要是地面产生的人工光在尘埃、水蒸气或其他悬浮粒子的反射或散射作用下进入大气层,导致城市上空发亮。天空亮度的增加加大了天文观测的背景亮度,天空等级越来越小,能看到的星星数量越来越少,进而使天文观测工作受到影响。人造白昼的人工光会影响人体正常的生物钟,并通过扰乱人体正常的激素产生量来影响人体健康。如褪黑素主要在夜间由大脑分泌,具有调节人体生物钟和抑制雌激素分泌的作用。夜晚亮光的照射会减少人体内褪黑素的分泌,会导致人体雌性激素以及与雌性激素有关疾病的增加。人造白昼的人工光对生物圈内的其他生物也会造成潜在的和长期的影响。人造白昼影响昆虫在夜间的正常繁殖过程,导致许多依靠昆虫授粉的植物也受到不同程度的影响。直射向天空的光线可能使鸟类迷失方向,以星星为指南的候鸟可能因为人造白昼而失去目标。此外,植物体的生长发育受日光照长短的控制,人造白昼会影响植物正常的光周期反应。

②白亮污染　白亮污染主要由强烈人工光和玻璃幕墙反射光、聚焦光产生,如常见的眩

光污染就属此类。建筑物上的玻璃幕墙反射的太阳光或汽车前灯强光突然照在高速行驶的汽车内，会使司机在刹那间头晕目眩，看不清路面情况，分不清红绿灯信号，容易发生交通事故，因此在高速公路分车带上必须有 1 m 多高的绿篱或挡光板。白亮污染对人类的影响有：视网膜和虹膜受到损害，视力下降，白内障发病率高达 45%；头晕、心烦、失眠、食欲下降，还会情绪低落；司机眼睛受到强光刺激，容易诱发车祸。为了减少白亮污染，应加强城市地区绿化特别是立体绿化，建设“生态园林城市”，从而减少和改善白亮污染，减少其对人类的危害。

③彩光污染　黑光灯、荧光灯、霓虹灯、灯箱广告等各种彩色光源会造成城市中的彩光污染。研究表明，彩光污染影响人的生理功能、心理健康。黑光灯所产生的紫外线强度大大高于太阳光中的紫外线，且对人体有害影响持续时间长。紫外线能伤害眼角膜，过度照射紫外线还可能损害人体的免疫系统，导致多种皮肤病的发生。长期在黑光灯照射下生活，可诱发流鼻血、脱牙、白内障，甚至导致白血病和其他癌变。闪烁彩光灯常损伤人的视觉功能，并使人的体温、血压升高，心跳、呼吸加快。荧光灯可降低人体钙的吸收能力，使人神经衰弱，发生性欲减退，女性常诱发月经不调等疾病。研究证实，蓝光和绿光在夜间对人体危害尤为严重。英国剑桥大学博士威尔士所做的研究表明，日光灯是引起人偏头疼的主要原因之一。因此，城市管理者要立足生态环境的协调统一，对广告牌和霓虹灯加以控制和科学管理，注意减少大功率强光源，并加强园林绿化，多植树、栽花、种草和增加水面，以改善城市光环境。

4. 活动过程

(1)光照强度的测定

①基本原理　照度计是测定光照强度（简称照度）的仪器，它是利用光电效应的原理制成的。整个仪器由感光元件（硒光电池）和微电表组成。当光线照射到光电池后，光电池即将光能转换为电能，反映在电流表上。电流的强弱和照射在光电池上的光照强度呈正相关，因此，电流表上测得的电流值经过换算即为光照强度。为了方便，把电流计的数值直接标成照度值，单位是勒克斯(lx)。

②仪器介绍　可选用 TES-1336A 数位式照度计。主要由测光探头和读数单元两部分组成，通过电缆和插座连接。读数单元由液晶显示器和各操作键组成（图 4-5），各操作键的作用如下：

“ON/OFF”为电源开关键，按下此键为电源接通状态，自锁键，再按此键抬起为电源断开状态。

“HOLD”为保持键，按下此键为数据保持状态，自锁键，再按此键抬起为数据采样状态，测量时应抬起此键。

“MAX”为最大值锁定键，按下此键为最大值锁定模式，再按此键一次为解除最大值锁定模式。

图 4-5　TES-1336A 数位式照度计

"Lux/Fc"为单位转换键,按此键可使照度单位互换。

"RANGE"为挡位切换键,可选择 20、200、2 000、20 000 Lux/Fc。

"REC/ERASE"为记忆/清除键,按键一次,将记录当时测量值一笔;持续按键 3 s,则为连续记录测量值模式,再按一次则停止记录;当记录模式被启动后,"Lux/Fc""RANGE"按键暂时失效,当记录组数据超过 255 组或资料笔数总共超过 16 000 笔时,液晶显示器上出现"Full",表明储存空间已满,不能再记录;在关机状态按住此键同时打开仪表电源并持续 3 s,显示器上出现"dEL"并闪烁 3 次,表示记忆的资料被清除。

③操作过程　场所可选择水泥面的篮球场、树林内、建筑物前后,完成表 4-2 操作过程。

表 4-2　光照强度测定方法步骤

工作环节	工作程序及操作技术	质量要求及注意事项
仪器检查准备	(1)压拉后盖,检查电池是否装好 (2)按下"ON/OFF"键,将测光探头插入读数单元的插孔内,完全遮盖探头的光敏面,检查读数单元是否为"0"。若不为"0"时按"ZERO"进行归零调整	电缆线两端严禁拉动而松脱,测点转移时应关闭电源键,盖上探头护盖
实地测量	(1)打开探头护盖,将探头置于待测状态,光敏面向上,根据光照强弱选择适宜的量程键按下,此时窗口显示数字,该数字与量程的乘积即为照度值(单位为 lx) (2)如果显示窗口左端只显示"1",表明照度过载,应改用更大的量程键;或表明在按量程键前已误将"HOLD"键先按下;若显示窗口读数小于或等于 19.9 lx,则改用更小的量程键,以保证数值更精确 (3)欲将测量数据保持以便记录则按下"HOLD"键,读取数值后再按下一次,将"HOLD"键抬起。禁止在未按下量程键前按下"HOLD"键	(1)根据光照的强弱选择合适的量程,减少误差。 (2)测量时探头应避免人为遮挡等影响,探头应水平放置使光敏面向上 (3)当液晶显示板左侧出现"LOBAT"字样或"←"时,应更换电池;勿在高温高湿场所使用
仪器保养	全部测量完毕后,按下"ON/OFF"键关机。小心取出探头插头,盖上探头护盖,照度计装盒带回	关闭电源,取出探头,装盒

(2)日照时数测定

①基本原理　可照时数指某地从日出到日落的时间,日照时数指太阳直接照射地面的实际时数,日照时数与可照时数的百分比称为日照百分率。测定日照时数多用乔唐式日照计(又称为暗筒式日照计)。它是利用太阳光通过仪器上的小孔射入筒内,使涂有感光药剂的日照纸上留下感光迹线,然后根据感光迹线的长度来计算日照时数。

②仪器介绍　测量日照时数的仪器称为日照仪,观测日照的仪器主要有:

A. 暗筒式(乔唐式)日照计。它利用日光在日照纸上留下的感光迹线作记录,这是气象台站常用的仪器。主体为一金属圆筒,筒的一端密闭,一端有盖,筒的上部有一块隔光板,筒身上在隔光板的两侧边缘的同一垂直面上,各有一个圆锥形进光孔,两孔前后位置错开,与圆心的夹角为 120°。筒内有一弹性压纸夹用于固定日照纸。圆筒可绕支架旋转,支架下部有纬度刻度盘与纬度记号线。日照计应安置在开阔的、终年从日出到日落都能受到太阳光照射的地方(图 4-6)。

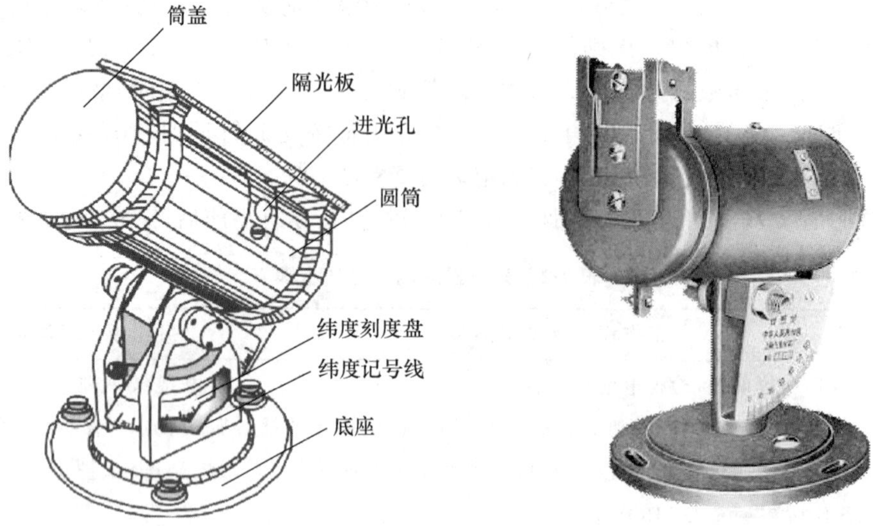

图 4-6 乔唐式日照计

B. 聚焦式(坎贝尔-司托克斯式)日照计。它利用日光焦点在自录纸上燃出焦迹来记录。聚焦式日照计的实心玻璃球支持在弧架两端的支架上。整个弧架可以转动以对准纬度。与玻璃球同心的金属槽则是用以安放日照纸的,其半径恰好等于玻璃球的焦距。由于一年中太阳位置的变动,日照计焦痕的位置也将上下变化,因此记录纸也分为 3 种类型,分别安放在金属槽的上、中、下 3 种槽中。下槽安放夏季日照纸(长弧形),凸边向上;中槽安放春秋季日照纸(直线形);上槽安放冬季日照纸(短弧形),凹边向上(图 4-7)。

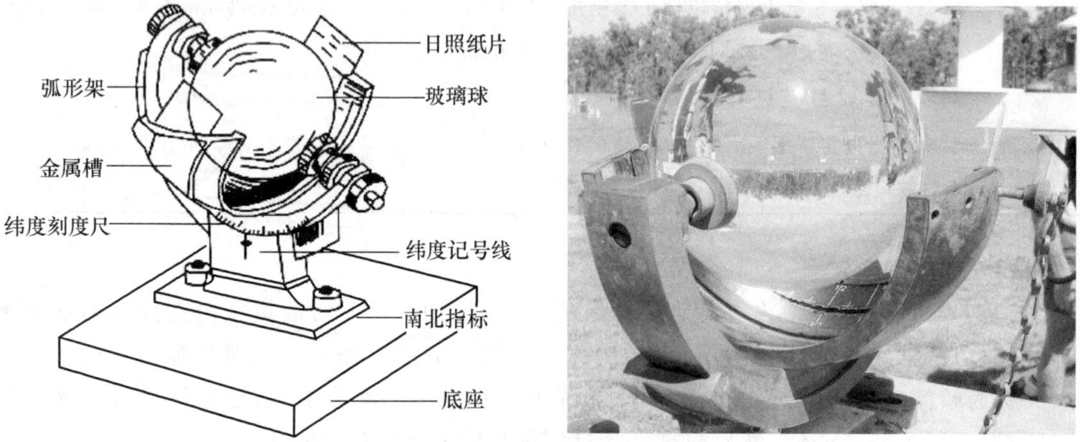

图 4-7 坎贝尔-司托克斯式日照计

③操作过程 测定日照时数的仪器一般用乔唐式日照计。选择露地、林荫下、建筑物前后等场所,进行下列全部或部分内容(表 4-3)的操作。

表 4-3 暗筒式日照计测量日照长度

工作环节	操作规程	质量要求
安装暗筒式日照计	安装在当地开阔的，从日出到日落都能受到阳光照射的地方，如建筑物顶端；如在观测场中观测，则安放在预先埋设的铁架上，铁架顶端安装一块水平而又牢固的台座，座面上要精确标出南北线，将日照计装在铁架平台上，仪器底座要水平，然后转动筒身，使支架上的纬度记号线对正纬度盘上当地纬度值	附近无遮挡物；筒口对准正北；日照计底座需固定不松动或者摇动；支架上的纬度记号线对正纬度盘上当地纬度值
配药	赤血盐与水按照 1∶10 的比例溶解、混匀；枸橼酸铁铵与水按 3∶10 的比例溶解、混合；将配好的药液分别存放于两容器中	称量准确，药剂均匀无沉淀；每次配量以能涂刷 10 张日照纸为宜，以免涂了药的日照纸久存失效
涂药	将上述配制好的两种药液在暗处等量混合，均匀地涂在空白的日照纸上；或者先将枸橼酸铁铵药液涂刷在日照纸上，阴干后逐日应用，每天换下日照纸后，在感光迹线处用脱脂棉涂上赤血盐，便可显出蓝色迹线	涂布均匀，能正常感光
上纸	将填好次日日期的日照纸(涂药一面朝里卷成筒状)，放入金属圆筒内，使纸上 10 时线对准筒口白线，14 时线对准筒底的白线，纸上的两个圆孔对准两个进光孔，压纸夹交叉处向上，将纸压紧，盖好筒盖	纸上 10 时线对准筒口白线；14 时线对准筒底的白线；纸上的两个圆孔对准两个进光孔
换纸	换下的日照纸，先根据感光迹线的长短，在迹线下方用铅笔分别描画一直线，然后将日照纸放入足量的清水中浸漂 3～5 min 拿出(全天无日照的自记纸，也应浸漂)，阴干后，再重新检查感光迹线与铅笔线是否一致，如感光迹线比铅笔线长，则应补上这一段铅笔线，最后按铅笔线以十分法计算日照数	及时换纸，及时标记；浸漂后阴干
记录	将各小时的日照时数逐一相加，精确到 0.1 h，即可得到全天的日照时数。若全天无日照，日照时数记为 0.0	

5. 问题处理

活动结束后，完成以下内容：

(1)将园林植物群落光照强度测定结果填入表 4-4 中。

表 4-4 园林植物群落光照强度测定记录表

项目	地点			
	全光照	树冠内	树荫	地被
读数 1				
读数 2				
读数 3				
平均值				

(2)进行日照观测并将观测结果记入表 4-5 中。

表 4-5　日照时数(h)观测表

年　　月　　日

时间	日照时数	时间	日照时数	时间	日照时数
4:00—5:00		10:00—11:00		16:00—17:00	
5:00—6:00		11:00—12:00		17:00—18:00	
6:00—7:00		12:00—13:00		18:00—19:00	
7:00—8:00		13:00—14:00		19:00—20:00	
8:00—9:00		14:00—15:00			
9:00—10:00		15:00—16:00			

(3)查算当地某年各月(年)的日照时数、可照时数及日照百分率,并记入表 4-6 中。

表 4-6　　年　　(地)日照时数、可照时数及日照百分率

项目	月份											
	1	2	3	4	5	6	7	8	9	10	11	12
日照时数												
可照时数												
日照百分率												

活动二　园林植物对光的生态效应与适应

1. 活动目标

◆知识目标:了解光照强度对园林植物的生态效应、日照长度对园林植物的生态效应,熟悉园林植物对光强和日照长度的生态适应。

◆能力目标:能根据需要测定园林植物的遮阴效果和耐阴性鉴定。

2. 活动准备

根据班级人数,按 2～4 人一组进行分组,每组准备以下材料和工具:照度计、测温仪、皮尺、钢卷尺、围尺、测高器、花杆、计算器、记录板、记录表、笔记本、相机等。

3. 相关知识

(1)光照强度对园林植物的生态效应

①光谱成分对园林植物的影响　太阳辐射的主要成分是紫外线、可见光和红外线,不同波长的光具有不同的性质,对植物的生长发育具有不同的作用。太阳光谱中只有可见光能被植物的光合作用利用,植物光合作用对光能利用是从光合色素对光的吸收开始的,而光合色素对光能的吸收具有明显的选择性。波长 640～660 nm 的红光、430～450 nm 的蓝紫光是被叶绿素吸收最多的部分,具有最大的光合活性;400～500 nm 的蓝紫光能被类胡萝卜素所吸收;红橙光和黄绿光则能被藻胆色素吸收;而绿光为生理无效光。

一般短波长的光如蓝紫光、紫外线能抑制园林植物的伸长生长,而使园林植物形成矮粗的形态,并且引起园林植物的向光敏感性,促进花青素等植物色素的形成,比较典型的是高山上的园林植物矮小且生长缓慢,可能就是由于紫外辐射的抑制性作用造成的。

②光照强度对园林植物光合作用的影响　随着光照强度的增强,光合速率也随之增加,但光照强度达到一定程度时,光合速率不再随光照强度的增强而增加,达到最大值,此时即使光照强度增加光合速率不再变化,这种现象称为光饱和现象。开始达到光饱和现象时的光照强度称为光饱和点。在光饱和点以上的光强不再对光合作用起作用。不同植物的光饱和点不同,阳性植物光饱和点高,阴性植物光饱和点低。

植物在进行光合作用的同时也在呼吸,光合速率会随着光照强度的降低而减弱,当光照强度降低到一定值时,植物光合作用制造的有机物与呼吸作用消耗的有机物数量相等,此时的光照强度称为光补偿点。在光补偿点以下,植物的呼吸消耗超过光合积累,贮存的有机物逐渐被消耗。如长期处在光补偿点以下,植物将逐渐枯黄以至死亡。喜阴植物的光补偿点约为 100 lx,而喜阳植物的可达 500～1 000 lx(图 4-8)。

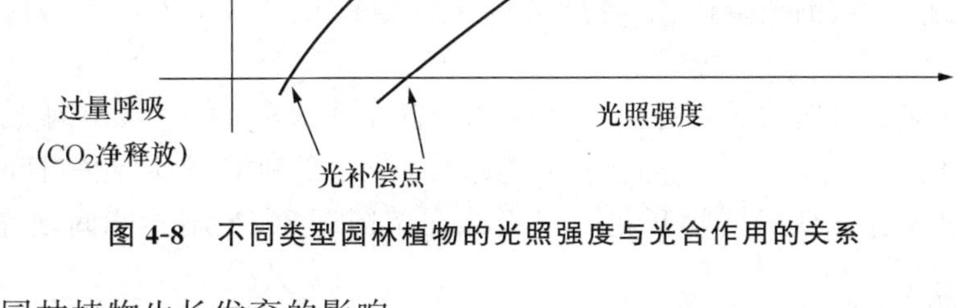

图 4-8　不同类型园林植物的光照强度与光合作用的关系

③光照对园林植物生长发育的影响

一是光照影响种子发芽。多数园林植物的种子,只要温度、水分、氧气几项条件适宜,有无光照均可发芽,但有些植物的种子必须在光照条件下才能萌发,如紫苏、桦树等;有些植物的种子则须在黑暗中才能萌发，如百合科的植物。

二是光照影响园林植物周期性生长。光照长度有规律的季节变化，与温度等因子共同影响着园林植物生长，从而使园林植物生长表现出季节周期性。秋季来临时，即使温度仍较高，落叶树种仍会按时落叶，原因就是感受到了短日照条件，继而落叶休眠，而一旦进入休眠，则只有经过冬季低温、达到需冷量后才能打破休眠，这是阔叶树对四季环境变化的适应。

三是光照影响园林植物的运动。合欢的叶子白天伸展开，傍晚则会闭合，直至第二天清晨才再度开放，故名“合欢”。这是因为光线的强弱变化使叶枕细胞吸水或放水，促使细胞发生膨胀或干瘪，从而出现叶片伸展或闭合的现象。合欢不仅仅在夜间闭合，在暴雨天气和夏季高温酷暑之时，也会形成闭合现象。睡莲的花朵也会根据光线的强弱变化而开合，有些睡莲昼开夜合，有些则相反，这是因为睡莲受到光的刺激后，细胞内的 pH 改变，导致了细胞膨压的变化，使花瓣张开或者闭合，这是植物的感性运动。而即使是同一棵睡莲，也会因温度高低和光线强弱而改变开闭的时间，并不是每天都相同。除睡莲外，不少植物开花也受光照强度的影响，如太阳花和牵牛花，每朵花仅开一天，但如果日间的光照不足则花瓣不能开放或者不能全开，而昙花则只在夜间开放，土人参的花则在下午日落前开放。

四是光照影响园林植物的抗寒能力。秋季天气晴朗，光照充足，园林植物光合能力强，积累糖分多，抗寒能力较强。若秋季阴天时间较多，光照不足，积累糖分少，园林植物抗寒能力差。

五是光照影响园林植物的生殖生长。适当强光有利于园林植物生殖生长，在光照充足时植物的光合积累增加，糖分储备充足，C/N 值高，则利于生殖生长。若光照减少，营养物质积累减少，花芽的形成也减少，已经形成的花芽，也会由于体内养分供应不足而发育不良或早期死亡。因此，为了保证园林植物的花芽分化及开花结果，必须保持充足的光照条件。

(2)日照长度的生态效应

①光周期现象　园林植物的开花与随季节变化的昼夜长短有关。一天中白天和黑夜的相对长度称为光周期。许多植物要求每天有一定的光照与黑暗的时数交替才能开花，这种现象称为光周期现象。

在光周期现象中，对园林植物开花起决定作用的是暗期的长短。也就是说，短日照植物(日照长度短于临界日长时才能开花的植物)要求黑夜必须超过某一临界暗期才能形成花芽(暗期不能中断)，一般深秋或早春开花的植物多属此类，如牵牛花、一品红、菊花、蟹爪兰、落地生根、一串红、芙蓉花、苍耳等，用人工缩短光照时间，可使这类植物提前开花。长日照植物(是指当日照长度超过临界日长才能开花的植物)要求黑夜必须短于某一临界暗期才能开花。如风仙花、唐菖蒲、倒挂金钟、令箭荷花、风铃草、除虫菊等，用人工方法延长光照时数可使之提前开花。

闪光实验证明了暗期的重要性。如在暗期中间给予短暂的光照(用闪光)，即使光期总长度短于临界日长，由于临界暗期遭到中断，使花芽分化受到抑制，因此短日照植物不开花；而同样情况却可促进长日照植物开花。但不存在暗断现象，黑暗不能间断光期的作用(图 4-9)。

研究表明，波长在 640～660 nm 的红光对中断黑夜所起的诱导作用最有效，用它进行光间断处理，明显抑制短日照植物的花芽形成，而促进长日照植物的花芽形成。

植物对光周期的反应，是植物在进化过程中对日照长短的适应性表现，在很大程度上与

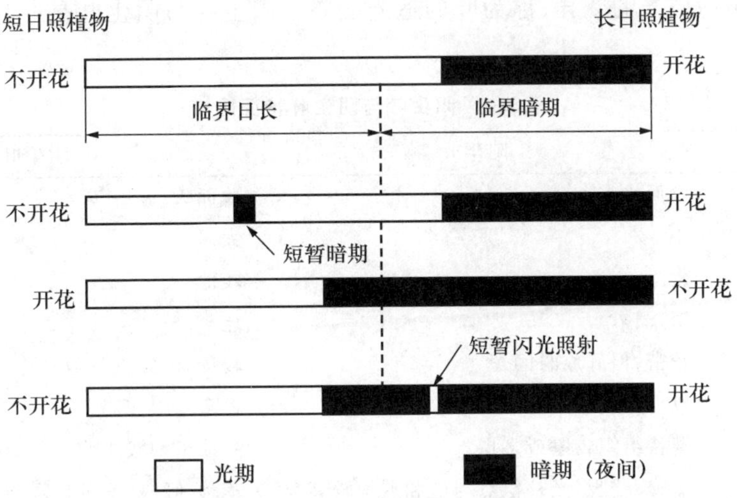

图 4-9　不同时间的光照处理对短日照和长日照植物开花的影响

原产地所处的纬度有关。长日照植物大多为原产于高纬度的植物,短日照植物大多为原产于低纬度的植物,因此在引种过程中,必须考虑植物对日照长短的反应。

②光周期与园林植物休眠　光周期对植物的休眠有重要影响。一般短日照促进园林植物休眠而使生长减缓,长日照可以打破或抑制园林植物休眠,使植物持续不断地生长。北方深秋落叶多与短日照诱导有关,使园林植物停止生长,进入休眠,有效地适应冬季即将到来的低温影响。南方起源的树木北移时,由于秋季北方的日照时间长,往往造成南方树木徒长,秋季不封顶,很容易遭受到初霜的危害。为了使其在北方安全越冬,可对其进行短日照处理,使树木的顶芽及早木质化,进入休眠状态,增强抗寒越冬的能力。有些园林植物只有在长日照下休眠,如夏休眠的常绿植物和原产于夏季干旱地区的多年生草本花卉,如水仙、百合、仙客来、郁金香等。

③光周期对植物其他方面的影响

一是光周期影响园林植物的生长。短日照植物置于长日照条件下,常常长得高大;而把长日照植物置于短日照条件下,则节间缩短,甚至呈莲座状。

二是光周期影响植物性别的分化。一般来说,短日照促进短日照植物多开雌花,长日照促进长日照植物多开雌花。瓜类中的黄瓜、南瓜在长日照下雄花居多,短日照下雌花居多。

三是光周期对有些植物地下贮藏器官的形成和发育有影响。如短日照植物菊芋,在长日照条件下仅形成地下茎,但并不加粗;而在短日照条件下,则形成肥大的块茎;二年生植物白香草木樨,在进入第二年生长以前,由于短日照影响,能形成肉质的贮藏根,但如果给予连续的长日照处理,则不能形成肥大的肉质根。

四是植物对光周期的敏感性是各不相同的。通常木本植物对光周期的反应不如草本植物敏感。利用植物对光周期的不同反应,可通过人工控制光照时数来调整园林植物的生长发育。

(3)园林植物对光照强度的适应

①叶的适光变态　叶片是植物直接接受阳光的器官,在形态结构、生理特征上受光的影响最大,对光有较强的适应性。由于叶长期处于光照强度不同的环境中,其形态结构、生理

特征上往往产生适应光的变异，称为叶的适光变态。阳生叶与阴生叶是叶适光变态的两种类型(表 4-7)。

表 4-7 阳生叶与阴生叶特征比较

项目	阳生叶	阴生叶
叶片	厚而小	薄而大
叶面积/体积	小	大
角质层	较厚	较薄
叶脉	密	疏
气孔分布	较密，但开放时间短	较稀，但经常开放
叶绿素	较少	较多
叶肉组织	栅状组织较厚或多层	海绵组织较丰富
分化生理	蒸腾、呼吸、光补偿点与饱和点均较高	蒸腾、呼吸、光补偿点与饱和点均较低

②园林植物对光强的适应　自然界中，有的植物在强光照下生长良好，而有的植物需要在较弱的光环境下才能生存；同样，有的植物在遮阴的情况下生长健壮，而有的植物却不能忍受遮阴。这是植物长期适应不同的光照强度而形成的不同生态习性。由于植物耐阴性的差异，不同植物种类长期适应特定的光照条件，从而产生不同的耐阴性类型，通常按照植物对光强的适应程度将其划分为 3 种类型：阳性植物、阴性植物、中性植物。

A. 阳性植物。又称喜光植物，喜光而不能忍受荫蔽的植物，在全光照或强光下生长发育良好，在弱光或荫蔽条件下生长发育不良，树木在林冠下不能完成更新。需光量一般为全日照的 70%。该类植物的光饱和点、光补偿点都较高，光合速率和呼吸速率也较高，多生长在旷野、路边，群落的先锋植物均属此类。该类植物包括松属(华山松、红松例外)、落叶松属、水杉、侧柏、桦木属、桉属、杨属、柳属、相思属、刺槐、楝树、银杏、板栗、栎属、漆树属、泡桐属、刺楸、臭椿、悬铃木、核桃、乌桕、黄连木、芍药等，大部分观花观果的木本花卉(如丁香、紫薇、蔷薇、月季、扶桑、夹竹桃、石榴)，多数一二年生草花、宿根花卉、球根花卉(如半枝莲、一串红、百日草、鸡冠花、凤仙花、紫菀、大丽花、芍药、唐菖蒲、向日葵)，此外草原和沙漠植物也都是阳性植物。

B. 阴性植物。又称喜阴植物，在较弱的光照条件下比强光下生长良好的植物。需光量一般为全日照的 5%～20%。该类植物具有较强的耐阴能力，在气候较干旱的环境下，常不能忍受过强光照，林冠下可以正常更新，这类植物的光饱和点、光补偿点均较低，呼吸作用、蒸腾作用都较弱，光合速率和呼吸速率也较低，抗高温和干旱能力较低。但阴性植物对光照要求也不是越弱越好，当光照低于它们的光合补偿点时，也不能生长。阴性植物多生长在光照阴暗、潮湿的生境，如背阴的山涧和森林中。对于阴性花卉要求适度遮阴方能生长良好，不能忍受强烈直射光线，生长期间要求 50%～80%遮阴度环境，如自然群落中下层或潮湿背阴处。该类植物包括冷杉属、福建柏属、云杉属、铁杉属、粗榧属、红豆杉属、椴属、杜英、八角金盘、常春藤属、八仙花属、紫楠、罗汉松属、香榧、黄杨属、蚊母树、海桐、枸骨、桃叶珊瑚属、紫金牛属、杜鹃花属、络石、地锦属等，多数热带观叶观花植物(如蕨类、兰科、凤梨科、天南星科植物)等，以及药用植物如人参、三七、半夏、细辛、黄连、阴生蕨类、兰科的多个种等。

阳性树种和阴性树种的生长特点见表 4-8。

表 4-8 阳性树种和阴性树种的生长特点(刘方明,2011)

植物类型	生长速度	成熟	开花结实	土壤条件	适应性
阳性树种	快	快	早	干旱瘠薄	强
阴性树种	慢	慢	晚	湿润肥沃	弱

C. 中性植物。介于阳性植物与阴性植物之间的植物。一般对光的适应幅度较大,在全日照下生长良好,也能忍耐适当的遮阴,或在生育期间需要较轻度的遮阴,大多数植物属于此类。如五角枫、元宝枫、桧柏、樟树、珍珠梅、木荷、七叶树、蜡梅等木本植物,紫罗兰、三色堇、洋地黄、萱草、桔梗、耧斗菜、紫茉莉、香雪球、翠菊等草本花卉。中性植物中的有些植物随着其年龄和环境条件的差异,常常又表现出不同程度的偏喜光或偏阴生特征。

③植物的耐阴性　植物耐阴的能力,一般称为耐阴性。耐阴性强的植物在弱光下能正常生长发育,将植物耐阴性按次序排列,对栽培应用有很大帮助,如华北常见乔木树种可按照对光照强度的需要,由大到小排序是:落叶松、柳属、杨属、白桦、黑桦、刺槐、臭椿、白皮松、油松、栓皮栎、槲树、白蜡树、蒙古栎、辽东栎、红桦、白桦、黄檗、板栗、白榆、春榆、赤杨、核桃楸、水曲柳、国槐、华山松、侧柏、裂叶榆、红松、槭属、千金榆、椴属、云杉属、冷杉属。阳性树种一般生长速度较快;而耐阴树种生长较慢,成熟较慢,开花结实也相对较迟。从适应生境条件上,阳性树一般耐干旱瘠薄的土壤,对不良环境的适应能力较强,耐阴树则需要比较湿润、肥沃的土壤条件,对不良环境的适应性较差。

影响植物耐阴性的因素主要有以下 3 个方面:一是年龄。幼龄林特别是幼苗阶段,耐阴性较强,随着年龄的增加,耐阴性逐渐减弱,特别在壮龄林以后,耐阴性明显降低,需要更强的光照。二是气候。在气候适宜的条件下,温暖湿润地区,树木耐阴能力比较强,而在干旱瘠薄和寒冷条件下,则趋向喜光。同一树种处在不同的气候条件下,耐阴能力存在一定差异。在低纬度温暖湿润地区往往比较耐阴,而在高纬度高海拔地区趋向喜光。三是土壤。同一树种,生长在湿润肥沃土壤上的耐阴性较强,而生长在干旱瘠薄土壤上的耐阴性较差。一般一切对树种生长生态条件的改善,都有利于树种耐阴性的增强。

(4)园林植物对日照长度的适应

由于长期适应不同光照周期的结果,有些植物需要在长日照条件下才能开花,而有些植物则需要在短日照条件下才能开花。根据植物对光周期的不同反应,可把植物分为以下 3 类:

①长日照植物　长日照植物是指当日照长度超过临界日长才能开花的植物,也就是说,光照长度必须大于一定时数(这个时数称为临界日长)才能开花的植物。当日照长度不够时,只进行营养生长,不能形成花芽。这类植物通常需 14～16 h 及以上日照才能开花,一般在一年中日照时间较长的季节里开花。如唐菖蒲、满天星、紫罗兰、凤仙花、大岩桐、倒挂金钟、令箭荷花、风铃草、除虫菊等,用人工方法延长光照时数可使之提前开花。而且光照时数越长,开花越早。否则将维持营养生长状态,不开花结实。

②短日照植物　短日照植物是指日照长度短于临界日长时才能开花的植物,通常需要 8～12 h 日照才能开花。一般深秋或早春开花的植物多属此类,如牵牛花、一品红、菊花、蟹爪兰、落地生根、一串红、芙蓉花、苍耳等,用人工缩短光照时间,可使这类植物提前开花。在

长日照下只能进行营养生长而不开花。

③日中性植物　日中性植物是指开花与否对光照时间长短不敏感，只要温度、湿度等生长条件适宜，就能开花的植物。如月季、香石竹、紫薇、大丽花、仙客来、蒲公英等。这类植物受日照长短的影响较小。

临界日长对于短日照植物是指成花所需的最长日照长度，对于长日照植物是指成花所需的最短日照长度。一般认为，临界日长为每日 12～14 h 光照。实际上，不是任何植物都如此。有的短日照植物如苍耳，临界日长可达 15.5 h，而有的长日照植物如天仙子，临界日长仅 12 h。每种植物有其自身的临界日长，不一定长日照植物所要求的日照时数一定比短日照植物长。例如，长日照植物菠菜的临界日长为 13 h，也就是说，它们需要在长于 13 h 光照下才能开花，少于 13 h 就不能开花；短日照植物菊花（大多数品种）的临界日长为 15 h，只要日照时数不超过 15 h，菊花就能开花。因此对于长日照植物来说，只要在日照时数长于临界日长的条件下就能开花；而对于短日照植物来说，只要在日照时数短于临界日长的条件下就能开花。

4. 活动过程

(1)园林植物遮光效果测定

①基本原理　衡量树木遮光效果的标准是荫质与绿荫面积。树冠的荫影质量称为荫质，决定荫质的主要指标是遮光率和降温率，其中遮光率是指全光照下的光照度和树荫中心部位的光照度之差与全光照下的光照度的百分比；降温率是指全光照下的温度和树荫中心部位的温度之差与全光照下的温度的百分比。因此分别测定全光照下、树荫中心部位的光照度和温度，就可以评价园林植物的遮光效果。

②操作过程

第一步，选择晴朗天气，选择 3～5 种树种，每种尽量选择单株生长的树木 3 株。

第二步，测定每株树的株高、枝下高、南北冠幅、东西冠幅，测定荫影中心部位 1.5 m 高处的光照强度(I)和气温或地表温度(t)，测定附近全光照下的光照强度(I_0)和气温或地表温度(t_0)，并做记录于表 4-9 中。

第三步，把测定结果填入表 4-9，分别计算遮光率、降温率、荫质、遮光面积、遮光效果。

遮光率
$$L=\frac{I_0-I}{I}\times 100\%$$

降温率
$$T=\frac{t_0-t}{t}\times 100\%$$

荫质
$$M=L\times T$$

遮光面积
$$s=\left(\frac{\text{南北冠幅}+\text{东西冠幅}}{4}\right)^2\pi$$

遮光效果
$$P=M\times s$$

(2)园林植物耐阴性鉴定

①基本原理　光对植物的生长发育、形态结构和生理生化等都有显著影响，由于叶片所处的生境的光照条件不同，其形态结构与生理特性上产生了叶片的适光形态，从而产生不同的园林植物耐阴类型，不同生态类型的园林植物在形态结构、生理生化等特性及生活环境上存在一定的差异，因此，可根据这些植物的耐阴性程度，确定植物群落配置中的合理利用。根据测定园林植物的冠形、枝叶分布、透光度等指标，综合评定园林植物的耐阴程度。

②操作过程

第一步，在校园内选择 3～4 种乔木或灌木，每种 2～3 株，按不同指标分级进行观测，记录于表 4-10 中。

第二步，综合考虑各观测指标，对 10 种植物的耐阴性按由强到弱的顺序（1，2，3，…，10）排序。

第三步，根据各植物的耐阴性顺序，并结合树龄、气候、土壤条件对耐阴性的影响，确定不同植物的耐阴性类型（阳性植物、中性植物、阴性植物）。

5. 问题处理

(1)把园林树种的遮光效果填入表 4-9 中，根据测定结果，分析不同园林树种的遮光效果。结合所学知识，分析冠幅、树高、枝下高与树种的遮光效果的关系。

表 4-9　园林树种遮光效果记录表

树种	序号	树高/m	枝下高/m	南北冠幅/m	东西冠幅/m	全光照		树荫中心		遮光率/%	降温率/%	荫质/n	遮光面积/m^2	遮光效果
						光强/lx	温度/℃	光强/lx	温度/℃					
1	1													
	2													
	3													
平均														
2	1													
	2													
	3													
平均														
3	1													
	2													
	3													
平均														

(2)把园林树种的耐阴性调查结果填入表 4-10 中，整理表格内容，简要说明根据植物生长发育过程中对光照强度的不同适应性，在栽培管理及群落配置的应用上应注意的问题。

表 4-10 园林树种耐阴性鉴别调查记录表

种类	冠形	枝叶分布	透光度/%	叶型	枝下/高 m	冠高比	相对高	生长速度	开花结实	寿命	生境	排序	类型

组别：　　　　观测人：　　　　时间：

冠形：伞形、近伞形、近圆锥形、圆锥形。

枝叶分布：稀疏、较稀疏、较浓密、浓密。

透光度：枝叶透光面积占树冠面积的百分比。

叶型：阳生叶——只着生阳生叶；阳、阴——有阳生叶和阴生叶分化；阴生叶——只着生阴生叶。

枝下高：最下一轮活枝到地面的高度。

冠高比：树冠长度与树高之比。

相对高：植物株高（树高，单位为 m）与基径（胸径，单位为 cm）之比。

生长速度：快、较快、较慢、慢。

开花结实：早、较早、较晚、晚。

寿命：短、较短、较长、长。

生境：干旱贫瘠、较干旱贫瘠、较湿润肥沃、湿润肥沃。

活动三　园林植物生长的光环境调控

1. 活动目标

◆知识目标：认识光调节在园林植物上的应用和园林植物配置对光照的需要，熟悉园林植物光照调节方法。

◆能力目标：能根据绿化的需要进行合理的植物配置。

2. 活动准备

根据班级人数，按 2～4 人一组进行分组，每组准备以下工具：高枝油锯、枝剪、绿篱机、割灌机。

3. 相关知识

(1)光调节在园林植物上的应用

①指导引种　短日照植物南种北引，开花期推后，生育期会延长；北种南引，开花期提前，生育期会缩短。长日照植物正好相反，北种南引，开花期推后，生育期会延长；南种北引，开花期提前，生育期会缩短。短日照植物南种北引应引早熟品种，北种南引应引晚熟品种。长日照植物南种北引应引晚熟品种，北种南引应引早熟品种。

②调整花期　菊花是短日照植物，要使其在“五一”开花，采取的措施是：12月下旬剪除盆栽菊花的地上茎，将其转移到15～25℃的温室里，加强肥水管理，使老蔸根基萌发出许多幼芽，每盆留1～2个健壮苗，再按照菊花对环境条件的要求进行培育，这样，3月中旬现蕾，4月下旬开花。要使菊花在“七一”开花，采取的措施是：2月上旬清除去年残菊地上部分，并移放在15～25℃的温室里，使其萌发幼芽，培育1～2株苗/盆。3月上中旬开始每天进行遮光处理，连续40～50 d，每天只给7～10 h的光照，这样4月下旬现蕾，6月中下旬就可开花。要使菊花在国庆节开放，采取的措施是：春天分株繁殖，6月中下旬进行40～50 d遮光处理，8月中下旬现蕾，国庆前后开花。要使菊花在元旦开花采取的措施是：8月中旬进行连续光照，或用电光补足16～18 h/d以上的光照，抑制其开花。到国庆前夕，让其接受自然光照，这样11月中下旬即可现蕾，元旦前后开花。我们掌握了光周期的基本原理以后，可以人为采取措施，通过延长、缩短光照或闪光处理来调节植物开花，可以使在不同季节开花的植物在节日同时开放。河南洛阳牡丹研究所对牡丹进行光周期处理，诱导牡丹在春节前开花，收到了良好的经济效益。

③光周期处理促进园林植物的营养生长和休眠　在短日照季节，要使长日照花卉提前开花，就需要人工辅助光照；要使短日照花卉延迟开花，也需要采取人工辅助光照。长日照处理的方法大致有3种：一是明期延长法。就是在日落前或日出前开始补光，延长光照5～6 h。二是暗期中断法。就是在半夜辅助灯光照1～2 h，以中断暗期长度，达到调控花期的目的。三是终夜照明法。就是整夜都照明。照明的光强需要100 lx以上才能完全阻止花芽的分化。秋菊是对光照时数非常敏感的短日照花卉，在9月上旬开始用电灯给予光照，在11月上中旬停止人工辅助光照，在春节前，菊花即可开放。利用增加光照或遮光处理，可以使菊花一年四季任何时候都能开花，满足人们周年对菊花切花的需要。但应注意，大多数短日照花卉延长光照时荧光灯的效果优于白炽灯；给一些长日花卉延长光照时白炽灯效果更好，如宿根霞草的加光就是这种情况。

④调节光照强度，促进园林植物的生长发育　园林树木在幼苗阶段的耐阴性高于成年阶段，就是耐阴性常随年龄的增长而降低，在同样的庇荫条件下，幼苗可生存，成年树即感到光照不足。就同一种树种，生长在其分布区南界的植株，就比生长在其分布区中心的植株耐阴。而分布在其分布区北界的植株则较喜光。同样树种，海拔高度越高，其喜光性越强。土壤肥力也影响树木的需光量，如榛子在肥土中相对需光量为全光照的1/60～1/50，而在瘠土中为全光照的1/20～1/18。根据这样一个要求，可进行园林树木的科学管理，适时提高光照强度，促进园林植物正常的生长发育。

(2)园林植物配置对光照的要求

园林绿地中的园林植物没有生长量和经济产量的要求，但是设计好的植物群落需要长期维持较好的景观，随着树木的生长，林冠的遮阴度越来越高，处于群落下层的小乔木、灌木、地被植物往往光照不足，得不到足够的光照强度而逐渐衰弱。

现在的园林绿化倡导要多层次，植物种类要丰富，一个群落往往达到3～5层，即从上到下是大乔木、小乔木、灌木、地被、草坪构成的复层群落。建设部的《绿色生态住宅小区的建设要点和技术导则》中也规定：每100 m^2 的绿地要有3株以上乔木；立体或复层种植群落占绿地面积20%；三北地区木本植物种类≥40种，华中、华东地区木本植物种类≥50种，华南、西南地区木本植物种类≥60种。

要在绿地中集中表现多种园林景观和各种植物群落也需要用到多种类型的植物，这需要根据植物的需光特性进行合理的植物配置，除了上层乔木选用枝叶稀疏的树种外，中层的小乔木和灌木也需选用稍耐阴的植物，处于群落的下层的草本植物需采用阴性植物，如蕨类、竹芋、天南星科植物等等。但随着植物的生长，冠幅和枝叶扩展，势必相互遮蔽，造成某些植物的生长不良。为了维持景观效果，需要根据个体植株的生长情况适时进行修剪整形，调节园林植物群落各层所接受到的光照强度，以保证各类园林植物正常生长、维持园林景观。

(3)园林植物光照调节方法

在园林绿地养护过程中，根据各种植物的生长量适时进行修剪是维持景观效果的主要方法，适时地控制植株的枝叶量和冠幅，既能保证植株的生长势，也能够控制株型，保证透光率，使周围的植物不至于因遮蔽而生长不良。修剪方法有多种，根据实际情况采用。园林植物常用的修剪方法有如下几种：

①疏枝　即把枝条从基部疏除，乔木低垂大枝、交叉枝、重叠枝常用疏枝的修剪方法，能快速减少树木的枝量，增加透光率。注意截口要平整，截口靠近分枝点，不能留有残桩。对于较大的侧枝，为避免锯到一半时大枝劈裂伤到树干，不能从截口从上往下直接锯下，而要采用两次锯的方法，先在截口以外20～30 cm的位置把枝条锯除，去掉大枝的重量，先从截口下方向上锯1/3，再从上往下锯，然后把切口修平整。

②回缩　即把多年生的枝条截去大部分的方法，能快速收缩树木的冠幅，增加透光率，并有恢复树势的作用。

③短截　即把当年生的枝条截去一部分，泛指将小枝条截去一部分，根据截去部分的多少，分为轻度、中度、重度几种，短截除了能够收短长枝外，主要的作用是能够使截口下的侧芽萌发，使株型更加丰满，同时改善透光率，避免内膛枯枝。

④剪叶、剥叶、割刈　草本植物生长过于茂盛，会产生大量的枯叶，使光照受影响，也影响景观效果。因此对于肾蕨、天南星科植物、山菅常用剪叶、剥叶等方法增加透光率；而蜘蛛兰用定期割刈的方法更新；竹芋和艳山姜可以采用割去老枝的方法增加透光率，更新植株。

树木修剪的截口要倾斜不能与地面平行，以利于排水，大于3 cm的截口还应该用树木专用的伤口保护剂涂抹，可以大大避免伤口木质部开裂、树皮翘裂和伤口腐烂，加快新树皮的生长，加快伤口愈合。

4. 活动过程

选择当地种植园林树木、花卉等地块，观察植物生长情况，并进行以下操作(表 4-11)。

表 4-11 园林植物光环境的调控

工作环节	操作规程	质量要求
光照调控	(1)选育光能利用率高的品种。选育具有光能利用高的品种特征的优良品种，提高光能利用率 (2)合理密植。只有合理密植，增大绿叶面积，以截获更多的太阳光，提高作物群体对光能的利用率，同时还能充分地利用地力 (3)加强田间管理。整枝、修剪可以改善植物群体的通风透光条件，减少养料的消耗，调节光合产物的分配。增加空气中的二氧化碳浓度也能提高植物对光能的利用率	(1)光能利用率高的品种特征是：矮秆抗倒伏，叶片分布较为合理，叶片较短并直立，生育期较短，耐阴性强，适于密植 (2)修剪是调节光照的最好办法
控制花期	(1)短日照处理。可用于短日照处理的花卉有菊花、一品红、叶子花等。在长日照季节里可将此类花卉用黑布、黑纸或草帘等遮暗一定时数，使其有一个较长的暗期，可促使其开花。如菊花和一品红，使其 17:00 至次日 8:00 处于黑暗中，一品红 40 d 左右即可开花，菊花 50～70 d 即可开花 (2)长日照处理。生产上最常见的品种唐菖蒲自然开花期是日照最长的夏季，要求 12～16 h 的光照时间。我国北方冬季种植唐菖蒲时，欲使其开花，必须人工增加光照时间，每天下午 4:00 以后用 200～300 W 的白炽灯在 1 m 左右距离补充光照 3 h 以上，同时给予较高的温度，经过 100～130 d 的设施栽培，即可开花 (3)光暗颠倒处理。昙花对光照的反应不同于其他花卉，其一般在夜间开放，不便于观赏，但如果在其花蕾长 6～10 cm 时，白天遮去阳光，夜晚照射灯光，则能改变其夜间开花的习性，使之在白天盛开，并可延长开花时间	(1)在短日照处理前，枝条应有一定的长度，并停施氮肥，增施磷、钾肥，见效会更快 (2)短日照处理夜间不能撤掉遮光设备，可将遮光物四周下部掀开通风 (3)处理过程中室温在 20℃ 左右，最低不能低于 15℃

5. 问题处理

活动结束后，完成以下问题：

(1)了解一下当地在调控光照环境上有哪些典型经验。

(2)比较一下短日照处理、长日照处理和光暗颠倒处理对花期调控有何差异。

【师生互动】

将全班按 6～10 人标准分为若干团队，对所在学校的园林植物，调查以下内容，并进行团队互动，提出合理化建议。

1. 学校分布的园林植物哪些为阳性植物、阴性植物和中性植物？

2. 学校分布的园林植物的叶片哪些为阳生叶和哪些为阴生叶？

3. 学校分布的园林植物哪些为长日照植物、短日照植物和日中性植物？

4. 学校的光照条件与城区繁华街道相比有哪些区别？

5. 在老师的带领下调查校园内的阴生植物，给阴生植物进行拍照，分类，查其科、属、种名，找出具有代表性的10～20种在校园科普栏上进行宣传。

【知识拓展】

如果同学们想了解更多的知识，可以通过下面渠道进行学习：

1. 阅读杂志

(1)《气象》

(2)《中国农业气象》

(3)《气象知识》

(4)《中国气象》

(5)《贵州气象》《广东气象》《山东气象》《陕西气象》

2. 浏览网站

(1)农博天气　http://weather.aweb.com.cn/

(2)中国天气网　http://www.weather.com.cn/

(3)中国气象新闻网　http://www.zgqxb.com.cn/

(4)中央气象台　http://www.nmc.cn/

(5)××省(市)气象信息网

3. 阅读书籍

(1)《园林生态学》(第2版)，冷平生主编，中国农业出版社

(2)《城市园林生态学》，徐惠风等编著，中国林业出版社

(3)《园林生态学实验与实践》，刘旭、张翠丽、迟春明主编，西南交通大学出版社

(4)《风景园林生态学》，廖飞勇主编，中国林业出版社

(5)《植物生长环境》(第3版)，宋志伟主编，中国农业大学出版社

(6)《植物生长与环境》，宋志伟、杨净云主编，中国农业出版社

Chapter 5

学习情境五

温度环境与园林植物生长

活动一　园林植物生长的温度环境

活动二　园林植物的温度生态作用与适应

活动三　园林植物生长的温度环境调控

【情境创设】

能力目标	专业能力	1. 能熟练进行地温测定； 2. 能熟练进行气温测定； 3. 能熟练根据生产的需要进行温度调控。
	方法能力	1. 具备获取信息、收集资料的能力； 2. 具备制订计划、执行计划的能力； 3. 具备自主学习、发现问题、解决问题的能力。
	社会能力	1. 具备良好的团队协作、配合能力； 2. 具备良好的与人沟通、协调能力； 3. 具备一定的方法综合、创新能力。
知识目标	1. 了解温度及其变化规律；掌握土壤温度和城市温度的变化规律； 2. 了解温度对园林植物的生态作用，熟悉极端温度对植物的影响，掌握园林植物对温度的适应； 3. 熟悉园林植物对气温的调节作用和园林植物极端温度灾害的防御。	
思政目标	阅读“历经艰难求学路　确立终身学者志”，学习中国风景园林泰斗孙筱祥教授刻苦求学、热爱园林，坚持“五条腿”之路，终成一代园林大师的精神。 二维码 思政园地	
教学条件	多媒体课件、多媒体教室、实训室、配备现代化调控系统的连栋温室或大棚。	
教学方法	课堂讲授、资料查阅、现场训练、课外活动。	
考核评价	学习过程考核	计划制订(20%)、师生析疑(10%)、完成任务(50%)、检查评价(20%)。
	拓展能力考核	工作态度(20%)、岗位技能(50%)、拓展能力(20%)、团队合作(10%)。
考核方式	教师评价(70%)、小组互评(20%)、学生自评(10%)。	

【活动内容】

活动一　园林植物生长的温度环境

1. 活动目标

◆知识目标：了解温度的变化规律，认识土壤温度的变化规律和城市温度条件。

◆能力目标：能根据需要准确测定地温。

2. 活动准备

根据班级人数，按 2～4 人一组进行分组，每组准备以下材料和用具：地温计、纸、笔等。

3. 相关知识

(1)温度及其变化规律

①太阳辐射与热量平衡　太阳辐射是地表面的主要热源，地表面因吸收太阳辐射导致增温，同时又不断释放辐射，即地面辐射。地面辐射是近地面层大气的主要热源，大气通过接收地面辐射增温，同时又向外辐射，其中射向地面的那部分辐射称为大气逆辐射，它也是地面热量的一个来源。地面辐射与大气逆辐射中被地面所吸收部分之差，称为地面有效辐射。因此，地面辐射收入部分主要包括太阳直接辐射和散射辐射以及大气逆辐射；支出部分包括地面辐射和地面对太阳的反射。

地球表面热量收入与支出的状况叫热量平衡。从总体上说，热量收入等于热量支出而达到平衡。每天早晨当太阳升起时，地表开始接收太阳的辐射能，约 1 h 以后，地表温度开始变化，当地表接收到的辐射能大于地表有效辐射时，温度开始上升，大约到午后，温度达到最高值。此后，太阳辐射开始变弱，地面有效辐射慢慢超过所获得的太阳辐射能，地面温度开始下降；在日落后，由于地面继续进行有效辐射，地面温度加速下降，直至日出前后，温度达到一天的最低值。

地表的热量平衡情况又与空气流动和水分含量及土壤性质密切相关，因此，可以通过调节地面的风速、水分状况和土壤性质来调节与控制地面热量平衡。

②温度在空间上的变化　地球表面上各地的温度条件随所处的纬度、海陆位置、海拔高度、地形及坡向等条件的不同而有很大变化。

一是纬度。纬度越高，太阳高度角越小，太阳辐射量较小，温度就越低；纬度越低，太阳高度角越大，温度就相应高些。一般纬度每增高 1°，年平均温度下降 0.5～0.7℃。所以，从赤道到北极可划分出热带、亚热带、暖温带、中温带、寒温带和寒带。我国领土辽阔，最南端为北纬 3°59′，最北端为北纬 53°33′，南北纬度相差 49°34′，因此，我国南北各地的太阳辐射的热量相差很大，南北方温度有很大差异(表 5-1)。

表 5-1 不同纬度的温度变化

地点	北纬	年平均温度/℃	最热月平均温度/℃	最冷月平均温度/℃	年较差/℃	≥20℃(月数)	≥15℃(月数)	≥10℃(月数)	≤0℃(月数)
漠河	53°33′	−5.4	18.1	−30.8	48.9	0	3	3	7
黑河	50°15′	−0.4	19.8	−25.8	45.6	0	3	5	5
齐齐哈尔	47°20′	3.0	22.7	−20.1	42.8	3	3	5	5
哈尔滨	45°45′	3.6	22.9	−19.8	42.7	2	3	5	5
长春	43°53′	4.8	22.9	−16.9	39.8	3	4	5	5
沈阳	41°46′	7.4	24.8	−12.8	37.6	3	5	5	5
北京	39°57′	11.8	26.1	−4.7	30.8	4	5	7	5
青岛	36°00′	12.0	25.3	−1.5	26.8	3	6	6	3
南京	32°04′	15.7	28.0	2.2	25.8	5	7	8	2
温州	28°01′	18.5	29.0	7.7	21.3	6	8	10	0
福州	26°05′	19.8	28.5	10.9	17.8	6	8	12	0
广州	23°00′	21.9	28.3	13.7	14.6	7	10	12	0
海口	20°00′	24.1	28.6	17.5	11.1	9	12	12	0
西沙群岛	16°50′	26.5	29.0	23.0	6.0	12	12	12	0

二是海陆位置。我国位于欧亚大陆东南部，东面是太平洋，南面距印度洋不远，西南面和北面都是广阔的大陆。由于我国属于季风气候，夏季盛行温暖湿润的热带海洋气团和赤道海洋气团，气团的运行方向是从东或南向西或北推进；冬季盛行极地大陆气团，寒冷而干燥，从西或北向东或南推进。因此，东面和南面多属海洋性气候，从东南到西北，大陆性气候逐步加强。与同纬度其他地区相比，我国大陆性气候较强。夏季酷热，冬季严寒，气温年较差大，我国 1 月平均气温比同纬度其他地区要低，7 月平均气温比同纬度其他地区要高，年平均气温比同纬度其他地区要低，年温差比同纬度其他地区要大。例如，以北京和纬度相近的里斯本及纽约的平均气温相比较，则 1 月平均气温北京比里斯本低 14.9℃，比纽约低 3.8℃；7 月平均气温北京比里斯本高 5.1℃，比纽约高 3.1℃，北京的年温差远比这两个地区为大。

三是海拔高度。随着海拔的升高，虽然太阳辐射增强，但由于空气密度越来越稀薄，导致大气逆辐射下降，地面有效辐射增多，因此温度有所下降，一般海拔每升高 1 000 m，气温下降 5.5℃。气温的这种递减率在夏季大、冬季小。我国是一个多山国家，海拔的变化范围从−293 m(吐鲁番盆地)到 8 844.43 m(珠穆朗玛峰)，境内地形高低差异很大，因此对温度的变化影响也很大。如北京市海拔 52.3 m，年平均温度 11.8℃，最冷月平均温度为−4.7℃；而处于相同纬度的五台山，海拔 3 061 m，年平均温度−4.2℃，最冷月平均温度为−19℃。

四是地形及坡向。我国山体多，且地形复杂，地形复杂必然导致气候的多变。特别是我国西北、西南地区常有“十里不同天”的气候。错综复杂的山系常是南北暖冷气团运行的障碍，特别是东西走向的山脉能阻挡寒潮和湿热气团的运行，称为气候的分界线。山体也是影响温度水平变化的主要原因之一。例如，秦岭南坡温暖多雨，北坡寒冷少雨，山脉两侧气候类型不同。

不同坡向，热量分布也不均匀，一般南坡的太阳辐射大于北坡，所以南坡的空气和土壤温度比北坡高，但土壤温度西南坡比南坡更高，这是因为西南坡蒸发耗热较少，用于土壤和空气增温的热量较多的缘故。

封闭谷地和盆地的温度变化有其独特的规律。以山谷为例，由于谷中白天受热强烈，再加上地形封闭，热空气不易输出，所以白天谷中气温远较周围山地为高，如河谷城市南京、武汉、重庆为我国三大“火炉”城市。在夜间，因地面辐射冷却，近地面形成一层冷空气，冷空气密度较大，顺山坡向下沉降聚于谷底，而将暖空气抬高至一定高度，形成气温下低上高的逆温现象。在晴朗无风、空气干燥的夜晚，这种辐射逆温最易形成(图 5-1)。在城市地区，混凝土与下垫面冷却较快，常易形成逆温层。由于逆温层的形成，空气交流极弱，热量、水分不易扩散，易形成闷热天气，此外由于大气污染物的积累，常会加剧大气污染的危害程度。

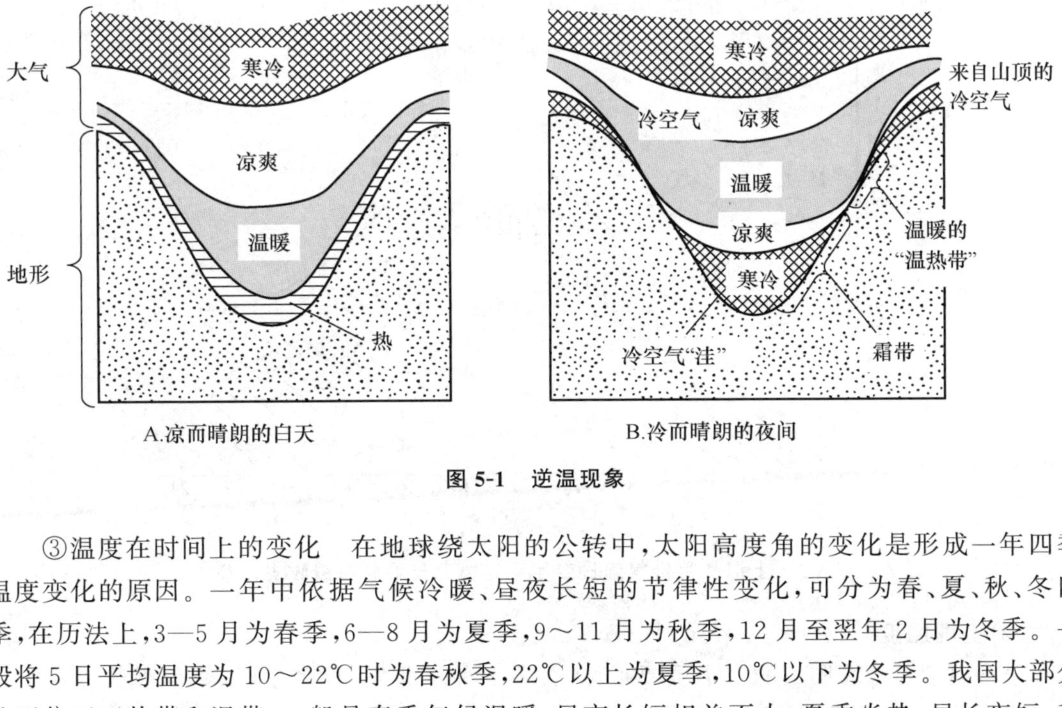

图 5-1　逆温现象

③温度在时间上的变化　在地球绕太阳的公转中，太阳高度角的变化是形成一年四季温度变化的原因。一年中依据气候冷暖、昼夜长短的节律性变化，可分为春、夏、秋、冬四季，在历法上，3—5 月为春季，6—8 月为夏季，9～11 月为秋季，12 月至翌年 2 月为冬季。一般将 5 日平均温度为 10～22℃时为春秋季，22℃以上为夏季，10℃以下为冬季。我国大部分地区位于亚热带和温带，一般是春季气候温暖，昼夜长短相差不大；夏季炎热，昼长夜短；秋季与春季相似；冬季则寒冷而昼短夜长。但由于各地所处位置及气候条件不同，四季长短及开始日期有很大差异(表 5-2)。

温度的昼夜变化也是很有规律的。一般有一个最高值和最低值。最低值发生在将近日出的时候，日出以后，气温上升，在 13:00—14:00 达到最高值，以后温度下降，一直到日出前为止(图 5-2)。昼夜温差一般随纬度的增加而减小。

表 5-2　不同地方四季长短及开始日期

地方	春始	春季天数	夏始	夏季天数	秋始	秋季天数	冬始	冬季天数
广州	11 月 1 日	170	4 月 20 日	195				
昆明	1 月 31 日	315					12 月 12 日	50
福州	10 月 18 日	205	5 月 11 日	160				
重庆	2 月 5 日	80	5 月 6 日	145	9 月 28 日	80	12 月 17 日	60
汉口	3 月 17 日	60	5 月 16 日	135	9 月 28 日	60	11 月 17 日	110
上海	3 月 27 日	75	6 月 10 日	105	9 月 23 日	60	11 月 17 日	125
北京	4 月 1 日	55	5 月 26 日	105	9 月 8 日	45	10 月 23 日	165
沈阳	4 月 21 日	55	6 月 15 日	75	8 月 29 日	50	10 月 18 日	185
瑷珲	5 月 11 日	125					9 月 13 日	240
乌鲁木齐	4 月 26 日	50	6 月 15 日	65	8 月 19 日	55	10 月 13 日	195

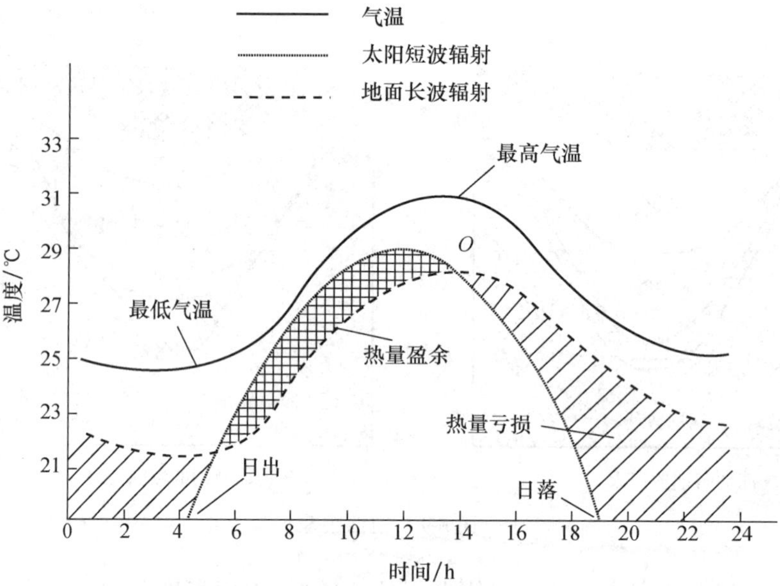

图 5-2　上海 7 月份气温日变化平均情况与地面热量收支示意

(2)土壤温度

土壤温度是土壤肥力的一个重要指标，关系到种子萌发、根系生长、营养吸收以及土壤微生物活动。土壤温度达到一定的高度，种子才能发芽，例如，春小麦一般在地温 2℃以上萌芽，而棉花则要在 10℃以上，各种作物种子发芽需要的地温不一样，所以播期也不同。春季进行田间土壤温度的观测，对适时早播，确保苗全苗壮有重要意义。土壤温度在太阳辐射、自身组成及特性、近地气层等因素影响下有其特有的变化规律。

①土壤温度的日变化　白天，大地接收阳光热量后地面的温度逐渐升高。日落后，近地面的气温渐渐降低，地表的温度也随之开始下降。同时地温也随着四季变化，这些变化随土

壤深度增加而减小。地温最高、最低值的出现时间，随深度增加而延迟。地温的高低对根系生长、种子发芽、微生物的繁殖及其活动有很大影响，地温资料对农、林、牧业的区域规划有重大意义。

一日之中最高温度与最低温度之差称之为日较差。一昼夜内土壤温度的连续变化叫土壤温度的日变化。土表白天接受太阳辐射增热，夜间放射长波辐射冷却，因而引起温度昼夜变化。在正常条件下，一日内土壤表面最高温度出现在 13:00 左右，最低温度出现在日出之前。

②土壤温度的年变化　一年内土壤温度随月份连续地变化，称之为土壤温度的年变化。在中、高纬度地区，土壤表面温度年变化的特点是：最高温度在 7 月或 8 月，最低温度在 1 月或 2 月。在热带地区，温度的年变化随着云量、降水的情况而变化。如印度 6—7 月份是雨季，太阳辐射能到地面较少，因此最高温度月份并不在 7 月份而在雨季到来之前的 5 月份。最高温度月份与最低温度月份出现的时间落后于最大辐射差额和最小辐射差额出现的月份，其落后的情况随下垫面性质而异。凡是有利于表层土壤增温和冷却的因素，如土壤干燥、无植被、无积雪等都能使极值出现的时间有所提早。反之，则使最低温度与最高温度出现的月份推迟。

③土壤温度的垂直变化　土壤温度在垂直梯度上也有明显变化，这和季节、土质、土壤水分状况、日照、风速均有关系。一般来说土壤深层温度变化小，土壤表层温度变化大。作物播种时要求的最低温度指标，一般以 5 cm 深度的土温为标准。

(3)城市温度条件

①热岛效应　城市是人口、建筑物以及生产、生活活动集中地，其温度条件与周围的郊区比较有很大差异。城市热岛效应是城市气候最明显的特征之一，它是指城市气温高于郊区气温的现象。图 5-3 形象化地显示出城市气温从城市中心向郊区农村递减的情况。城市

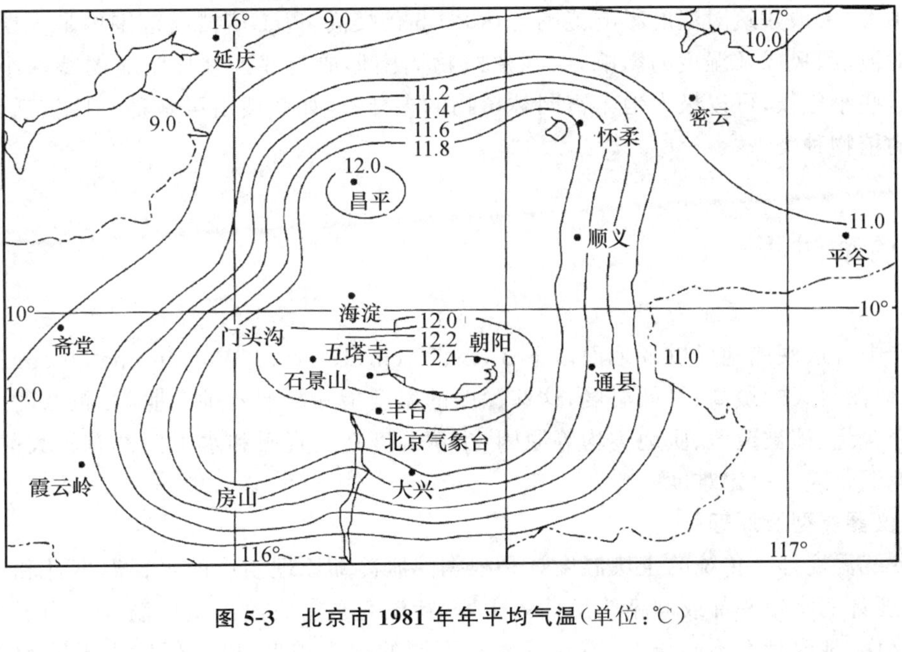

图 5-3　北京市 1981 年年平均气温(单位:℃)

的热岛效应是很明显的，在不同纬度的城市都普遍存在，一般城市年均气温比周围郊区高0.5～2℃。徐兆生等(1981)的观察结果表明，北京市市区平均气温比郊区高0.7～1℃；在夏季，日平均温度市区比郊区高0.5～0.8℃，最高温度高0.8～2℃，最低温度高1.4～2.5℃，差值十分明显。而且，城市的这种增温作用影响范围可达到周围的郊区。

城市热岛效应强度还因地区而异，它与城市规模、人口密度、建筑密度、城市布局、附近的自然环境有关。在城市人口密度大、建筑密度大、人为释放热量多的市区，形成高温中心。城市中的植被和水体增温缓和，可以降低热岛强度，因此在有植被和水体的地方形成低温带。中小城市的热岛效应较弱，如北京市昌平区年均气温比周围地区仅高0.2℃。热岛效应还与季节有关，在一年当中，一般秋、冬季城市的热岛效应较强，而夏季较小。特别在北方城市，由于冬天取暖，人为散发热量大大增加，也增强了城市热岛效应。如天津市区与郊区年均温差为1.0℃，秋季为0.9℃，春季为0.4℃，而在冬季温差最高可达5.3℃。城市的热岛效应常会使城市春天来得较早，秋季结束较晚，城区的无霜期延长，极端低温趋向缓和，但这些有利于树木生长的条件，会由于温度过高、湿度降低而丧失。

②城市小环境温度变化　在城市局部地区，由于建筑物和铺装地面的作用，会极大地改变光、热、水分布，形成特殊的小气候，对温度因子的影响尤其明显。城市街道和建筑物受热后，如同一块不透水的岩石，其温度远远超过植被覆盖地区。在夏季导致温度过高，影响居民生活和园林植物的正常生长发育。

由于建筑物南北向接收到的太阳辐射量相差甚大以及风的影响，南北向的温度存在很大的差异，在冬季冻土层的深度和范围明显不一样。北京市园林科研所调查了建筑物附近的温度变化情况，冬季楼的朝向对温度影响最大，楼南侧气温最高北侧最低，东侧与西侧居中，其他季节楼朝向对气温影响较小，夏季楼西侧气温比南侧略高。地温受楼朝向的影响比气温高，楼南侧冻土期与冻土深度明显缩短，在20 m高楼南侧楼高范围内冻土期比露天对照减少至1/2左右，而北侧冻土期比露天对照略长，但冻土层深度明显高于对照，楼西与楼东差距不大，一般建筑对温度影响范围可达3～5倍楼高，以1倍楼高范围内最为明显，城市建筑物对温度、风以及湿度的影响，会在建筑物周围形成与郊区差异明显的特殊小气候，合理利用这些小气候，可以极大地丰富园林植物的多样性，如在楼南可栽种一些较适合温暖湿润地带的植物种类。

4. 活动过程

生产中一般观测地面以及地面以下5 cm、10 cm、15 cm、20 cm、40 cm、80 cm深度的地温，以及地面每天的最高、最低温度，这些深度的温度指标影响着种子萌发、根系的生长。但由于水分含量、植被覆盖、质地不均等原因，土壤温度在垂直面和水平面都有较大的差异，这给测定地温带来了一定难度。

(1)仪器类型及原理

①传统温度计　传统的土壤温度计是根据热胀冷缩原理制成的水银温度计和酒精温度计，把温度计的水银头部或酒精头部插入土壤，待温度平衡后读出土壤温度。为了方便野外作业和操作，地温计有不同长度、不同形状和不同的探头类型，以方便插入土壤和测量不同

深度的温度。地温计一般分为直管地温计(图 5-4)、直角地温表(图 5-5)、曲管地温计(图 5-6)3 种类型。

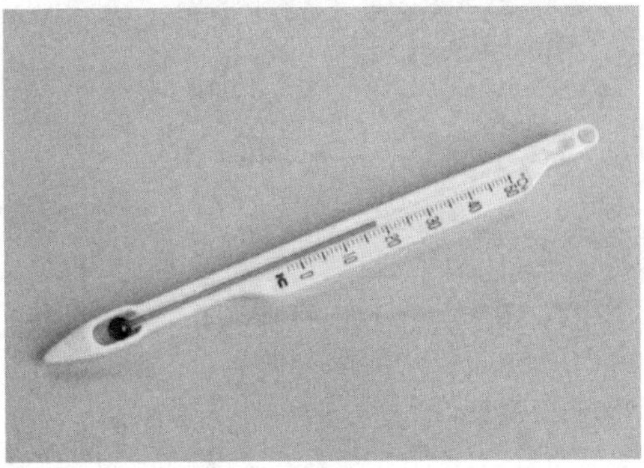

图 5-4　直管地温计

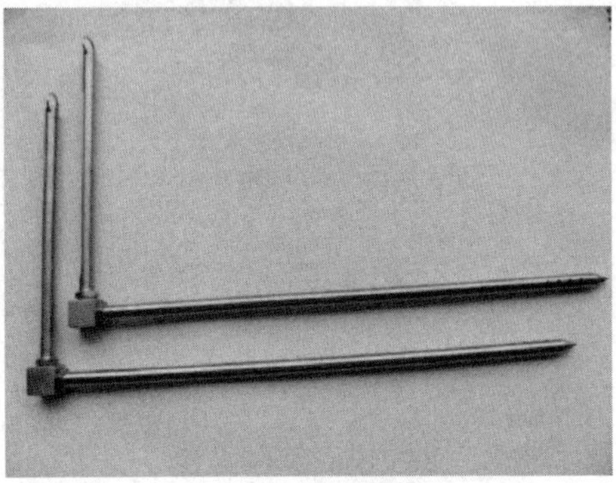

图 5-5　直角地温表

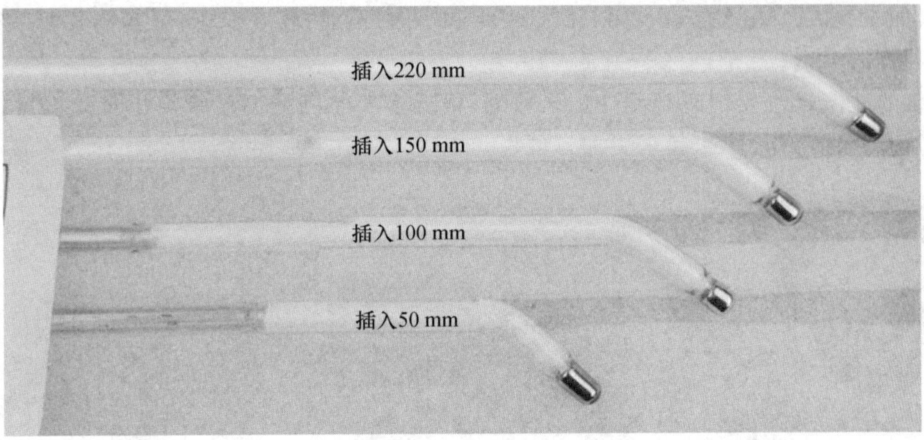

图 5-6　曲管地温计

除了日均温度外,每天的最高温度和最低温度对于植物的生长也有很大的影响,因此还有最高温度计和最低温度计(图 5-7),能够准确记录一天中的最高温度和最低温度。最高温度计一般为水银温度计,在水银球颈部插入一小玻璃管,或将管口紧缩,当温度升高时,水银膨胀,越过狭小的颈部而上升,但温度下降时,球部水银收缩,因颈部狭小,管内的水银不能随之降入球部,水银柱遂在颈部处中断而留于管内,故水银柱顶端所示之温度即为此一时段间隔内出现的最高温度,原理如体温计。最低温度计为酒精温度计,在酒精柱内,置一黑色游标,为一长约 2 cm、两端呈球状的玻璃棒,当温度下降时,酒精收缩,因酒精柱顶之表面张力作用,游标随之移动,即向酒精球部后退,当温度上升时,酒精柱上升,而游标因无外力推动仍留原处,游标离酒精球较远之一端为在某一时段间隔内的最低温度。

②电子测温仪器　测量土壤温度多采用探针式温度计(图 5-8),探针长度 10～15 cm,可以测量不同土壤深度的温度。在植物生长的后期,由于根系的生长伸长,根系扎入更深的土壤,一般需要测量 15～30 cm 深度的土温,此时需要更长的探针。

多点式土壤温度记录仪可以测量仪器周边几米范围内多个点的地温,探头连接 USB 接口,方便数据提出,记录间隔可根据要求从 1 min 至 24 h 任意设置,自动记录全天的温度并

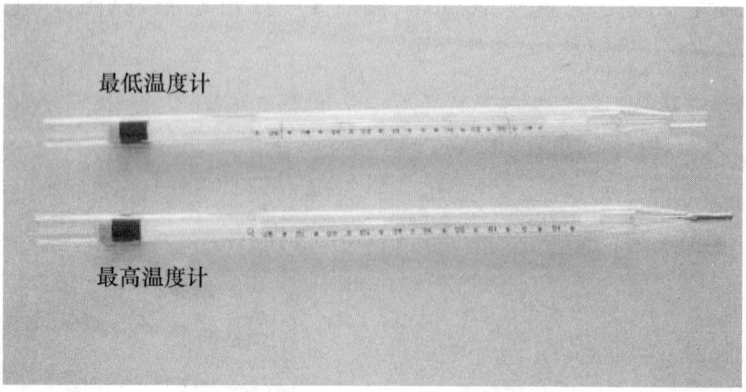

图 5-7　最高温度计、最低温度计

存储数据，查看方便，还可以将数据导出到计算机中(图 5-9)。

配备土壤剖面温度测量探针的土壤剖面温度测量系统可以同时测量土壤剖面不同深度多个点(如 5 cm、10 cm、20 cm、30 cm、50 cm 和 100 cm)的温度变化，可连接数据采集器，也可测量单点的温度(图 5-10)。

传统的地温计需要定时观测并记录数据，根据多个时段的温度计算出日均温度，现代的测量仪器有储存功能，使用起来更加方便。

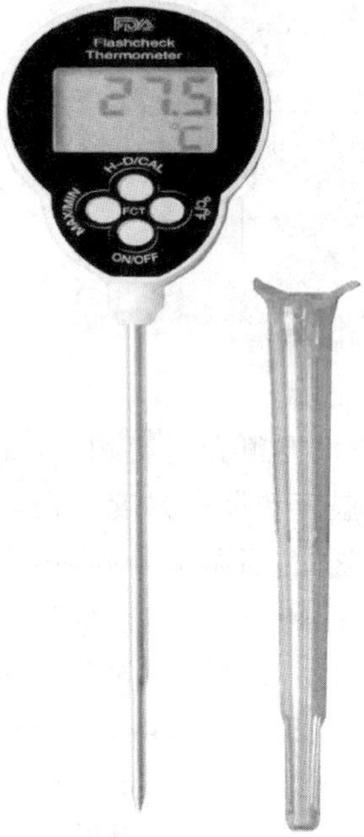

图 5-8　探针式温度计

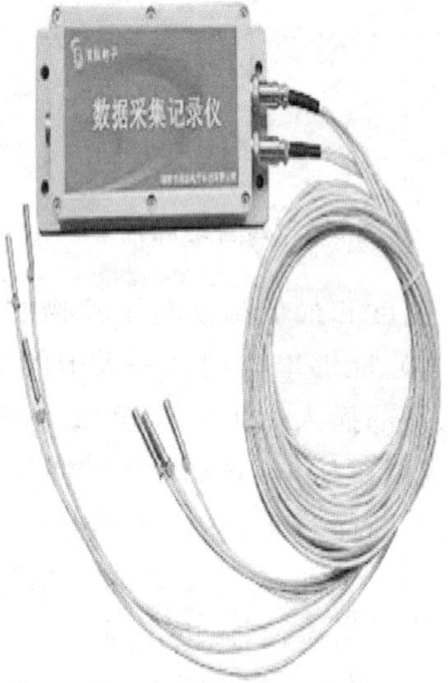

图 5-9　多点式土壤温度记录仪

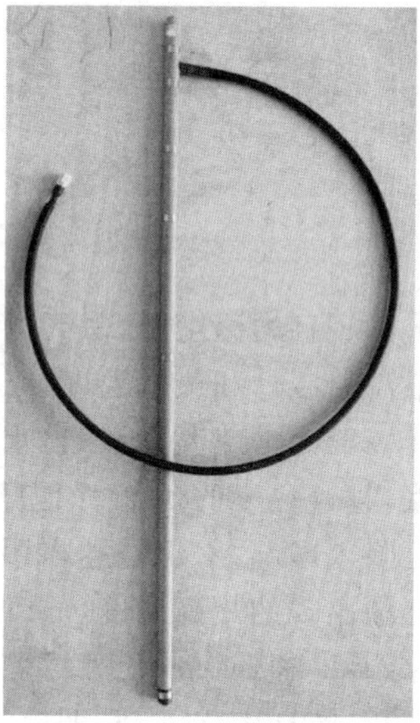

图 5-10　土壤剖面温度测量探针

(2)操作过程

选择当地某个花圃、苗圃或园林绿地进行地温观测(表 5-3)。

表 5-3 地温(土壤温度)的测定

工作环节	操作规程	质量要求
地温计的安装	(1)地面温度计的安装。在观测前 30 min,将温度计感应部分和表身的一半水平地埋入土中;另一半露出地面,以便观测 (2)曲管地温计的安装。安装前先挖一条与东西方向呈 30°、宽 25~40 cm、长 40 cm 的直角三角形沟,北壁垂直,东西壁向斜边倾斜。在斜边上垂直量出要测土壤温度的深度即可安装曲管温度计。安装时,从东至西依次安好 5 cm、10 cm、15 cm、20 cm 曲管地温计,按一条直线放置,相距 10 cm (3)地面最高温度计的安装。安装方法与地面温度计相同 (4)地面最低温度计的安装。安装方法与地面温度计相同	(1)曲管地温计应安置在观测场内南部地面上,面积为 2 m×4 m (2)地表要疏松、平整、无草,与观测场整个地面相平 (3)曲管地温计的安置按 5 cm、10 cm、15 cm、20 cm 顺序排列,表间相隔 10 cm。5 cm 曲管地温计距 3 支地面温度计 20 cm。安置时,感应部分向北,表身与地面呈 45°夹角
地温的观测	(1)观测的时间和顺序。按照先地面后地中,由浅而深的顺序进行观测。其中 0 cm、5 cm、10 cm、15 cm、20 cm、40 cm 土壤温度表于每天北京时间 02:00、08:00、14:00、20:00 进行 4 次或 08:00、14:00、20:00 进行 3 次观测。最高、最低温度计只在 08:00、20:00 各观测 1 次。夏季最低温度可在 08:00 观测 (2)最高温度计调整。用手握住表身中部,球部向下,手臂向外伸出约 30°角度,用大臂将表前后甩动,使毛细管内的水银落到球部,使示度接近于当时的干球温度。调整时动作应迅速,调整后放回原处时,先放球部,后放表身 (3)最低温度计调整。将球部抬高,表身倾斜,使游标滑动到酒精的顶端为止,放回时应先放表身,后放球部,以免游标滑向球部一端 (4)读数和记录。先读小数,后读整数,并应复读	(1)注意土壤温度的观测顺序,应该是地面温度→最高温度→最低温度→曲管土壤温度 (2)最高温度计和最低温度计的调整和放置应注意顺序 (3)各种温度计读数时,要迅速、准确,避免视觉误差,视线必须和水银柱顶端齐平,最低温度计视线应与酒精柱的凹液面最低处齐平 (4)读数精确到小数点后一位,小数位数是"0"时,不得将"0"省略。若计数在零下,数值前应加上"-"号
仪器和观测地段的维护	(1)各种土壤温度计及其观测地段应经常检查,保持干净和完好状态,发现异常应立即纠正 (2)在可能降雹之前,为防止损坏地面和曲管地温计,应罩上防雹网罩,雹停以后立即去掉	在冬季,当地面的温度降到 -36.0℃ 以下时,停止观测地面温度和使用最高温度计,并将温度计取回

5. 问题处理

(1)完成观测后,将观测到的温度数据填入表 5-4 中。

(2)根据表 5-4 计算出 1 周的平均地温。

表 5-4 ______(观测地) 年 月 日至 月 日 1 周地温观测表

日期	02:00	08:00	14:00	20:00	最高温度	最低温度

活动二　园林植物的温度生态作用与适应

1. 活动目标

◆知识目标:了解温度对园林植物的生态作用,熟悉极端温度对植物的影响,掌握园林植物对温度的适应。

◆能力目标:掌握气温测定的方法。

2. 活动准备

根据班级人数,按 2～4 人一组进行分组,每组准备以下材料和用具:百叶箱、温度计、纸、笔等。

3. 相关知识

(1)温度与园林植物的生态作用

①温度对园林植物生理活动的影响　温度对园林植物的生理活动影响主要表现在:影响生化反应酶的活性,尤其是光合作用和蒸腾作用的酶;影响二氧化碳和氧气在植物细胞中的溶解度;影响植物的蒸腾作用;影响根系在土壤中吸收水分和矿质营养的能力。植物不同生理生化反应过程对温度的要求不尽相同,植物类型不同,光合作用对温度的要求不同(表 5-5)。

表 5-5 生长季各类植物光合作用与温度的关系 ℃

植物类群		CO_2 吸收的低温限度	光合作用的最适温度	CO_2 吸收的高温限度
草本植物	热生境 C_4 植物	5～10	30～40(50)	50～60
	C_3 农作物	−2～0	20～30(40)	40～50
	喜光植物	−2～0	20～30	40～50
	耐阴植物	−2～0	10～20	约 40
	早春及高山植物	−7～−2	10～20	30～40
木本植物	热带、亚热带常绿树	0～5	25～30	45～50
	干旱地区硬叶乔灌木	−5～−1	15～35	45～55
	温带落叶树	−3～−1	15～25	40～45
	常绿针叶树	−5～−3	10～25	35～42
	沼泽地及苔原矮灌木	约−3	15～25	40～45

C_4 植物光合作用的最适温度在 30℃以上，在某些情况下可高达 50℃。C_3 植物的最适温度为 20～30℃，这是植物在自然条件下对温度状况的一种适应。耐阴植物在遮光处，温度较低且直射光不多，最适温度处于 10～20℃。不同植物所能忍受的极端温度有很大差异，如北方落叶乔灌木能忍受−40℃的低温，而亚热带的榕树，在 1 月平均气温低于 8℃的地方就不能生长。通常植物呼吸作用的最适温度和最高点温度均高于光合作用的温度。

温度对植物蒸腾作用的影响有两方面：一方面温度会改变空气中蒸汽压，而影响植物的蒸腾速度。另一方面温度能直接影响叶面温度和气孔开关，并使角质层蒸腾和气孔蒸腾的比率发生变化，温度越高，角质层蒸腾所占比例也越大。

②温度对园林植物生长发育的影响　温度对园林植物生长发育的影响从种子发芽开始。植物种子只有在一定的温度条件下才能萌发。一般温带树种的种子在 0～5℃开始萌动，大多数树木种子萌发的最适温度为 25～30℃，最高温度为 35～40℃，温度再高会对芽产生有害作用，甚至灼伤种子。如油松、侧柏、刺槐的种子发芽最适温度为 23～25℃，马尾松为 25℃，落叶松为 25～30℃，臭松为 30℃。温带和寒温带许多植物种子需要经过一段低温期，才能顺利萌发。有些植物种子发芽前，需要低温处理，使其度过春化阶段，经过春化作用后，种子才能萌发。

一般植物的最适生长温度在 0～35℃，C_4 植物可以达到 40℃。在这个温度范围内，随着温度上升，生长迅速，温度降低，生长减慢。

植物在一年中，从树液流动开始到落叶为止的日数称为生长期。一般南方树种的生长期比北方长。在生长季中，各种树木的生长期变化很大，大多数落叶阔叶树在初霜前结束生长，而在终霜后恢复生长，它们的生长期短于生长季；也有一些树种如柳树，发芽早而落叶晚，生长活动超出生长季之外；常绿树种，特别是针叶树种在霜期内温度较高的日子里，仍有不同程度的生长现象。

温度对植物的发育也有很大影响，有些植物成花前需要一定时间的低温刺激，这种现象称为春化现象。如油松需 10℃低温 71 d，白榆需 10℃低温 90 d，毛白杨需 10℃低温 69 d，才能开花。

温度是影响植物生产力的主要因素之一，净初级生产力(NPP)是指生态系统内单位时间单位面积植物的净生产能力(总生产量减去呼吸消耗部分)。从热带到极地，随着温度的下降，植物生产力逐渐下降；随着海拔的升高，年均温度下降，不同植被带的生产能力也下降。Lieth 曾提出温度和净初级生产力模型（图 5-11），认为对植物生产力而言，最适温度为 15～25℃，与光合作用的适宜温度范围基本一致。

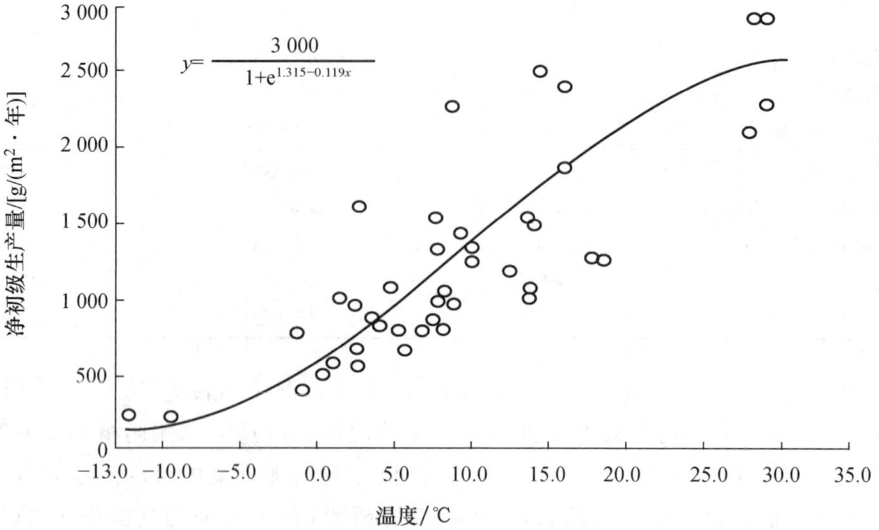

图 5-11　净初级生产力与年平均温度的关系

③极端温度对园林植物的影响　植物进行正常生命活动对温度有一定的要求，当温度低于或高于一定数值时，植物便会因低温或高温受害，这个数值即为临界温度，超过临界温度越多，植物受害越严重。

A. 低温危害。低温危害主要有寒害、冻害、霜害、冻举、冻裂等。

寒害又称冷害，是指 0℃以上的低温对植物造成的伤害。喜温植物易受寒害，如热带植物丁香蒲桃在海南岛兴隆栽种，当最低气温降到 6.1℃时，叶片呈水渍状，降至 3.4℃时，顶梢干枯，受害严重。

冻害是指冰点以下低温使植物体内（细胞内和细胞间隙）形成冰晶引起的伤害。很多植物在 0℃以下维持较长时间会发生冻害，如柠檬在－3℃受害，甜橙为－6℃，金柑为－11℃。

霜害是由于霜的出现而使植物受害。霜害可分为早霜和晚霜。早霜一般在植物生长尚未结束、未进入休眠状态时发生，常使从南方引入的植物受害。晚霜一般危害春季过早萌芽的植物，所以从北方引入的树种应种在比较阴凉的地方，抑制早萌动。辐射降温出现逆温层时，靠近地表的气温最低，故幼苗较易受霜害。

冻举又称冻拔。气温下降，引起土壤结冰，冰的体积比水大 9%，这使得土壤体积增大，随着冻土层的不断加厚、膨大，会使树木上举。解冻时，土壤下陷，树木留于原处，根系裸露地面，严重时倒伏死亡，像被拔出来似的。冻举多发生在寒温带土壤含水量过大、土壤质地较细的立地条件上。一般小树比大树受害严重。

冻裂是指白天太阳光直接照射到树干，入夜气温迅速下降，由于木材导热慢，树干两侧温度不一致，热胀冷缩产生弦向拉力，使树皮纵向开裂而造成的伤害。冻裂一般多发生在昼夜温差较大的地方。在高纬度地区，许多薄皮树种如乌桕、核桃、槭树、悬铃木、榆树、七叶树、橡树类等树干向阳面，越冬时常发生冻裂。对这类树种可采用树干包扎、缚草或涂白等措施进行保护。

B. 高温危害。主要有皮烧和根茎灼伤。

皮烧也称日灼烧，是指由于强烈的太阳辐射，使树木形成层和树皮组织局部死亡。多发生于树皮光滑树种的成年树木上，如水青冈、冷杉常受此害。在生产实践中，可以通过给树干涂白反射掉大部分热辐射而减轻危害。

根茎灼伤是指由于土表温度增高，灼伤幼苗根茎。松柏科幼苗当土表温度达40℃就会受害。夏季中午强烈的太阳辐射，常使苗床或采伐迹地土表温度达45℃以上，而造成这种危害。灼伤使根茎处产生宽几毫米的缢缩环带，因高温损伤输导组织和形成层。根茎灼伤多发生在苗圃，可通过遮阴或喷水降温以减轻危害。

④温度与植物的分布　在地球表面植物种的分布与温度条件有密切的关系，一方面与年平均温度，特别是1月份的平均温度相关；另一方面与积温相关。积温是指植物整个生长发育期或某一发育阶段内，高于某一特定温度以上的热量。不同植物要求不同的积温总量。积温可分为有效积温和活动积温，有效积温的计算方法如下：

$$K = N(T - T_0)$$

式中：K 为有效积温；T 为当地某个时期内的平均温度；T_0 为生物学零度；N 为某时期的天数。

活动积温的计算方法是把生物学零度换算成物理学零度，即：

$$K = NT$$

不同生物种的生物学零度是不同的，但在同一热量带相差并不大，一般温带地区的生物学零度为5℃，亚热带地区为10℃。

植物在整个生长发育期要求不同的积温，根据各植物种需要的积温，再结合各地的温度条件，大致可以确定某种植物的引种范围。此外，还可根据各种植物对积温的需要量，推测或预报各发育阶段到来的时间，以便及时安排生产活动。

根据日温≥10℃的积温和低温为主要指标，可以把我国分为6个热量带（高原和高山除外）。由于每个带温度的不同，都有其相应的树种和森林类型，植物种类也由热带的丰富多样逐渐变为寒带的稀少，形成各带特有的植物种和森林（表5-6）。

表5-6　我国热量带划分

热量带类型	积温/(℃·d)	最冷月平均气温/℃	植物类型
赤道带	9 000	>26	热带植物（椰子、木瓜、羊角蕨、波罗蜜等）
热带	>8 000	>15	热带雨林（樟科、番荔枝科、龙脑香科、使君子科、楝科、桃金娘科、桑科、无患子科）
亚热带	4 501～8 000	1～15	常绿阔叶林（壳斗科、樟科、冬青科等常绿阔叶树；马尾松、柏树、杉木等针叶树）
暖温带	3 401～4 500	−10～0	落叶阔叶林
温带	1 600～3 400	<−10	针叶与阔叶混交林
寒带	<1 600	<−28	落叶松林

(2)园林植物对温度的适应

①园林植物对极端温度的适应　主要表现在对低温和高温的适应。

长期生活在低温环境的园林植物通过自然选择，在生理、形态方面表现出适应特征。在形态方面，极地和高山植物的芽和叶片常受到油脂类物质的保护，芽具鳞片，植物体表面生有蜡粉和密毛，植物矮小并常呈匍匐状、垫状或莲座状。在生理方面，通过减少细胞中的水分，增加细胞中的糖类、脂肪和色素类物质来降低植物的冰点，增强抗寒能力。

植物对高温的适应也表现在形态和生理两方面。在形态方面，植物生有密茸毛和鳞片，能阻挡一部分阳光；植物体呈白色、银白色，叶片革质发亮，能反射一部分阳光；有些植物叶片角度发生变化或在高温条件下叶片折叠，减少对阳光的接收面积；一些树木的树干和根茎有厚的木栓层，具有绝热和保护作用。在生理方面，主要是降低细胞的含水量，增加糖和盐分浓度，以减缓代谢速率和增加原生质的抗凝能力，还通过旺盛的蒸腾作用消耗热量以避免植物体因过热受害。

②昼夜变温与温周期现象　植物对温度昼夜变化节律的反应称为温周期现象。如有些种子在昼夜温差较大的条件下才能萌发。在一定的温度范围内，昼夜温差较大更利于园林植物的生长和产品质量的提高。如在不同昼夜温度下培育的火炬松苗，在昼夜温差最大时（日温 30℃、夜温 17℃）生长最好，苗高达 32.2 cm；昼夜温度均在 17℃时，苗高 10.9 cm，差异十分明显。温周期对园林植物生长的有利作用，是由于生长期中白天很少出现极端的、不利于园林植物生长的温度，白天适当高温有利于光合作用，夜间适当低温减弱呼吸作用，使光合产物消耗减少，净积累相应增多。

③季节变温与物候现象　地球表面的大部分地区温度都有季节变化，在中纬度低海拔地区变化最为明显。植物长期适应于一年中气候条件（主要是温度条件）的季节性变化，形成与此相适应的发育节律，称为物候现象。如大多数植物在春季开始发芽生长，继之出现花蕾；夏、秋季温度较高时开花、结实和果实成熟；秋末低温条件下落叶，进入休眠。植物的器官（如芽、叶、花、果）受当地气候的影响，从形态上所显示的各种变化称为物候期或物候相。

在我国，纬度上，从广东湛江沿海至福州、赣州一线纬度相差 5°，春季桃花开花期相差 50 d 之多；南京和北京纬度相差 6°，桃花开花期相差 19 d，前者纬度每度相差 10 d，后者相差 3 d。物候在海拔高度上的差异，桃花的始花期在庐山上要比山下约迟 1 个月。可见影响物候期的因素是比较复杂的。

植物的物候现象是同周围的环境条件紧密联系的。在市区内，温度一般比城市以外地区高，其物候期一般要早一些，所以园林植物的萌动、开花市区比郊区早。市区园林植物的生长期亦更长，落叶休眠较晚。由于植物的物候期反映过去一个时期内气候和天气的积累，是比较稳定的形态表现，因此通过长期的物候观测，可以了解植物生长发育季节性变化同气候及其他环境条件的相互关系，作为指导园林绿化工作的科学依据。

4. 活动过程

(1)基本原理

不同高度的空气温度是不一样的，地面温度和空气温度在同一个时间里有很大区别，为了避免受地温的影响，测量空气温度需在离地一定的高度上。而如果气温计直接暴露在阳光下测定的温度，是温度计直接吸收太阳辐射能得来的，显示的温度很高，因此气温应该在空气流通的百叶箱中测定。在百叶箱中，空气直接吸收太阳能不多，特别是对太阳辐射能中的可见光能吸收更小，因此，百叶箱内测定的气温才是较准确的空气温度。

百叶箱内温度计的球部高度应在地面以上 1.5～2.0 m，该高度避免了地面温度剧烈变化对气温的影响，又是地面上生物活动的一般高度。百叶箱四壁由两排薄木板条组成"人"字形，薄木板条与水平面呈 45°角。箱底由高低错开的三块木板组成，中间一块略高于旁边的两块。箱顶由两块木板组成，下层木板较窄且水平，上层木板较宽且略向后倾斜，两块木板间的空气能自由流通。百叶箱的内、外壁都漆成白色，以减少辐射影响(图 5-12)。

图 5-12　百叶箱

目前，我国气象台站使用的百叶箱一套两个，分大小两种：小百叶箱的内部高、宽、深分别为 537 mm、460 mm、290 mm，用来安装干湿球温度计、最高温度计、最低温度计；大百叶箱的内部高、宽、深分别为 612 mm、460 mm、460 mm，用来安装温度、湿度自动记录仪器。百叶箱固定在观测场内 1.2 m 高的支架上，箱门朝正北。

(2)操作过程

选择一处花圃或者栽培基地，观测 1 周的气温，温度计放在空旷草地上的百叶箱内测量，百叶箱离地面要有一定的距离(表 5-7)。

表 5-7　气温的测定

工作环节	操作规程	质量要求
仪器的安置	(1)在小百叶箱的底板中心，安装一个温度计支架，干球温度计和湿球温度计垂直悬挂在支架两侧，球部向下，干球在东，湿球在西，感应球部距地面 1.5 m 左右。如图 5-13 所示 (2)在湿度表支架的下端有两对弧形钩，分别放置最高温度计和最低温度计，感应部分向东	(1)湿球下部的下侧方是一个带盖的水杯，杯口离湿球约 3 cm，湿球纱布穿过水杯盖上的狭缝浸入杯内的蒸馏水中 (2)要注意干湿球的位置，干球在东，湿球在西 (3)要注意最高、最低温度计的感应部分应向东

续表 5-7

工作环节	操作规程	质量要求
气温的观测	按干球、湿球、最高、最低温度计、自动记录温度计、自动记录湿度计的顺序，在每天 02:00、08:00、14:00、20:00 进行 4 次干湿球温度的观测，在每天 20:00 观测最高温度和最低温度各一次	(1)各种温度计读数时，要迅速、准确、避免视觉误差，视线必须和水银柱顶端齐平，最低温度计视线应与酒精柱的凹液面最低处齐平 (2)读数精确到小数点后一位，小数位数是“0”时，不得将“0”省略。若计数在零下，数值前应加上“－”号
最高和最低温度计调整	(1)最高温度计调整。用手握住表身中部，球部向下，手臂向外伸出约 30°角，用大臂将表前后甩动，使毛细管内的水银落到球部，使示度接近于当时的干球温度。调整时动作应迅速，调整后放回原处时，先放球部，后放表身 (2)最低温度计调整。将球部抬高，表身倾斜，使游标滑动到酒精的顶端为止，放回时应先放表身，后放球部，以免游标滑向球部一端	最高温度计和最低温度计的调整和放置应注意顺序
仪器和的维护	各种气温计应经常检查，保持干净和完好状态，发现异常应立即纠正	当冬季地面温度降到－36.0℃以下时，停止观测地面温度和使用最高温度计，并将温度计取回

图 5-13　小型百叶箱内仪器的安置

5. 问题处理

(1)完成观测后,将观测到的温度数据填入表 5-8 中。

表 5-8 ____(观测地) 年 月 日至 月 日 1 周气温观测表

日期	02:00	08:00	14:00	20:00	最高温度	最低温度

(2)根据表 5-8 计算出 1 周的积温。

(3)回答以下问题:

①学校分布的园林植物受到过哪些低温危害和高温危害?

②学校分布的园林植物存在着温周期现象吗?

③测定学校与城区繁华街道的温度,比较一下二者的温度变化?

活动三 园林植物生长的温度环境调控

1. 活动目标

◆知识目标:熟悉园林植物对气温的调节作用和园林植物极端温度灾害的防御。

◆能力目标:能采用正确的方法预防园林植物的低温、高温伤害。

2. 活动准备

需具备实训基地,每组准备以下材料和用具:铁锹、黑色地膜、白色地膜等。

3. 相关知识

(1)园林植物对气温的调节作用

①园林植物的降温作用　植物遮阴可明显减缓小环境温度升高。一般植物叶片对太阳光的反射率为20%左右，对热辐射的红外光的反射率可高达70%，而城市铺地材料沥青的反射率仅为4%，鹅卵石为3%。据萨哈夫测定，只有5.2%的太阳辐射透过冷杉的树冠，6.5%的太阳辐射透过楝树的树冠。树木通过遮挡阳光，减少太阳光的直接辐射量，从而产生明显的降温效果(表5-9)。吴翼在合肥市的测定结果就证明了这点，而且不同树种的降温效果差异较大，这与树冠的大小、枝叶的密度和叶片的质地有关。

表5-9　常用行道树遮阴降温效果比较　℃

树种	阳光下温度	树荫下温度	温差
银杏	40.2	35.3	4.9
刺槐	40.0	35.5	4.5
枫杨	40.4	36.0	4.4
悬铃木	40.0	35.7	4.3
白榆	41.3	37.2	4.1
合欢	40.5	36.6	3.9
加杨	39.4	35.8	3.6
臭椿	40.3	36.8	3.5
小叶杨	40.3	36.8	3.5
构树	40.4	37.0	3.4
楝树	40.2	36.8	3.4
梧桐	41.1	37.9	3.2
旱柳	38.2	35.4	2.8
槐	40.3	37.7	2.6
垂柳	37.9	37.7	2.3

在树附近有建筑物的地方，树冠不仅阻挡了太阳直接辐射，而且也阻挡了建筑物墙面的反射，正午时树木郁闭度为1的庭院所获得的总辐射量(光和热)一般只有空旷庭院的1/10。当然，如庭院完全被覆盖后又对空气流通、采光和接收紫外光不利。但树冠投影度为1/10时庭院接收到的辐射总量可减少一半左右，且能适量采光，利于通风，又可降低一定的温度。

植物一方面可阻挡太阳的热辐射，另一方面又可通过蒸腾作用消耗大量热量，达到降温的效果。Baumgartner测定，一片云杉林每天通过蒸腾作用可消耗掉66%的太阳辐射能。Ruge(1972)计算汉堡市的年平均降水量为771 mm，其中1/3没有经过蒸发而流入城市下水道排走，也就是流走257 mm，即2 570 m^3/hm^2。他认为一棵行道树每年蒸腾消耗的水分为5 m^3，那么每公顷500棵行道树将能蒸腾掉相同面积内流走的同样数量的水分，它的凉爽效应为6.28×10^9 kJ/(hm^2·年)。显然，在夏季植物通过蒸腾作用所消耗的热量对改善城市热岛效应有巨大的作用。

由于植物对热辐射的遮挡和蒸腾消耗热量，植物覆盖的表面接收到的长波辐射比建筑材料铺装表面低得多，温度也低得多。上海园林科研所1987年对用爬山虎垂直绿化的普通砖混结构的四层楼房的降温效果进行调查，二楼西墙外侧爬山虎叶层厚度10～20 cm，三楼未绿化西外墙为对照。在夏季高温期间测定墙内外的温度变化：三楼外墙最低温度为26.3℃，最高温度为44.7℃，昼夜温差为18.4℃；而二楼外墙最高温度为35.1℃，最低温度为27.6℃，昼夜温差为7.5℃。垂直绿化的降温效果十分显著。由于外墙温度低，减少了热能向内墙的传递，二楼内墙温度较三楼低0.8～1.7℃，室内温度二楼也比三楼低1～1.3℃。

植物覆盖降低了被覆盖物的温度，被覆盖物对周围环境的热辐射也随之减少。上海园林科研所调查了植物覆盖墙面与地面的反射辐射热的变化（表5-10），绿化墙面或地面的反射辐射热明显低于未绿化的，从而会使周围环境温度较低。

表5-10　植物覆盖对反射辐射热的影响（上海园林科研所，1988）　J/m²

项目	日期（月/日）									
	8/5	8/10	8/11	8/14	8/15	8/16	8/17	8/24	9/7	平均值
绿化墙面	175.8	184.2	184.2	201.0	209.3	284.7	125.6	318.2	410.3	232.62
草坪	83.7	108.9	301.4	251.2	209.3	192.6	209.3	393.6	393.6	238.19
光墙面	326.6	226.1	351.7	343.3	418.7	452.2	276.3	561.0	628.0	398.21
水泥地面	142.4	284.7	368.4	401.9	544.3	393.6	242.8	552.7	378.3	447.53

注：下午3:00测定的数据。

张景哲等（1981）对天安门广场夏季小气候进行观测，得出广场石面、草坪和树荫的气温有明显的差别（图5-14）。有园林植物覆盖的地面，热辐射小，植物蒸腾作用又消耗部分热量，所以树荫与草坪的气温明显低于石面，其中树冠的叶面积指数大于草坪，其降温效果比草坪明显。

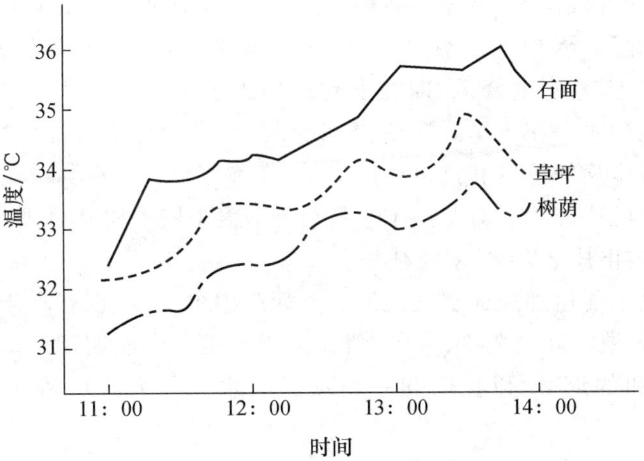

图5-14　天安门广场3种不同地面的气温

②城市绿地减轻热岛效应　城市地区大面积园林绿地还可形成局部微风。在夏季，建筑物和水泥沥青地面气温高，热空气上升，而绿地（主要是大片森林）内气温低，空气密度大，

冷空气下沉，并向周围地区流动，从而使得热空气流向园林绿地，经植物过滤后凉爽的空气流向周围，使周围地区的温度下降。而在冬季森林树冠阻挡地面的辐射热向高空扩散，空旷地空气易流动，散热快，因此在树木较多的小环境中，其气温要比空旷处高，这时树林内热空气会向周围空旷地流动，提高周围地区温度。总之，大片的园林绿地能使城区环境趋于冬暖夏凉，而且由于这些绿地的存在改变了城区的下垫面，有利于空气的流动和大气污染物的稀释。

夏季城市园林绿地的降温效果十分明显，绿地面积越大，降温效果越显著，城市绿地在降低热岛效应方面具有重要意义。据刘梦飞等(1983)调查，北京市的城市热岛并不是标准的同心圆，即非市中心温度最高，离市中心越远温度越低，而是多中心型的，具有若干个高温区，这些高温区的分布与地面上植被的多少密切相关，凡有大块绿地和水面或绿化程度较高的地方，温度普遍较低，城市热岛被分割，从而出现多个热岛的现象。

(2)园林植物极端温度危害的防御

园林绿化植物生长在固定的露地环境中，容易受到夏季高热和冬季极端低温的伤害，轻者长势受损，影响观赏效果，重者全株死亡，因此应采取合理的防御措施减少损失。

①低温防御

第一，加强管理，积累营养。有利于园林植物积累营养物质的措施都利于抗低温伤害。夏春季加强肥水供应可以促进生长和提高光合效能，保证树体健壮。秋季控制灌水，及时排涝，适量施用磷、钾肥，勤锄深耕，促使枝条尽可能早结束生长，提高木质化程度，增加抗寒性。

第二，施肥防冻。冻害来临前实施根外追肥(磷、钾肥和有机肥)能增加细胞浓度，抗冻效果好。施用有机肥能改善土壤透气涵水性，利于土壤微生物的活动，有机肥腐化还可产生热量，延缓土壤霜冻并减少冻害时间，有利于园林植物预防冻害。

第三，喷水灌水。利用人工降雨和喷雾设备在将发生霜冻的黎明前，向树冠喷水，防止急剧降温。因为水的温度比周围气温高，热容量大，水遇冷冻结时还可放出热。同时，喷水还能提高近地表层的空气湿度，减少地面辐射的散失，起到减缓降温防止霜冻的作用。由于水的热容量大，灌水可以保护地面热量，温度下降速度降低，还可预防冰冻造成生理干旱。土壤地表层“欲冰未冻”状态下浇灌，即晚上封冻白天解冻的时节为浇灌的最好时机，浇水要浇透苗木，但不能积水。在土壤封冻前灌冻水，在早春萌芽前再灌 1 次返青水，保持土壤的温度和湿度，使苗木增加抗冻和抗风的能力。

第四，覆土。在灌完冻水后对花灌木平茬修剪，盖 1 层干树叶后再盖 40 cm 厚细土，这样既可防冻，还能防止枝干失水，避免枯梢。

第五，熏烟。熏烟能增加地面空气温度，熏烟产生的 CO_2 也有利于保温。根据天气预报，凌晨霜冻前用树枝、落叶、杂草、木屑、糠壳点火发烟，形成烟幕。熏烟时务必淋湿烟堆表层，释放水汽饱和的烟雾，以免引起植物蒸腾失水。熏烟应在晴朗无风或微风的夜晚进行。

第六，喷施抗冻剂。在霜冻来临前 1～2 个月对园林植物使用防冻液可增强抗冻能力，减轻原生质冻凝对植物的伤害。具体方法：用 2 kg 抗冻剂 100 倍液叶面喷洒，使用 2～3 次，每次间隔 12 d。在霜冻来临前 2 d 与蒸腾抑制剂配合使用效果更佳。

第七，根茎培土。灌完冻水后结合封堰，依不同树种和规格在树木根茎培土堆，这样既能防止冻伤植株根系，又可减少水分的蒸发。

第八，搭建风障。对于不抗寒或抗寒性差的名贵树种，可以在树木的上风向设置风障。即用塑料布等在苗木迎风面搭建风障，比植物稍高，距植物 30～40 cm。

第九，地面覆盖。利用稻草、麦秆、草木灰、薄膜等覆盖地面，减少地面热量的散失，起到保温的作用。因此，对于枯枝落叶，不要清理和运走，冬天可以为地表土壤保温，防止植物受冻害。降大雪后，在树根周围人工积雪可以增加土壤含水量，疏松积雪可防止土壤冻结而冻害树根。在小范围内，对一些矮干植物还可用土埋的办法，使其不致遭受冻害。

第十，摇雪。下大雪时做好巡查，对乔灌木、常绿植物（如竹类）及时摇雪，避免积雪压倒、折断植物。

第十一，建保温棚。对于苗木等植物进行分块，根据其面积大小用竹竿、草帘和彩条布搭成保温拱棚，可使苗木安全越冬，也可供害虫天敌安全越冬。注意保温棚要适当设置气孔；保温棚搭架一定要牢固，且中间高四面低，防止积雪压坏苗木；覆盖时宁晚勿早，让苗木接受抗寒锻炼。

第十二，涂白树干。对乔木可以涂白树干防冻，涂白时间一般在 10 月下旬至 11 月中旬。注意涂白时间不能过晚，因为过晚温度过低会造成涂白材料成片脱落。涂白材料配比，即水∶生石灰∶硫黄∶食盐＝40∶10∶1∶0.5。涂白高度 1.5 m，有条件的可涂高些。

第十三，裹干。新植的幼树或不耐寒树木也可以用草绳、蒲包等材料严密包裹树干和粗壮的分枝。经裹干处理后，可避免强光直射和干风吹袭，减少树干、树枝的水分蒸发；还可调节枝干温度，减少高温和低温对枝干的伤害，防止树干裂口。

第十四，使用土壤增温剂。由高级脂肪酸、高碳数脂肪醇、钾、乳化剂等多种原料制成的土壤增温剂用于土壤中，能提高地温 3～ 5℃，从而降低低温对植物的危害。

第十五，受冻害植物的养护管理。树冠的积雪和冰凌与植物直接接触，无论是低温冻害还是机械伤害，时间越长对植株危害越大。因此，雪灾后应及时用竹竿等有弹性的硬物敲击树冠，清除积雪和冰凌。根据叶片受害情况，全部清除或局部清除冻害叶片，以减弱蒸腾作用而导致失水，同时可以防止病虫害的滋生。劈裂和折损的枝干要根据受损情况进行锯除或支架保护。枝干上遭受冻害的部位用利刀将其剔除，将四周削平呈弧形。对清除枝干和冻害部位留下的伤口用 2%～5%的硫酸铜溶液，或石硫合剂原液进行消毒；在伤口表面涂 0.01%～0.1%的萘乙酸可促进伤口愈合。

②热害的防御　改善栽培技术可以提高植物的抗热性，如合理灌溉，增加小气候湿度，促进蒸腾，有利于降温。

第一，人工遮阴。在盛夏季节采取搭荫棚的方式减低太阳辐射，减低园林植物周围环境的光照强度和温度，是有效的防御方法，尤其是新种的乔木，需要遮阴。

第二，化学制剂处理。喷洒 $CaCl_2$、$ZnSO_4$、KH_2PO_4 等可增加生物膜的热稳定性，施用生长素、激动素等生理活性物质，能防止高温造成损伤。

4. 活动过程

根据季节选择以下任一实训项目：

(1)给新种的大树搭建荫棚,观测降温效果;
(2)采取树盘地膜覆盖的方式,观测地温提升情况;
(3)树干涂白(表 5-11)。

表 5-11 园林植物防御极端温度灾害

工作环节	工作程序及操作技术	质量要求
配制涂白剂	按生石灰:水:食盐:黏着剂(如油脂):石硫合剂原液=10:30:1:1:1 的比例混匀,根据浓稠情况适当添减水量。还可以加入少量杀虫剂。先用水化开生石灰,滤去残渣,倒入已化开的食盐,最后加入石硫合剂、黏着剂等搅拌均匀。涂白液要随配随用,不宜存放时间过长	混合均匀,浓稠合适,挂浆性好,无结块,无渣
修树皮	一些老树的树皮翻翘,不利于涂白,涂白剂不易渗入裂缝中,达不到杀灭害虫的目的,涂白前应先用砍刀修整树皮,修整时从上向下,不能伤到里面的新树皮。小树洞和大裂缝的边缘应该修理平整,除去腐朽的组织和寄居的昆虫、虫卵等。大树洞应按照规范填补后再涂白	光滑,平整,不伤及韧皮部
涂白	按照统一高度(1.2~1.5 m),同一路段、区域的涂白高度应保持一致。涂液时对树皮缝隙、洞孔、树杈等处要重复涂刷,避免涂刷流失、刷花刷漏、干后脱落	涂白高度统一,均匀,美观,不浪费,不漏刷

5. 问题处理

(1)本地有哪些主要的气象灾害?采用什么防御方法?
(2)我国农业生产的二十四节气是什么?
(3)如何防御园林植物的低温冷害?

【师生互动】

将全班按 6~10 人标准分为若干团队,对所在学校的园林植物,调查以下内容,并进行团队互动,提出合理化建议。

1. 学校分布的园林植物受到过哪些低温危害和高温危害?
2. 测定学校与城区繁华街道的温度,比较一下二者的温度变化。

【知识拓展】

如果同学们想了解更多的知识,可以通过下面渠道进行学习:

1. 阅读杂志

(1)《气象》

(2)《中国农业气象》

(3)《气象知识》

(4)《中国气象》

(5)《贵州气象》《广东气象》《山东气象》《陕西气象》

2. 浏览网站

(1)中国天气网　http://www.weather.com.cn/

(2)中国气象新闻网　http://www.zgqxb.com.cn/

(3)中央气象台　http://www.nmc.cn/

(4)××省(市)气象信息网

3. 阅读书籍

(1)《园林生态学》(第2版),冷平生主编,中国农业出版社

(2)《城市园林生态学》,徐惠风等编著,中国林业出版社

(3)《园林生态学实验与实践》,刘旭、张翠丽、迟春明主编,西南交通大学出版社

(4)《风景园林生态学》,廖飞勇主编,中国林业出版社

(5)《植物生长环境》(第3版),宋志伟主编,中国农业大学出版社

(6)《植物生长与环境》,宋志伟、杨净云主编,中国农业出版社

Chapter 6

学习情境六

大气环境与园林植物生长

活动一　园林植物生长的大气环境

活动二　大气污染与园林植物

活动三　园林植物对空气的净化作用

【情境创设】

能力目标	专业能力	1. 能熟练进行当地大气环境状况的调查； 2. 调查当地园林植物污染情况及园林植物的监测作用； 3. 调查当地园林植物在治理大气污染的应用情况。
	方法能力	1. 具备获取信息、收集资料的能力； 2. 具备制订计划、执行计划的能力； 3. 具备自主学习、发现问题、解决问题的能力。
	社会能力	1. 具备良好的团队协作、配合能力； 2. 具备良好的与人沟通、协调能力； 3. 具备一定的方法综合、创新能力。
知识目标	1. 了解大气组成成分及其生态作用； 2. 熟悉大气污染及其对园林植物的危害； 3. 熟悉园林植物的抗性及环境监测作用； 4. 掌握园林植物对空气的净化作用及风与园林植物的有关知识。	
思政目标	学习“苏州园林意境之美”，提高学生对美的鉴赏能力，将美学与园林专业结合起来，热爱园林专业。 二维码 思政园地	
教学条件	多媒体课件、多媒体教室、当地环境监测站、城市园林绿地、图书馆、网络。	
教学方法	课堂讲授、资料查阅、现场训练、课外活动。	
考核评价	学习过程考核	计划制订(20%)、师生析疑(10%)、完成任务(50%)、检查评价(20%)。
	拓展能力考核	工作态度(20%)、岗位技能(50%)、拓展能力(20%)、团队合作(10%)。
考核方式	教师评价(70%)、小组互评(20%)、学生自评(10%)。	

【活动内容】

活动一　园林植物生长的大气环境

1. 活动目标

◆知识目标:了解大气的组成成分及其生态作用,了解城市大气污染有关知识。

◆能力目标:收集当地大气环境监测资料,了解当地大气污染状况。

2. 活动准备

根据班级人数,按3～5人一组,分为若干组,每组准备以下材料和用具:调查表格、笔等。

3. 相关知识

(1)大气组成成分

大气是指包围在地球外围的空气层,亦即大气圈。大气圈的厚度有1 000 km以上,围绕着地球的这层大气的总质量约为5.3×10^{15} t,其中98.2%集中在30 km以下,地球表面的大气形成了大气圈。而直接构成生物的整体环境的部分,只有大气圈下部对流层约16 km的厚度范围,气候现象多发生在这一范围。大气圈是地球生物的保护圈,它维持着地球远比其他星球稳定的温度,减弱紫外线对生物的伤害。

大气的组成成分是很复杂的。自然状态下的大气由混合气体、水汽和杂质组成。除去水汽和杂质的空气称为干洁空气。干洁空气的主要成分是氮、氧和氩,它们占干洁空气总容积的百分数分别为78.08%、20.95%、0.93%,可见,这3种气体已占干洁空气总容积的99.9%以上。其他成分所占的容积总共不到0.04%,这些次要成分有:二氧化碳、氖、氦、氪、氙、氢、臭氧,它们各自所占的容积百分数见表6-1。

表6-1　干洁空气成分组成(25 km高度以下)　%

气体类别	含量(容积百分数)	气体类别	含量(容积百分数)
氮(N_2)	78.08	氪(Kr)	1.0×10^{-4}
氧(O_2)	20.95	氢(H_2)	0.50×10^{-4}
氩(Ar)	0.93	氙(Xe)	0.08×10^{-4}
二氧化碳(CO_2)	0.03	臭氧(O_3)	0.01×10^{-4}
氖(Ne)	18×10^{-4}		
氦(He)	5.24×10^{-4}	干洁空气	100

大气中的水汽和杂质含量，会因时间与地点而发生变化。随着工业的发展与城市的集中，许多工业废气、烟尘排入大气，使空气普遍受到不同程度的污染。大气污染已成为现代社会特别关注的问题。

(2)大气组成的生态作用

在大气组成成分中，对生物关系最密切的是氧气和二氧化碳。二氧化碳是光合作用的主要原料，又是生物氧化代谢的最终产物。氧气几乎是所有生物所依赖的物质(除极少数厌氧生物外)，没有氧气，生物就不能生存。

①氮气的生态作用　氮气是大气成分中最多的气体，同时氮元素也是生物体内及生物生命活动不可缺少的成分。氮元素一般不能被植物直接吸收和利用，只有在雷电作用下氮气变为氧化物才能被直接利用，少数有根瘤菌共生体系的植物也可以通过菌根来固定大气中的游离氮。所以，大部分植物吸收的氮元素来自于土壤中有机质的转化和分解产物。活性氮在植物的生命活动中有极重要的作用，但土壤中的氮素经常不足。当氮素缺乏时，植物生长不良，甚至叶黄枝死，所以生产上常常施以氮肥进行补充。在一定范围内增加土壤氮素，能明显促进植物的生长。

②氧气的生态作用　植物进行呼吸作用时，吸收氧气，放出二氧化碳，没有氧气植物就不能生存。大气中的氧气主要来源于植物的光合作用，少量的氧气来源于大气层中的光解作用，即在紫外线照射下，大气中的水分子分解成氧气和氢气。植物在光合作用过程中吸收二氧化碳释放出氧气。植物自身呼吸作用也消耗少量的氧气，据测定，植物呼吸消耗的氧气只占自身产生量的1/20。大量的氧气用于大气平衡和其他生物包括人类的呼吸消耗。

植物根系进行呼吸作用，消耗大量的氧气，积累很多的二氧化碳。大气中供植物呼吸的氧是充足的，但当土壤含水量过高或土壤结构不良等原因使其通气性能较差时，往往会导致土壤空气与大气的交换减弱，土壤中的氧气得不到补充，植物根系呼吸缺氧，会发生酒精中毒，根系生长受阻，严重时根系腐烂死亡。如城市街道旁的土壤往往过于板结，氧气供应不足，影响了行道树根系的生长。所以，调节土壤结构和水分，保证土壤良好的通气性，才有利于根系的呼吸作用，使植物正常生长。

此外，在大气高空中，由于紫外线的作用会形成高空臭氧层，它们多分布在20～25 km的空间。臭氧层的存在能够有效地吸收太阳紫外线辐射，保护地球上的人类及生物免受过多紫外线辐射的危害。因为过多过强的紫外线不但能杀死部分细菌，抑制植物生长，也会使人的皮肤发生癌变。地球上一旦失去臭氧层的保护，生物将无法生存。

③二氧化碳生态作用　二氧化碳是植物光合作用的主要原料之一。通过光合作用，植物把二氧化碳和水合成碳水化合物，构成各种复杂的有机物。据分析，在植物干重中，碳占45%，氧占42%，氢占6.5%，氮占1.5%，灰分元素占5%。其中碳和氧皆来自二氧化碳，所以二氧化碳对植物具有最重要的生态意义。

在近地层，二氧化碳浓度并非一成不变的，它有日变化和年变化，这是随着植物光合作用的强弱而发生的。在一天中，中午光合作用最强时，二氧化碳浓度最低，而晚上呼吸作用不断放出二氧化碳，在日出前二氧化碳浓度达最高值。在一年中，一般夏季二氧化碳浓度最低，冬季最高。

目前大气中的二氧化碳为350 μL/L，但对植物生长来说，350 μL/L的二氧化碳浓度满足不了作物光合作用的需求，在设施园艺中，常增施二氧化碳气肥，促进植物的光合速率，提高植物的生产力。大量的试验结果表明，大多数 C_3 植物进行光合作用的最适二氧化碳浓度为 1 000 μL/L 左右，当环境中二氧化碳浓度达 600 μL/L 时，植物生长量能够提高 1/3 左右。

④水蒸气和其他杂质的作用　大气中的水蒸气含量随着时间、地点和气象条件等不同有较大变化，范围在 0.01%～4%。其含量虽不多，但对云、雾、雨、霜、露等天气现象起着重要作用，同时还导致大气中热能的输送和交换。

大气中的各种杂质是由自然过程和人类活动排到大气中的各种悬浮微粒及气态物质形成的。悬浮微粒除水汽凝结物如水滴、云雾和冰晶等外，主要有尘粒、火山灰、烟尘等。气态物质主要有硫氧化物(SO_x)、氮氧化物(NO_x)、CO、CO_2、H_2S、NH_3、CH_4 等。大气中的杂质对辐射有吸收和散射作用，是大气中的各种光学现象及大气污染的重要影响因素。

(3)城市大气污染

当前，大气污染已成为全球面临的公害，在城市地区尤为严重。大气污染是指大气中污染物质的浓度达到了有害水平，以致威胁人体健康和生态系统的正常生存和发展，对人类、生态环境造成危害的现象。

①大气污染物　排入大气的污染物种类很多，引起人们注意的有 100 多种，依照污染物的形态，可分为颗粒污染物与气态污染物。

——颗粒物质。颗粒物质是指大气中除气体外的物质，包括各种各样的固体、液体和气溶胶。其中有固体的灰尘、烟尘、烟雾以及液体的云雾和雾滴，其粒径范围主要在 0.1～200 μm。按粒径的差异，可以分为降尘和飘尘两种。粒径大于 10 μm，在重力作用下可以降落的颗粒状物质称为降尘，其多产生于固体破碎、燃烧残余物的结块及研磨粉碎物质；粒径小于 10 μm 的煤烟、烟气和雾等颗粒状物质称为飘尘，由于这些物质粒径小、质量轻，在大气中呈悬浮状态，其分布极为广泛。飘尘可以通过呼吸道吸入体内，对人体造成危害。

——硫氧化物。硫常以二氧化硫的形态进入大气，也有一部分以亚硫酸盐及硫酸盐微粒形式进入大气。大气中的硫约 2/3 来自天然污染源，其余是细菌活动产生的硫化氢。人为污染源产生的硫排入的主要形式是二氧化硫，主要来自含硫煤燃烧、石油炼制、有色金属冶炼、硫酸制造等。二氧化硫在大气中极不稳定，最多只能存在 1～2 d。在相对湿度比较大，有催化剂存在时，可发生催化氧化反应，生成三氧化硫，进而生成硫酸或硫酸盐。硫酸盐在大气中可存留 1 周以上，能飘移至 1 000 km 以外，与雨、雪、雾、露等水汽结合形成酸雨等沉降物，从而对环境造成更大的危害。二氧化硫也可以在太阳紫外线照射下，发生光化学反应，生成三氧化硫和硫酸雾，从而降低大气的能见度。

——碳氧化物。大气中的碳氧化物主要包括一氧化碳和二氧化碳两种。二氧化碳是大气的正常组分，虽然没有直接危害，但目前全球大气二氧化碳浓度上升，形成温室效应，从而造成全球性的气候变化。据统计，2003 年全世界每年排放到大气中的二氧化碳为 250 亿 t 左右。一氧化碳就是通常所说的"煤气"，产生于含碳物质的不完全燃烧。主要来源于燃料的燃烧和汽车尾气的排放。汽车排放大量的一氧化碳会对植物造成危害，空气中一氧化碳浓度达 0.001%时就会使人中毒，达 1%时在 2 min 内即可致人死亡。

——氮氧化物。大气中的氮氧化物包括一氧化氮、二氧化氮、一氧化二氮、三氧化二氮、五氧化二氮等。天然排放的氮氧化物主要来自土壤和海洋中有机物的分解。人为活动排放到大气中的主要是一氧化氮和二氧化氮。它们的主要来源包括：含氮有机化合物燃烧产生氮氧化物；高温燃烧（1 100℃以上）时，空气中的氮被氧化成一氧化氮；各种交通运输工具排放的尾气中含有氮氧化物；火力发电、硝酸、氮肥、炸药等工业生产过程都有大量氮氧化物排出。土壤中氮素的反硝化作用产生一定的氮氧化物。据估计，全世界每年由人类活动向大气排放的氮氧化物为 0.53 亿 t，对环境的损害作用极大，它既是形成酸雨的主要物质之一，也是形成大气中光化学烟雾的重要物质和消耗臭氧的一个重要因子。

——碳氢化合物。碳氢化合物包括烷烃、烯烃和芳香烃等复杂机化合物。大气中的碳氢化合物主要来自有机化合物的蒸发、汽车尾气、石油裂解炼制、燃料缺氧燃烧及化工生产，其次是自然界有机物质的分解等生物活动产生的。碳氢化合物对人体健康尚未产生直接影响，但它是形成光化学烟雾的主要成分。碳氢化合物中的多环芳烃具有明显的致癌作用。

——氟化物。排放到大气中的氟化物有氟化氢、氟化硅、氟硅酸及氟化钙颗粒物等。氟化物主要来自电解铝、磷肥、陶瓷、砖瓦及钢铁等生产过程。大气中的氟化物污染以氟化氢为主，它是一种累积性中毒的大气污染物，可通过植物吸收累积进入食物链，在人和动物体内富集达到中毒浓度，从而使人畜受害。

——光化学烟雾。大气中的氮氧化物、碳氢化合物等一次污染物，在太阳紫外线的作用下发生光化学反应，生成浅蓝色的烟雾型混合物叫光化学烟雾。光化学烟雾的表现特征是烟雾弥漫，大气能见度低。它一般发生在大气相对湿度较低，气温为 24～32℃，阳光充足的夏季晴天。20 世纪 50 年代以后，光化学烟雾在美国洛杉矶以及日本、加拿大、法国、澳大利亚等国的大城市相继发生过，70 年代，我国兰州西固石油化工区也出现了光化学烟雾。光化学烟雾的危害非常大，能刺激人眼和上呼吸道，诱发各种呼吸道疾病，影响植物生长，降低植物抗病虫害能力；此外还能使橡胶制品老化、染料脱色，并给油漆、涂料、纺织纤维、尼龙制品等造成危害。

②大气污染源　大气污染物来源于自然灾害和人类活动，包括天然源和人为源。天然源主要有火山爆发、森林火灾、地面尘暴、海啸、放出有害气体的动植物等。由自然灾害所造成的污染多为暂时的、局部的，而由人类活动所造成的污染通常延续的时间长且范围广。通常所说的大气污染，多指人为因素引起的大气污染。人为因素造成的大气污染的污染源，从产生的来源主要有 4 种：

一是燃料燃烧。燃料（煤、石油、天然气等）的燃烧过程是向大气排放污染物的重要污染源。例如火力发电站、工业和民用炉窑的燃料燃烧，而生活用煤在我国是一种排放量大、分布广、危害性大的大气污染源。

二是工业污染源。工业生产过程中排放到大气中的污染物种类多、数量大，是城市或工业区大气的主要污染源。如火力发电厂、钢铁厂、化工厂、农药厂及水泥厂等工矿企业向大气中排放污染物见表 6-2。

三是交通污染源。现代交通运输工具，如汽车、飞机、火车和轮船等排放的尾气中含有一氧化碳、氮氧化合物、碳氢化合物、铅等污染物是造成大气污染的污染源。近年来，汽车的排放废气已成为许多大城市的主要空气污染源。

表 6-2　工矿企业向大气中排放污染物

工业部门	企业类型	向大气排放的主要污染物
电力	火力发电厂	烟尘、二氧化硫、氮氧化物、一氧化碳
冶金	钢铁厂	烟尘、二氧化碳、一氧化碳、氧化铁粉尘、锰尘
	炼焦厂	烟尘、二氧化碳、一氧化碳、硫化氢、酚、苯、萘、烃类
	有色金属厂	烟尘(含有各种金属如铅、锌、铜、镉等)、二氧化硫、汞
化工	石油化工厂	二氧化碳、硫化氢、氰化物、氮氧化物、氯化物、烃类
	氮肥厂	烟尘、氮氧化物、一氧化碳、氨、硫酸气溶胶
	磷肥厂	烟尘、氟化氢、硫酸气溶胶
	硫酸厂	二氧化硫、氮氧化物、一氧化碳、硫酸气溶胶
	氯碱厂	氯气、氯化氢
	化学纤维厂	烟尘、硫化氢、二氧化碳、甲醇、丙酮
	农药厂	甲烷、砷、醇、氯、农药
	合成橡胶厂	丁二烯、苯乙烯、乙烯、异丁烯、戊二烯、丙烯、二氯乙烷、二氯乙醚、乙硫烷、氯化钾
	冰晶石厂	氟化氢
机械	机械加工厂	烟尘、二氧化硫、一氧化碳
	仪表厂	汞、氰化物、铬酸
轻工	造纸厂	烟尘、硫酸、硫化氢
	玻璃厂	烟尘
建材	水泥厂	烟尘、水泥粉尘

四是农业活动排放。现代农业的发展,使得农药、化肥及其他农用制剂使用数量急剧增加,种类也越来越多,农业生产过程已成为造成大气污染的重要原因。如化肥、农药既可以在喷洒、施用过程中逸散于大气中随风飘扬,也可以于施用后从土壤、地表面、植物茎叶扩散、蒸发而进入大气,造成大气污染。近年来,秸秆的集中焚烧也已引起季节性大气污染。

4. 活动过程

全班分成若干组,每组 5～8 人,分组划片,每组至少调查 50 人,完成下面调查表内容。

学校所在地大气污染现状调查

(1)被调查者年龄

年龄选项	回答人数	比例/%
15～20		
20～25		
25～35		
35～45		
＞45		
本次有效填写人数		

(2)被调查者身份

身份选项	回答人数	比例/%
企业管理人员		
机关事业单位人员		
私营或个体工商人员		
企业员工		
自由职业者		
学生、退休人员		
其他人员		
本次有效填写人数		

(3)你在意大气污染对你的身体危害吗?

选项	回答人数	比例/%
在意		
不在意		
无所谓		
本次有效填写人数		

(4)你家或学校周围存在大气污染的问题吗?

选项	回答人数	比例/%
有		
没有		
不知道		
本次有效填写人数		

(5)你平常关注空气质量报告吗?

选项	回答人数	比例/%
经常		
偶尔		
从不		
本次有效填写人数		

(6)你觉得你周边的生活环境如何?

选项	回答人数	比例/%
良好		
一般		
差		
本次有效填写人数		

(7)你认为大气污染的主要原因是什么？

选项	回答人数	比例/%
汽车尾气		
工业废气		
生活污染源		
其他		
本次有效填写人数		

(8)相比前几年，你觉得现在的大气环境如何？

选项	回答人数	比例/%
有所改善		
没区别		
越来越差		
本次有效填写人数		

(9)你对当地大气污染的治理满意吗？

选项	回答人数	比例/%
满意		
一般		
不满意		
本次有效填写人数		

(10)你希望采取的措施是什么？

选项	回答人数	比例/%
多种树		
提高人们的环保意识		
其他		
本次有效填写人数		

(11)空气污染是否给你的生活带来了影响？

选项	回答人数	比例/%
没有影响		
影响不大		
影响严重		
本次有效填写人数		

(12)遭遇雾霾天气,你最主要应对措施是什么?

选项	回答人数	比例/%
出门戴口罩,尽量减少户外活动		
未采取任何措施		
开启室内空气净化器		
本次有效填写人数		

(13)治理大气污染,你认为最主要的措施是什么?

选项	回答人数	比例/%
加强对燃煤电厂和工业企业的治理		
提高油品质量,完善公共交通		
加强绿化和城市保洁		
其他		
本次有效填写人数		

(14)参与治理大气污染,你最愿意参与哪项措施?

选项	回答人数	比例/%
乘坐公共交通,或自行车绿色出行		
及时关闭电器,购买低碳家电		
随手拍,曝光污染行为		
其他		
本次有效填写人数		

(15)如果治理大气污染影响当地 GDP 增长,你是否还会支持?

选项	回答人数	比例/%
支持		
不支持		
不知道		
本次有效填写人数		

5. 问题处理

收集上述关于大气污染调查数据,进行汇总统计,最终写出一篇“当地大气污染调查报告”。

活动二　大气污染与园林植物

1. 活动目标

◆知识目标：了解大气污染对园林植物的危害，认识园林植物的抗性与监测作用。

◆能力目标：调查当地园林植物被污染情况及园林植物的监测作用。

2. 活动准备

根据班级人数，按 3～5 人一组，分为若干组，每组准备以下材料和用具：调查表格、笔等。

3. 相关知识

(1)大气污染对园林植物的危害

①园林植物受害机制及其症状　大气污染危害一般分为急性危害、慢性危害和隐蔽危害。急性危害是指在高浓度污染物影响下，短时间使园林植物叶表面产生伤斑或叶片枯萎脱落；慢性危害是指在低浓度污染物长期影响下，园林植物叶片退绿；隐蔽危害是指在低浓度污染物影响下，未出现可见症状，只是园林植物生理机能受损，生长量下降，品质恶化。

大气污染物对园林植物危害最重的有 SO_2、HF、Cl_2、NO_x、PAN(过氧乙酰硝酸酯)、O_3、NH_3 和 HCl 等。表 6-3 为主要大气污染物对植物叶片伤害的主要症状。

②主要大气污染物对园林植物的危害　大气污染物主要通过气孔进入叶内，对植物生理代谢活动产生影响，因此受害症状一般先出现在植物叶片。不同的污染物导致植物病害的症状有差异。

一是大气硫氧化物对园林植物的危害。硫氧化物有 SO_2、SO_3 和硫酸烟雾等，其中以 SO_2 最为主要。大气中 SO_2 的浓度超过 0.3 μL/L 时，园林植物出现受害症状。双子叶植物受 SO_2 危害后，植物叶片上叶脉间出现伤斑，伤斑由漂白引起失绿，并逐渐呈棕褐色坏死；受害症状首先在功能叶上表现出来，危害进一步加重时，其他嫩叶或老叶随后也会出现伤斑，但这些叶的受害程度不及功能叶严重。SO_2 对单子叶植物产生危害，其可见症状主要表现在叶尖及其附近部位。叶片上有点状或条状伤斑，组织脱水坏死，且功能叶易受伤害。

表 6-3　主要大气污染物对植物叶片伤害的主要症状

污染物	叶片受害症状
SO_2	叶脉间出现土黄或红棕色大小不等的点、块状伤斑，与正常组织间界限分明。单子叶植物沿平行脉出现条状伤斑
HF	在叶间和叶缘处出现伤斑，在正常组织间有一明显的暗红色界限
Cl_2	多数在叶脉间出现点、块状伤斑，与正常组织间界限模糊或有过渡带，严重时整个叶片褪绿漂白
NO_x	叶脉间出现不规则形状的白色、黄褐色或棕色伤斑，有时出现全叶点状斑
PAN	叶背变成白色、棕色、古铜色或玻璃状，不呈点、块状伤斑。有时在叶间、中部或基部出现坏死带
NH_3	叶脉间出现点、块状褐色或褐黑色伤斑，与正常组织间界限明显
O_3	多在整个叶片上散布着棕色或黄褐色细密点状伤斑

二是大气氟化物对园林植物的危害。大气氟化物危害植物的症状，主要在嫩叶、幼芽上先发生。对于双子叶植物，首先在叶片的叶尖和叶缘部位出现伤斑，坏死斑通常是红棕色的，坏死斑与正常组织之间有一清晰的暗红色窄带。连续暴露于氟的叶片，坏死斑逐渐由外向内，或由叶尖向叶基发展。禾本科植物则先在新叶尖端和边缘出现症状，抽穗前后的剑叶和幼穗顶部最为敏感，常迅速产生症状，由绿色变成灰白色。

三是氯气对园林植物的危害。氯气是具有强刺激性气味，对动植物均有较强毒性的黄绿色气体。氯气对植物的急性伤害症状与 SO_2 相似，伤斑主要出现在叶脉间，呈不规则的点状和块状。受害组织与健康组织之间常无明显的界限，同一叶片上常常相间分布着不同程度的受害伤斑或失绿黄化区，有时甚至呈现一片模糊。

四是氯化氢对园林植物的危害。植物叶片吸收氯化氢后像氟化物一样，大多积累在叶尖和叶缘部位。植物受氯化氢伤害后，叶片背面呈半透明状，随氯化氢暴露的持续，受害叶片边缘或叶脉间产生不规则带状或块状坏死伤斑，呈黄棕、红棕甚至黑色。伤斑周围往往漂白成乳白色或纯白色。番茄叶上会产生盘状伤害，在叶片的上表面出现斑块或斑点，呈红棕色。据调查，柑橘、泡桐等植物受氯化氢气体伤害后，幼叶叶缘部位生长受抑制，叶绿素减少，失绿明显，幼叶不能正常伸展，叶片出现畸形。此外，盐酸气体对竹、柑橘等植物的顶端生长点有较强的抑制作用，使树枝头丛生出许多新的细小的枝头，并常呈现萎缩状态。

五是乙烯对园林植物的危害。当环境大气受乙烯污染，浓度达到一定水平时，就会干扰植物的正常生长发育，往往出现一些特征反应。乙烯危害植物时，促使植物器官脱落，促进果实提早成熟，我们称它为催熟激素。

六是氮氧化物对园林植物的危害。氮氧化物对植物产生危害的症状与二氧化硫相似。最初在叶表面的叶脉间和近边缘处出现不规则形状的水渍斑，而后干燥，变成白色或黄褐色的坏死斑点，质地与纸差不多，有的甚至逐渐扩展到整个叶片。禾本科作物平行叶脉的叶片，则在叶的中心部位沿叶脉产生条斑。其他大多数单子叶和针叶植物的急性伤害症状通常是叶尖附近出现坏死斑。一般植物功能叶和老叶容易受害，而幼嫩叶抗性较强。

七是颗粒状大气污染物对园林植物的危害。主要是对植物地上部分产生影响；其次是通过污染土壤对植物产生影响。如煤烟粉尘是空气中粉尘的主要成分之一，对植物危害主要在大城市及工业区周围发生，在各种农作物的嫩叶、新梢、果实等柔嫩组织上形成污斑。果实早期受害，被害部分会出现木栓化，果皮粗糙，品质降低；成熟期受害，则受害部分易于腐烂。叶片上的降尘影响光合作用和呼吸作用，叶片失绿，植物生长发育不良甚至死亡。

八是臭氧对园林植物的危害。O_3 是光化学烟雾的主体。O_3 对植物产生的伤害症状首先在将要成熟的叶片上发生，在叶片上能够辨认出 O_3 伤害有色素斑（条点病）、漂白和双面坏死 3 种常见类别。前两种类型的伤害是低浓度 O_3 长时间慢性暴露造成的；而双面坏死则是由高浓度 O_3 短时间急性暴露引起的。

(2)园林植物的抗性

园林植物的抗性是指在污染物的影响下，能尽量减少受害，或受害后能很快恢复生长，继续保持旺盛活力的特性。根据研究，叶片的栅栏组织与海绵组织的比值和园林植物的抗性呈正相关；气孔下陷、叶片气孔数量多但面积小，气孔调节能力强，园林植物的抗性较强。就树种的抗性而言，一般常绿阔叶树＞落叶阔叶树＞针叶树。

①确定植物抗性的方法　确定植物对大气污染抗性强弱，主要有以下 3 种方法：

一是野外调查。这种方法是在相似的条件下，调查不同植物种所受伤害的程度，并据此划出不同抗性等级。野外调查是确定植物抗性最基本最实用的方法，常反映野外复合污染的情况。

二是定点对比栽培法。在污染源附近栽种若干种植物，经过一段时间的自然熏气后，根据各种植物受害的程度确定抗性强弱。

三是人工熏气法。把试验的植物置于熏气箱内，给熏气箱内通入有害气体，并控制在一定的含量，经过一段时间后，比较各种植物的受害程度，以确定其抗性强弱。

②三级抗性标准　不同植物种对大气污染物的抗性不同，这与植物叶片的结构、叶细胞生理生化特性有关，常绿阔叶植物的抗性比落叶阔叶植物强，落叶阔叶植物的抗性比针叶树强。通常将植物对大气污染物的抗性强弱分为三级（表 6-4），其定义如下：一是敏感植物，这类植物不能长时间生活在一定浓度的有害气体污染的环境中，生长点常干枯，叶片伤害症状明显，全株叶片受害普遍，长势衰弱，受害后生长难以恢复或恢复缓慢。二是抗性中等植物，这类植物能较长时间生活在一定浓度的有害气体环境中，在高浓度有害气体的环境中，植物表现伤害症状；生长恢复比较缓慢，表现为节间缩短，小枝丛生，叶形变小，产量下降等。三是抗性强植物，这类植物能正常地长期生活在一定浓度的有害气体环境中，基本不受伤害，或受害轻微。在高浓度有害气体的环境中，叶片虽会遭受较明显的伤害，但受害后生长恢复较快，能迅速萌发出新叶。

(3)园林植物的环境监测作用

监测环境中的污染物种类和浓度方法，常用的有理化仪器和生物方法两种。生物方法主要是植物监测，即利用一些对有毒气体特别敏感的植物来监测大气中有毒气体的种类与浓度，这些植物在受到有毒气体危害时会表现出一定的伤害症状，进而可以推断出环境污染的范围与污染物的种类和浓度，用来监测环境污染的植物称为监测植物或指示植物。

表 6-4 常见园林植物抗性(孔国辉等,1988)

污染物	抗性强弱		
	强	中等	弱
SO_2	大叶相思、五角枫、假槟榔、鱼尾葵、板栗、樟树、柱果、山楂、高山榕、椿树、白蜡、皂角、杜松、女贞、蒲葵、扁桃、苦楝、悬铃木、加拿大杨、毛白杨、栓皮栎、圆柏、龙柏、旱柳、国槐、糠椴、紫穗槐、黄杨、山茶、大叶黄杨、枸骨、茉莉、紫薇、九里香、夹竹桃、海桐、柽柳、五叶地锦、爬山虎、欧洲绣球、美人蕉	沙松、糖槭、臭椿、合欢、朴树、丝棉木、梧桐、银杏、核桃、桑树、白皮松、云杉、青杨、红叶李、山桃、辽东栎、刺槐、北京丁香、蜡梅、华北卫矛、木槿、小叶女贞、含笑、桂花、石楠、接骨木、钻天杨	
Cl_2	大叶相思、五角枫、臭椿、假槟榔、鱼尾葵、樟树、丝棉木、高山榕、榕树、白蜡、杜松、蒲葵、柱果、扁桃、青杨、栓皮栎、龙柏、旱柳、糠椴、黄杨、山茶、大叶黄杨、接骨木、枸骨、茉莉、九里香、夹竹桃、海桐、柽柳、欧洲绣球、美人蕉、钻天杨	沙松、糖槭、合欢、板栗、丝棉木、梧桐、银杏、核桃、女贞、苦楝、桑树、白皮松、云杉、罗汉松、加拿大杨、毛白杨、红叶李、山桃、辽东栎、刺槐、圆柏、国槐、北京丁香、紫穗槐、华北卫矛、木槿、紫薇、小叶女贞、含笑、桂花、石楠、爬山虎	朴树、海杧果、皂荚、悬铃木、五叶地锦
HF	臭椿、假槟榔、樟树、高山榕、榕树、白蜡、杜松、女贞、蒲葵、杜果、扁桃、桑树、白皮松、罗汉松、栓皮栎、圆柏、龙柏、北京丁香、糠椴、紫穗槐、黄杨、山茶、大叶黄杨、接骨木、枸骨、紫薇、九里香、夹竹桃、海桐、柽柳、爬山虎、欧洲绣球、野牛草	大叶相思、五角枫、鱼尾葵、朴树、海杧果、山楂、梧桐、核桃、女贞、苦楝、云杉、悬铃木、青杨、红叶李、辽东栎、刺槐、旱柳、国槐、华北卫矛、木槿、小叶女贞、含笑、桂花、石楠、钻天杨	银杏、皂荚、加拿大杨
O_3	五角枫、臭椿、白蜡、银杏、悬铃木、红叶李、刺槐、圆柏、国槐、紫穗槐、海桐、翅茎卫矛、钻天杨	野牛草	

①园林植物检测环境的特点　利用园林植物监测城市大气污染具有以下几个特点。

一是能够早期发现大气污染。大气中二氧化硫的浓度达 1～5 μL/L 时,人们才能嗅到气味,10～20 μL/L 时引起咳嗽和流泪。而一些植物如紫花苜蓿在二氧化硫浓度为 0.3 μL/L 时就会表现出受害症状,即可利用其受害症状来判断大气污染的状况。

二是能够反映几种污染物的综合作用强度。有些污染物共存时,比各自单独存在时危害增强,即增效作用,如二氧化硫与臭氧、二氧化氮与乙醛共存时,对植物的危害就会增强,表现出协同作用;而有些污染物共存时,则表现出相互减弱的作用,即拮抗作用,如二氧化硫与氨气。

三是能够初步监测污染物的种类和估测污染物的浓度。依据不同污染物可以形成不同的危害症状,可初步监测污染物的种类,通过植物受害面积和程度可初步估测污染物的浓度。

四是能够反映某一地区的污染历史和污染造成的累积受害情况。由于树木寿命长,而许多污染物会沉积在树木的年轮中，通过对年轮中有害物浓度进行分析可推测环境污染的历史状况。因此，用多年生的树木作监测植物，能够反映某一地区的污染历史和污染造成的累积受害情况等。

五是具有长期、连续监测的特点。在植物的生长周期内，可以连续不断地监测环境污染状况，而且，植物监测还可监测污染物在环境中的迁移、蓄积、转化等动态变化过程，为污染后的治理等提供理论依据。

②植物监测方法　用植物监测环境污染经济、简便，在生产实际中具有很大的应用价值。常用的植物监测方法有：

一是指示植物法。指示植物法是利用指示植物对污染的反应，来了解污染的现状和变化，指示植物通常为敏感植物。指示植物法是植物监测的常用方法，要求指示植物对污染物反应敏感，受污染后的症状表现明显，干扰症状少，生长发育受损。可通过对大气污染区的指示植物生长发育情况进行调查，或定点栽植指示植物观察其变化，根据指示植物受伤害后所表现出的症状或对植物的生长指标或者生理生化指标进行检测，推知大气污染的种类、强度和污染历史常见的指示植物见表 6-5。

表 6-5　常见大气污染指示植物

污染物	指示植物
SO_2	紫花苜蓿、曼陀罗、向日葵、金荞麦、大马蓼、葱、南瓜、黄槐、杏、山荆子、紫丁香、水杉、枫杨等
HF	唐菖蒲、郁金香、金荞麦、金钱草、杏、葡萄、紫荆、落叶松、梅等
Cl_2	向日葵、大马蓼、翠菊、万寿菊、鸡冠花、桃树、枫杨、糖槭、女贞、臭椿、油松等
HCl	落叶松、李属、槭属
O_3	烟草、牵牛花、萝卜、洋葱、女贞、银槭、梓树、皂荚、丁香、葡萄、牡丹等

二是植物调查法。在受污染区域调查植物的生长、发育及数量丰度和分布状况等，查清大气污染与植物之间的相互关系。调查时，主要观察污染区内现有园林植物可见症状，在轻度污染区敏感植物会表现出症状，重点观察植物叶片症状；在中度污染区，敏感植物症状明显，抗性中等植物也可能出现部分症状；在严重污染区，敏感植物受害严重，甚至死亡绝迹，中等抗性植物有明显症状，抗性较强的植物也会出现部分症状。

三是地衣、苔藓监测法。地衣、苔藓是分布广泛的低等植物，对环境因子的变化非常敏感，如大气中 SO_2 浓度为 0.015～0.105 mg/m^3 的地区，地衣绝迹；SO_2 浓度超过 0.017 mg/m^3 时，大多数苔藓植物不能生存，因此，用地衣与苔藓来监测大气环境质量非常有效。地衣、苔藓易于栽植，对一些分布较少的地点，可将地衣或苔藓移栽在监测区域的不同位置或栽植于花盆内，置于各监测点，观察它们的生长状况来判断监测地的空气质量。

4. 活动过程

全班分成若干组，每组 5～8 人，分组划片，完成下面调查内容。

(1)调查当地主要污染物的指示植物类型有哪些。

(2)在受污染区域，调查园林植物的生长、发育及数量丰度和分布状况等。

(3)盆栽一些地衣、苔藓植物,放置在不同地点观察其生长状况。

5. 问题处理

(1)调查当地主要污染物的指示植物类型,完成表6-6。

表6-6 当地大气污染指示植物

污染物	指示植物
SO_2	
HF	
Cl_2	
HCl	
O_3	

(2)盆栽一些地衣、苔藓植物,放置在不同地点观察其生长状况,完成表6-7。

表6-7 不同地点地衣、苔藓植物生长状况与环境污染

序号	地点	地衣、苔藓植物生长状况	大气污染情况描述
1			
2			
3			
4			
5			

活动三 园林植物对空气的净化作用

1. 活动目标

◆知识目标:熟悉园林植物对空气的净化作用及风与园林植物的有关知识。

◆能力目标:调查当地园林植物在治理大气污染中的应用情况。

2. 活动准备

根据班级人数,按3～5人一组,分为若干组,每组准备以下材料和用具:调查表格、笔等。

3. 相关知识

(1)园林植物的空气净化作用

植物在正常生命活动的同时，能够通过吸收同化、吸附阻滞等形式消纳大量的污染物质，从而达到净化空气的目的，植物的这种净化功能主要表现为降尘、吸收有毒气体和放射性物质、减弱噪声、增加空气负离子、减少细菌以及吸收二氧化碳、放出氧气等。

①减少粉尘　园林植物能减少粉尘污染，一方面是由于树木具有降低风速的作用，随着风速的减慢，空气中携带的大粒灰尘也会随之下降；另一方面是由于植物叶表面不平，多茸毛，且能分泌黏性油脂及汁液，吸附大量飘尘。据测定，1 hm^2 松林每年可滞留灰尘 36.4 t，1 hm^2 云杉每年可吸滞灰尘 32 t。各种树木的滞尘能力有差异，如桦树比杨树的滞尘量高 2.5 倍，构树比青秤竹高近 30 倍。表 6-8 列出了南京市部分阔叶树的滞尘量。

表 6-8　不同树木单位面积上的滞尘量(孔国辉等，1988)　　g/m^2

树种	滞尘量	树种	滞尘量	树种	滞尘量
刺楸	14.23	楝树	5.89	泡桐	3.53
榆树	12.27	臭椿	5.88	乌桕	3.39
朴树	9.37	构树	5.87	樱花	2.75
木槿	8.13	三角枫	5.52	蜡梅	2.42
广玉兰	7.1	桑树	5.39	加拿大杨	2.06
重阳木	6.81	夹竹桃	5.28	黄金树	2.05
女贞	6.63	丝棉木	4.77	桂花	2.02
大叶黄杨	6.63	紫薇	4.42	栀子	1.47
刺槐	6.37	悬铃木	3.73	绣球	0.63

植物滞尘量大小与叶片形态结构、叶面粗糙程度、叶片着生的角度、树冠大小、疏密度等因素有关。一般叶片宽大、平展、硬挺而风不易抖动，叶面粗糙的植物能吸滞大量的粉尘。植物叶片的细毛和凹凸不平的树皮是截留吸附粉尘的重要形态特征，如多毛的向日葵叶面集结气溶胶的能力是鹅掌楸的 10 倍。此外，松柏类树木的总叶面积较大，并能分泌树脂、黏液，一般滞尘能力普遍较强。

园林植被的滞尘作用，因季节不同有明显差异，如冬季叶量少，甚至落叶，滞尘能力较弱，而夏季滞尘作用最强。

据统计，吸滞粉尘能力强的园林树种，在我国北方地区有刺槐、沙枣、国槐、家榆、核桃、构树、侧柏、圆柏、梧桐等；在中部地区有家榆、朴树、木槿、梧桐、法桐、悬铃木、女贞、荷花玉兰、臭椿、龙柏、圆柏、楸树、刺槐、构树、桑树、夹竹桃、丝棉木、紫薇、乌桕等；在南方地区有构树、桑树、鸡蛋花、黄槿、刺桐、羽叶垂花树、黄槐、苦楝、黄葛榕、夹竹桃、阿珍榄仁、高山榕、银桦等。

植物吸滞粉尘可降低空气中的尘埃污染，植物的这种减尘效果是非常明显的。据广州市测定，在居住区墙面种五爪金龙的地方与没有绿化的地方比较，室内空气含尘量减少22%。在大叶榕树绿化地段含尘量减少18.8%。

林带能有效地降低风速，从而使粉尘沉降下来，但疏林与密林的作用效果不同。在密林内粉尘迅速减少，迎风面尘量最多，背风面尘量最少，粉尘通过密林后，尘量迅速上升。而在较分散的疏林地测定的相对含尘量，离尘源的距离越远，含尘量越低。疏林与密林降尘效果不同，因为速度较大的风可掠过密林，并将质轻的微尘一起携带越过林带；而在透风的疏林内，随气流进入的粉尘则滞留在树丛中或是滞留在林带边缘。密林虽然可以在单侧产生涡流有滞尘作用，但效果不如疏林。所以，在营造防护林带时，宜密度适中，乔木、灌木和草本植物混合配制，才能发挥较好的防风滞尘效果。

②吸收有毒气体　几乎所有的植物都能吸收一定量的有毒气体而不受伤害。植物通过吸收有毒气体，降低大气中有毒气体的浓度，避免有毒气体积累到有害的程度，从而达到净化大气的目的。

硫是植物氨基酸的组成成分，是植物的营养元素之一，所以，植物体都含有一定量的硫。在正常情况下，树木硫的含量为干重的0.1%～0.3%，当空气中存在二氧化硫污染时，树木体内硫的含量可上升为正常情况下的5～10倍。

氯化氢的毒性比二氧化硫大2～3倍，在正常情况下植物含氯量为100 mg/L，在氯污染区生长的树木，叶片中含氯量比清洁区高10倍至数百倍。如在清洁区生长的银桦、水杉和刺槐，干叶含氯量都在0.5 mg/g以下，而在污染区，它们干叶的含氯量分别为12.82 mg/g、13.72 mg/g和16.89 mg/g。

氟及氟化物是毒性较大的污染物，在正常情况下，植物中的氟含量为0.5～25 mg/L，而在氟污染区，树木叶片含氟量可为正常叶片的几百倍至几千倍，据推算，每年银桦林可吸收氟化氢11.8 kg/hm^2，滇杨吸收10.0kg/hm^2，拐枣林吸收9.7 kg/hm^2，油茶吸收7.9 kg/hm^2，桑树吸收4.3 kg/hm^2，垂柳吸收3.9 kg/hm^2，刺槐吸收3.4 kg/hm^2。

鲁敏等对部分园林植物的吸氯、吸氟、吸铅、吸镉等能力进行了研究，结果表明，绿化树种对大气污染物具有吸收净化能力。吸氯量高的树种有：京桃、山杏、糖槭、家榆、紫椴、暴马丁香、山梨、水榆、山楂、白桦；吸氯量中等树种有：花曲柳、糖椴、桂香柳、皂角、枣树、枫杨、文冠果、连翘、落叶松(针叶树中落叶松为吸氯高树种)；吸氯量低树种有：桧柏、茶条槭、稠李、银杏、沙松、旱柳、云杉、辽东栎、麻栎、黄菠萝、丁香、赤杨、油松。吸氟量高的树种有：枣树、榆树、桑树、山杏；吸氟量中等树种有：臭椿、旱柳、茶条槭、桧柏、侧柏、紫丁香、卫矛、京桃、加杨、皂角、紫椴、雪柳、云杉、白皮松、沙松、毛樱桃、落叶松；吸氟量低的树种有：银杏、刺槐、稠李、樟子松、油松。吸铅量高的树种有：桑树、黄金树、榆树、旱柳、梓树；吸铅量中等的树种有：枫杨、皂角、美青杨、刺槐、稠李、花曲柳；吸铅量低的树种有：卫矛、银杏、榆叶梅、山刺梅、紫丁香、锦鸡儿、枸杞、臭椿、柳叶绣线菊、东北赤杨、红瑞木、水蜡、朝鲜黄杨。吸镉量高的树种有：美青杨、桑树、旱柳、榆树、梓树、刺槐；吸镉量中等的树种有：稠李、枫杨、皂角、黄金树、东北赤杨、花曲柳、枸杞、桃叶卫矛、柳叶绣线菊、山刺梅、紫丁香、锦鸡儿、榆叶梅；吸镉量低的树种有：银杏、臭椿、红瑞木、水蜡、朝鲜黄杨。

植物净化有毒气体的能力除与植物对有毒物积累量呈正相关外，还与植物对它们的同化、转移能力密切相关。植物进入污染区后开始吸收有毒气体，有毒物质部分被积累在植物体内，部分被转移，同化解毒。当植物离开污染区后，在植物体内积累的有毒物会因代谢而减少。因此，可以认为，植物从污染区移至非污染区后，植物体内有毒物含量下降愈快，该种植物同化转移有毒物的能力愈强。

植物吸收有毒气体的能力除因植物种类不同而异外，还与叶片年龄、生长季节、大气中有毒气体的浓度、接触污染时间以及其他环境因素如温度、湿度等有关。一般老叶、成熟叶对硫和氯的吸收能力高于嫩叶，在春夏生长季，植物的吸毒能力较大。

植物在吸收有毒气体的同时，也降低了大气中有毒气体的含量。当绿地面积比较大时，这种降毒效果是十分明显的。如北京市园林局对空气中二氧化硫日平均浓度测定表明，居民区二氧化硫浓度最高，为 0.223 mg/m^3，工厂区为 0.115 mg/m^3，绿地内最低，仅为 0.102 mg/m^3。绿地内二氧化硫浓度比居民区低 54.3%。

大片树林不但能够吸收空气中的部分有害气体，并且由于树林与附近地区空气的温差，可形成缓慢的空气对流，促进有害气体的扩散稀释，降低下层空气中有害气体的浓度。

③减弱噪声　噪声是一种特殊的空气污染，它能影响人的睡眠和休息，损伤听觉，严重时能够引发多种疾病。一般噪声高过 50 dB(A)，就会对人类日常工作生活产生有害影响。在城市地区普遍存在着噪声污染，城市居民区多属 60～85 dB(A)的中等噪声。

随着城市化进程的加快，交通噪声、工业噪声等在我国许多城市呈上升趋势。当前，噪声污染更是成为国际社会普遍关心的环境问题之一，世界卫生组织（WHO）于 1993 年公布了噪声干扰的有关标准，要求生活区户外白天的噪声级不超过 55 dB(A)，夜间不超过 45 dB(A)，室内在开窗条件下低于 30 dB(A)。而我国也相应制定了城市五类地区环境噪声的标准（表 6-9）。

表 6-9　城市区域环境噪声最高限值　　dB(A)

类别	白天	夜晚
疗养、高级宾馆等特殊住宅区	50	40
居住与文教区	55	45
居住、商业与工业混杂区	60	50
工业区	65	55
城市交通干线两侧	70	55

园林植物具有明显的减弱噪声作用。一方面是噪声波被树叶向各个方向不规则反射使声音减弱；另一方面是噪声波造成树叶枝条微振而使声音能量消耗。因此，树冠、树叶的形状、大小、厚薄，叶面光滑与否，树叶的软硬以及树冠外缘凹凸的程度等，都与减噪效果有关。一般来讲，具有重叠排列的、大的、健壮的、坚硬叶子的树种，减噪效果较好，分枝低、树冠低的乔木比分枝高、树冠高的乔木减低噪声的作用大。不同树种的减噪效果有明显差异（表 6-10）。

柳孝图等在 2002 年对不同植物配置方式的减噪效果进行了分析。悬铃木幼树林高 5 m，覆盖密度大于 90%；以枫香、麻栎、黑松为主组成的杂木林，树高平均为 15 m，覆盖率为 60%～70%。人工制造噪声源，在绿篱两侧和等距离的开阔地测定不同频率噪声的衰减情况，噪声中心频率为 500～2 000 Hz 范围的衰减值主要决定于第一个 22 m 宽的林带，而中心频率在 500 Hz 以下的噪声衰减随林带宽度增加而增加，说明植物对不同频率的噪声衰减效果是有差异的。此外比较不同植物配置对噪声的衰减效果，树木带的减噪效果较好，而草地的减噪效果较差。

表 6-10 各种乔灌木减噪效果(陈自新,1987)

分组	减小噪声/dB(A)	树种
Ⅰ	4~6	鹿角桧、金银木、欧洲白桦、李叶山楂、灰桤木、加州忍冬、欧洲红瑞木、楞叶槭、红瑞木、加拿大杨、高加索枫杨、金钟连翘、心叶椴、西洋接骨木、欧洲榛
Ⅱ	6~8	毛叶山梅花、枸骨叶冬青、欧洲槲栎、欧洲水青冈、杜鹃花属、欧洲鹅耳枥、洋丁香
Ⅲ	8~10	中东杨、山枇杷、欧洲荚蒾、大叶椴
Ⅳ	10~12	假桐槭

成片树林的减噪效果与树林的宽度并不是线性关系的,当林带宽度大于 35 m 时,树林的减噪效果会降低,从减弱噪声的效果考虑,宜将连片的树林按一定的距离分为几条林带,噪声在每次遇到林带时就降低一个数值,犹如每条林带重新遮挡了声音,对于总宽度相同的林带而言,这就加强了减噪效果。

树木的减噪作用首先决定于树木枝、叶、干的特性,其次是树木的组合与配置情况。在投射至树叶的声波中,反射、透射与吸收等各部分所占比例,取决于声波透射至树叶的初始角度和树叶的密度。有研究发现,声音的共振频率与树枝的高度相关,较低树枝在 300 Hz 处、上部树枝在 1 000 Hz 处最易激发共振,这些频率与声波的长度是成反比的。枝叶繁茂的树木带适于减弱高速车辆的噪声。

当声波波长大于树干的直径时,只有少量的声能被树干反射,若声波小于树干直径,则声能完全散射,因此成片树林对低频噪声的散射作用很小,而对高频噪声的散射衰减作用较大。

因此,在进行减噪林带的配置时,应选用常绿灌木结合常绿乔木,总宽度为 10~15 m,其中灌木绿篱宽度与高度不低于 1 m,树木带中心的树行高度大于 10 m,株间距以不影响树木生长成熟后树冠的展开为度。若不设常绿灌木绿篱,则应配置小乔木,使枝叶尽量靠近地面,以形成整体的绿墙。

④减少细菌　空气中散布着各种细菌,据国外资料报道,城市大气中存在杆菌 37 种、球菌 26 种、丝状菌 20 种、芽生菌 7 种等,其中许多都是对人体有害的病原菌。绿色植物可以减少空气中的细菌数量,一方面是由于植物降尘作用,减少细菌载体,从而使大气中细菌数量减少;另一方面植物本身具有杀菌作用,许多植物能分泌出杀菌素,这些由芽、叶和花所分泌的挥发性物质,能杀死细菌、真菌与原生动物。据调查,城镇闹市街上空气细菌数比绿化区多 7 倍以上,1 hm^2 松柏林 24 h 内即能分泌出 30 kg 杀菌素。

据苏联的托金对植物杀菌素的系统研究,常见的具有杀灭细菌等微生物能力的树种主要有:松、冷杉、桧、侧柏、雪松、柳杉、黄栌、盐肤木、锦熟黄杨、尖叶冬青、大叶黄杨、沙枣、核桃、黑核桃、月桂、欧洲七叶树、合欢树、锦鸡儿、金莲花、刺槐、紫薇、广玉兰、木槿、楝树、大叶桉、蓝桉、柠檬桉、茉莉、女贞、丁香、悬铃木、石榴、枣树、水枸子、枇杷、石楠、火棘、麻叶绣球、枸橘、银白杨、垂柳、栾树、臭椿及一些蔷薇属植物等。

⑤增加空气负离子　空气负离子具有降尘作用,小的空气正、负离子与污染物相互作用,容易吸附、聚集、沉降,或作为催化剂在化学过程中改变痕量气体的毒性,使空气得到净化,尤

其对小至 0.01 μm 的微粒和在工业上难以除去的飘尘，有明显的沉降去除效果。如一些皮毛作业车间，当控制空气负离子浓度为 1.5×10^5 个/cm^3 时，尘埃浓度可由 0.42 mg/cm^3 降低至 0.05 mg/cm^3。其次空气负离子具有抑菌、除菌作用，空气离子对多种细菌、病毒生长有抑制作用。空气负离子还能与空气中的有机物起氧化作用而清除其异味，即具有除臭作用。医学研究表明，空气中带负电的微粒使血中含氧量增加，有利于血氧输送、吸收和利用，具有促进人体新陈代谢、提高人体免疫能力、增强人体机能、调节机体功能平衡的作用。据考证，负离子对人体 7 个系统近 30 多种疾病具有抑制、缓解和辅助治疗作用，对人体的保健作用尤为明显。特别对“不良建筑物综合征”或空调病有较强的预防和缓解作用。

陆地上空气负离子浓度为 650 个/cm^3，但分布很不均匀，在存在森林和建有各种绿地的地方，太阳光照射到植物枝叶上会发生光电效应，且植物释放出芳香类挥发物，促进空气发生电离，加上园林绿地有减少尘埃作用，使林区和绿地空气中负离子浓度大为提高，如空气负离子浓度(个/cm^3)在城市居室为 40～50，街道绿化地带为 100～200，旷野郊区为 700～1 000，农村为 5 000，海滨、森林、瀑布等疗养地区则可达 10 000 以上。

日本空气净化协会对空气洁净度指标(CI) 进行了规定：

$$CI=\frac{n}{1\ 000}\times\frac{1}{q}$$

式中：CI 为空气洁净度指标；n 为空气负离子浓度；q 为正离子数与负离子数之比。

按空气质量评价指数可将空气质量分为 5 个等级(表 6-11)。

表 6-11　空气质量分级标准

项目	等级				
	A 级	B 级	C 级	D 级	E 级
空气洁净度指标	最清洁	一般清洁	中等清洁	容许	临界值
CI	>1.0	1.0～0.7	0.69～0.50	0.49～0.30	0.29

在城市和居住区规划时，可通过增加绿化面积、在公园和广场等公共场所设置喷泉等，来增加环境空气中负离子浓度，有利于改善城市环境的空气质量，增强人体对气候的适应能力。因此，通过合理开发、利用自然环境中形成的空气负离子，在维护良好生态环境的同时，对人类预防疾病和保持人体健康方面也有重要作用。

⑥吸收二氧化碳、释放氧气　二氧化碳既是光合作用的原料，又是主要的温室气体。在大城市中，空气中的二氧化碳有时可达 0.05%～0.07%，局部地区甚至可达 0.2%。尽管二氧化碳是一种无毒气体，但当空气中的浓度达 0.05%时，人的呼吸也会感到不适，当含量达到 0.20%～0.60%时，就会对人体产生伤害。植物通过光合作用吸收二氧化碳、排出氧气，又通过呼吸作用吸收氧气、放出二氧化碳。植物在正常生长发育过程中，通过光合作用吸收的二氧化碳比呼吸作用放出的二氧化碳多。因此，植物有利于增加空气中的氧气，减少二氧化碳含量。据日本学者研究，1 hm^2 落叶阔叶林每年可吸收二氧化碳 14 t、释放氧气 10 t，常绿阔叶林可吸收二氧化碳 29 t、释放氧气 22 t，针叶林可吸收二氧化碳 22 t、释放氧气 16 t。一个成年人每天呼吸需消耗的氧气为 0.75 kg，排出二氧化碳 0.9 kg，如果在晴天适宜的条件下，有 25 m^2 的叶面积，就可以释放一个人所需的氧气和吸收掉呼出的二氧化碳，若考虑晚上和冬季植物基

本不进行光合作用，则至少需要 150 m^2 的叶面积才能满足一个人一年中对氧气的需求。陈自新等(1998)的研究表明，北京建成区的植被其中乔木树种吸收二氧化碳、释放氧气的量最大(表 6-12)。

表 6-12 北京市建成区植被日吸收二氧化碳和释放氧气的量(陈自新等，1998)

植被类型	绿量/m^2	吸收二氧化碳/(t/d)	释放氧气/(t/d)
落叶乔木(株)	165.7	2.91	1.99
常绿乔木(株)	12.6	1.84	1.34
灌木类(株)	8.8	0.12	0.087
草坪(m^2)	7.0	0.107	0.078
花竹类(株)	1.9	0.027 2	0.019 6

⑦吸收放射性物质　植物不但可以阻隔放射性物质和辐射的传播，而且还有过滤和吸收作用。据报道，用剂量为 1 500 Gy 以下的中子-γ 混合辐射栎树林，栎树可以吸收而不影响生长。杜鹃花科的一种乔木，在中子-γ 混合辐射剂量超过 15 000 Gy 时仍能正常生长，表明它对辐射的抵抗力较强。针叶林净化放射性污染的能力比常绿阔叶林要低，当放射性散落物落到森林中 15～90 d，常绿阔叶林树冠上部 γ 射线的剂量比针叶林低，为针叶林的 1/2 以下。因此，在有辐射污染的厂矿或带有放射性污染的科研基地周围选择抗辐射性强的树种建立绿地，可以减少放射性污染。

(2)风与园林植物

①城市的风　城市的风非常复杂。首先，具有较大粗糙的下垫面，摩擦系数变大，使城市风速一般比郊区农村降低 20%～30%。其次，在城市内部，局部差异很大，有些地方为“风影区”，风速极小；另一些地方的风速也可能大于同高度的郊区。产生这种差异的原因在于当风吹过建筑物时，因阻碍摩擦产生不同的升降气流、涡流和绕流等，致使风的局部变化更为复杂。第三，街道的走向、宽度及绿化情况，建筑物的高度及布局，使不同地点所获的太阳辐射有明显差异，在局部地区形成热力环流，导致城市内部产生不同的风向和风速。如当风遇到建筑物阻挡时，风向常发生偏转，而且风速发生变化，向风一侧的风速下降 10%，背风一侧下降 55%。在街道绿化较好的干道上，当风速为 1.0～1.5 m/s 时，可降低风速 50%以上；当风速为 3～4 m/s 时，可降低风速 15%～55%。如果风向与街道走向一致，则由于狭管效应，风速比开阔地增强。据观测，当风速为 8～12 m/s 时，在平行于主导风向的行列式的建筑区内，风速可增加 15%～30%。

另外，由于热岛效应，城市中心的热气流形成一个低压中心，当热气流上升到一定高度则降低温度并向四周下沉，继之冷空气再流向热岛中心，如此反复，在城市与郊区之间形成一个缓慢的热岛环流。

②风对园林植物的生态作用　风不仅能直接影响植物(如风媒、风折、风倒、风拔等)，同时还能影响和制约环境中的温度、湿度、二氧化碳浓度的变化，从而间接影响园林植物生长发育。

一是风与园林植物生长。首先，强风会造成园林植株矮化。风力越大，树木就越矮小，基部则越粗，顶端尖削度也越大；风还能加强蒸腾作用，影响植物正常的水分平衡，使得成熟的细胞难以扩张至正常大小，从而所有器官组织都呈小型化、矮化和旱生化。其次，单向风会对树冠的形状和大小产生强烈的影响。在盛行单向风的地方，植物往往畸形，乔木树干向背风方向弯曲，树冠向背风面倾斜，形成"旗形树"(图 6-2)。这是因为树木朝风的芽，受强风的机械摧残，过度蒸腾而死亡；而背风面的芽因受风力较小成活较多，枝条生长较好。最后，植物会对强风产生适应。在形态结构上，它往往与适应干旱的形态结构相似。因为强风的影响，植物蒸腾加快，同样会导致水分亏缺。因此，树皮厚，叶小革质、多毛茸、气孔下陷等减少水分蒸腾及具有强大根系的旱生结构，也是对强风的适应。

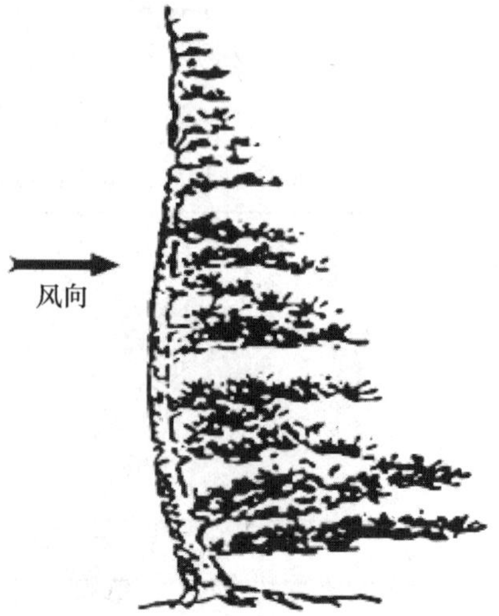

图 6-1　畸形树(旗形树)

二是风与植物繁殖。许多园林植物的花粉和种子都靠风进行传播。禾本科植物是依靠风作媒介。有些植物借助于风力传播种子和果实，这些种子和果实或者很轻，如兰科、石南科、列当科等的每粒种子，质量不超过 0.002 mg；或者具有冠毛，如菊科、杨柳科、萝藦科以及铁线莲属、柳叶菜属；或是具有翅翼，如紫葳科(千张纸)以及桦属、榆属、槭属、白蜡属、梓属。这些冠毛或翅翼能借助风力迁移到很远的地方。"风滚型"是风播的一种特殊适应类型，在沙漠、草原地区，风滚型传播体常随风滚动，传播种子。

三是风对园林植物的机械破坏。风对植物的机械破坏是指折枝、断干、拔根等植物受危害状况，其影响程度主要取决于风速、风的阵发性、植株种质的特性及其他环境特点。一般风速在 10.8～13.8 m/s 时，大树枝摇动，较高的草本植物不时倾伏于地；到 17.2～24.4 m/s 时，大风已能折毁大小树枝；28.5～32.6 m/s 则可吹倒大树，一般建筑物则遭到严重破坏；一旦风速大于 32.6 m/s，在海上已是巨浪滔天，陆上少见，其摧毁力极大。抗风力因树种不同而不尽相同。通常，木材质地坚硬、根系深的树种抗风力强，如马尾松、黑松、桧柏、榉树、银杏、核桃、臭椿、樟树等；根系浅，树冠大，材质脆或柔软的树种往往抗风力较弱，如钻天杨、山杨、银白杨、桦木、雪松、梧桐、椴树、云杉等，易遭风折、风拔。树种的抗风力还因繁殖方法及生长环境而不同。通常，生长在肥沃土壤、根系深着的植物抗风能力，就比生长在黏重、潮湿的土壤上且根系浅着的植物强，不易风倒。

四是风对生态系统的影响。风以多种形式改变生态系统。风传播的病原和害虫，能毁灭全部或部分植被，植被的消失能改变动物和其他生物的栖息地和食物来源。如果植被破坏面积很大，会对土壤性状产生不良影响，降低土壤肥力和生态系统的生产力，从而改变生态系统的功能。少量的风积物进入生态系统有利于提高立地生产力；但当风积物沉积过多过厚，许多植物便遭受危害，甚至死亡。各种类型的风还能将污染物引入生态系统中，危害或杀死植物。

4. 活动过程

全班分成若干组，每组 5～8 人，分组划片，完成下面调查内容。

(1)调查当地有哪些园林植物在净化城市空气中发挥重要作用。

(2)调查当地园林植物对改变城市风的影响有哪些作用。

5. 问题处理

调查活动结束后,写一篇 800 字左右的“论当地园林植物的空气净化作用”综述文章。

【师生互动】

将全班按 6～10 人标准分为若干团队,对所在学校所在城市和园林植物,调查以下内容,并进行团队互动,提出合理化建议。

1. 学校所在城市的大气环境存在哪些环境问题?
2. 学校所在城市大气污染对园林植物危害的症状有哪些?
3. 举例说明学校所在城市的园林植物对空气的净化作用。
4. 学校分布的园林植物对城市风有哪些调节作用?

【知识拓展】

如果同学们想了解更多的知识,可以通过下面渠道进行学习:

1. 阅读杂志

(1)《气象》

(2)《中国农业气象》

(3)《气象知识》

(4)《中国气象》

(5)《贵州气象》《广东气象》《山东气象》《陕西气象》

2. 浏览网站

(1)农博天气　http://weather.aweb.com.cn/

(2)中国天气网　http://www.weather.com.cn/

(3)中国气象新闻网　http://www.zgqxb.com.cn/

(4)中央气象台　http://www.nmc.gov.cn/

(5)××省(市)气象信息网

3. 阅读书籍

(1)《园林生态学》(第 2 版),冷平生主编,中国农业出版社

(2)《城市园林生态学》,徐惠风等编著,中国林业出版社

(3)《园林生态学实验与实践》,刘旭、张翠丽、迟春明主编,西南交通大学出版社

(4)《风景园林生态学》,廖飞勇主编,中国林业出版社

(5)《植物生长环境》(第 3 版),宋志伟主编,中国农业大学出版社

(6)《植物生长与环境》,宋志伟、杨净云主编,中国农业出版社

Chapter 7

学习情境七

园林植物的种群生态

活动一　园林植物种群特征及种群增长

活动二　园林植物种群的种内关系与种间关系

【情境创设】

能力目标	专业能力	1. 能熟练进行种群密度与空间分布格局调查； 2. 能熟练进行园林种群的竞争关系调查； 3. 能熟练进行植物化感作用调查。
	方法能力	1. 具备获取信息、收集资料的能力； 2. 具备制订计划、执行计划的能力； 3. 具备自主学习、发现问题、解决问题的能力。
	社会能力	1. 具备良好的团队协作、配合能力； 2. 具备良好的与人沟通、协调能力； 3. 具备一定的方法综合、创新能力。
知识目标	1. 了解植物种群的概念及特征；熟悉园林植物种群的增长规律及生态对策； 2. 认识植物种群的数量波动、种内关系和种间关系； 3. 了解植物的化感作用。	
思政目标	理解“绿水青山就是金山银山”的含义，引导学生了解家乡的生态环境，主动用所学专业知识保护生态环境。 二维码 思政园地	
教学条件	多媒体课件、多媒体教室、实验实训室、园林绿地、图书馆、网络。	
教学方法	课堂讲授、资料查阅、现场训练、课外活动。	
考核评价	学习过程考核	计划制订(20%)、师生析疑(10%)、完成任务(50%)、检查评价(20%)。
	拓展能力考核	工作态度(20%)、岗位技能(50%)、拓展能力(20%)、团队合作(10%)。
考核方式	教师评价(70%)、小组互评(20%)、学生自评(10%)。	

【活动内容】

活动一　园林植物种群特征及种群增长

1. 活动目标

◆知识目标：了解植物种群的概念及特征；熟悉园林植物种群的增长规律及生态对策。
◆能力目标：能熟练进行种群密度与空间分布格局调查。

2. 活动准备

根据班级人数，按 2 人一组，分为若干组，每组准备以下材料和用具：测绳、皮尺、钢卷尺、围尺、粉笔、计算器、记录纸等。

3. 相关知识

(1)植物种群的概念

在自然界，生物很少是以个体形式单独存在的，而常由很多同物种个体组成种群，以种群形式生存和繁衍，因而种群是生物存在的基本单位，具有自己独立的特征、结构和功能。

种群是指在一定空间中同种生物个体的组合。在自然界中，每一个植物种群都由许多个体组成，这些个体在一定时间内占据着一定的空间，其空间内既有适宜其生存的环境，又有不适于生物生存的环境。物种在其中分散的、不连续的环境里形成大大小小的个体群，这些个体群就是种群。所以，种群是物种在自然界存在的基本单位。例如，一个池塘的鲤鱼、黄山的马尾松等都是一个种群。

从生态学的观点来看，种群也是植物群落基本组成单位。因为植物群落实质上也就是特定空间中植物种群的组合，自然界中任何一个种群都是和其他物种的种群相互作用、相互联系的，种群的边界往往与包括该种群在内的生物群落界限一致。

种群是由个体组成的，但不等于个体的叠加，而是有自身的特性的。种群除了与组成种群的个体具有共同生物学特征外，还有独特的群体特征，如出生率、死亡率、年龄结构、种群行为、生态对策等。这说明种群个体之间相互作用和影响，从而在整体上呈现有组织、有结构的特性。

(2)植物种群的基本特征

①种群数量和密度　一个种群的全部个体数目的多少称为种群大小，如某个池塘中草

鱼的尾数。单位面积或单位容积内某种群的个体数目或生物量称为密度。种群密度在生态学上不是按种的分布区来计算的，而是按种在分布区内最适宜生长的空间来计算的，可称为生态密度。生态密度的实质是反映种群个体所占有的实际空间，它关系到植物种群对光能与地力的利用效率，直接影响种群及群落的生产量，因此合理密植在生产实践中是提高单位面积产量的关键措施之一。

种群的数量变化主要因出生和死亡关系及迁入和迁出关系而变化，出生和迁入是使种群数量增加的因素，死亡和迁出是使种群数量减少的因素。因此，常用出生率和死亡率、迁入率和迁出率来表示种群的数量变化。

出生率是指单位时间内种群出生的个数与初始个体总数的比值，它反映种群增加新个体的能力。出生率有最大出生率和实际出生率两种，前者是指种群在最理想条件下的出生率，后者是指种群在特定条件下的实际出生率。死亡率是指种群死亡的速度，即单位时间内种群的死亡个体数，也有最低死亡率和实际死亡率两种，前者是指在最适条件下的死亡率，种群个体都能活到生理寿命，而后者是指特定条件下丧失的个体数，也称生态死亡率。最大出生率和最低死亡率都是理论上的概念，反映种群潜在能力。

迁入率和迁出率是指单位时间内种群迁入或迁出个体数与种群个体总数的比值，它是特定种群分布范围而言的。在自然界，植物个体迁移的可能性较小，但在园林建设中常通过迁入或迁出来改变植物种群密度。

②种群的性别比　种群的性别比是指种群雌性个体数量与雄性个体数量的比例。种群的性别比同样关系到种群当前的生育力、死亡率和繁殖特点。在高等动物中性别比多为 1∶1，一般昆虫雌性较多。植物多属雌雄同株，没有性别比问题，但某些雌雄异株植物，其性别比可能变异较大。如银杏种群中，嫁接银杏可增加雌性比例，调节生理年龄，使之开花早，结果多。

③种群的年龄结构　种群的年龄结构是指各个年龄或年龄组的个体数占整个种群个体总数的百分比结构，它影响出生率和死亡率。一般而言，如果其他条件一致，种群中具有繁殖能力的成龄个体越多，种群的出生率就越高；种群中老龄个体比例越大，种群的死亡率就越高。

一般用年龄金字塔来表示种群的年龄结构，它是从幼到老将各年龄级的比例用图表示的(图 7-1)。根据种群的发展趋势，种群的年龄结构可以分为 3 种类型：增长型种群、稳定型种群和衰退型种群。其中，增长型种群的年龄结构含有大量幼体和较少的老年个体，幼年、中年个体除了补充死亡的老年个体外还有剩余，所以这类种群的数量呈上升趋势。稳定型种群各个年龄级的个体比例适中，在每个年龄级上，死亡数与新生个体数接近相等，所以种群的大小趋于稳定。衰退型种群含有大量的老年个体，死亡数大于出生数，种群数量趋于减少。

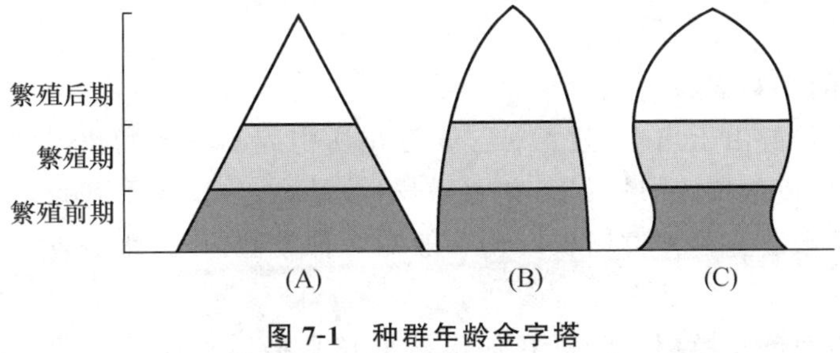

图 7-1　种群年龄金字塔

A. 增长型种群　B. 稳定型种群　C. 衰退型种群

④种群的空间格局　种群的空间格局是指种群个体在水平空间的配置状况或在水平空间的分布状况，或者在水平空间内种群个体彼此之间的关系。种群的空间分布特征在一定程度上反映了环境因素对种群个体生存、生长的影响，对园林植物群落配置具有重要意义。种群的空间格局一般可分为均匀分布、随机分布和成群分布 3 种基本类型(图 7-2)。

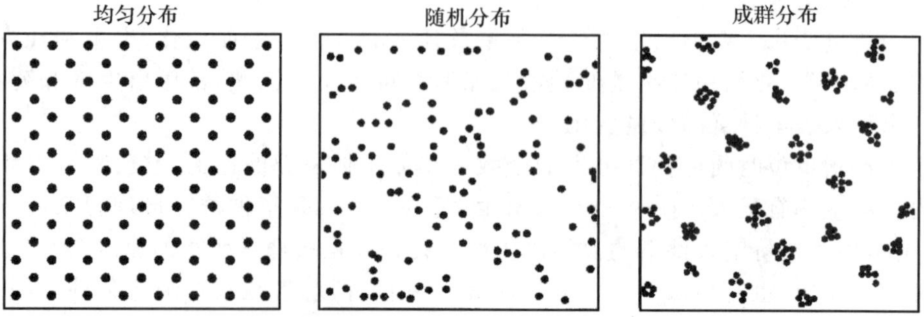

图 7-2　种群的 3 种空间格局类型

均匀分布，即种群内的个体分布是等距离的，或个体间保持一定的均匀间距。人工栽植的植物种群多呈均匀分布，自然状况下均匀分布较少。

随机分布，即每个个体在种群内的分布完全是随机的。随机分布并不普遍，只有当环境资源分布均匀、某一主导因子呈随机分布、种群内个体之间没有彼此吸引或排斥时才能出现随机分布。依靠种子繁殖的植物，在初期散布于新的地区时，也常呈随机分布。

成群分布，是指种群内个体在空间的分布极不均匀，常成群、成簇、斑点状密集分布。各种群的大小、群间距离、群内个体的密度等都不相同，是最常见的一种分布格局。成群分布的形成原因主要有环境资源分布不均匀、繁殖特性或传播方式、种间相互作用这 3 个方面。

种群实际空间分布类型是由生物本身特性与环境条件相互作用而决定的。在大尺度范围内，种群分布类型主要受到温度、水分等气候因素和生物本身遗传特性的作用，例如全球植被分布有寒温带针叶林区、温带针阔叶混交林区、暖温带落叶阔叶林区、亚热带常绿阔叶林区、热带季雨林区、雨林区、温带草原区等；而在小尺度范围内，种群内个体之间相互作用对其空间分布影响较大。

⑤种群的遗传特征　组成种群的个体，在某些形态特征或生理特征方面有一定的差异。种群内的这种变异和个体遗传有关。一个种群中的生物具有一个共同的基因库，以区别其他物种，但并非每个个体都具有种群中贮存的所有信息。这种特征在进化中表现出生存者更适应变化的环境，即适者存，不适者亡。而绝不能轻易地说优者存，非优者亡，要说优也是说适应环境者优。

(3)种群增长的基本模型

种群增长是指种群由于出生、死亡、迁入、迁出所引起的数量变化，这种变化包括种群的正增长(数量上升)、负增长(数量下降)和零增长(数量稳定)。要了解种群的数量变化规律，常采用单种群模型来研究。种群增长模型一般有 3 种类型：几何级数增长、指数型增长和逻辑斯谛增长。

①种群几何级数增长模型　种群几何级数增长是指种群在无限的环境中生长，不受食物、空间等条件的限制，种群的寿命只有一年，且一年只有一个繁殖季节，同时种群无年龄结

构，彼此隔离的一种增长方式。其数学模型可用以下公式表示：

$$N_t = N_{t-1} \times \lambda \text{ 或 } N_t = N_0 \times \lambda$$

式中：N_0 为初始种群大小；N_t 为时间 t 时的种群大小；λ 为种群的周期增长率。

当 $\lambda > 1$ 时，表示种群增长；$\lambda = 1$ 时，表示种群稳定；$\lambda < 1$ 时，表示种群下降；$\lambda = 0$ 时，表示种群无繁殖现象，并在下一代灭亡。

②种群指数型增长模型　在无限的环境条件下，除了种群的离散增长外，有些生物可以连续进行繁殖，没有特定的繁殖期，在这种情况下，种群的增长表现为指数形式，其数学模型可以用以下微分方程表示：

$$\frac{dN}{dt} = rN$$

式中：N 为种群数量；r 为种群的相对增长率，理论上称为内禀增长。其解为：

$$N_t = N_0 e^{rt}$$

内禀增长率是指在环境条件无限制作用时，由种群内在因素决定的最大相对增殖速度，其单位为时间的倒数。对某一种群来说，内禀增长率是当种群建立了稳定的年龄分布时，某稳定的相对增长率。它反映的是一种理想状态，可用来与实际条件下的增长率进行比较，其差值可视为环境对生物增殖阻力的量度，称为环境阻力。以观测的种群数量与时间 t 曲线，种群增长曲线呈"J"形，故指数增长又称 J 增长。

具有指数增长特点的种群，其数量变化与 r 值关系密切。当 $r > 0$ 时，种群数量呈指数上升；$r = 0$ 时，种群数量不变；$r < 0$ 时，种群数量呈指数下降。图 7-3 给出了 4 个不同 r 值的种群增长曲线，其中有两个 r 值大于零，一个 r 值小于零。

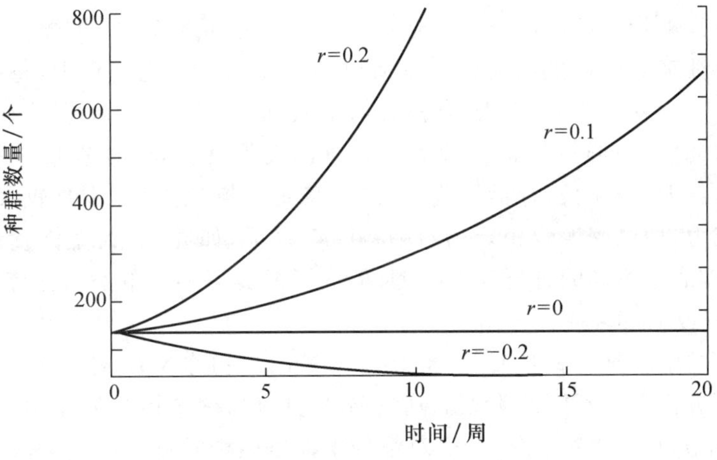

图 7-3　4 个不同 *r* 值的种群增长曲线（初始种群数量为 100 个）

③种群的逻辑斯谛增长模型　自然条件下种群通常在有限的环境资源下增长。因此，种群的增长除了取决于种群本身的特性外，大多数情况下，还取决于环境中空间、物质、能量等资源的可利用程度以及生物对这些资源的利用效率。

种群在有限的资源条件下，随着种群内个体数量的增多，环境阻力渐大。当种群的个体数目接近环境所能支持的最大值即环境容量 K 时，种群内个体数量将不再继续增加，而是保持在该水平。这种有限资源条件下的种群增长曲线呈"S"形，称为逻辑斯谛增长曲线（图7-4）。其数学模型可用方程描述：

$$\frac{dN}{dt}=rN\frac{K-N}{K}$$

式中：K 代表环境容量；$(K-N)/K$ 代表环境阻力；其他同指数增长方程。

当 $K-N>0$，种群数量增长；

当 $K-N=0$，种群处于稳定的平衡状态；

当 $K-N<0$，种群数量减少。

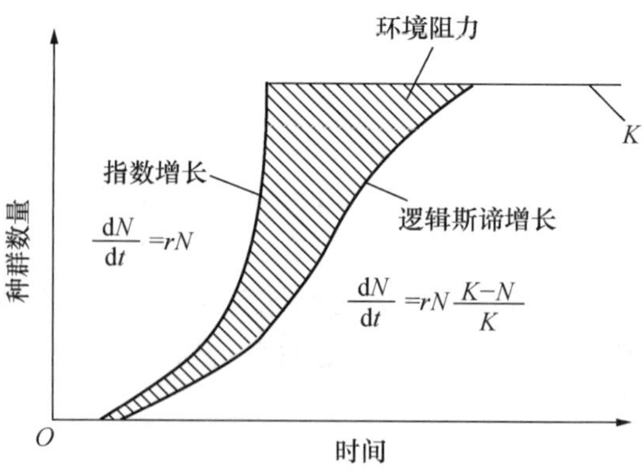

图 7-4　种群逻辑斯谛增长曲线

（仿 Kendeigh，1974）

上述方程积分为：

$$N=\frac{K}{1+e^{a-rt}}\quad（其中\ a=r/K\ ）$$

逻辑斯谛曲线常划分为5个时期：一是开始期，又叫潜伏期，由于种群个体数量少，密度增长缓慢；二是加速期，随个体数的增加，密度增长逐渐加快；三是转折期，当个体数达到饱和密度的一半（即 $K/2$）时，密度增长最快；四是减速期，即个体数超过 $K/2$ 以后，密度增长逐渐变慢；五是饱和期，种群个体数达到 K 值而饱和。

(4)种群的生态对策

生态对策是指生物经进化而形成的适应环境的对策或策略，它可概括说明生物是以何种形态和功能特征来适应环境而完成其生活史的。在长期进化过程中，每种生物都有自己独特的生态特征。如有的个体小，寿命短，存活率低，但增殖率(r)高，具有较大的扩散能力，适应于多种栖息环境，种群数量常出现大起大落的突发性波动，如农田中的昆虫、杂草等。另一类生物个体较大，寿命长，存活率高，适应于稳定的栖息生境，不具较大扩散能力，但具有较强的竞争能力，种群密度较稳定，常保持在 K 水平，如乔木、大型肉食动物。这些相关联的生态特征，构成了不同的种群动态类型，形成了两类不相同的适应策略，即 r 对策（或 r 选择）和 K 对策（或 K 选择）。

属于 r 对策的生物称为 r 对策者，属于 K 对策的生物称为 K 对策者。r 对策生物与 K 对策生物是两个进化方向不同的类型。通常脊椎动物和种子植物属于 K 对策生物，昆虫、细菌、藻类等属于 r 对策生物。属于 K 对策的生物虽然种间竞争的能力较强，但 r 值低，遭受激烈变动或死亡后，返回平衡水平的自然反应时间($1/r$)较长，容易走向灭绝，如大象、鲸鱼、恐龙等。因此，对属于 K 对策生物的资源，应重视其积极保护工作。属于 r 对策的生物，虽然竞争能力弱，但 r 值高，返回平衡水平的反应时间较短，灭绝的危险性较小。同时由于具有较强的扩散迁移能力，当种群密度大或生活环境恶化时，可以离开原有环境，在别的地方建立新的种群。这种高死亡率、广运动性和连续面临新的局面的特征，使新的基因获得较多的发展机会。两种对策生物的对比关系见表7-1。

表 7-1　r 对策与 K 对策生物主要特征的比较

特征	r 对策者	K 对策者
环境条件	多变，不可预测，不确定	较稳定，可预测，比较确定
死亡率	高，为随机的非密度制约	低，为较有选择性的密度制约
群体密度	随时间变化大，无平衡点，通常处在环境的 K 值以下，属未饱和的生态系统，有生态真空，每年需生物重新定居	随时间变化不大，接近于环境的 K 值上下，属于饱和的生态系统，无须生物重新定居
种内和种间竞争	强弱不一，一般较弱	通常较激烈，较强
选择结果	种群迅速发展；提高最大增长率 r_{max}；繁殖早；体重轻	种群缓慢发展；增强竞争能力；降低资源阈值；繁殖晚；体重大
寿命	短，通常不到 1 年	长，通常多于 1 年
对子代投资	小，常缺乏抚育和保护机制	大，具有完善的抚育和保护机制
扩散迁移能力	强，适于占领新的生境	弱，不易占领新的生境
能量分配	较多地分配给繁殖器官	较多用于逃避死亡和提高竞争能力

K 对策者和 r 对策者种群数量的波动性与稳定性有着明显区别（图 7-5）。K 对策者种群的增长表现出一个稳定的平衡点（S），并逐渐趋于环境容纳量 K 的水平。遭到扰动后，一般可返回平衡点。当扰动过大，种群大小将至灭绝点（x），而趋于消亡。如大熊猫、东北虎等珍稀动物以及银杉等珍稀植物的种群数目稀少而难以维持，这是进行保护的重要依据之一。r 对策者种群的增长也有一个平衡点（S′），但它不能在平衡点维持稳定，而是围绕此点上下波动，种群大小变动剧烈。杂草中如狗尾草、马唐、飞蓬和豚草，害虫如螟虫、飞蝗等的种群数量变化就表现出这种特点。r 对策者物种在一定条件下有可能出现种群大发生或暴发现象。最闻名的大发生见于害虫和害鼠，植物种群暴发也有许多例子，如贯叶金丝桃（一种有毒的多年生杂草）、凤眼莲、槐叶萍等。

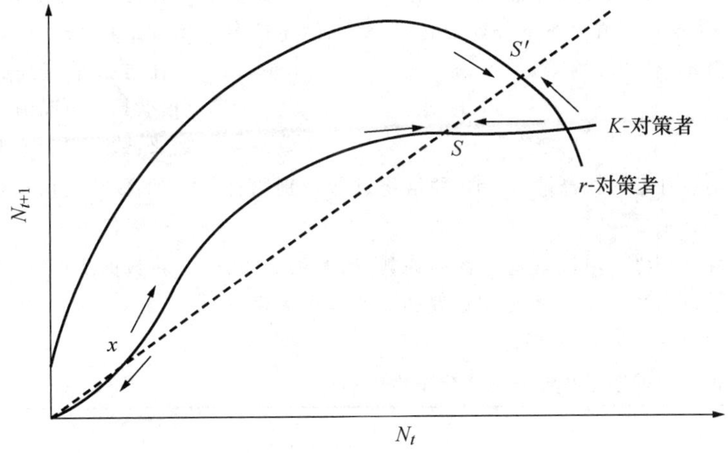

图 7-5　K 和 r 对策者的种群增长曲线

（S、S′为稳定的平衡点；x 为灭绝点）

4. 活动过程

(1)基本原理

植物的种群密度通常采用样方法和样线法进行估测。在测定大面积范围内的植物种群数量时，由于难以对所有生物个体计数，必须进行抽样估测的办法。最简单且常用的方法是用一定面积的方框在研究样地范围内随机采样，采样的范围要尽量覆盖整个样地，然后对每个方框(样方)内出现的个体进行计数，再应用统计学方法求样本平均值，即可估测整个样地的平均种群密度。这样的方法即样方法。但是由于对于一些密集丛生的植物(如杂草)，计数困难，也可以用该植物样方内所覆盖面积的比例来表示种群密度。

在进行种群分析时，仅给出种群密度指标往往不够，还要给出种群的空间分布状况。如在用样方法取样时，可应用泊松数学模型，以样本方差与平均值的比值判断种群的分布型，比值为 1 时为随机分布，比值显著大于 1 时为集群分布，比值显著小于 1 时为均匀分布。此外还有一些方法如 Clark-Evans 最近距离法，在估测种群的空间分布时不需要样方和泊松分布，应用到野外工作中，往往更容易一些。

判断种群分布格局的原理是：假设有 n 个样方，x_i 为第 i 个样方的种群个体数($i=1,2,3,\cdots,n$)，m 为 n 个样方的种群个体平均数，则种群的分散度 S^2 可以表达为：

$$S^2=\frac{\sum(x_i-m)^2}{n-1}$$

(2)操作过程

选择一个植物群落，完成表 7-2 内容的操作。

表 7-2　植物种群密度与空间分布格局调查

工作环节	操作规程	质量要求
选择样地	样地是指能够反映植物群落基本特征的一定地段，根据具体情况在室外就近选择乔木、灌木或草地样地	样方大小：乔木 20 m×20 m；灌木 5 m×5 m；草本 1 m×1 m 样方数量：随机设置 10～30 个(根据具体情况确定，要求样地选择经典，数量不少于 10 个)
确定研究物种	对在样地内选择的 2～10 种植物进行识别物种名称并编号	如果不认识植物，用物种 1、2、3、…来代替
数据调查	在一个样方内调查选定物种的数量，并做记录；然后以同样的方法，在随机设置的 n 个样方内调查物种出现的情况，并做记录	将数据认真填入表格
数据计算	进行种群密度及种群个体分布格局的计算	

5. 问题处理

活动结束后，完成以下问题：

(1)将各次统计结果记录入表 7-3、表 7-4 中,便于计算、分析、比较。

表 7-3 植物种群密度调查结果

项目	物种名称			
	1	2	3	…
数量				
密度/(株/m^2)				

表 7-4 种群个体分布格局

项目	种群			
	种群 1	种群 2	种群 3	…
m				
S^2				
S^2/m				
分布格局				

(2)样方大小会影响实验结果吗？怎样影响？

活动二 园林植物种群的种内关系与种间关系

1. 活动目标

◆知识目标:认识植物种群的数量波动、种内关系和种间关系;了解化感作用。

◆能力目标:能熟练进行种间竞争与化感作用的应用。

2. 活动准备

根据班级人数,按 2 人一组,分为若干组,每组准备以下材料和用具。

①种间竞争关系试验 光照培养箱、托盘、烘箱、天平、小烧杯、剪刀、镊子、尺子、标签、纸袋、0.4% $KMnO_4$、细沙和两种禾本科植物种子。

②化感作用试验 光照培养箱、电子分析天平、烘箱、大漏斗、培养皿、锥形瓶、烧杯、容量瓶、量筒、封口塞、玻棒、剪刀、镊子、滤纸、纱布、棉花种子、新鲜小麦叶片、0.4% $KMnO_4$ 等。

提前进行 Hoagland 营养液配制,其配方为:硝酸钙 945 mg/L,硝酸钾 607 mg/L,磷酸铵 115 mg/L,硫酸镁 493 mg/L,铁盐溶液 2.5 mL/L,微量元素 5 mL/L,pH=6.0。其中,

铁盐溶液配方为：七水硫酸亚铁 2.78 g，乙二胺四乙酸二钠（EDTA-2Na）3.73 g，蒸馏水 500 mL，pH = 5.5；微量元素液配方为：碘化钾 0.83 mg/L，硼酸 6.2 mg/L，硫酸锰 22.3 mg/L，硫酸锌 8.6 mg/L，钼酸钠 0.25 mg/L，硫酸铜 0.025 mg/L，氯化钴 0.025 mg/L。

本次实验的营养液需用蒸馏水配成 10 倍或 20 倍浓度溶液，用时稀释及调整至需要的 pH。

3. 相关知识

(1)种群的数量波动

一种生物进入和占领新栖息地，首先经过建立种群和种群增长，以后可出现不规则的或规则（即周期性）的波动，亦可能较长期地保持相对稳定；许多种群有时还会出现骤然的数量猛增，即大发生，随后又是大崩溃；有时种群数量会出现长期的下降，称为衰退，甚至死亡。

①种群增长　自然种群数量变动中，“J”形和“S”形增长均可以见到，但曲线不像数学模型所预测的那样光滑典型，常常还表现为两增长型之间的中间过渡型。例如：澳大利亚昆虫学家 Andrewartha 曾对果园中蓟马种群进行过长达 14 年的研究，他发现，在环境条件较好的年份，蓟马种群数量增加迅速，直到繁殖结束时才突然停止，其增长形式表现为“J”形增长；但在环境条件不好的年份则表现出“S”形增长（图 7-6），对比各年增长曲线，可见到许多中间过渡型。因此，“J”形增长可以视为是一种不完全的“S”形增长，即环境限制作用是突然发生的，在此之前，种群增长不受限制。

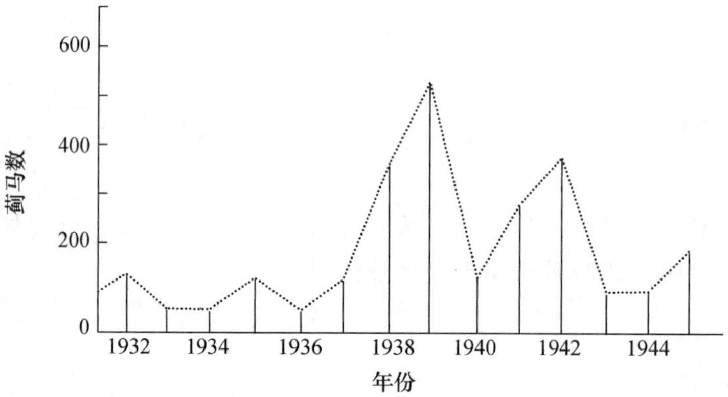

图 7-6　蓟马种群的数量变化

②季节消长　自然种群的数量变动存在着年内（季节消长）和年间的差异。如一年生草本植物点地梅种群个体数有明显的季节消长，其籽苗数为 500～1 000 株/m^2，每年死亡 30%～70%，但至少有 50 株以上存活到开花结实，生产出翌年的种子。因此，各年间的成株数变化较少。为害棉花的棉盲蝽一年多次繁殖，世代彼此重叠，根据丁岩钦（1964）在陕西关中棉区 8 年的调查，各年的季节消长有不同的表现，它随气候条件而变化，可分为 4 种类型（图 7-7）：中峰型，在干旱年份出现，蕾铃两期危害均较轻；双峰型，在涝年出现，蕾铃两期都受严重危害；前峰型，在先涝后旱年份出现，蕾铃期危害严重；后峰型，先旱后涝年份出现，铃期危害严重，因此，掌握气象数据是预报棉盲蝽季节消长和防治的关键。

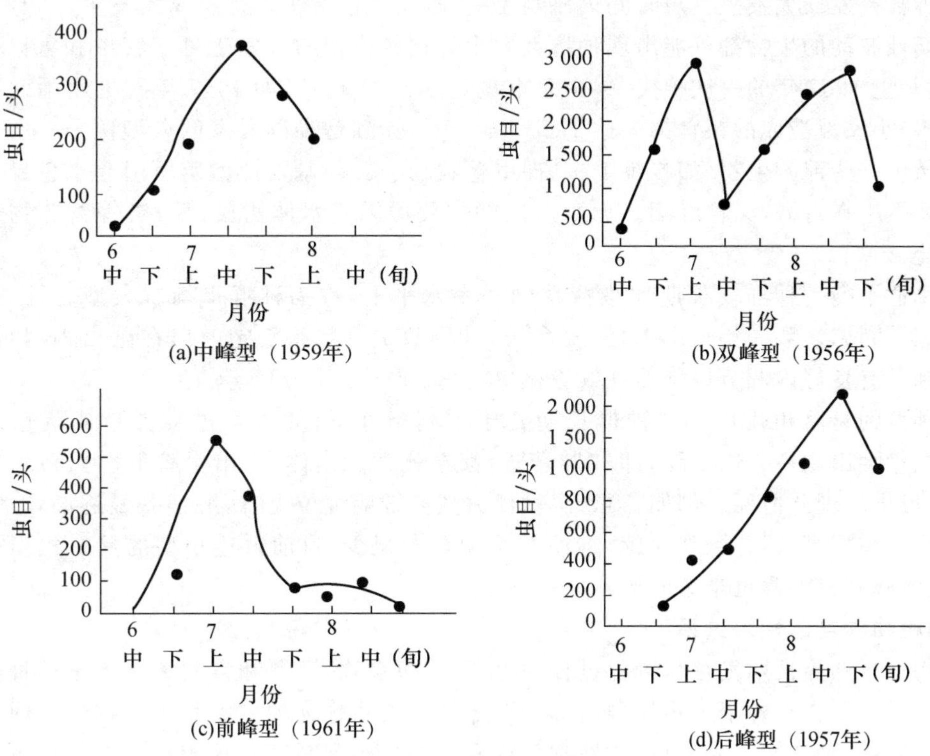

图 7-7 陕西关中棉区棉盲蝽种群数量的季节消长(丁岩钦,1964)

(引自《农业生态学》 陈阜)

③非周期性波动 一般是由于突然性的环境变化而带来的波动,是人们所预料不到的。这种波动有时很剧烈,波动幅度很大。据长期气象资料分析,干旱年是飞蝗大发生的原因,但旱年飞蝗是否大发生,就没有规律了,即飞蝗的猖獗没有周期性(图 7-8)。

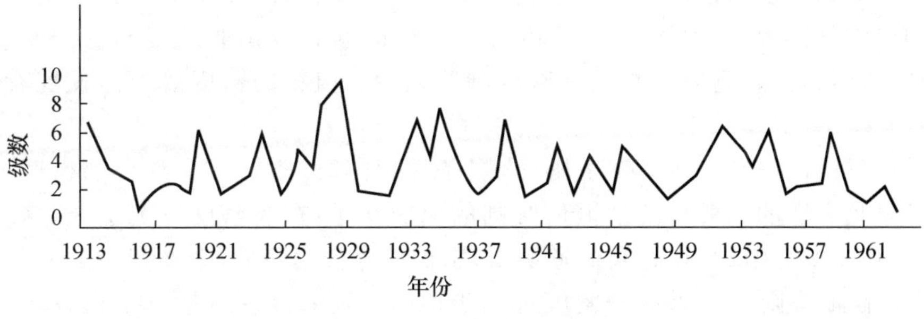

图 7-8 东亚飞蝗洪泽湖蝗区种群动态

④周期性波动 是由于环境周期性变化所引起的。又分为季节性波动和年波动。季节性波动是由于环境的季节性变化和生物适应性变化引起的。例如海洋强光带的硅藻种群的季节变化即属此。硅藻是生活史短和季节迁移明显的种群,随着水体在一年中的日光、温度、营养物质的变化,种群数量发生有规律性的波动。年波动是种群间影响造成的。如我国伊春林区棕背鼠种群的数量变化具有 3 年的周期性,以棕背鼠为食的黄鼬也表现出类似的周期,这与该地区红松结实 3 年一次大丰收相一致。

⑤种群暴发或大发生　短时间内种群数量猛增会造成种群暴发或大发生，具有非周期性或周期性波动的生物都可能出现种群大发生。比较典型的大发生见于害虫和害鼠。例如蝗灾，索马里 1967 年的一次蝗灾，蝗虫总重量达 50 000 t。又如 1967 年我国新疆北部地区发生鼠害，小家鼠造成的粮食损失达 1.5×10^{8} kg。赤潮是种群暴发的典型例子。所谓赤潮是指水域中一些浮游生物（如腰鞭毛虫、裸甲藻、夜光藻等）暴发性增殖所引起水色异常的现象。主要发生在近海，又称红潮。赤潮形成的主要原因是水体污染，氮、磷等营养物过多而富营养化。

⑥种群平衡　种群较长期地维持在同一个水平上，称为种群平衡。大型有蹄类、食肉类、蝙蝠类动物，多数一年只产 1 仔，寿命长，种群数量一般很稳定。但在昆虫中，如一些蜻蜓成虫和具有良好内调节机制的红蚁等昆虫，其数量也是十分稳定的。

⑦种群的衰落和死亡　当种群长期处于不利条件下（如人类过度捕猎或栖息地被破坏），其数量会出现持久性下降，即种群衰落，甚至死亡。个体大、出生率低、生长慢、成熟晚的生物，最早出现此情况。例如：第二次世界大战捕鲸船吨位上升，鲸捕获量逐渐增加，结果导致蓝鲳鲸种群衰落，并濒临灭绝，继而长须鲸日渐减少；目前就连小型的具有相当“智力”的白鲸、海豚和鼠海豚也难逃厄运。

(2)植物种群的种内关系

生物在自然界长期发育与进化过程中，出现了以食物、资源和空间关系为主的种内关系与种间关系。存在于各个生物种群内部的个体间的关系称为种内关系。生物的种内关系包括有密度效应、动物性行为（植物的性别系统和动物的婚配制度）、领域和社会等级等。由于植物具有较大的可塑性，种群的个体数目的增加必定导致邻接个体之间的相互影响。如邻接个体在形态、个体质量和死亡率等方面的变化。这种密度增加所引起的邻接个体之间的相互作用称为邻接效应或密度效应。

种群的密度效应是由矛盾着的两种因素相互作用决定的，即出生和死亡、迁入和迁出。凡影响出生率、死亡率和迁移的因子都起着调节作用，种群的密度效应实际上是种群适应这些因素综合作用的表现。根据影响因素的种类，可以将其作用类型划分为密度制约和非密度制约。如可将气候因素、大气 CO_2 浓度等随机性因素看成是非密度制约因素，而将生物种间的捕食、寄生、食物、竞争等看成是密度制约因素。植物的密度效应已发现有两个基本规律。

①最后产量恒值法则　在一定范围内，当条件相同时，不管一个种群的密度如何，最后产量差不多总是一样的。最后产量恒值法则的原因在于：在高密度情况下，植株之间的光、水、营养物的竞争十分激烈，在有限的资源中，植株的生长率降低，个体变小。

②$-3/2$ 自疏法则　如果播种密度进一步提高和随着高密度播种下植株继续生长，种内对资源的竞争不仅影响植株生长发育的速度，还会影响植株的存活率。在高密度的样方中，有些植株死亡了，于是种群开始出现“自疏现象”。

Yoda 等（1963）把自疏过程中存活的个体平均株干重（W）与种群密度（d）之间的关系用下式来表示：

$$W=cd^{-a}$$

式中：a 是用密度/平均株的干重的对数作图所得到相关直线的斜率；c 是该直线在纵坐标上（平均株干重的对数）的截距。

Harper(1981)等对黑麦草(*Lolium perenne*)的研究发现,a 常为接近 $-3/2$ 区间内的一个恒值,因此这一经验公式被称为 $-3/2$ 自疏法则。

(3)植物种群的种间关系

生物种群间的相互关系是构成生物群落的基础,是群集在一起的生物物种经过长期的相互适应及自然选择,所形成的直接或间接的相互关系。种间关系的形式很多,有的是相互之间有利的关系,称为正相互作用;有的是相互之间对抗的关系,称为负相互作用;也有的相互之间是既无利也无害的关系,称为中性作用。种群间的相互关系可以归纳为 9 种基本形式(表 7-5)。

表 7-5 两个种群间相互作用关系的基本类型

相互作用类型	物种		相互作用的一般特征
	甲	乙	
中立	0	0	两个物种间彼此不受影响
竞争:直接干涉型	—	—	两个种群直接相互抑制
竞争:资源利用型	—	—	资源缺乏时种群双方受抑制
偏害	—	0	种群甲受抑制,种群乙不受影响
寄生	+	—	种群甲寄生于种群乙,种群乙受抑制
捕食	+	—	种群甲捕食种群乙,种群乙受抑制
偏利	+	0	对种群甲有利,种群乙不受影响
原始合作	+	+	对两个种群都有利,但不发生依赖关系
互利共生	+	+	两个物种相互依赖,互为有利,必不可少

注:"0"表示没有意义的相互关系;"+"表示对生长存活或其他种群有益;"—"表示种群生长或其他种群特征受抑制。

植物种群间的种间关系主要有:

①种间竞争 是指两个或更多具有相似要求的物种,共同利用同一短缺资源(食物、空间等)时,所产生的相互抑制作用。种间竞争有两种类型:一种是干扰性竞争,即物种之间借助于行为相互排斥,使一方得不到资源。通常是对领域的直接竞争。另一种是利用性竞争,即物种间不发生直接的相互作用,通过竞争相似的有限资源而发生间接抑制。种间竞争的结果常是不对称的,竞争排斥原理认为,竞争的结果会有两种情况:一个物种完全排除掉另一个物种或者两个竞争种间会产生生态要求的分化,使其中的一个物种利用不同的资源,结果两个物种之间形成平衡而共存。

②种间互助与共生 在自然界中,种间互助与共生形式多种多样,合作的程度也有浅有深,效果可以是互惠,也可以是单方受益、另一方无损。

一是互利共生。对两个种群都有利的种间关系,彼此紧密相关,缺少一方则另一方不能生存,称为共生或专性共生。共生现象在自然界中普遍存在,有植物与真菌共生、昆虫与真菌共生、植物与昆虫共生等。如菌根是真菌菌丝与许多高等植物根的共生体;地衣是单细胞藻类与真菌的共生体,单细胞藻进行光合作用,菌丝吸收水分和无机盐,彼此交换养料、相互补充,共同适应更恶劣的环境。

二是种间偏害共生。指两个物种共生在一起时,其中一个物种对另一物种起抑制作用,而对自身却无影响的共生关系。自然界中常见的抗生现象属于偏害范畴,抗生现象是指一个物种通过分泌化学物质抑制另一个物种的生长和生存。在细菌和真菌、某些高等植物和动物中都有发生。如胡桃分泌一种叫胡桃醌的物质，它能抑制其他植物生长。

三是种间偏利共生。指两个种群共同生活在一起，对一方有利，而对另一方无利也无害的共生关系。前者为附生生物，后者为宿主。最典型的是宿主植物为附生植物提供栖息场所的现象，如树皮上生长的苔藓和地衣；某些动物或植物为其他动物提供隐蔽场所和残食或排泄物的现象，如豆蟹栖息附生在某些海产蛤贝的外套腔内、小型动物以植物为庇护场所等都是偏利作用的表现。

四是原始协作。共生的另一种类型，是指两个种群双方都获利，这种关系是松散的，解除关系后双方仍能独立生存。原始协作存在于动物之间、动物与植物之间。如虫媒植物和传粉昆虫，虫媒植物一般都具有鲜艳的花朵，具有蜜腺，以此吸引各种昆虫为其传粉，而昆虫则在传粉的过程中获得食物。

(4)植物的化感作用

化感作用是指生物分泌的化学物质对自身或其他种群发生影响的现象。生物分泌的这种物质称为化感作用物质，主要是一些生物碱、酚类、萜类和醌类化合物，是生物界种间竞争的一种表现形式。一些植物通过挥发、根分泌、雨水淋溶和残体分解等途径释放化感作用物质，对周围植物的生长产生抑制效应。如向日葵对蓖麻、番茄对黄瓜都有抑制作用。美国加州沿海矮灌木丛林，能分泌挥发性萜类化合物，使灌木丛边缘数米内形成无草带，如同微生物培养中常见的抑菌圈。

植物种间种内都有化感作用。植物化感作用具有 3 个基本特征：一是相互作用的主客体均是植物；二是相互作用的化学物质是植物的次生代谢物质，不包含在植物体内变化的次生代谢物质；三是化感物质主要用于影响自身或邻近植物的生长发育，若用于植物间的化学通信物质和环境污染物不属于化感作用。

植物分泌物对种间组合的促进和抑制作用，对于作物的间、混、套作，造林树种的选择、搭配、组合等都有极其重要的实践意义。据研究，榆树与楝树，白蜡树与栎树，白桦与松树，松树与云杉是相互抑制的，不能种在一起。又如胡桃树不能和苹果树种在一起，因为胡桃叶能分泌大量的胡桃醌对苹果树有毒害作用，胡桃树周围也不能种植番茄、马铃薯等作物。苹果树旁边不要种玉米，因为玉米对苹果根的分布也产生不利的作用。其他如洋葱与甜菜、葱与菜豆、芜菁与番茄、冬黑麦与小麦之间也有抑制作用。而洋葱与食用甜菜、马铃薯与菜豆、小麦与豌豆、皂荚与白蜡树种在一起则有相互促进作用。此外，某些植物分泌物具有杀菌、抗毒作用，如葱、蒜、烟草的分泌物或渗出液具有杀菌作用。有的植物体内可形成抗毒素，从而抵抗微生物的入侵，如洋葱表皮含原儿茶酸可抗炭疽病。

4. 活动过程

(1)植物种间的竞争作用实验

①基本原理　高斯(Gaoze，1934)以亲缘相近的原生动物大草履虫(*Paramecium caudatum*)、双核小草履虫(*Paramecium aurelia*)和袋状草履虫(*Paramecium bursaria*)为实验对象，当分别在酵母介质中培养时，它们表现出一种典型的逻辑斯谛增长(S-型增长)并且在

保持一个固定的营养成分浓度的培养基中维持一种恒定的种群水平。但是当把大草履虫和双核小草履虫混合培养时，16 d 后培养基中只有双核小草履虫存活下来。这两种生物既不相互攻击也不会分泌有害物质；只是双核小草履虫种群比大草履虫增长快，因此由于食物有限使大草履虫淘汰出局。然而，在 Gauze 将双核小草履虫和袋状草履虫共同培养时，两种生物却能共同生存并能够达到一个稳定的平衡。共存中的两种草履虫的密度都低于单独培养，所以这是一种竞争中的共存。达到共存主要是由于两个竞争者中间出现了食性和栖息环境的分化，双核小草履虫多生活在培养试管的中、上部，主要以细菌为食，而袋状草履虫生活在底部，以酵母为食。

Gauze 以草履虫竞争实验为基础提出了高斯假说，后人将其发展为竞争排斥原理，即在一个稳定的环境内，两个以上受资源限制的，但具有相同资源利用方式的物种，不能长期共存在一起，也就是说完全的竞争者不能共存。

在两种植物总密度不变的前提下，改变两种植物的个体比例，对比不同比例栽培下植物的出苗率、成活率、株高、鲜重和干重与单种栽培时的变化，以此来判断竞争作用的有无和强弱。

②操作过程　选择两种禾本科植物种子，如玉米和小麦、大麦和燕麦，进行播种培养，比较其各项指标（表 7-6）。

表 7-6　竞争排斥原理（Gause 假说）验证实验

工作环节	操作规程	质量要求
细沙制备	将细沙用蒸馏水浸洗 3 次，放入烘箱在 105℃下烘至恒重，干燥保存，备用	应确保细沙浸洗干净，不含其他物质
种子处理	将植物种子分别放入装有 0.4% $KMnO_4$ 溶液的小烧杯中进行灭菌，时间为 10 min	
培养基质准备	每一托盘装入 1.5 kg 细沙，浇透水，备用	每一托盘内的浇水量应保持一致
播种	将灭菌好的两种植物种子按不同比例进行播种，每一托盘内共播种 60 粒种子，播种比例分别为 1∶0、1∶2、1∶1、2∶1、0∶1，重复 3 次，贴上标签做好记录，最后，将托盘依次放入光照培养箱内	播种要均匀，播种深度以不见种子为宜
培育记录	种子萌发后，定期浇水管理，详细记录观察到的各种生理现象及时间	观察统计指标还应包括发芽率、幼苗成活情况和每隔 7 d 的幼苗株高
实验结果	分盘分种测株高、分蘖数、鲜重、干重	干重也就是生物量，在测定时，先将新鲜植株放入烘箱在 105℃条件下杀青 30 min 后，在 80℃下烘干至恒重

(2)植物的化感作用实验

①基本原理　植物组织的各个器官中都存在化感作用。一般认为植物化感作用通过雨雾淋溶、自然挥发、根系分泌和植株分解 4 种途径释放到环境。其作用机理为：影响细胞膜透性；影响细胞分裂及伸长；影响植物激素分布、运输及活性；影响细胞的吸收性能；影响酶的活性及功能；影响植物的呼吸作用；影响植物体内蛋白质的合成；影响遗传物质的基因表

达等。植物的化感作用广泛存在于自然界，与植物间光、水、养分和空间的竞争一起构成了植物之间的相互作用，它在森林更新、植被演替以及农林业生产中具有非常重要的意义。

②操作过程　根据试验要求，完成表 7-7 内容的操作。

表 7-7　植物化感作用测定

工作环节	操作规程	质量要求
植物浸提液的提取	取小麦功能叶，用蒸馏水迅速洗净，用干洁纱布将水分拭干，准确称量 100 g 小麦叶片，将其分别剪碎于带塞锥形瓶中，用 Hoagland 营养液浸泡后过滤，流浸出液后备用	营养液浸泡时间不同，浸出液所含的化学物质不同，一般进行浸泡的时间为 12 h 的倍数，根据实验的份数，选择不同的时间长度，如：5 份小麦功能叶其浸泡的时间长度分别为 6 h、12 h、24 h、36 h、48 h
种子消毒	将棉花种子用 0.4% $KMnO_4$ 溶液浸种消毒 10 min，去离子水冲洗干净并干燥，备用	
种子培养	将种子放入铺有双层滤纸的培养皿中，每个培养皿均匀放入 30 粒，加入步骤 1 所制备的浸出液，以 Hoagland 营养液作为对照，设置 $n+1$ 个处理，重复 3 次。将培养皿放在光照培养箱内培养，每 12 h 补充相应浸出液 5 mL，对照组补充营养液 5 mL，共培养 7 d	所选种子应尽量大小均一、饱满
结果记录	培养第 3 天开始统计棉花种子萌芽个数，培养结束后测量苗高及苗干重	第 3 天也就是进入培养箱后的第 72 h 时开始进行观测
结果计算	种子发芽率$(G)=\dfrac{\text{实际发芽种子数}}{\text{种子总数}}\times 100\%$ 发芽势$=\dfrac{\text{发芽种子数(发芽种子数达到最大值时)}}{\text{种子总数}}\times 100\%$ 发芽指数 $G_i=\sum(G_t/D_t)$	发芽指数计算中，G_t 为 t 日的发芽数，D_t 为发芽天数

5. 问题处理

(1)植物种间的竞争作用试验

活动结束后，完成以下问题：

①可将各次统计结果记录入表 7-8 至表 7-10 中，便于计算、分析、比较。

②比较两种植物的出芽率、存活率、株高、鲜重和干重，间种是否对植物生长有优势？

③能否利用统计学知识结合使用图表方式表达分析结果？

(2)植物的化感作用试验

活动结束后，完成以下问题：

①可将各次统计结果记录入表 7-11 中，便于计算。

表 7-8 植物各生育期时间记载表

播种比例	植物 a					植物 b				
	播种期	发芽期	分蘖期	抽穗期	收获期	播种期	发芽期	分蘖期	抽穗期	收获期
1∶0 A										
1∶0 B										
1∶0 C										
1∶2 A										
1∶2 B										
1∶2 C										
1∶1 A										
1∶1 B										
1∶1 C										
2∶1 A										
2∶1 B										
2∶1 C										
0∶1 A										
0∶1 B										
0∶1 C										

表 7-9 植物株高记录表

cm

播种比例	植物 a					植物 b				
	出苗后 7 d	14 d	21 d	28 d	……	出苗后 7 d	14 d	21 d	28 d	……
1∶0 A										
1∶0 B										
1∶0 C										
平均										
1∶2 A										
1∶2 B										
1∶2 C										
平均										
1∶1 A										
1∶1 B										
1∶1 C										
平均										
2∶1 A										
2∶1 B										
2∶1 C										
平均										
0∶1 A										
0∶1 B										
0∶1 C										
平均										

表 7-10　植物生长量记载表

播种比例	植物 a					植物 b				
	出苗数/株	成活数/株	分蘖数/株	总鲜重/g	总干重/g	出苗数/株	成活数/株	分蘖数/株	总鲜重/g	总干重/g
1∶0 A										
1∶0 B										
1∶0 C										
平均										
1∶2 A										
1∶2 B										
1∶2 C										
平均										
1∶1 A										
1∶1 B										
1∶1 C										
平均										
2∶1 A										
2∶1 B										
2∶1 C										
平均										
0∶1 A										
0∶1 B										
0∶1 C										
平均										

表 7-11　化感作用对棉花种子萌发影响记录表

项目	天数/d	0(对照)	6 h	12 h	24 h	36 h	48 h
发芽数/株	3						
	4						
	5						
	6						
	7						
发芽率/%							
发芽势/%							
发芽指数							
苗高/cm							
苗干重/g							

②不同浓度的小麦叶片浸出液对棉花种子的发芽率、发芽势、发芽指数、苗高及苗干重都有什么样的影响？什么情况下小麦叶片对棉花种子化感作用较弱？什么情况下会出现较强的作用？

【师生互动】

将全班按6～10人标准分为若干团队，以所在学校的园林种群为单位，调查以下内容，并进行团队互动，提出合理化建议。

1. 园林植物存在哪些种群分布形式？呈现何种增长规律？
2. 调查并讨论当地相互之间有化感作用的植物有哪些。
3. 调查并讨论当地具有直接干涉型种间竞争的植株有哪些。
4. 调查并讨论当地具有资源争夺型种间竞争的植株有哪些。
5. 调查并讨论当地植物的分布格局有哪些。

【知识拓展】

如果同学们想了解更多的知识，可以通过下面渠道进行学习：

1. 阅读杂志

(1)《生态学报》

(2)《应用生态学报》

(3)《生态学杂志》

(4)《城市生态系统》

(5)《中国园林》

2. 浏览网站

(1)中国生态网　http://www.zgshtw.com/

(2)环境生态网　http://www.eedu.org.cn/

(3)中国科学院生态研究中心　http://www.rcees.ac.cn/

(4)中国生态工程网　http://www.cneect.cn/

(5)中国风景园林网　http://www.chla.com.cn/

3. 阅读书籍

(1)《园林生态学》(第2版)，冷平生主编，中国农业出版社

(2)《园林生态学》(第2版)，张先平主编，中国农业出版社

(3)《园林生态学》，姚方，张文颖主编，黄河水利出版社

(4)《城市园林生态学》，徐惠风等编著，中国林业出版社

(5)《园林生态学》，唐文跃、李晔编著，中国科学技术出版社

(6)《园林生态学实验与实践》，刘旭、张翠丽、迟春明主编，西南交通大学出版社

Chapter 8

学习情境八

园林植物的群落生态

【情境创设】

能力目标	专业能力	1. 能熟练进行植物数落数量结构调查； 2. 能熟练进行植物群落垂直分布及生态现象观测； 3. 能熟练进行植物群落的更新与演替调查； 4. 能熟练进行城市园林植物群落配置设计。
	方法能力	1. 具备获取信息、收集资料的能力； 2. 具备制订计划、执行计划的能力； 3. 具备自主学习、发现问题、解决问题的能力。
	社会能力	1. 具备良好的团队协作、配合能力； 2. 具备良好的与人沟通、协调能力； 3. 具备一定的方法综合、创新能力。
知识目标	1. 了解植物群落的概念及基本特征；熟悉园林植物群落的结构；了解生物多样性与群落稳定性； 2. 了解植物群落的变化类型；熟悉群落演替概念及成因；了解植物群落的类型和演替过程； 3. 了解城市植被类型；熟悉群落演替概念及成因；了解城市植被变化和演替过程。	
思政目标	学习“习近平谈生态文明(一)”，培养学生的生态文明意识，立志改善生态环境，恢复植被，建设美丽家园。 二维码 思政园地	
教学条件	多媒体课件、多媒体教室、实验实训室、园林绿地、图书馆、网络。	
教学方法	课堂讲授、资料查阅、现场训练、课外活动。	
考核评价	学习过程考核	计划制订(20%)、师生析疑(10%)、完成任务(50%)、检查评价(20%)。
	拓展能力考核	工作态度(20%)、岗位技能(50%)、拓展能力(20%)、团队合作(10%)。
考核方式	教师评价(70%)、小组互评(20%)、学生自评(10%)。	

【活动内容】

活动一　园林植物群落结构

1. 活动目标

◆知识目标：了解植物群落的概念及基本特征；熟悉园林植物群落的结构；了解生物多样性与群落稳定性。

◆能力目标：能熟练进行园林植物群落数量结构、植物群落的垂直分布及生态现象调查。

2. 活动准备

根据班级人数，按 2 人一组，分为若干组，每组准备以下材料和用具。

(1)植物群落数量结构调查：测绳、皮尺、花杆、海拔仪、测高器、郁闭度测定器、罗盘仪、记录表、粉笔、计算器等。

(2)植物群落垂直分布及生态现象观测：测绳、皮尺、钢卷尺、围尺、海拔仪、测高器、罗盘仪、记录表、记录板、pH 混合指示剂、比色卡、瓷盘等。

3. 相关知识

(1)植物群落的基本特征

植物群落是指生存于特定区域或生境里的各种植物种群的集合体。如一块绿地、一片草坪、一片森林等。这种集合虽然结构松散，但却因其组成的种类及其某些结构特征而出现一些与种群不同的特征。

①具有一定的种类组成、物种数和个体数　每个植物群落都是由一定的植物种群组成的，因此物种组成是区别不同植物群落的首要特征。一个植物群落中种类成分的多少及每个物种个体的数量是度量群落多样性的基础。

②具有一定的外貌　一个群落中的植物个体，分别处于不同高度和密度，从而决定了群落的外部形态。在植物群落中，通常由其生长类型决定其高级分类单位的特征，如森林灌丛或草丛的类型。

③形成群落环境　植物群落具有自己的内部环境，并形成群落环境，是定居植物对生活环境改造的结果。植物群落对其占有的环境具有改造作用，并能形成群落环境。如草原环境与沙漠环境有很大区别。其生态因子都经过了植物与其他生物的改造。即使生物非常稀疏的荒漠群落，对土壤等环境条件也有明显改变。

④具有一定的动态特征　任何一个植物群落都有它的发生、发展、成熟和衰败与灭亡阶段。因此植物群落就像一个生物个体一样，表现出动态的特征。其运动形式包括季节变化、年际动态、演替与演化等。

⑤不同物种之间的相互影响　植物群落中的物种有规律地共处，即在有序状态下生存。尽管植物群落是植物种群的集合体，但并不能说一些种的任意组合就构成了一个群落。一个群落的形成和发展必须经过植物对环境的适应和植物种群之间的相互适应。植物群落并非植物种群的简单集合，哪些种群能够组合在一起构成群落，取决于两个条件：第一，必须共同适应它们所处的无机环境；第二，它们内部的相互关系必须取得协调、平衡。因此，研究植物群落中不同种群之间的关系是阐明群落形成机制的重要内容。

⑥具有一定的分布范围　每一植物群落都分布在特定的地段或特定生境上，不同群落的生境和分布范围不同。无论从全球范围看还是从区域角度讲，不同的植物群落都是按照一定的规律分布的。

⑦具有一定的群落结构　每一个植物群落都具有自己的结构，其结构表现在空间上的成层性（包括地上和地下）、物种之间的营养结构、生态结构以及时间上的季相变化等。群落类型不同，其结构也不同。如热带雨林群落的结构最复杂，极地冻原群落的结构最简单。

⑧具有明显的边界　不同的植物群落有不同的边界特征。在自然条件下，如果环境梯度变化较陡，或者环境梯度突然中断（如地势变化较陡的山地的垂直带，断崖上下的植被，陆地环境和水生环境的交界处如池塘、湖泊、岛屿等），那么分布在这样环境条件下的植物群落就具有明显的边界，可以清晰地加以区分；而处于环境梯度连续缓慢变化（如草甸草原和典型草原的过渡带等）地段上的群落，则不具有明显边界。但在多数情况下，不同植物群落之间都存在过渡带，被称为群落交错区，在此有明显的边缘效应。

(2)植物群落的结构

植物群落和生物个体一样，其任何组织水平都有其特定的结构，并与功能相联系。植物群落结构是群落中相互作用的植物种群在协同进化中形成的，其中生态适应和自然选择起了重要作用。因此，群落外貌及其结构特征包含了重要的生态学信息。

①植物群落的水平结构　群落的水平结构是指群落的配置状况或水平格局，有人称之为群落的二维结构，其形成与构成群落的各个成分的分布状况有关。

第一，镶嵌性。植物群落中某个物种或不同物种的水平配置不一致。多数群落中的各个物种常形成斑块状镶嵌，也可能均匀分布。群落中层片在二维空间上的不均匀配置，使群落在外表上表现为斑块相间排列的现象，称之为镶嵌性，具有这种特征的植物群落叫作镶嵌群落。每一个斑块就是一个小群落，它们彼此组合，形成了群落镶嵌性。

群落镶嵌性的产生（小群落形成的原因）主要是由于植物群落内部小环境的不均匀造成的（图 8-1）。如光照条件的不同，小地形和微地形的变化，土壤湿度和盐渍化程度的不同等。另外，植物种类本身的生态生物学特点也是原因之一。

需要指出的是，小群落是一个群落内部水平结构分化的最小部分，构成镶嵌的每个小群落和整个大群落一样，具有成层现象。

导致水平结构的复杂性主要有 3 方面的原因：一是亲代的扩散分布习性。风播植物、动物传播植物、水播植物分布可能广泛，而种子较重或无性繁殖的植物，往往在母株周围呈群聚状。二是环境异质性。由于成土母质、土壤质地和结构、水分条件的异质性，导致动植物

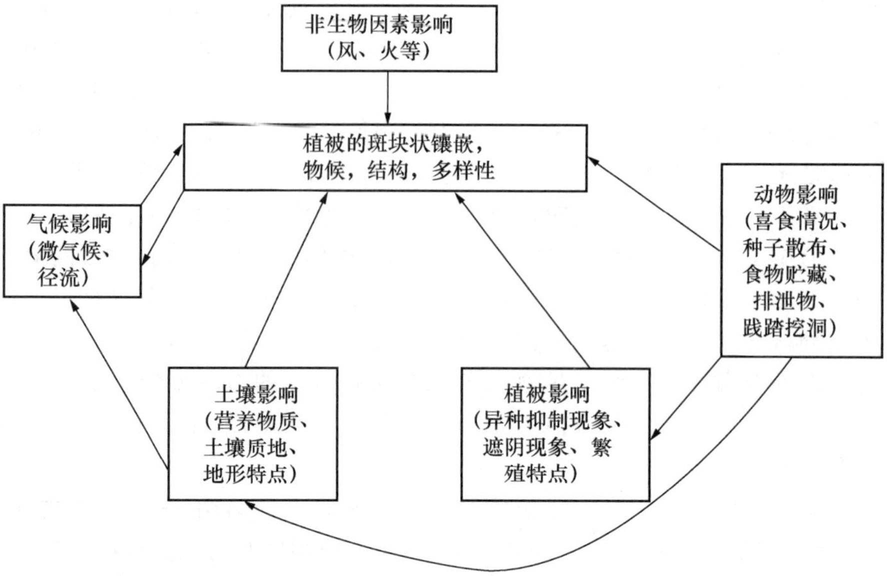

图 8-1　陆地植物群落中水平格局的主要决定因素

形成各自的水平分布格局。三是种间相互作用的结果。植食动物明显地依赖于它所取食的植物的分布。还有竞争、化感作用、互利共生、偏利共生等的结果。自然界中群落的镶嵌性是绝对的,而均匀性是相对的。

第二,群落交错区。又称生态交错区或生态过渡带,是两个或多个群落之间(或生态地带之间)的过渡区域。如森林和草原之间有森林草原地带,软海底与硬海底的两个海洋群落之间也存在过渡带,两个不同森林类型之间或两个草本群落之间也都存在交错区。因此,这种过渡带有的宽、有的窄,有的是逐渐过渡、有的是变化突然。群落的边缘有的是持久性的,有的在不断变化。群落交错区是一个交叉地带或种群竞争的紧张地带,这里群落中种的数目及一些种群密度比相邻群落大,在群落交错区往往包含两个重叠群落中的一些种以及交错区本身所特有的种,这是因为群落交错区的环境条件比较复杂,能为不同生态类型的植物定居,从而为更多的动物提供食物、营巢和隐蔽条件。我们把群落交错区种的数目及一些种的密度增大的趋势称为边缘效应。我国大兴安岭森林边缘具有呈狭带分布的林缘草甸,每平方米的植物种数达 30 种以上,明显高于其内侧的森林群落与外侧的草原群落。

目前,人类活动正在大范围地改变自然环境,形成许多交错带,如城市的发展、工矿的建设、土地的开发,均使原有景观的界面发生变化;这些新的交错带可看成半渗透界面,它可以控制不同系统之间能量、物质与信息的流通。因此,有人提出要重点研究生态系统边界对生物多样性、能流、物质流及信息流的影响,生态交错带对全球气候变化、土地利用、污染物的反应及敏感性,变化的环境中怎样对生态交错带加以管理。联合国环境问题科学委员会(SCOPE)制订了一项专门研究生态交错带的研究计划。

②植物群落的垂直结构　主要是指群落成层现象。

第一,成层。群落的垂直结构主要指群落分层结构,陆地群落的分层与光的利用有密切的关系。森林群落的林冠层吸收了大部分光辐射,随着光照强度递减,依次发展为林冠层、下木层、灌木层、草本层和地被层等层次。群落中各生物间为充分利用营养空间而形成的一种垂直上的分层结构称为成层现象。一般来说，温带夏绿阔叶林的地上成层现象最为明显，寒温带针叶林的成层结构简单，而热带森林的成层结构最为复杂。

群落的成层性包括地上成层现象与地下成层现象，层的分化主要决定于植物的生活型，因生活型决定了该种处于地面以上不同的高度和地面以下不同的深度，即陆生群落的成层结构是不同高度的植物或不同生活型（一级生活型）的植物在空间上垂直排列的结果，水生群落则在水面以下不同深度分层排列。植物群落的地下成层性是由不同植物的根系在土壤中达到的深度不同而形成的。植物的根系集中在土壤表层，土层越深，根量就越少。

在层次划分时，将不同高度的乔木幼苗划入实际所逗留的层中，其他生活型的植物也是如此。另外，生活在乔木不同部位的地衣、藻类、藤本及攀缘植物等层间植物（也叫层外植物）通常也归入相应的层中。

成层结构是自然选择的结果，它显著提高了植物利用环境资源的能力，缓解了生物间对营养空间的竞争。如在发育成熟的森林中，上层乔木可以充分利用阳光，而林冠下为那些能有效地利用弱光的下木所占据。穿过乔木层的光，有时仅占到达树冠的全光照的1/10，但林下灌木层却能利用这些微弱的、光谱组成已被改变了的光。在灌木层下的草本层能够利用更微弱的光，草本层往下还有更耐阴的苔藓层。因而，成层现象扩大了生物利用环境空间的范围，提高了生物群落的同化功能与效率。群落的分层结构越复杂，对环境利用越充分，提供的有机物质也越多，群落分层结构的复杂程度也是生态环境优劣的标志。

第二，层片。瑞典植物学家 H. Gams（1918）将层片划分为三级：第一级层片是同种个体的组合，第二级层片是同一生活型的不同植物的组合，第三级层片是不同生活型的不同种类植物的组合。很明显，H. Gams 的第一级层片指的是种群，第三级层片指的是植物群落。现在群落学研究中一般使用的层片概念，相当于 H. Gams 的第二级层片，即它们均由同一生活型的不同植物所构成。因此，通常把植物群落中相同生活型和相似生态要求的植物种的组合称为层片。

层片作为群落的结构单元，是在群落产生和发展过程中逐步形成的。苏联著名植物群落学家 B. H. Cykaqeb（1957）指出："层片具有一定的种类组成，这些种具有一定的生态生物学一致性，而且特别重要的是它具有一定的小环境，这种小环境构成植物群落环境的一部分。"层片与德国学者提出的生态种组有相似之处，但层片强调的是群落结构组分，而生态种组则强调其生态性质的指示作用。

③植物群落的外貌　群落的外貌是认识植物群落的基础，也是区分不同植被类型的主要标志，如森林、草原和荒漠等，首先是根据外貌进行区别。而就森林而言，针叶林、夏绿阔叶林、常绿阔叶林和热带雨林等，也是根据外貌来区别。

群落的外貌决定于群落优势的生活型和层片结构。

第一，生活型和生长型。生活型是生物对外界环境适应所形成的外貌形态。它是不同生物在同一环境条件下的趋同适应，同一生活型的物种，不但体态相似，而且其适应特点也是相似的。C. Raunkiaer 把陆生植物划分为五类生活型。一是高位芽植物：休眠芽位于距地面 25 cm 以上，又依高度分为 4 个亚类，即大高位芽植物（高度＞30 m）、中高位芽植物（8～30 m）、小高位芽植物（2～8 m）与矮高位芽植物（25 cm 至 2 m）。二是地上芽植物：更新芽位于土壤表面之上、25 cm 之下，多为半灌木或草本植物。受土表的残落物保护，在冬季地表积雪地区也受积雪的保护。三是地面芽植物:又称浅地下芽植物或半隐芽植物,更新芽位于近地面土层内,冬季地上部分全部枯死,即为多年生草本植物。四是隐芽植物:又称地下芽植物,更新芽位于较深土层中或水中,多为鳞茎类、块茎类和根茎类多年生草本植物或水生植物。五是一年生植物:以种子越冬的一年生草本植物。上述 Raunkiaer 生活型被认为是植物在其进化过程中对气候条件适应的结果。因此,它们可作为某地区生物气候的标志。我国自然环境复杂多样,在不同气候区域的主要群落类型中生活型组成各有其特点(表 8-1)。高位芽植物占优势的群落是温热多湿气候地区的特征;地面芽植物占优势的群落,反映了该地具有较长的严寒季节;地下芽植物占优势的,环境比较冷、湿;一年生植物最丰富的地区,则气候干旱。

表 8-1　中国几种群落类型的生活型谱 %

群落(地点)	生活型				
	高位芽植物	地上芽植物	地面芽植物	隐芽植物	一年生植物
热带雨林 (海南岛)	96.88 (11.1)	0.77	0.42	0.98	0
热带山地雨林 (海南岛)	87.63 (6.87)	5.99	3.42	2.44	0
南亚热带季风常绿阔叶林 (福建和溪)	63.0 (19)	5.0	12.0	6.0	14.0
中亚热带常绿阔叶林 (浙江)	76.1	1.0	13.1	7.8	2.0
暖温带落叶阔叶林 (秦岭北坡)	52.0	5.0	38.0	3.7	1.3
寒温带针叶林 (长白山)	25.4	4.4	39.6	26.4	3.2
温带草原 (东北)	3.6	2.0	41.1	19.0	33.4

注:括号内数字是指其中藤本的百分数。

此外,生长型也可表达植物趋同适应的结果。生长型是根据植物的可见结构划出的不同类群。《中国植被》一书中即按植物体态划分出下列生长型类群:一是木本植物,主要有乔木、灌木、竹类、藤本植物、附生木本植物、寄生木本植物等。二是半木本植物,主要是半灌木与小半灌木。三是草本植物,主要有多年生草本植物、一年生植物、寄生草本植物、腐生草本植物、水生草本植物。又分为挺水的、浮叶的、漂浮的、沉水的。四是叶状体植物,主要是苔藓及地衣、藻菌。生长型也反映植物生活的环境条件,相同的环境条件具有相似的生长型。世界各大洲环境相似地区(如草原或荒漠),由于趋同进化而具有相同生长型的植物,可以称为生态等植种。如生活于亚洲、北美洲、澳洲和亚洲的许多荒漠植物,都有叶片细小等特征,虽然它们可能属于不同的科。细叶是一种减少热负荷和蒸腾失水的适应。Shimper 在 1903 年发现了植物地理规律,即在世界不同地区的相似环境区域重复地出现相似的生长型植物。生活型与生长型决定群落的外貌,而外貌是群落分类的重要指标之一。

第二,群落的季相。群落外貌常随时间的推移而发生周期性的变化,这是群落结构的另一重要特征。随着气候季节性交替，群落呈现不同外貌的现象就是季相。

温带地区四季分明，群落的季相变化十分显著，如在温带草原群落中，一年可有四或五个季相。早春气温回升，植物开始发芽、生长，草原出现春季返青季相；盛夏初秋，水热充沛，植物繁茂生长，百花盛开，色彩丰富，出现华丽的夏季季相；秋末植物开始干枯休眠，呈红黄相间的秋季季相；冬季季相则是一片枯黄。

草原群落中动物的季节性变化也十分明显。如大多数典型的草原鸟类，在冬季都向南方迁移；高鼻羚羊等有蹄类在此时也向南方迁移，到雪被较少、食物比较充足的地区去越冬；旱獭、黄鼠、大跳鼠、仓鼠等典型的草原啮齿类动物冬季则进入冬眠。有些种类在炎热的夏季进入夏眠。此外，动物贮藏食物的现象也很普遍，如生活在蒙古草原上的达乌尔鼠兔，冬季在洞口附近积藏着成堆的干草。所有这一切都是草原动物季节性活动的显著特征，也是它们对环境的良好适应。

④干扰对群落结构的影响　干扰是自然界的普遍现象，是指平静的中断，正常过程的打扰或妨碍。有些学者认为干扰扰乱了顶极群落的稳定性，使演替离开了正常轨道。而近代多数生态学家认为干扰是一种有意义的生态现象，它引起群落的非平衡特性，强调了干扰在群落结构形成和动态中的作用。

连续的群落中出现缺口是非常普遍的现象，而缺口经常由于干扰造成。森林中的缺口可能由大风、雷电、砍伐、火烧等引起，草地群落的干扰包括放牧、动物挖掘、践踏等。干扰造成群落的缺口以后，有的在没有继续干扰的条件下会逐渐恢复，但缺口也可能被周围群落的任何一个种侵入和占有，并发展为优势者，哪一种是优胜者完全取决于随机因素。这种现象可称为对缺口的抽彩式竞争。

但是，有些群落所形成的缺口，其物种更替是有规律的。新打开的缺口常被扩散能力强的一个或几个先锋种所入侵。由于它们的活动改变了条件，促进了演替中期种入侵，最后为顶极种所替代。在这种情况下，多样性开始较低，演替中期增加，但到顶极期往往稍有降低。

(3)生物多样性与群落稳定性

生物多样性是地球生物圈与人类本身延续的基础，具有不可估量的价值。一般来讲，生物多样性可以从三个层次上去描述，即遗传多样性、物种多样性、生态系统与景观多样性(图8-2)。

生物群落是生态系统有生命的部分，生态系统的平衡、稳定直接反映在群落组成结构的稳定性上。群落稳定性指群落在一段时间过程中维持物种互相结合及各物种数量关系的能力以及在受到扰动的情况下恢复到原来平衡状态的能力。它有四个含义，即现状的稳定、时间过程的稳定、抗变动能力和变动后恢复原状的能力。

多数生态学家认为，物种多样性是群落稳定性的一个重要尺度。当一个群落具有很多物种，而且每个种的个体数比例均匀地分布时，物种之间就形成比较复杂的相互关系。这样，群落对于环境的变化或来自群落内部种群的波动．由于有一个较强大的反馈系统，从而得到较大的缓冲。从群落能量学分析，多样性高的群落，食物链和食物网更加趋于复杂，就是说群落内能流途径更多一些，如果某一条途径受到干扰被堵塞不通，可能有其他的路线予以补偿。从营养关系考察，每一营养阶层的捕食者和捕食幅度既是决定群落稳定的因素，是影响群落多样性的原因。尤其是那些物种数目多而个体数量并不太多的稀有种，在保持群落稳定性中起着重要作用。从物种多样性到能流路线复杂化来分析群落稳定性，仍有其片

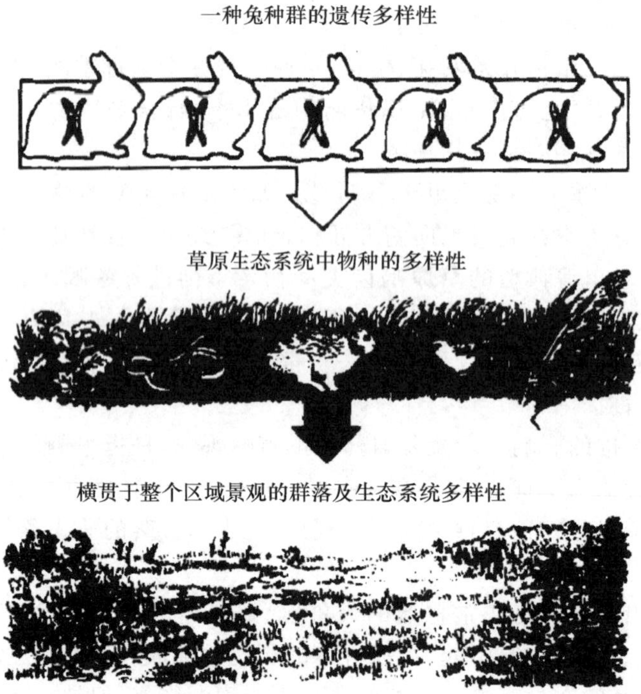

图 8-2　生物多样性的不同层次图解（来源：Primack）

面之处。多样性在群落不同的发育阶段上是变化着的，早期群落的多样性一般急剧上升，而到后期由于物种数目和均匀程度的变化而有所波动，因此多样性并不是随着自然系统的发展无止境地直线上升，而经常表现出来的都是一条拱形曲线。稳定性则在群落趋向顶级的过程中，几乎是逐步增加的。May 等提出了与多数人的看法相反的观点，认为生态系统的波动呈非直线，复杂的自然系统常是脆弱的，热带雨林这一复杂系统比温带森林更易受人类的干扰而不稳定。在许多实例中，如一些沼泽地、海滨群落或羊齿类群落，都说明植物相越趋于单一物种，系统亦越稳定。共栖的多物种群落经常由于其中某物种的波动而牵连到整个群落。他们提出多样性的产生是由于自然的扰动和演化两者联系的结果，环境多变的不可预测性使物种产生了繁殖与生活型的多样化。由此可见，在多样性与稳定性的关系上，仍是尚未定论的问题。但总的趋向还是认为高度多样性是稳定自然系统的特征之一。

群落在时间过程中的稳定性反映在 3 个方面。第一，一段时间过程中物种数量和物种间的相互组合能稳定地保持下来，这是维持群落稳定性的根本。第二，在一段时间过程中物种发生的某些数量关系能稳定地保持。第三，在经外界扰动以后，群落有自我调节维持稳定的能力。

一个群落的稳定程度究竟如何，一般可由 3 个特性去考察：一是扰动一个群落系统时所需施加的扰动强度，所需外力越大，表明群落越稳定；二是群落从平衡状态的位置上被扰动后产生波动的幅度，波动幅度越小，群落越稳定；三是群落变动后恢复到原来的平衡状态所需的时间，时间越短越稳定。

4. 活动过程

(1)植物群落数量结构调查

①基本原理　群落的数量特征主要包括以下几种指标：

A. 密度。密度是指单位面积上植物种的个体数目，单位是株/m^2 或株/hm^2，是一个实测值。其公式表达为：

$$D=\frac{N}{S}$$

式中：D 为密度；N 为样地内某种植物的个体数目；S 为样地面积。

密度的倒数即为每株植物所占的单位面积。密度的数值受到植物分布格局的影响。

B. 多度。多度指调查样地上植物物种的个体数目。常用的确定多度的方法有两种：一为直接计数法(记名计数法)，即在一定面积样地中，直接点数各种群的个体数目；二为目测估计法，即按预先确定的多度等级来估计单位面积上个体的多少。两种方法都被广泛使用。对树木种类或在详细的群落研究中，常用直接计数法；植物个体数量大而体形小的群落，如灌木、半灌木、草本植物群落或在粗放性的调查中，常用目测估计法，其已有的等级划分和表示方法见表 8-2。

表 8-2　常用的多度等级

Drude(德鲁提)			Clements(克雷门茨)	Braun-Blanquet(布朗-布朗特)
Soc. (Socials)		极多	D/Dominant　优势	5　非常多
	Cop^3	很多	A/Abundant　丰富	4　多
Cop. (Copiosae)	Cop^2	多	F/Frequent　常见	3　较多
	Cop^1	尚多	O/Occasional　偶见	2　较少
Sp. (Sparsae)		少	R/Rare　稀少	1　少
Sol. (Solitariae)		稀少	VR/Very Rare　很少	＋　很少
Un. (Unicun)		个别		

C. 盖度与显著度。盖度是指植物地上部分垂直投影所覆盖的面积占样地面积的百分比，也称为投影盖度。林业上常用郁闭度表示林木层的盖度。林分郁闭度指林冠垂直投影面积占样地面积的比例(通常以 0～1 的小数表示)。乔木种和乔木层的郁闭度测定方法很多，常用的有树冠投影法、样线法、统计法和郁闭度测定器法。每种方法各有其优缺点，野外调查中可以根据实际情况选用。

——树冠投影法：树冠投影法是把样地内所有乔木(一般指高度 3 m 以上的树木)在坐标纸上定位，用皮尺测定每株树的树冠冠幅大小，至少要测东—西、南—北、东南—西北和西南—东北 4 个方位，并结合实际树冠形状在坐标纸上画出树冠投影图，重叠的部分用虚线，其他用实线。最后计算树冠投影图上每个树种树冠覆盖面积与总样地面积的比例，得到各树种的郁闭度，如果直接计算所有乔木的树冠覆盖面积与总样地面积的比例，即可得到乔木层的郁闭度，树冠重叠的部分只计算 1 次。树冠投影法比较精确，但是工作量大，只适合乔木稀疏的群落。

$$树种郁闭度=\frac{该树种各树冠垂直投影面积}{样地面积}$$

$$乔木层郁闭度=\frac{所有乔木的树冠垂直投影的面积}{样地面积}$$

——样线法：样线法是在样地上设置若干条样线，分别测定样线总长度和沿样线上各树种树冠投影覆盖的长度，就可以计算各树种的郁闭度。同时测定记录所有树种的树冠投影覆盖长度，就可以计算出乔木层的郁闭度。重叠部分只计算 1 次，通常可以在样地等距离设置 5～6 条样线，也可以只沿样地的对角线设置 2 条样线。调查某一树种树冠垂直投影所覆盖的样线长度(L_n)及所有乔木树种树冠垂直投影所覆盖的样线长度(L')，分别计算各树种郁闭度和乔木层总郁闭度。样线法实际上是把树冠投影法进行了简化，工作量大大降低，因此适用于大多数森林群落，但是如果群落乔木层树种多、树冠重叠多，加上高度太高(如热带雨林)，很难在地面准确地判断哪些是树冠投影范围，哪些是空隙，此时样线法不太适用。

$$树种郁闭度=\frac{该树种树冠所覆盖的样线长度(L_n)}{样线总长度(L)}$$

$$乔木层郁闭度=\frac{所有乔木树种树冠覆盖的样线长度(L')}{样线总长度(L)}$$

——统计法：统计法是对样线法的简化，是在样地内等距离设置若干条样线，沿着样线等距离设置若干个点，就每个点记录其是在每个树种树冠投影范围内(标记为 1)还是在外(标记为 0)，最后根据落在每个树种树冠投影内的点数和总点数的比值计算各树种郁闭度。统计法简单易行，但是要达到一定的精度，需要一定的点数保证，以及样线在样地的合理分布。一般建议等距离设置 5～6 条样线，每条样线上采用每走一步一个点的方法，最后总点数不少于 120 个。

$$树种郁闭度=\frac{该树种标记为 1 的个数}{标记为 1 和 0 的个数}$$

$$乔木层郁闭度=\frac{所有乔木树种标记为 1 的个数}{标记为 1 和 0 的个数}$$

——郁闭度测定器法：郁闭度测定器与统计法的原理一致，只是应用了郁闭度测定器。郁闭度测定器是一个表面等距离分布有 100 个圆点的凸面镜，在群落中水平放置时，树冠投影显示在上面，可以比较清晰地数出被树冠投影覆盖的点数或者空白的点数，从而可以计算出郁闭度。但是郁闭度测定器上不容易区分树种。所以不适合测定分种的郁闭度，对于只需要层郁闭度的研究是适合的。具体方法是沿着样地设置若干样线，沿样线设置若干点，在每个点上记录树冠投影所覆盖的点数或者空白点。

$$乔木层郁闭度=\frac{该树各所覆盖的点数}{总点数}$$

物种的盖度除用值表示外，还常用盖度等级表示，以便于数量化，一般使用布朗-布朗特(Braun-Blanquet)盖度等级法，见表 8-3。

表 8-3　Braun-Blanquet 盖度等级

级别	盖度/%	平均数/%	以十分法标示
5	100～75	87.5	0.88
4	75～50	65.5	0.63
6	50～25	37.5	0.38
2	25～5	15.5	0.15
1	<5	2.5	0.03
+		0.1	

基部盖度是指植物的基部所覆盖的面积，也称为真盖度。乔木的基盖度特称为显著度。对于草原群落，常以离地面 2.54 cm 高度的断面积计算；而对森林群落，则以树木胸高 1.3 m 处的断面积计算。

$$显著度=\frac{胸高断面积或基部断面积}{样地面积}\times 100\%$$

D. 频度与群聚度。频度是指群落中某种植物出现的样方数占整个样方数的百分比。可表示为：

$$频度=\frac{某种植物出现的样方数}{全部样方数}\times 100\%$$

群聚度是指某种植物株间的群聚程度，是反映植物在群落中水平分布状况的指标。通过植物的群聚度可以了解植物在该群落中适宜生长的程度，并反映出立地条件、人为活动、动物的影响和植物种间关系及竞争能力。通常采用法瑞学派的 5 级制调查，并经常和多度、盖度联合估计数值一起计算。群聚度的分级划分标准为：

1——单株生长；

2——少数植株成小组或小丛生长；

3——植株生长成小斑块、小垫或大丛；

4——植株生长成大斑块、地毯或连续的垫子；

5——植株生长成大群或大垫，完全覆盖整个地面，大部分是纯的种群。

E. 重要值。重要值是表示植物在群落中相对重要性的指标。重要值越大的植物种，在群落结构中的重要性越高，对群落环境、外貌和发展方向的影响作用也越大。重要值通常是综合植物种的多度或密度、盖度或显著度、频度或群聚度指标计算得出的：

$$重要值=\frac{相对多度+相对盖度+相对频度}{3}$$

或

$$重要值=\frac{相对多度+相对显著度+相对群聚度}{3}$$

式中：

$$相对多度=\frac{某种各样方多度之和}{(该层中)所有种各样方多度之和}\times 100\%$$

$$相对盖度=\frac{某种各样方盖度之和}{(该层中)所有种各样方盖度之和}\times 100\%$$

$$相对频度=\frac{某种的频度}{(该层中)所有种的频度之和}\times 100\%$$

重要值常分不同生活型，即分层（乔木层、灌木层、草本层）计算，因而在统计多度、盖度、频度之和时分层统计，分层计算相对多度、相对盖度，乔木层或草本群落相对盖度常以相对显著度代替，灌木和草本群落可以相对群聚度代替相对频度。

根据不同植物种重要值差异，可综合确定群落各层次的优势种、亚优势种、伴生种、偶见种及群落的建群种。

②操作过程

第一步，实验地选择。选择有代表性的典型森林群落（或地带性群落），用测树罗盘仪确定方位和距离，设置 20 m×30 m 的标准地。

第二步，每木检尺。在标准地中，每木测定乔木树种的 1.3 m 处胸径，分树种及径阶记入表 8-4，径阶按 2 cm 整化，5 cm 径阶起测，下限排外法。如测得一株直径为 12.4 cm 的树木，则在表中径阶“12”处记一笔（画“正”字），12 cm 径阶包括 11.1～13.0 cm 直径的树木，其他类推；6 cm 径阶即包括 5.1～7.0 cm 的树木。计算乔木种的密度与径阶胸高断面积及显著度（或基部盖度）。

第三步，郁闭度调查。采用样线法调查不同树种的郁闭度。即沿标准地两对角线设置样线，在样线上分别测量各树种各树冠所截（即覆盖）的样线长度，记入表 8-4 中。

表 8-4　群落乔木层数量特征调查记载表

<table>
<tr><td colspan="2">组号</td><td></td><td>样地面积/m²</td><td></td><td>调查日期</td><td></td></tr>
<tr><td colspan="2">地点</td><td colspan="2"></td><td>调查人</td><td colspan="2"></td></tr>
<tr><td colspan="2">树种</td><td></td><td></td><td></td><td>总计</td><td>林分</td></tr>
<tr><td rowspan="5">径阶/cm</td><td>6</td><td></td><td></td><td></td><td></td><td></td></tr>
<tr><td>8</td><td></td><td></td><td></td><td></td><td></td></tr>
<tr><td>⋮</td><td></td><td></td><td></td><td></td><td></td></tr>
<tr><td>40</td><td></td><td></td><td></td><td></td><td></td></tr>
<tr><td>42</td><td></td><td></td><td></td><td></td><td></td></tr>
<tr><td colspan="2">总株数</td><td></td><td></td><td></td><td></td><td></td></tr>
<tr><td colspan="2">密度/(株/hm²)</td><td></td><td></td><td></td><td></td><td></td></tr>
<tr><td colspan="2">断面积之和/cm²</td><td></td><td></td><td></td><td></td><td></td></tr>
<tr><td colspan="2">显著度</td><td></td><td></td><td></td><td></td><td></td></tr>
<tr><td rowspan="2">郁闭度</td><td>截线长</td><td></td><td></td><td></td><td></td><td></td></tr>
<tr><td>L′/L</td><td></td><td></td><td></td><td></td><td></td></tr>
</table>

第四步，盖度调查。在标准地中按梅花形布设 5 个 2 m×2 m 和 1 m×1 m 的小样方，采用记名计数法分别在每个小样方中调查灌木、草本的种类及株数（即多度），目测估计法测

定灌木、草本的各盖度及灌木层、草本层的总盖度，记入表 8-5 中。计算各灌木、草本种类的平均多度和平均盖度。同时根据灌木、草本种在群落中水平分布状况，目测估计各种的群集度，记入表 8-5 中。

表 8-5　灌木和草本植物多度、盖度调查记载表

组号		样方面积/m^2		样方数/个		调查日期		调查人		
层次	种类	株数			平均多度	盖度			平均差度	群聚度
		1	2	…		1	2	…		
灌木层										
草本层										

第五步，频度统计。在标准地内机械布设 30 个 1 m×1 m 的小样方，在每个小样方中逐一调查所出现的全部植物种类（包括乔、灌、草种类，不计株数），小样方中出现该种时即打"√"，记入表 8-6 中，分别统计不同植物种的频度。

表 8-6　植物群落种类分布的频度记载表

组号		小样方面积/m^2				总样方数/个			
调查人						调查日期			
种名									
1									
2									
⋮									
30									
频度									

第六步，重要值统计。分层统计各植物种的重要值。乔木层计算公式如下：

$$\text{重要值 I} = \frac{\text{相对多度} + \text{相对盖度} + \text{相对频度}}{3}$$

$$\text{重要值 II} = \frac{\text{相对多度} + \text{相对显著度} + \text{相对频度}}{3}$$

灌木、草本层计算公式如下：

$$\text{重要值 III} = \frac{\text{相对多度} + \text{相对显著度} + \text{相对群聚度}}{3}$$

（2）植物群落垂直分布及生态现象观测

①基本原理　从低海拔平地向高山上升，气候条件逐渐变化。通常海拔每升高 100 m，

气温下降 0.5～1℃，湿度则随着海拔升高而增大，其他气候因子及其配合方式都会有很大的变化。气候条件的垂直差异，导致了植被垂直分布上的变化，形成了具有一定特点的植被垂直带。植物与环境之间长期的相互作用，形成了各种各样的植物个体与群体适应类型；同时植物与植物之间也以各种各样的形式相处，形成相应的自然生态现象。山体自然生态现象主要有以下几种：

一是植被分布的垂直地带性规律。任何植物群落的存在都与其生境条件密切相关，随着地球表面各地环境条件的变化，植被类型呈现出有规律的带状分布，这就是植被分布的地带性规律。这种规律表现在纬度、经度和垂直方向上，其主导因子是水热条件的规律性变化。不同植被类型在垂直上的带状分布组合称为植被的垂直带谱。垂直带谱与山体所在水平位置(即纬度)有关，垂直地带性规律从属于水平地带性规律。每一山体自下而上分布的植被类型，与山脚所处水平位置向高纬度地区分布的植被类型相对应。山体海拔越高、山体所在地纬度越低，则垂直带谱越完整。

二是高山物候现象。植物适应于一年中气候条件的节律变化，而形成与之相适应的生长发育节律，称为物候。随着海拔的升高，年均气温降低，春季植物的物候推迟，春末开花植物表现为明显的花期推迟。秋季开花植物花期会随海拔的升高而提前。物候期观察项目包括休眠期(落叶树的芽形芽色、常绿树的叶色)、萌芽期、抽枝期、展叶期、开花期、坐果期、果实膨大期、落叶期等，每个时期又分始期、盛期、末期。

三是高山植物的生态适应现象。高山植物尤其是山顶植物由于日照充足、短波辐射强烈，植物普遍矮化，如乔木树种灌木化，节间缩短，植株粗壮；同时由于山顶风力强劲，土壤贫瘠，土层薄，山顶植物可能会紧贴地面生长，多数出现明显的偏冠甚至旗冠；高海拔地带由于紫外线、强风及低温等作用，植物矮化等抗寒、抗旱适应性更为明显，且花色鲜艳。

四是季相变化。随着气候的季节性交替，群落呈现不同外貌的现象，称为季相。

五是种内种间关系。植物种内种间关系包括树冠摩擦与树干挤压、攀缘附生、寄生与半寄生、竞争、共生、化感作用等。特别是气候温暖潮湿、终年云雾缭绕的山体，为各种附生植物提供了有利的生存环境，因而附生现象十分普遍，如地衣、苔藓、蕨类植物在树皮上的附生，常春藤、络石在连香树、柏木上的攀缘附生，还可见到强烈的种内竞争导致的优胜劣汰、自然稀疏现象和偏冠等现象。

②操作过程

第一步，在已知高程点校正海拔仪，即将海拔仪刻度盘转至指针指向已知高程上。

第二步，在选定的植被垂直带谱上，按海拔高度每隔 100 m 确定一个具有代表性的典型植被类型。

第三步，调查并记载该群落所处的海拔高度、坡向、坡度、土壤 pH、土壤类型(如山地黄壤、山地黄棕壤、山地棕壤、山地暗色森林土、山地草甸土、山地沼泽土、红壤等)以及群落各层优势种、人为干扰程度(强、中、弱)，确定地带性植被类型和群落名称(双名法)。结果记入在表 8-7 中。

第四步，在每一海拔高度的植物群落中，分别调查记载乔木层主要种类的物候期、平均株高、平均节间距、树冠色彩、树冠形状(塔形、圆形、伞形等)、偏冠状况、种内种间关系类型及相关物种等。结果记入在表 8-8 中。

表 8-7　群落垂直地带性植被类型调查记载表

级别		调查人				调查时间				
海拔高度/m	坡向	坡度	土壤 pH	土壤类型	人为干扰	优势种			群落名称	植被类型
						乔	灌	草		

表 8-8　乔木层生态现象调查记载表

组别		调查人					调查日期			
									种内种间关系	
海拔高度/m	群落名称	主要种类	物候期	平均株高/m	平均节间距/m	树冠色彩	冠形	是否偏冠	类型	相关物种

第五步，分别调查记载群落中灌木层和草本层的主要种类、物候期、平均株高、平均节间距、花色、叶片色彩、生长状况（良、中、差）、种内种间关系类型及相关物种等。结果分别记入表 8-9、表 8-10 中。

表 8-9　灌木层生态现象调查记载表

组别		调查人					调查日期		
								种内种间关系	
海拔高度/m	群落名称	主要种类	物候期	平均株高/m	平均节间距/m	叶片色彩	生长状况	类型	相关物种

表 8-10　草本层生态现象调查记载表

组别		调查人					调查日期		
								种内种间关系	
海拔高度/m	群落名称	主要种类	物候期	平均株高/m	花色	叶片色彩	生长状况	类型	相关物种

5. 问题处理

(1)植物群落数量结构调查

①整理表8-4,统计乔木种及林分的总株数、胸高断面积及树冠所截样线长度;计算乔木种及林分的密度、显著度和郁闭度。

②整理表8-5,计算各灌木、草本种的平均多度、平均盖度和群聚度。

③计算群落各层中不同植物种的重要值,根据重要值大小分析不同种类的该层及群落中的重要性,并指出群落的建群种、各层优势种。

(2)植物群落垂直分布及生态现象观测

①整理表8-7,分析山体北坡垂直地带性植被类型的分布范围及各植被类型所包含的主要群落类型,并说明不同类型群落与环境条件之间的关系。

②整理表8-8至表8-10,比较分析不同海拔高度的同一物种(或相近物种)在物候期、季相上的差异,说明高山植物的主要生态适应特征及其成因。

③根据调查结果总结山体植物种种间内关系的主要类型,对物种双方的利弊。

④比较不同海拔高度植物种类组成及植物生长上的差异,并分析其主要影响因子或限制因子。

活动二　园林植物群落动态

1. 活动目标

◆知识目标:了解植物群落的变化类型;熟悉群落演替概念及成因;了解植物群落的类型和演替过程。

◆能力目标:能熟练进行植物群落的更新与演替调查。

2. 活动准备

根据班级人数,按2人一组,分为若干组,每组准备以下材料和用具:罗盘仪,测高器,测绳,钢卷尺,皮尺,花杆,记录板,计算器等。

3. 相关知识

(1)园林植物群落的变化类型

生物群落与其他任何生命系统一样,始终处于动态变化中。群落的动态内涵十分丰富,根据变化持续时间划分,群落的变化类型如表8-11所示。

表 8-11 群落的变化类型

持续时间	变化类型举例
天	蒸腾作用、光合作用等植物生理过程，动物的昼夜活动节律
年	植物生长及动物活动的季节动态
几年	植物生产力及动、植物种群的波动
十年到百年	群落演替
百年到千年	长期气候变化引起的生物地带界线的移动
万年到亿年	地史尺度的群落演化

由表 8-11 可见，群落的动态变化时间尺度可大可小。尺度大的可考察古生物学与古气候学水平的群落演化；尺度小的可考察一天中群落的变化情况。这里重点讨论群落年际变化和群落演替。

群落的年际变化是指在不同年度之间，生物群落的明显变动。这种变动只限于群落内部的变化，不产生群落的更替现象，通常将这种变动称为波动。群落的波动多数是由群落所在地区气候条件的不规则变化引起的，其特点是群落区系成分的相对稳定性、群落数量特征变化的不定性以及变化的可逆性。在波动中，群落的生产量、各成分的数量比例、优势种的重要值以及物质和能量的平衡方面也会发生相应的变化。根据群落变化的形式，可将波动划分为 3 种类型：

①不明显波动　其特点是群落各成员的数量关系变化很小，群落外貌和结构基本保持不变。这种波动可能出现在不同年份的气象、水文状况差不多一致的情况下。

②摆动性波动　其特点是群落成分在个体数量和生产量方面的短期波动（1～5 年），它与优势种的逐年交替有关。例如在乌克兰草原上，干旱的年份旱生植物较多，而在降水较丰富的年份中生植物较多。

③偏途性波动　这是气候和水分条件的长期偏离而引起一个或几个优势种明显变更的结果。通过群落的自我调节作用，群落还可以恢复到原来的状态。这种波动的时期可能较长（5～10 年）。

不同的植物群落具有不同的波动特点。一般来说，木本植物占优势的群落较草本植物占优势的稳定一些；常绿木本群落要比夏绿木本群落稳定一些。在一个群落内部，许多定性特征（如种类组成、种间关系、分层现象等）较定量特征（如密度、盖度、生物量等）稳定一些；成熟的群落较发育中的群落稳定。

(2)群落演替及其成因

生物群落同生物个体一样，有其发生、发展、成熟、衰老、消亡的发展变化过程。在这一发展变化过程中，群落由低级到高级、由简单到复杂逐级被替代，最后形成一个更适合当时、当地环境条件的、相对稳定的群落，这种自然演变现象称为群落演替。其中，最早定居下来的物种称为先锋种，从先锋种开始，直到出现一个稳定的群落（可能经由地衣、苔藓、草本植物、灌木直到森林），这一系列的演替过程称为一个演替系列；演替系列中的每一个明显的步骤称为演替阶段或演替时期；在一个演替系列中所包含的各个群落称为演替系列群落；在一个地点最早出现的演替系列群落称为先锋群落，群落演替逐渐变得缓慢，最后的演替系列称为演替顶级，演替最后阶段的群落称为顶级群落。

群落演替是群落内部关系与外界环境各生态因子综合作用的结果。生物群落演替的主要原因可归纳为外因和内因两类。

①内因　在植物群落中，群落成员改变着群落内部环境，而内部环境反过来又改变着群落成员。在一个植物群落内，由于各群落成员之间的矛盾，即使群落的外部、内部环境没有发生显著的改变，群落仍进行着演替，也称为内因演替。

②外因　外因演替是由于外部环境条件的变化造成的。气候学家认为环境条件是群落演替的主要原因，这种观点被人们称为气候学派，他们的理论依据是“旱生蚂蚱涝生鱼”。对于群落的外部环境条件的变化可划分为以下几种：一是气候条件的变化，如风暴、干旱、洪涝和严寒等恶劣气候能够引起生物群落的演替。二是土壤条件的改变，如水文变化、火山、风沙入侵、土壤侵蚀、地面升降等能够引起生物的群落演替。三是生物入侵，某些生物的入侵、定居及繁殖会引起的演替。四是地貌变化，如地震、地壳运动也会引起群落的演替。五是人为演替。人类的社会经济活动是有意识、有目的地进行的，所以对群落中生物和环境的影响最大。如砍伐森林、开垦土地可使原有的群落改变面貌；抚育森林、修筑道路、治理沙漠、城市建设等，使群落演替按照人们的设计进行；人类甚至还可以建立人工群落，将演替的方向和速度置于人为控制之下。

内因演替与外因演替是两个相对过程，一般来讲，二者是同时存在的。自然界有许多成熟的生物群落，由于周期性干旱、水灾等影响，而出现周期性演替现象。

(3)群落的演替类型

群落演替可以按照不同的原则划分为不同的类型(表 8-12)。

表 8-12　群落演替类型

划分原则	演替类型
延续时间	世纪演替；长期演替；快速演替
起始条件	原生演替；次生演替
基质性质	水生演替；旱生演替
主导因素	内因演替；外因演替
群落代谢特征	自养型演替；异养型演替
演替方向	进展演替；逆行演替；循环演替

①原生演替与次生演替　原生演替是指在原生裸地上发生的演替过程，也称为初生演替，是生物在从前从未定居过的裸地上定居并导致顶极群落对该生境的首次占有。如在沙丘上、火山岩上、冰川泥上以及在大河下游的三角洲上所发生的演替都是原生演替。原生演替的基质条件恶劣严酷，演替的时间很长。

次生演替是指在次生裸地上发生的演替过程，演替地点曾被其他生物定居过。不受人类或外界因素干扰，在自然条件下形成的各类植物群落，统称原生植被。原生植被遭外力破坏即发生次生演替。顺序发生的各类次生群落共同形成次生演替系列。引起次生演替系列的外力有火灾、病虫害、水涝、冰雹等自然因素及人类的活动，人类的破坏是主要因素，如森林采伐、放牧、垦荒、开矿、水利建筑、修路、城市建设等。

②水生演替与旱生演替　在水体或湿地中发生的植物群落演替称为水生演替，演替开始于水生环境中，但一般都发展到陆地群落，如淡水或池塘中水生群落向中生群落的转变过

程。以裸岩等陆生生境为基础发生的演替叫旱生演替，演替从干旱缺水的基质上开始，如裸露的岩石表面上生物群落的形成过程。在水生基质和旱生基质上所形成的系列演替过程，分别称为水生演替系列和旱生演替系列。

③快速演替、长期演替和世纪演替　按时间划分，可分为快速演替，是在几年或几十年间发生的演替；长期演替，是延续几十年，甚至几百年的演替；世纪演替，持续的时间是以地质年代来计算的，是与大陆和植物区系进化相联系的演替。

④内因演替和外因演替　内因演替是群落中生物生命活动的结果使它的生境发生改变，改变了的环境又反过来作用群落本身，如此相互促进和影响，使演替不断向前发展。外因演替是外部因素的改变导致生物群落发生的演替，如水涝、冰雹、人为因素的建设和破坏等。

⑤进展演替、逆行演替和循环演替　一般沿着顺序阶段向着顶级群落演替的过程叫进展演替；由顶级群落向先锋群落演替称为逆行演替；群落由一个类型转变为另一种类型，而后又回到原来类型的演替过程称为循环演替。

⑥自养型演替和异养型演替　自养型演替中，光合作用所固定的生物量积累越来越多，如由裸岩—地衣—草本—灌木—乔木的演替过程。异养型演替如出现在有机污染的水体，由于细菌和真菌分解作用很强，有机物质是随演替而减少的。

(4)群落演替过程

演替过程是指演替沿着某一起点开始，经过一系列的演替阶段，最终到达演替的终点。现通过旱生演替序列的描述介绍群落演替的过程(从裸露岩石表面开始演替到森林)。

岩石表面的特点是生存环境极端严酷，没有植物生长的基质——土壤，而且太阳辐射强烈，温度变化幅度大，非常干燥，绝大多数植物不能在其表面生长。但是如果当地的气候条件适合于森林生长的话，在裸岩表面经过漫长艰难的演替迟早会形成森林。从裸露岩石到森林形成大致要经过以下几个演替阶段：

①地衣植物阶段　地衣能够忍受极端严酷的自然条件，是唯一能在裸露岩石上生存的植物。最先定居的地衣属于壳状地衣，其极薄的一层植物体紧贴在岩石表面，通过自身分泌的代谢酸和死后产生的腐殖酸的作用，再加之岩石的物理和化学风化，在岩石表面逐渐积累形成极薄的一层含微量腐殖质的土壤。随着条件的改善，叶状地衣取代了壳状地衣，叶状地衣遮挡的地方出现了枝状地衣；枝状地衣凭借较多的枝状体和较强的生产能力创造了良好的环境，最后反而不适宜其自身的生存，为较高等的植物类群创造了生存条件。地衣是裸露岩石到森林群落演替系列的先锋植物群落。这一阶段在整个系列过程中需要的时间最长，但不同地区所经历的演替时间也不尽相同，如在热带地区只需3～5年，在寒冷地带则需25～30年。一般随着环境条件的改善，所需的演替时间变短。

②苔藓植物阶段　在地衣群落发展的后期，便出现了苔藓植物。由于苔藓长得比地衣高大，占据主要空间，使地衣得不到充足的阳光而死亡，最后，该地区完全被苔藓植物群落所代替。苔藓植物能够更好地适应极端干旱的环境，在干旱时期停止生长，进入休眠，在气候温和、水分充足时大量生长，使岩石进一步分解。苔藓死后会留下更多的腐殖质，随着土层的加厚和有机物含量的增加，为后来植物的生长创造条件。同时，土壤中形成一个由细菌和真菌组成的丰富的微生物区系。

③草本植物阶段　当土壤发育到一定程度，草本植物开始进入并逐渐占据优势。首先是一些蕨类及被子植物中的一年生或二年生的植物个别侵入，以后逐渐增加，最终草本植物

取代了苔藓植物。随着土壤状况和小气候条件的改善，草本植物也逐渐从低草(0.3 m 以下)向中草(0.6 m 左右)和高草(1 m 以上)演变，最终多年生草本植物占主导地位。在森林分布区，会继续向木本植物群落方向演替。在草本植物阶段，土壤中真菌、细菌和小动物活动增强；小型哺乳动物、蜗牛和各种昆虫开始迁入，并可以找到适宜的生态位。

④灌木阶段　草本植物阶段的后期，会出现一些喜光灌木与草本植物共生，以后灌木逐渐占据优势，形成了灌木群落。高大灌木对环境的改造作用更大，使环境变得更加适宜植物群落发展。在灌木演替阶段，各种微生物和动物大量增加，但其区系成分发生了改变，如昆虫数量减少，而以吃浆果的鸟类及以灌木丛作为掩蔽所和营巢地的鸟类的种类和数量增多。

⑤森林阶段　灌木群落所形成的潮湿、遮阴的环境，为各种乔木种子的萌发创造了有利的条件，于是树木就会逐渐生长起来，最终将超过灌木变为群落的优势种。由于树木树冠的遮阴作用，一些喜光的灌木在群落中消失，一些耐阴灌木可继续生长，喜光的草本植物无法生存，苔藓植物又重新生长起来。随着乔木树种的种类变换和数量的增多，一个结构复杂，对生存环境非常适应的森林群落逐渐形成并稳定保持下去，这就是该地区的顶级群落。在森林阶段，各种动物和微生物便大量出现，最终使森林成为一个复杂的包含各种动物、植物和微生物的生命集合体。

4. 活动过程

学生通过本活动掌握群落乔木种更新与演替调查及评价的方法，同时，了解分层频度法调查群落演替趋势的方法步骤及群落演替分析的方法。

(1)基本原理

①群落更新　群落的更新状况主要指乔木层主要树种的幼苗、幼树更新状况，特别是优势种的更新状况。只有当一个树种有足够的幼苗和幼树，才能保证该树种能够在群落中一直存在下去，也是群落稳定性的表现。一般采用 M. E. 特卡钦法评价乔木层树种的幼苗、幼树更新等级，见表 8-13。

表 8-13　M. E. 特卡钦法乔木层更新等级　　株/hm^2

更新苗数	更新等级
＞10 000	更新良好
500 1～10 000	更新中等
2 000～5 000	更新不足
＜2 000	不更新

评价过程中，如果发现某树种幼苗、幼树的出现频度＜50%，那么评价等级要相应地降低一个等级。如某树种的更新苗数为 6 000 株/hm^2，但是更新苗的频度为 40%，则该树种的更新评价等级不是更新中等，而是下降一个等级，为更新不足。

②群落演替　群落演替同样能够反映群落的稳定性以及预见群落未来的发展方向。群落演替的研究方法很多，有历史学方法(历史文献、古生物学、孢粉分析、残遗种分析、碳化木

分析等）、样地调查法（分层频度调查法、径级木法、林木结构图解法、永久样地重复观测法等）、数学分析法（马尔可夫过程分析、转移概率等）。在研究群落近期演替趋势时，通常采用分层频度法，即根据群落中的乔木种在不同层次中的分层频度来确定群落的演替趋势。分层频度法简便实用，其具体方法是将森林群落按下列标准分层：主林层，林冠顶端至林冠下沿；演替层，林冠下沿至距地面 1 m 高处；更新层，距地面 1 m 高处至地面。

根据森林群落中各树种在各层中的频度分布，可进行森林群落近期演替趋势分析。凡在更新层和演替层中频度较高，且生长良好，而在主林层中频度很低甚至没有的树种，为群落的进展种，它们将成为乔木层的优势种；在主林层中频度很高，而演替层、更新层频度很少或没有出现，且生产衰弱的树种为群落的衰退种，将被其他树种代替而从群落中消失；凡在各层中具有正常的频度曲线，即在各层中出现的频度大小为更新层＞演替层＞主林层的树种，即为群落的巩固种，在未来一段时期内将继续正常生活在该群落内；在各层中频度均很小，或只在某一层有所出现，株数较少的树种为群落的偶见种。根据群落中种类组成的特性可判断群落的近期演替趋势。

(2)操作过程

第一步，选择自然或半自然群落，在群落踏查的基础上，于典型地段用测树罗盘仪确定方位和距离，设置一个 20 m×30 m 的样地，用测绳把四个边围好，测高器用于坡度修正。

第二步，在样地中均匀设置 30 个 1 m×1 m 的小样方。实际操作时按小样方的设置逐一用皮尺拉一条样带，在样带上用花杆和 1 m 长的树枝与皮尺配合，等距离逐一围合出小样方，围合一个小样方即调查一个。在样方内逐一调查乔木各树种的更新苗数量（3 m 以下的植株），更新苗无论是健康还是衰弱，出现即计数，健康株 1 株计 1 株，衰弱株 1 株折算为 0.5 株，死亡株不计，结果记入表 8-14 中。同时逐一调查各乔木种（包括主林层现在没有的）在主林层、演替层和更新层是否出现，出现则在相应的栏中打“√”，记入表 8-15 中。

第三步，根据表 8-14 计算各树种更新苗的频度（该树种在 30 个样方中出现的样方数的百分比）。并统计各树种更新苗数量，换算成株/hm^2。按照各树种更新苗的数量和频度进行更新等级评价。

第四步，根据表 8-15 计算各树种在主林层、演替层和更新层中的频度。

表 8-14　群落乔木层树种的更新苗记载表

组号		调查人							调查时间		
树种										…	
样方	健康	衰弱	小计	健康	衰弱	小计	健康	衰弱	小计	健康	衰弱	小计
1												
2												
⋮												
30												
总计												
频度												
更新等级												

表 8-15　群落分层频度记载表

组号		调查人							调查时间			
树种										…		
样方	主林	演替	更新	主林	演替	更新	主林	演替	更新	主林	演替	更新
1												
2												
⋮												
30												
频度												
演替种型												

5. 问题处理

(1)根据调查结果统计群落乔木层主要种的更新苗数量和频度,评价更新等级,并提出保证群落自然更新的措施。

(2)根据调查结果计算群落乔木种的分层频度,指出各树种在演替中属于哪种演替,并分析群落的发展方向和稳定性。

活动三　城市植物群落

1. 活动目标

◆知识目标:了解城市植被类型;熟悉群落演替概念及成因;了解城市植被变化和演替过程。

◆能力目标:能熟练进行城市园林植物群落配置设计。

2. 活动准备

根据班级人数,按 2 人一组,分为若干组,每组准备以下材料和用具:测高器,卷尺,植物检索表,植物志,图鉴,记录表,绘图纸,直尺等。

3. 相关知识

(1)城市植被的类型

城市植被是指城市里覆盖着地面的生活植物,它包括城市里的公园、校园、寺庙、广场、球场、庭院街道、农田以及空闲地等场所拥有的森林、灌丛、绿篱、花坛、草地、树木、作物等所有植物的总和。城市植被的群落分类主要考虑植物群落本身的特征及生态关系,并兼顾群落功能。其通常分为自然植被、半自然植被和人工植被三大类型。

①城市自然植被　多局限在保护完好的寺庙、教堂、大学校园及私人宅园中,被认为是城市自然的纪念碑,是城市的顶级群落。城市自然植被的重要性表现在它是城市中自然的见证人,对城市化过程有一定的指示意义,同时也是人类审美或感知的一部分,它的存在也会对城市的未来产生影响,因此要千方百计把这部分植被保留在城市里。

②城市半自然植被　城市中的半自然植被大部分是侵入人类所创造的城市生境的伴人植物群落,另外还有各种次生林或湿地植物群落。该类植物分布的生境包括建筑废地、用于绿化的行道树坑及介于交通要道与建筑物之间的缝隙(表 8-16)。在这些生境中自然生长着很多一年生或多年生草本植物,它们是城市中的先锋群落。

表 8-16　城市半自然植被分布的 3 种生境

生境	范围/m^2	干扰因素
废地	10～100	非经常性践踏及除草
行道树坑	1～10	非经常性践踏,经常性除草
缝隙	0.01～0.1	经常性践踏和除草

缝隙是最典型的城市生境,它是城市半自然植被在城市中心生存的主要空间,在乡村就很难找到;行道树坑是第二种常见类型,尽管这类生境不只出现在城市中;废地是第三种常见类型,只要有人为干扰就到处可见。这些生境的相对重要性按照城市化程度的不同而有所差异,在郊区有许多类型的生境如废地、行道树坑以及缝隙等,但在城市化很高的地区废地就相对减少,而微小生境如缝隙和行道树坑相对增多。

③城市人工植被　包括行道树、城市森林、公园和园林、街头绿地 4 类。

第一,行道树。行道树指的是沿道路两旁栽植的成行的树木。主要栽培场所为人行道绿带、分车线绿岛、市民广场游径、河滨林荫道及城乡公路两侧等。在行道树的选择应用上,城区道路多以绿荫如盖、形态优美的落叶阔叶乔木为主。而郊区及一般等级公路,则多注重速生长、抗污染、耐瘠薄、易管理等养护成本因素。甬道及墓道等纪念场地行道树种的选择应用,则多以常绿针叶类为主。行道树的选择应用,在完善道路服务体系、提高道路服务质量方面,有着积极、主动的环境生态作用。

第二,城市森林。城市森林是指人造的绿色空间,也包括在残遗植被基础上加以改造的森林。城市森林有一定的野生性,能够自我维持,这是与天然森林相似的一面,也是区别于公园及街头绿地的地方。但它与天然森林又有所不同,其主要功能不是提供木材,而是提供优美的环境,林中可辟或曲或直的道路,开阔地还可建造娱乐设施,在这方面它与公园和街头绿地作用相同。

第三,公园和园林。公园是城市中一类特殊的公共绿地,因其具有较好的植被覆盖和其他诸如河流、湖泊、山川等自然要素,从而为居民提供休息、消闲、娱乐的场所。园林包括历史遗迹所在的范围,如历史园林、名胜古迹等。私人花园是一类小型园林,如苏州艺圃仅占地 0.33 hm^2;而皇家园林面积则较大,如避暑山庄占地 560 hm^2。

第四,街头绿地。对于迅速消失的自然及城市残遗植被,有必要采取一定手段把一些绿色景观带回城市及工业区的"新生荒漠"中来,街头绿地就是其中一类。常见于马路两旁的小块绿地,城市中心广场,立交桥花园,花圃,厂矿企业内小型花园,学校、机关门口的绿地以及沿墙而设的垂直绿色空间等。街头绿地、公园和园林等构成城市中的"绿色核",为改善城市单调景观、增加城市美感、陶冶人们的情操起到了一定的作用。

(2)城市植被的变化

城市植被是在不断的人为干扰作用下形成的,干扰因素主要包括城市地区土地利用结构改变所决定的人类生产活动、城市居民的日常生活活动以及各种人类活动所带来的城市环境污染或环境变化。城市地区特定的干扰因素的存在,使城市植被具备一些完全不同于自然植被的特点,其植物区系成分和植物群落类型变化很大,多呈孤岛状分布,总的特征是自然群落比例小,人工、半人工群落的比例增加。同时出现一些城市中特有的群落类型,如耐践踏的植物群落、一年生宅旁杂草群落、多年生宅旁高秆杂草群落、草坪群落以及屋面屋顶群落等。

①城市植被环境的变化　城市化的进程改变了城市环境,也改变了城市植被的生境。由于受城市废弃物、建筑、城市气候条件及人为活动等的影响,城市土壤的物理、化学性状与自然状况下发育成的土壤有很大的差异。一般表现为城市土壤的自然剖面严重破坏,并伴有大量人工杂填物;土壤板结,并有较多的地面铺装和地下设施,通气透水性差;土壤腐殖质缺乏,养分含量低,pH 较高;土壤污染也相当严重等。因此,城市土壤限制了土壤微生物活动,影响植物根系分布和植物对土壤养分、水分的吸收,并直接影响城市植物的生长发育。而城市内部由于建筑物、大气污染及地面铺装等,改变了光、温、湿、气、风等条件。特别是不同走向及狭窄度的街道两侧、建筑物的不同朝向以及地面铺装造成的不同下垫面的性质,均导致这些地段的光照、温度、湿度等气候因子明显改变,城市植被处于完全不同于自然植被的特化生境中。

②城市植物区系成分的变化　城市植被的区系成分与原生植被具有较大的相似性,尤其是残存或受保护的原生植被片段,建于森林带、草原带甚至荒漠带的城市,其行道树及其他人工绿地多少具有相似性,但其灌木、草本和藤本植物远较原生植被少(表 8-17)。另外,人类引进的或伴人植物的比例明显增多,而对当地种或地带性优势种不予重视,这就混淆了城市植被的本来面目。在我国北方城市里,常可见到雪松、油松、云杉、法国梧桐、银杏、冬青、丁香、美人蕉、野牛草等来自不同气候带和地理环境的植物栽植在一起,在城市中受到驯化。外来种对原植物区系成分的比率越来越大,并已成为城市化程度的标志之一,或被看作是城市环境恶化的标志之一。

城市化对植物区系的影响,一方面是乡土植物种类的减少,另一方面是人布植物的增多。人布植物是指随着人类活动而散播的植物,如农作物和杂草等,也包括人类有意或无意引入、后来逸出野化了的植物,这类植物也称归化植物。一般认为城市化程度越高,人布植物在植物区系总数中所占的比例越大，因此，可以把人布植被所占百分率（归化率）作为评判城市化程度的一个指标。

表 8-17　广州市绿地植物种类的调查

调查地点	样地面积/m^2	植物种数/种		
		乔木	灌木	草、藤本
黄花岗公园	100	9	4	10
广东省科学院机关大院	100	7	5	9
东郊低丘台地人工林	100	4	5	5
萝岗水西村低丘台地	100	18	58	25

③城市植被的演替　城市中呈小面积孤岛状分布的残存自然植被，其维持机理和演替过程具有与地带性自然植被不同的特点。沼田真等曾于 1950—1971 年对日本东京自然教育园内天然植物群落的变化过程做过研究。该园面积为 20 hm^2，原是东京自然植被保存较好的地段，其中有该地区常见的各种植物群落，如日本米槠林、日本赤松林、榉树-糙叶树林、灯台树林等，此外还有草地、池塘、湿地等。经 21 年的观察发现树木生存率发生了变化（图 8-3），树木演替过程中日本赤松、日本栗、黑松等树木首先受到严重的伤害并枯死，日本米槠虽然枯死较少，但生长势衰退，日本冷杉和柳杉等早在 1950 年以前就已受害。这主要由于城市内各种树木对大气污染敏感性不同，受害程度各异所致。如赤松、黑松受二氧化硫污染影响较大。赤松-黑松林向着山桐子林演替，黑松-赤松林向着黑松-灰叶稠李林演替。

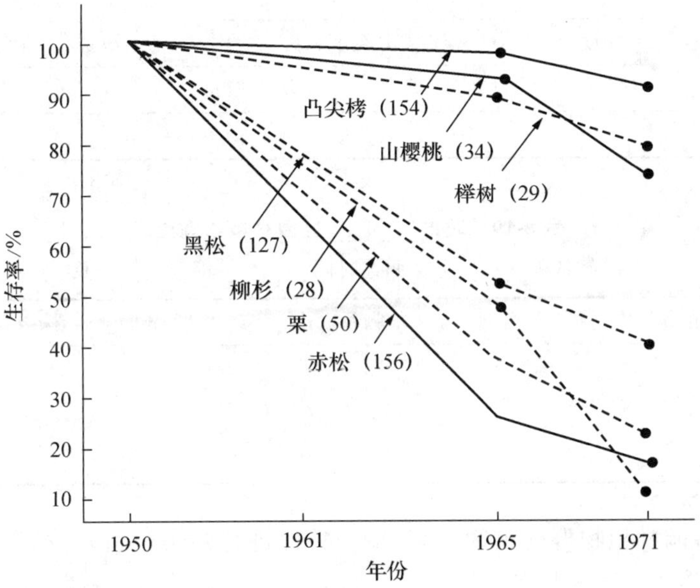

图 8-3　东京中心自然教育园内主要树种的生存率(1950—1971 年)

注：以 1950 年作为 100%，()内为采样数

由于环境条件的恶化，日本米槠生长衰退，日本米槠林群落内落叶树种也发生变化，正常的日本米槠林是由日本米槠、日本桃叶珊瑚、紫金牛、女贞、八角金盘、阔叶麦冬、常春藤、

冬青、柃木等30种左右的常绿植物所组成。由于环境变化，立木层树冠变小、高层树木衰退，其中生长了很多紫珠、荚蒾等林缘植物以及木兰、糙叶树、灯台树等次生林成分。城市自然植物群落中种类组成的变化，一些树种长势下降、提前落叶，一些树种（如灯台树、珊瑚树）异常增多，都与城市空气污染、鸟类减少、害虫增加、气候变化等综合影响有关，这些现象可以看作是整个城市生态系统对生态环境恶化的一种反应。

4. 活动过程

园林植物配置的优劣直接反映了园林工程建设质量的好坏。园林植物的配置不仅要植物的生长发育规律，而且要符合人类审美需求。通过对城市不同功能区的园林植物群落进行调查，让学生了解园林树木群落的组成与结构必须与城市功能区环境要求相适应；掌握根据园林植物的生活特性、主要功能及形态特征对城市居民区、商业区、休闲娱乐区及街道两旁进行园林植物配置与设计的基本方法。

（1）选取具有代表性的城市不同功能区（如居住区、商业区、休闲广场、公园及街道绿地等），对群落的地理位置、生长环境及植物类型进行调查，调查结果记录于表8-18、表8-19中。

表8-18 园林植物群落基本情况调查表

<table>
<tr><td colspan="2">城市功能区：</td><td colspan="2">调查者：</td><td>调查日期：</td></tr>
<tr><td colspan="5">植物群落类型：</td></tr>
<tr><td>地理位置</td><td>纬度：</td><td colspan="2">经度：</td><td>海拔：</td></tr>
<tr><td colspan="3">气候条件：</td><td colspan="2">土壤类型：</td></tr>
<tr><td colspan="5">社会背景：</td></tr>
</table>

表8-19 城市________区园林植物调查表

群落名称________ 调查时间________ 第________页

序号	植物名称	类型	胸径/cm	高度/m	株数/株	备注
1						
2						
⋮						

（2）对调查区园林植物群落植物类型、植物特性进行归类分析，总结不同植物在不同城市功能区的生态作用。

（3）绘制群落配置的平面图及立面图。

（4）自定某一城市功能区，根据该功能区地理位置、气候条件、土壤状况及社会功能等进行植物群落配置的详细设计，绘制设计平面效果图，并撰写设计说明书。设计要求为：

①植物群落配置设计应遵循植物配置原则，能充分体现生态环境条件与植物特性的一

致，充分展现园林植物设计的美感。

②可充分发挥个人想象力进行独具特色的群落配置及景观设计。

③设计说明书应尽量详尽。

5. 问题处理

(1)总结所调查的主要园林植物的生活习性、形态特性以及在园林植物位置中的主要作用。

(2)设计某城市功能区的园林植物配置，并撰写设计说明书。设计书内容应包括功能区背景条件、设计原则、园林植物种类及在配置中的主要作用，群落水平结构设计、群落垂直结构设计、该配置设计的特色等。

【师生互动】

将全班按 6～10 人标准分为若干团队，以所在学校的园林群落为单位，调查以下内容，并进行团队互动，提出合理化建议。

1. 学校存在哪些生物群落？
2. 描述一下学校生物群落的结构。
3. 描述学校生物多样性的含义。
4. 列表说明城市植被类型。

【知识拓展】

如果同学们想了解更多的知识，可以通过下面渠道进行学习：

1. 阅读杂志

(1)《生态学报》

(2)《应用生态学报》

(3)《生态学杂志》

(4)《城市生态系统》

(5)《中国园林》

2. 浏览网站

(1)中国生态网　http://www.zgshtw.com/

(2)环境生态网　http://www.eedu.org.cn/

(3)中国科学院生态研究中心　http://www.rcees.ac.cn/

(4)中国生态工程网　http://www.cneect.cn/

(5)中国风景园林网　http://www.chla.com.cn/

3. 阅读书籍

(1)《园林生态学》(第 2 版),冷平生主编,中国农业出版社

(2)《园林生态学》(第 2 版),张先平主编,中国农业出版社

(3)《园林生态学》,姚方.张文颖主编,黄河水利出版社

(4)《城市园林生态学》,徐惠风等编著,中国林业出版社

(5)《园林生态学》,唐文跃、李晔编著,中国科学技术出版社

(6)《园林生态学实验与实践》,刘旭、张翠丽、迟春明主编,西南交通大学出版社

Chapter 9

学习情境九

园林生态系统

活动一　生态系统与生态平衡

活动二　城市生态系统

活动三　城市景观生态

活动四　园林生态系统

【情境创设】

<table>
<tr><td rowspan="3">能力目标</td><td>专业能力</td><td>1. 能熟练进行生态系统的初级生产力测定；
2. 能熟练进行城市水生生态系统初级生产力的测定；
3. 了解景观生态学基础知识；认识城市景观结构和功能；
4. 能熟练进行园林生态系统的组分与结构分析；能熟练进行园林生态系统物种多样性调查。</td></tr>
<tr><td>方法能力</td><td>1. 具备获取信息、收集资料的能力；
2. 具备制订计划、执行计划的能力；
3. 具备自主学习、发现问题、解决问题的能力。</td></tr>
<tr><td>社会能力</td><td>1. 具备良好的团队协作、配合能力；
2. 具备良好的与人沟通、协调能力；
3. 具备一定的方法综合、创新能力。</td></tr>
<tr><td>知识目标</td><td colspan="2">1. 熟悉生态系统的组成、类型、结构和功能；了解生态平衡失调的原因、标志以及调节；
2. 熟悉城市生态系统的组成、结构和基本功能；了解当前城市生态系统存在的问题；
3. 能熟练进行城市景观要素调查；
4. 了解园林生态系统的组成与特点；认识园林生态系统的组分结构、时间结构和空间结构，熟悉园林生态系统的功能。</td></tr>
<tr><td>思政目标</td><td colspan="2">学习“习近平谈生态文明(二)”，培养学生的生态文明意识，立志改善生态环境，恢复植被，建设美丽家园。
二维码
思政园地</td></tr>
<tr><td>教学条件</td><td colspan="2">多媒体课件、实验实训室、园林绿地、城市、公园、图书馆、网络。</td></tr>
<tr><td>教学方法</td><td colspan="2">课堂讲授、资料查阅、现场训练、课外活动。</td></tr>
<tr><td rowspan="2">考核评价</td><td>学习过程考核</td><td>计划制订(20%)、师生析疑(10%)、完成任务(50%)、检查评价(20%)。</td></tr>
<tr><td>拓展能力考核</td><td>工作态度(20%)、岗位技能(50%)、拓展能力(20%)、团队合作(10%)。</td></tr>
<tr><td>考核方式</td><td colspan="2">教师评价(70%)、小组互评(20%)、学生自评(10%)。</td></tr>
</table>

【活动内容】

活动一　生态系统与生态平衡

1. 活动目标

◆知识目标：熟悉生态系统的组成、类型、结构和功能；了解生态平衡失调的原因、标志以及调节。

◆能力目标：能熟练进行生态系统的初级生产力测定。

2. 活动准备

根据班级人数，按 2 人一组，分为若干组，每组准备以下材料和用具：采水器，抽滤器，离心机，透明度盘，研钵，乙酸纤维滤膜(孔径 0.80 μm、0.45 μm)，滤纸，玻璃棒，分光光度计，离心机，漏斗，90％丙酮，碳酸镁粉末，石英砂。

3. 相关知识

(1)生态系统

英国生态学家坦斯利(A. G. Tansley)于 1935 年最先提出生态系统的概念。生态系统是指在一定时间和空间范围内，生物与生物之间、生物与生存环境之间密切联系、相互作用并具有一定结构、执行一定功能的综合体。简言之，生态系统是由生物群落与非生物环境相互依存所组成的一个生态学功能单位。从狭义角度理解生态系统时，生态系统着重生物与环境间的能量和物质交换关系；从广义角度理解生态系统时，生态系统还包括生物与环境的位置或地理关系。

①生态系统的组成　生态系统在结构上包括两大部分：生物组分和非生物组分。非生物组分是指生命以外的环境部分，包括太阳辐射、大气、水、土壤及一些有机物质；生物组分是指生态系统中的动物、植物、微生物等，按功能分为生产者、消费者和分解者三部分(图 9-1)。

生态系统中的非生物组分，即非生物环境是生物生存栖息的场所，物质和能量的源泉，也是物质交换的地方。它包括气候因子、无机物质和有机物质等。

生物组分包括生产者、消费者和分解者。生产者是指能从简单的无机物合成有机物的绿色植物和藻类，以及光合细菌和化能细菌，又称自养者。它们可以在阳光的作用下进行光合作用，将无机环境中的二氧化碳、水和矿物元素合成有机物质，同时，把太阳能转变成为化学能并贮存在有机物质中。消费者是指不能进行光合作用制造食物，仅能直接或间接地依赖生产者为食，从中获得能量的异养生物，主要指各种动物、营寄生和腐生的细菌类，也应包括人类本身。分解者是指各种具有分解能力的微生物，主要是细菌、放线菌和真菌等微生物，也包括一些微型动物（如鞭毛虫、土壤线虫）。它们在生态系统中的作用是把动植物残体分解为简单的化合物，最终分解为无机物，归还到环境中，重新被生产者利用，所以，分解者的功能是还原作用，故又称为还原者。

- 生态系统
  - 非生物组分（生命支持系统）
    - 非生物环境
      - 能源——太阳能、其他能源
      - 气候——光照、温度、降水、风等
      - 基质和介质——岩石、土壤、水、空气等
    - 物质代谢原料
      - CO_2、H_2O、O_2、N_2 等
      - 无机盐（矿物质原料）
      - 腐殖质、脂肪、蛋白质、碳水化合物等
  - 生物组分
    - 生产者——绿色植物、光合细菌、化能细菌等
    - 消费者（动物）
      - 食草动物——一级消费者
      - 一级肉食动物——二级消费者
      - 二级肉食动物——三级消费者
      - 杂食动物——杂食消费者
      - 腐食消费者、其他消费者
    - 分解者（还原者）——微生物（细菌、真菌等）

图 9-1　生态系统的组成成分

生态系统中的环境、生产者、消费者和分解者构成生态系统的组成要素，它们之间通过能量转化和物质循环相联系，构成了一个具有复杂关系和执行一定功能的系统（图 9-2）。

②生态系统的类型　在地球上，生物生存于地壳表面的水、陆地和大气中，形成一个厚度约为 20 km 的生物圈。在这个生物圈中，生物连同它周围的环境形成了形形色色的生态系统。按环境性质来划分，可以划分为陆地生态系统、海洋生态系统、淡水生态系统等；陆地生态系统可以分为森林生态系统、草原生态系统、荒漠生态系统等。这些系统还可以往下细分。

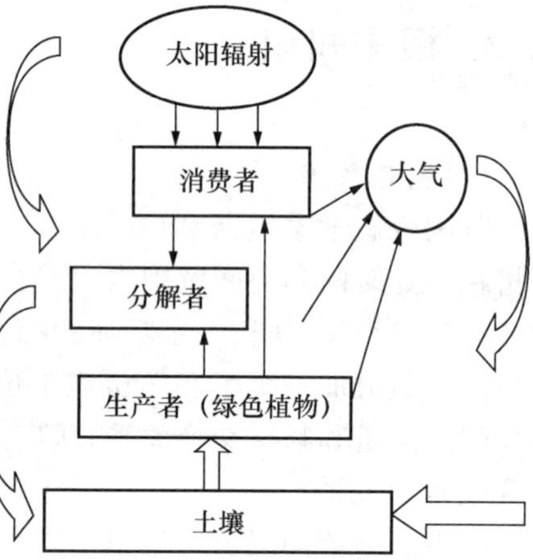

图 9-2　生态系统组分结构

一般来说，生态系统按人为影响可分为自然生态系统、人工生态系统、半自然生态系统等。

A. 自然生态系统：在该系统中无人类的干预，系统边界不很明显，但生物种群丰富、结构多样，系统的稳定性靠自然调控机制进行维持，系统的生产力较低。如原始森林生态系统、珊瑚礁生态系统、高山冻原生态系统等。

B. 人工生态系统：人工生态系统是指人类为了达到某一目的而人为建造的生态系统。如城市生态系统、远洋船生态系统、宇宙飞船生态系统、高级设施农业生态系统。在该系统中，人类不断对其施加影响，通过增加系统输入，期望得到越来越多的系统输出。

C. 半自然生态系统：该系统介于人工生态系统与自然生态系统之间，既有人类的干预，同时又受自然规律的支配，是人工驯化生态系统，其典型代表是农业生态系统、人工森林生

态系统、人工草地生态系统、鱼塘生态系统等。它们有明显的边界,有大量的人工辅助能的投入,属于开放性系统,并具有较高的净生产力。

③生态系统的结构　生态系统的结构包括3个方面:物种结构、时空结构和营养结构。这3个方面是相互联系、相互渗透和不可分割的。

物种结构,又称组分结构,是指生态系统中生物组分由哪些生物种群所组成,以及它们之间的量比关系。生物种群是构成生态系统的基本单元,不同的物种以及它们之间不同的量比关系,构成了生态系统的基本特征。

时空结构是指生态系统中各生物种群在空间上的配置(空间结构)和在时间上的分布(时间结构)的特征。空间结构、时间结构与物种结构一起构成了生态系统的形态结构。大多数自然生态系统的形态结构都具有水平空间上的镶嵌性、垂直空间上的成层性和时间分布上的发展演替特征。生态系统的空间结构即生态系统的空间配置,是生态系统水平结构与垂直结构相互联系和相互作用的综合。生态系统的水平结构是生物群落在水平面上的配置状况,是长期适应于特定的环境在水平面上形成的特定外部表现。生态系统的垂直结构是指生态系统各营养单元在垂直面上的分布情况。如植物可在系统内占据不同的垂直高度而生存,动物也在不同高度位置上寻食和建巢。生态系统的时间结构是指生态系统的生物成分随时间的变化而发生相应的变化状况。从长时间看,可表现在生物物种的演替及带来的相应的环境变化;从短时间看,可表现在生态系统的季相和昼夜的变化状况。

生态系统的营养结构是指生态系统的生物成员在能量和营养物质上的依存关系,其一般结构模式可用图9-3表示。生态系统中由生产者、消费者和分解者三大功能类群以食物营养关系所组成的食物链、食物网是生态系统的营养结构。它是生态系统中物质循环、能量流动和信息传递的主要途径。

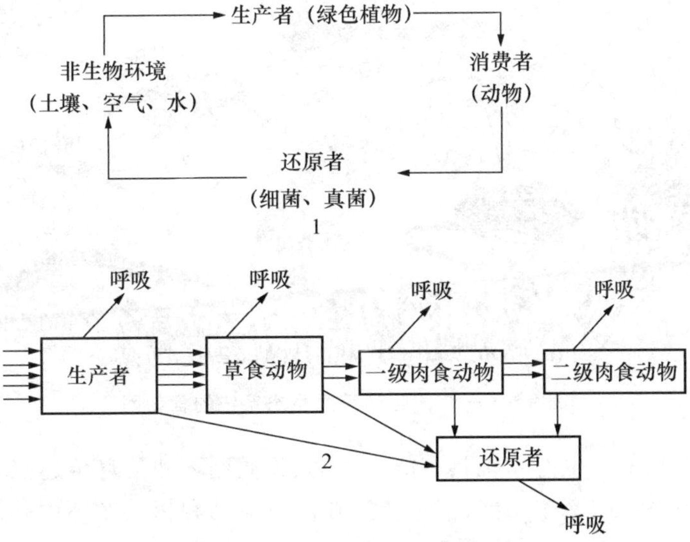

图9-3　生态系统的营养结构

1为以物质循环为基础,2为以能量流动为基础

A. 食物链:食物链即是生态系统中生物成员间通过吃与被吃方式而彼此联系起来的食物营养供求序列。例如,在草原生态系统中,野兔吃青草、狐狸吃野兔、野狼吃狐狸,就构成

了青草→野兔→狐狸→野狼的食物链。食物链作为生态系统营养结构的基本单元，是系统内物质循环利用、能量转化和信息传递的主要渠道。

B. 营养级：生物群落中的各种生物之间进行物质和能量传递的级次叫营养级。食物链中每一个环节上的物种，都是一个营养级，每一个生物种群都处于一定的营养级上，生产者为第一营养级，二级消费者为第三营养级等，依此类推，而杂食性消费者却兼几个营养级（图9-4）。

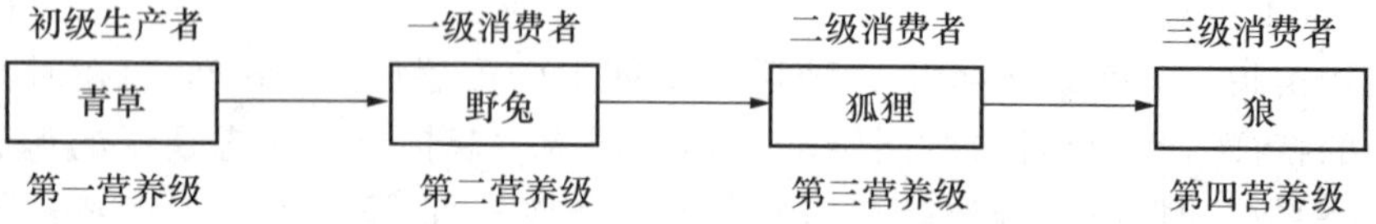

图 9-4　一个简单食物链的营养级划分

C. 食物网：在生态系统中，各种生物成员之间的取食与被取食关系，往往不是单一的，多数情况是交织在一起的，一种生物常常以多种食物为食，而同一食物又往往被多种消费者取食，于是就形成了生态系统内多条食物链相互交织彼此联结的"网络"，这种食物网络称为"食物网"（图 9-5）。

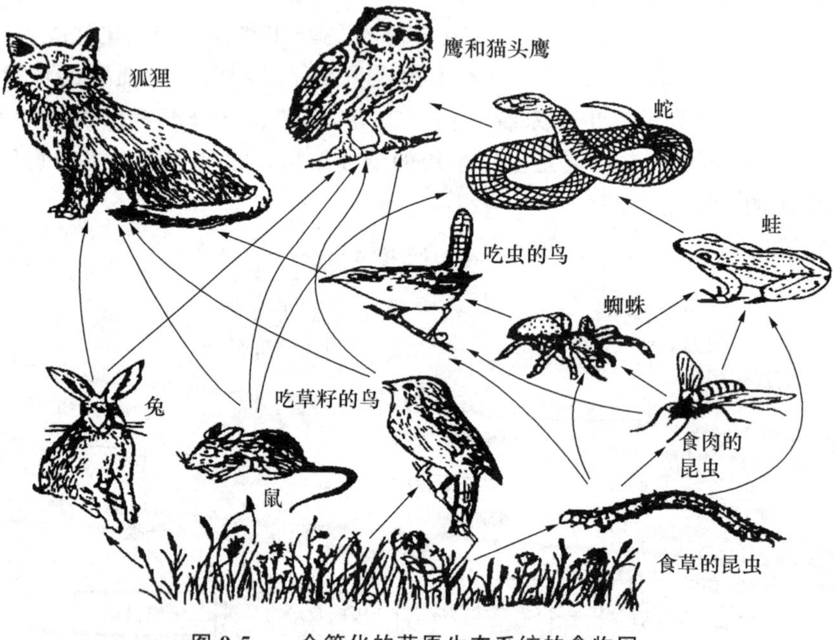

图 9-5　一个简化的草原生态系统的食物网

④生态系统的功能　生态系统具有能量流动、物质循环和信息传递三大功能，能量流动和物质循环是生态系统的基本功能，信息传递在能量流动和物质循环中起调节作用，能量和信息依附于一定的物质形态，推动或调节物质运动，三者不可分割，成为生态系统的核心。

A. 能量流动：能量是生态系统的基础，一切生命活动都存在着能量的流动和转化。没有能量流动，就没有生命，没有生态系统。地球上所有生态系统最初的能量，均来源于太阳。太阳光能通过绿色植物的光合作用进入生态系统，并作为高效的化学能，沿着生态系统中的生产者、消费者、分解者流动。这种生物与环境之间、生物与生物之间的能量传递和转换过程，就是生态系统的能量流动过程，如图 9-6 所示。总之，生态系统中的能量流动，具有如下特点：一是能量流动是单向的、不可逆的。二是能量在沿食物链传递过程中是逐级减少的。三是生物体对能量的利用率非常低。绿色植物对太阳能的利用率大约为照射到地球表面能量的 1%；各消费者之间的能量利用率为 4.5%～17%，平均约为 10%。

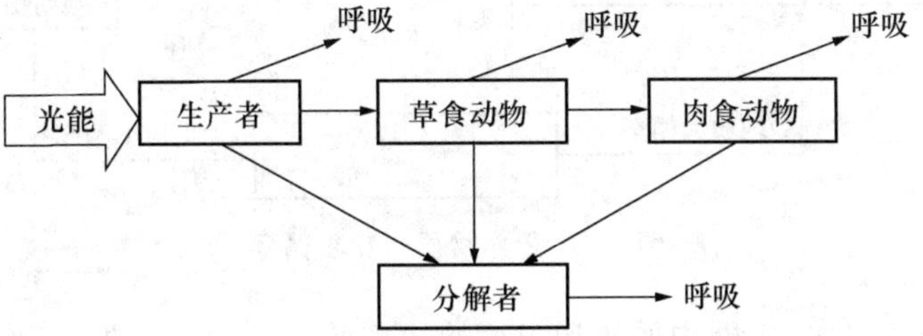

图 9-6　生态系统能量流动模式

B. 物质循环：地球上的各种化学元素和营养物质在自然动力和生命动力的作用下，在不同层次的生态系统和生物圈里，沿着特定的途径从环境到生物体，再从生物体到环境，不断地进行流动和循环，就构成了生物地球化学循环，简称生物地化循环。生物地化循环包括地质大循环和生物小循环，两者密切联系、相辅相成。

地质大循环是指物质或元素经生物体的吸收作用，从环境进入生物有机体内，生物有机体再以死体、残体或排泄物形式将物质或元素返回环境，进入大气、水、岩石、土壤和生物五大自然圈层的循环。地质大循环时间长，范围广，影响面大，几乎没有物质的输入和输出，是闭合式循环（图 9-7）。

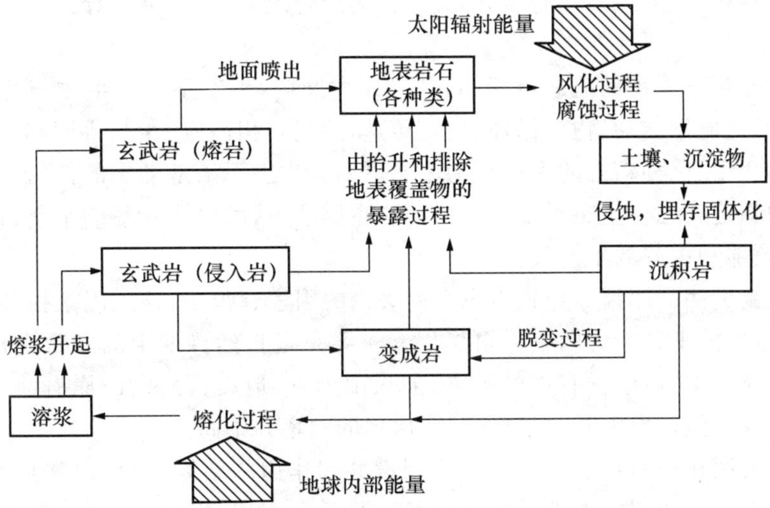

图 9-7　地质循环的主要过程

生物小循环是指环境中的元素经生物体吸收，在生态系统中被多层次利用，然后经过分解者的作用，再次被生产者吸收、利用。生物小循环的时间短，范围小，是开放式的循环（图 9-8）。

地质大循环是物质通过五大自然圈层的循环，具有全球性质，循环周期较长。如整个大气圈中的 CO_2 通过生物圈中生物的光合作用和呼吸作用，约 300 年循环 1 次，O_2 通过生物

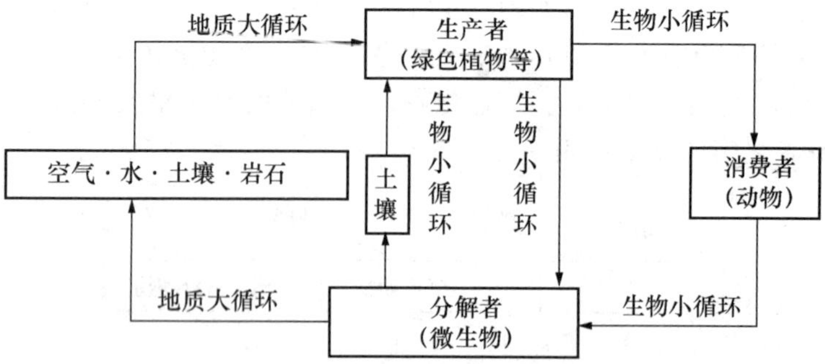

图 9-8　营养物质生物小循环

代谢约 2 000 年循环 1 次;水圈中的水通过生物圈的吸收、排泄、蒸发、蒸腾,约 200 万年循环 1 次。而生物小循环则要快得多,如水 10 d 就可以循环 1 次。

C. 信息传递:在生态系统的各组成部分之间及各组成部分的内部,存在着各种形式的信息,以此把生态系统联系成为一个统一的整体。生态系统的信息传递在沟通生物群落与其生存环境之间、生物群落内各种生物种群之间的关系方面起着重要作用。生态系统中的信息形式,主要有营养信息、化学信息、物理信息和行为信息等。这些信息最终都是经由基因和酸的作用并以激素和神经系统为中介体现出来的。物理信息有光、声、热、电、磁、颜色等。具有信息作用的化学物质很多,主要是一些次生代谢物质,如生物碱、萜类、黄酮类、非蛋白质的有毒氨基酸,以及各种苷类、芳香化合物等。营养信息是由于外界营养物质数量和质量上的变化,通过生物感知引起生物的生理代谢变化,并传递给其他个体或后代,以适应新的环境。许多植物异常表现和动物的异常行为所传递的信息,统称行为信息。

(2)生态平衡

多数学者把生态平衡的概念概括为:在一定时间内,生态系统中生物与环境之间,生物各种群之间,通过能量流动、物质循环、信息传递,达到互相适应、相互协调和统一的状态,处在动态的平衡之中,这种动态的平衡称为生态平衡。生态平衡是动态的,维持生态平衡不只是保持其原初稳定状态。生态系统在人为的有益影响下,可以建立新的平衡,达到更合理的结构,更高的效能和更好的生态效益。

①生态平衡失调的原因　导致生态平衡失调的因素有很多,这些因素按其属性来分,可分为两大类:自然因素和人为因素。自然因素主要是指自然界发生的异常变化或者自然界本来就存在的对人类、对生物有害的因素,如火山爆发、地震、台风、山崩海啸、水旱灾害、流行病等自然灾害。但这类因素常是局部的,出现的频率并不高。

生态平衡失调往往是自然因素和人为因素共同作用的结果,而且通常是人为因素的作用强化了自然因素的作用。人类是生态系统中最活跃、最积极的一个因素。在人类改造自然界能力不断提高的当今时代,人为因素对生态平衡的破坏而导致的生态平衡失调是最常见、最主要的。这些影响通常是伴随着人类生产和社会活动产生的。

A. 植被的破坏。以黄河中下游的黄土高原为例,历史上曾是森林茂盛、草原肥美、山清水秀、气候宜人的地方,但是经过几百年的掠夺式的开发,人为的干扰超过了生态系统自动调节能力的极限,因而破坏了该地域生态系统的生态平衡,使得森林被毁,草原缩小,气候反常,成为一片荒山秃岭。由于植被的破坏,这里的水土流失非常严重,大量泥沙被冲进黄河,造成下游河床逐年增高，形成了世界罕见的“悬河”。这是人类活动破坏生态平衡的一个严重教训。

B. 食物链的破坏。食物链的破坏往往会导致生态平衡失调。例如，青蛙能消灭大量的农作物害虫，有利于小麦等农作物的正常生长。但是前几年，某些地区由于大肆捕捉青蛙，用来喂养肉鸡，甚至人食青蛙，使得该地区的青蛙几乎濒于绝灭。结果黏虫在麦田里大量繁殖，造成小麦严重减产。这说明大肆捕食青蛙破坏了小麦—黏虫—青蛙这一食物链，引起该地区农田生态平衡失调。

C. 环境的污染。工厂排放的废水、废气、废渣等物质，农业上大量使用化肥和有机农药等都会造成环境的污染。这些污染物中往往含有有毒或有害的物质，进入生态系统后，会使动植物中毒，影响动植物的正常发育，甚至使某些动植物死亡，从而使生态系统平衡遭到破坏。例如，很多工厂排放的废气中含有二氧化硫等物质，使得雨水中含有硫酸等酸性物质。当雨中含酸量较高时，便会形成酸雨。酸雨能够影响动植物的生长发育，甚至造成动植物死亡，进而使生态平衡遭到破坏。酸雨进入水体可使湖泊、河流的水体酸化，造成鱼类等水生动物的大量死亡。

在城市生产生活中，生活污水的排放、工业污水的排放，使城市内以及周边的河流受到了较大程度的污染，河流和水域的生态平衡被打破，污染严重的地区甚至出现了水域生态系统的崩溃和毁灭。另外，城市的汽车尾气、烟尘排放、工业废气污染都给大气环境带来了沉重的负担和污染，使大气生态系统遭到了破坏，并且这种现象随着汽车的增多有愈演愈烈的趋势，为此我们必须高度重视。

D. 不顾原有生态系统的平衡盲目引进新物种。在有些地方人们对生态系统的平衡虽然引起了重视，在破坏的同时通过引进新物种方式进行弥补。但是，对于生态系统而言，新引进的物种与原生态系统是否能够共生是一个未知数。通过近些年的研究发现，新引进物种如果选择不当，不但对原生态系统无益，有甚者还会对原有生态系统造成较大的破坏，严重破坏生态平衡。所以，我们要在引进新物种的时候慎之又慎。

②生态平衡失调的标志　作用于生态系统的外部压力，可从两个方面来干扰和破坏生态平衡：一是损坏生态系统的结构，导致系统功能降低；二是引起生态系统的功能衰退，导致系统的结构解体。因此，生态平衡失调的标志，可以从结构和功能这两个方面来观察。

A. 生态平衡结构失调的标志。一是结构缺损。结构缺损是指生态系统缺损一个或几个组成成分，使生态平衡破坏，系统崩溃。系统承受巨大的外界压力，导致系统内部变化剧烈。例如大面积的毁林开荒，草原超强度开垦，使原有的生产者从生态系统中消逝；各级消费者也由于栖息地被破坏，食物来源枯竭而被迫转移或消逝；分解者和腐殖质，也因水土流失而被雨水或山洪冲走。最后，导致岩石或母质裸露和沙化，生态系统随之崩溃。二是结构变化。结构变化是指生态系统某一组成成分的结构发生变化。如生物种类减少，种群数量下降，层片结构变化等，引起生态平衡的失调。

B. 生态平衡功能失调的标志。生态系统的基本功能是能量的单向流动和物质的反复循环。当生态平衡失调时，和结构相对应，系统的功能也将衰退。

——能量流动受阻。当外界压力不断强烈干扰生态系统时，例如砍伐森林，过度放牧，频繁割草，污染水域，就会使绿色植物个体数减少，叶面积指数下降，同化面积缩小，进而影响各级消费者获得的能量，使第一性生产力下降，生态平衡失调。外界压力从两个方面来干扰和破坏生态系统中的食物链：第一，改变生态环境，使食物链遭到破坏。例如，水体缩小，引起鱼类减少。第二，直接捕杀或毒害某一级消费者，使食物链关系消失，生态平衡失调。

二是物质循环中断。如果物质循环在生产者、消费者和分解者之中的某一环节上中断，或者输出量与输入量之间的比例失调，就会破坏生态平衡。例如，在草原生态系统中，植物残落物和家畜排泄物是草原土壤有机质的两大来源。但草原上牧民把植物枯枝落叶和家畜粪便作为燃料的现象十分严重。这样长期下去，将导致营养物质循环中断，使土壤肥力下降，植被萎缩，出现生态平衡失调。

③生态平衡失调的调节　生态系统平衡失调的调节主要通过系统的反馈机制、抵抗力和恢复力实现。

A. 反馈机制。对于一个开放系统而言，它存在着与外部环境的输入与输出，如果输入一旦停止，系统就会失去其功能。开放系统如果具有调节其功能的反馈机制，该系统就成为控制系统。所谓反馈就是系统的输出变成了决定系统未来功能的输入。一个系统如果其状态能够决定输入，就说明它有反馈机制的存在。生态系统是一个开放系统，它存在着反馈调节的功能。反馈可分为正反馈和负反馈，两者的作用是相反的。正反馈可使系统偏离加剧，因此它不能维持系统的稳定。生物的生长过程中个体越来越大，种群数量的持续增长过程中种群数量不断上升等均属正反馈。正反馈是有机体生长和存活所必需的，但是正反馈不能维持系统的稳定，要使系统维持稳定，只有通过负反馈机制。种群数量的调节中，密度制约作用（如树木的自然稀疏）是负反馈机制的体现。负反馈调节作用的意义就在于通过自身的功能减缓系统的压力以维持系统的稳定。有人把生态系统比作弹簧，它能忍受一定的外来压力，压力一旦解除就能恢复原初的稳定状态。生态系统正是由于具备了这种反馈调节功能，才能在很大程度上克服和消除外来的干扰，保持自身的稳定性。后备力也与生态系统平衡的调节有关，它是指同一生物群落中具有同样生态功能的物种的数量。在正常情况下，这些物种中只有一个执行着同一功能的主要职能，其他的则显然并不重要或作用不明显，但它们是系统内储存的备件，一旦环境条件发生变化，它们可起到替代作用，从而保证系统结构的相对稳定和功能的正常进行，这些备件的存在实际上是系统反馈环的增加，因此后备力可看作系统反馈机制和完善与否的一种结构上的标志。

B. 抵抗力。抵抗力是生态系统抵抗外干扰并维持系统结构和功能原状的能力，是维持生态平衡的重要途径之一。抵抗力与系统发育阶段相关，生态系统发育越成熟，结构越复杂，抵抗外界干扰的能力越强。如森林生态系统，生物群落垂直层次明显，结构复杂，系统自身储存了大量的物质和能量，因此抵抗干旱和病虫害的能力远远超过单一的农田生态系统。环境容量、自净作用都是系统抵抗力的表现形式。

C. 恢复力。恢复力是指生态系统遭受干扰破坏后，系统恢复到原状的能力。生态系统恢复能力是由生命成分的基本属性决定的，是由生物顽强的生命力和种群世代延续的基本特征所决定的，所以恢复力强的生态系统，生物的生活世代短，结构比较简单，如草原生态系统遭受破坏后恢复速度比森林生态系统快得多。生物成分（主要是初级生产者层次）生活世代长，结构越复杂的生态系统，一旦遭到破坏则长期难以恢复。但就抵抗力而言，两者的情况却完全相反，恢复力越强的生态系统，抵抗力一般比较低，反之亦然。

D. 生物多样性调节机制。生物多样性是生态系统的主要内容，并日益被人们所重视。

其中物种多样性和生态系统多样性对生态系统的生存具有重要的作用：可以使生态系统对变化的环境有更多的适应方式；可以保证物种对环境的变化具有连续的适应性；有利于丰富生态系统的资源库；有利于增加生态系统的稳定性。一般说来，具有较多物种的群落，当物种间联结较少时，群落更加趋于稳定；具有较少物种的群落，当物种间联结较多时，群落更加趋于稳定，有利于提高生态系统的可持续性。

生态系统对外界干扰具有调节能力才使之保持了相对的稳定，但是这种自我调节的能力不是无限的，当外来干扰因素（地震、泥石流、火灾、修建大型工程、排放有毒物质、喷洒大量农药、人为引入并消灭某些生物等）超过一定限度时，生态系统的调节功能本身就会受到损害，从而导致生态平衡失调。显然生态平衡失调就是外来干扰大于生态系统自身调节能力的结果。不使生态系统丧失调节能力或不超过恢复力的外来干扰的最大强度称为生态平衡阈值。阈值的大小与生态系统的类型有关，另外还与外来干扰因素的性质、方式及作用持续时间等因素密切相关。生态平衡的确定是自然生态系统资源开放利用的重要参量，也是人工生态系统规划与管理的理论依据之一。

4. 活动过程

(1)基本原理

这里以水生生态系统初级生产力测定——叶绿素法为例。叶绿素是一类与光合作用有关的最重要的色素，包括叶绿素 a、b、c、d、f 以及原叶绿素和细菌叶绿素等。高等植物主要有叶绿素 a 和叶绿素 b 两种，均不溶于水，可溶于有机溶剂，如乙醇、丙酮及乙醚。叶绿素 a 呈蓝绿色，而叶绿素 b 呈黄绿色。在一定的光照强度下，叶绿素 a 的含量与光合作用强度之间存在密切关系，因此，可用分光光度法测定叶绿素 a 的含量作为判断水生生态系统初级生产力大小的指标，也可用于水体富营养化水平的评价，是水质检测的常规项目。

(2)操作步骤

第一步，用透明度盘测定水体透光深度，确定采样水深。

第二步，用采水器取适量水样，加少量碳酸镁粉，放于暗处，迅速带回实验室测定。

第三步，在抽滤器上装好乙酸纤维滤膜，先用 0.80 μm，再用 0.45 μm，光面在下，粗糙面在上。

第四步，向抽滤器中倒入 500 mL 的水样进行抽滤，抽滤时负压应不大于 50 kPa，抽完后，继续抽 1～2 min，以减少滤膜上的水分。

第五步，将载有浮游植物样品的滤膜放入研钵中，加入少量碳酸镁粉末和少量石英砂及 2～3 mL 90%丙酮，充分研磨，提取叶绿素 a。

第六步，将研磨后的匀浆物移入离心管中，用离心机(3 000 r/min)离心 10 min。将上清液移入 10 mL 的容量瓶中。再用 2～3 mL 90%丙酮，继续研磨提取，离心 10 min，并将上清液转入容量瓶中。重复 1～2 次后，再用 90%丙酮定容为 10 mL，摇匀。

第七步，将定容好的提取液在分光光度计上，用 1 cm 光程的比色皿，以 90%丙酮作空白，分别读取 750 nm、663 nm、645 nm、630 nm 波长的吸光度，其中 750 nm 的光密度用作校正样品的浑浊度，而 663 nm、645 nm、630 nm 吸光度则用以测定叶绿素 a。

5. 问题处理

(1)叶绿素 a 含量的计算

$$c_a=\frac{[11.64\times(D_{663}-D_{750})-2.16\times(D_{645}-D_{750})-0.10\times(D_{630}-D_{750})]V_1}{V\delta}$$

式中,c_a 为叶绿素 a 的含量,mg/m^3;D 为吸光度;V_1 为提取液定容后的体积($V_1=10$ mL);V 为抽滤水样体积($V=0.5$L);δ 为比色皿光程($\delta=10$ mm)。

(2)初级生产力的估算

表层水(1 m 以内)中浮游植物的潜在生产力(P_S)[$mg/(m^3\cdot h)$]可根据表层水叶绿素 a 的含量计算:

$$P_S=1\ 000c_a\cdot Q$$

式中,c_a 为表层叶绿素 a 的含量,mg/m^3;Q 为同化系数[mg C/(mg Chl-a · h)],表层水的同化系数为 3.7。

(3)结果分析

根据实验结果分析所测水生生态系统初级生产力,依据所学的理论知识分析该水域水质状况。

(4)注意事项

叶绿素 a 容易分解,提取液浓度随时间延长而降低,如不能立即提取,短期(1～2 d)保存可放入普通冰箱冷冻室;750 nm 的吸光度值不应超过 0.005,超过表示样品浑浊,可用丙酮校正。

活动二　城市生态系统

1. 活动目标

◆知识目标:熟悉城市生态系统的组成、结构和基本功能;了解当前城市生态系统存在的问题。

◆能力目标:能熟练进行城市水生生态系统初级生产力的测定。

2. 活动准备

根据班级人数,按 2 人一组,分为若干组,每组准备以下材料和用具:深水测温仪,照度计，透明度盘，采水瓶，溶解氧瓶（250 mL 具磨口塞），碘量瓶（250 mL），三角瓶，滴定管，移液管，铝箔纸，黑胶布，线绳，浓硫酸，（1∶5）硫酸，硫酸锰溶液，0.01 mol/L 硫代硫酸钠溶液，碱性碘化钾溶液，1%淀粉溶液，0.025 mol/L 重铬酸钾标准溶液。

配制以下试剂。

①硫酸锰溶液：准确称取 480.000 0 g $MnSO_4 \cdot 4H_2O$ 定容至 1 000 mL。此溶液加酸化过的碘化钾溶液中，遇淀粉不得产生蓝色。

②碱性碘化钾溶液：500 g NaOH 溶解于 350 mL 水中，150 mL 碘化钾溶于 200 mL 水中，冷却后合并两溶液，定容至 1 000 mL。

③1%淀粉溶液：称取 1 g 淀粉定容至 100 mL，加入 0.1 g 水杨酸防腐。

④0.01 mol/L 硫代硫酸钠溶液：称取 6.2 g $Na_2S_2O_3 \cdot 5H_2O$ 溶于煮沸冷却的水中，加入 0.2 g 碳酸钠，定容至 1 000 mL。贮存在棕色瓶中，使用前用 0.025 mol/L 重铬酸钾标准溶液标定，标定方法为：在 250 mL 碘量瓶中，加入 100 mL 水和 1 g 碘化钾，加入 10 mL 0.025 mol/L 重铬酸钾标准溶液，加入 5 mL（1∶5）硫酸，密封，摇匀，在暗处静置 5 min，用硫代硫酸钠溶液滴定至淡黄色，加 1 mL 淀粉溶液，继续滴定至蓝色褪去，记录硫代硫酸钠用量。则硫代硫酸钠的浓度为：

$$M = 10 \times \frac{0.025}{V}$$

式中，M 为硫代硫酸钠的浓度，mol/L；V 为滴定时消耗的硫代硫酸钠的体积，mL；10 为 0.025 mol/L 重铬酸钾标准溶液，mL；0.025 为重铬酸钾标准溶液的浓度，mol/L。

⑤0.025 mol/L 重铬酸钾标准溶液（1/6 $K_2Cr_2O_7$）：称取预先在 120℃烘干 2 h 的基准或优级纯重铬酸钾 1.225 8 g 溶于水中，移入 1 000 mL 容量瓶，定容。

3. 相关知识

从生态角度看，城市是一个以人类生活和生产活动为中心，由居民和城市环境组成的自然、社会、经济复合生态系统，或称城市生态系统。城市生态系统占有一定的环境地段，有其特有的生物组成要素和非生物组成要素，还包括人类和社会经济要素。这些要素通过物质-能量代谢、生物地球化学循环，以及物质供应和废物处理系统，形成一个有内在联系的统一整体。

(1)城市生态系统的组成

城市是一个庞大而复杂的复合生态体系，可分为自然生态系统、经济生态系统和社会生态系统 3 个子系统，各子系统下面又分为不同层次的次级子系统。这些子系统之间按照一定的形态结构和营养结构组成城市生态系统，如图 9-9 所示。

自然生态系统包括城市居民赖以生存的基本物质环境，如太阳、空气、淡水、森林、气候、岩石、土壤、动物、植物、微生物、矿藏以及自然景观等。它以生物与环境的协同共生及环境对城市活动的支持、容纳、缓冲及净化为特征。

经济生态系统涉及生产、分配、流通与消费的各个环节，包括工业、农业、交通、运输、贸易、金融、建筑、通信、科技等。它以物资从分散向集中的高密度运转，能量从低质向高质的高强度集聚，信息从低序向高序的连续积累为特征。

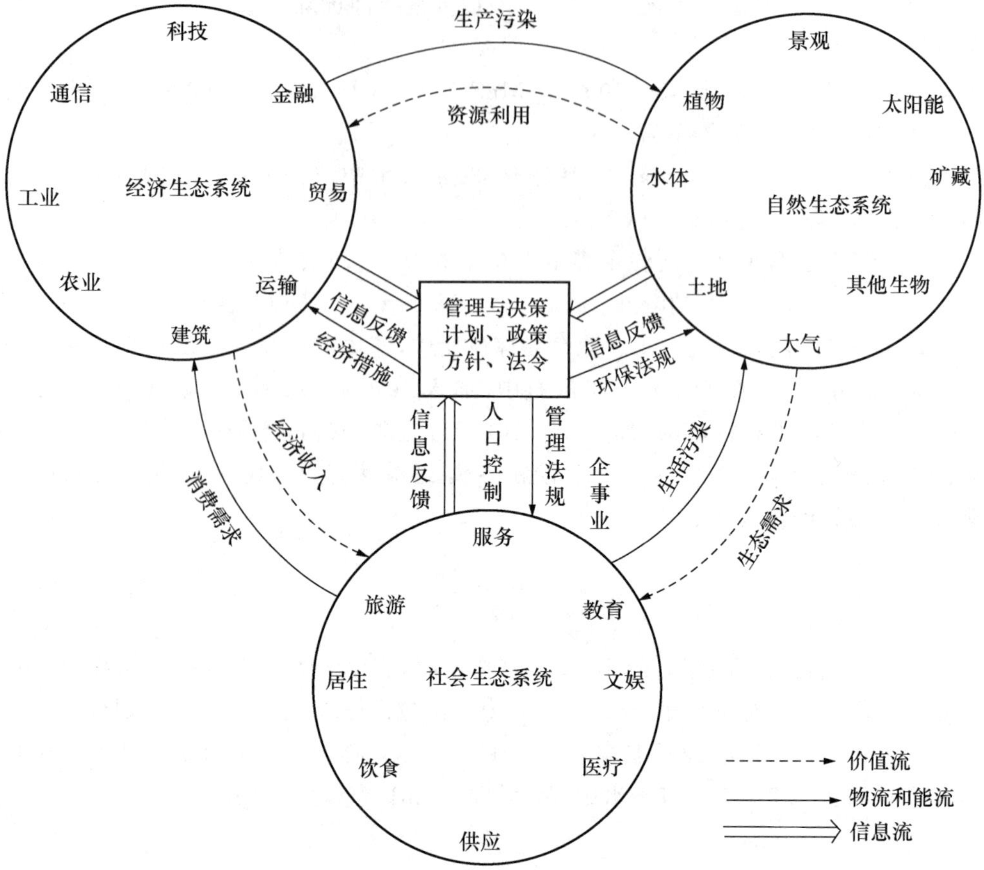

图 9-9 城市生态系统的组成

社会生态系统涉及城市居民及其物质生活与精神生活的诸方面，它以高密度的人口和高强度的生活消费为特征，如居住、饮食、服务、供应、医疗、旅游以及人们的心理状态，还涉及文化、艺术、宗教、法律等上层建筑范畴。社会生态系统是人类在自身的活动中产生的，主要存在于人与人之间的关系上，存在于意识形态领域中。

(2)城市生态系统的结构

①城市生态系统的形态结构　城市存在于一定的区域范围内，占有一定的空间位置，并具有某种形态结构。从城市的构型上看，城市的外貌除了受自然地形、水体、气候等影响外，更要受城市形成的历史、文化、产业结构、民族、宗教，甚至受人的兴趣等人为因素的影响。一般城市的总体构型有同心圆结构、棋盘结构、辐射形结构、卫星城结构及多中心镶嵌结构等。除城市构型外，城市的人口密度、功能分区和交通桥梁、道路等都是描述形态结构的因素。

②城市生态系统的营养结构　城市生态系统是以人类为中心的复合生态系统，系统中生产者——绿色植物的量很少，消费者主要是人，而不是其他动物，分解者微生物亦少。因此，城市生态系统不能维持自给自足的状态，需要从外界供给物质和能量，从而形成不同于

自然生态系统的倒三角形营养结构，如图 9-10 所示。

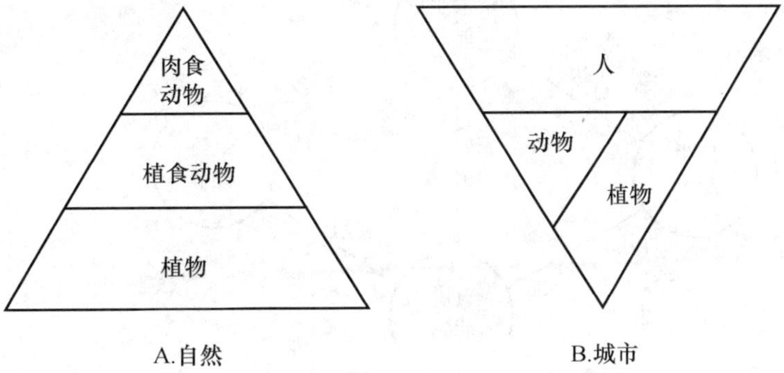

图 9-10　自然与城市生态系统的营养结构比较

③城市生态系统的营养物质　水、空气、食品等的加工、输入、传送过程都是人为因素起着主导作用。特别在现代城市中，其生态系统的营养物质传递媒介主要是金融、货币，政治经济规律起着决定性作用。可以认为城市生态系统的营养结构主要是城市的经济结构，包括城市产业结构、能源结构、资源结构和交通结构。经济结构又决定着城市的人口结构（城市生态系统的主要生物结构）和城市的形态结构（城市生态系统的空间结构）。

(3)城市生态系统的基本功能

城市生态系统和自然生态系统一样，也具有进行能量流动、物质循环和信息交换的 3 项基本功能，简称"流"，同时还特有人口流与价值流等城市生态流，也可以归入物质流中。

①城市生态系统的能量流　为了推动城市生态系统的物质流动，必须从外部不断地转入能量，如煤、石油、电力、水及食物（生物燃料）等，并通过加工、储存、传输、使用等环节，使能量在城市生态系统中进行流动。一般来说，城市的能量流随着物流的流动而逐渐转化和消耗，它是城市居民赖以生存、城市经济赖以发展的基础。城市生态系统的能量流动一般是由低质能量向高质能量的转化及消耗高质能量的过程，其中一部分能量被储存在产品中，而一部分损耗的所谓"废能"则以热能、磁能、辐射能等形式耗散于环境中，成为城市的热、磁、光、微波污染的污染源。城市生态系统的能量流动基本过程如图 9-11 所示。图中的原生能源（又称一次能源）是从自然界直接获取的能量形式，主要包括煤、石油、天然气、油页岩、油沙等；还有太阳能、生物能、风能、水能、潮汐能、波浪能、海洋温差能、核能和地热能等。原生能源中有少数可以直接利用，如煤、天然气等，但大多数都要经过加工或转化后才能利用。次生能源为经过加工或转化，便于输送、贮存和使用的能量形式，较单一，如电力、柴油、液化气等。有用能源指使用者为达到使用目的，将次生能源转化为特殊的使用形式，如马达的机械能、炉子的热能、灯的光能。最终能源则是能量使用的最终目的，是存在于产品中或投入到所创造的环境中的能量形式。如水泵把机械能转变为水的势能；炼钢炉把热能转变为钢材内部的分子能；日光灯把光能投入到所创造的明亮中，最终变为热量耗散掉等。

②城市生态系统的物质流　城市生态系统里的物质流动是建立在城市与城市外区域大量的工业原料和农副产品的输入和工业产品与废弃物的输出形成的城市新陈代谢基础之上的。每个城市天天都要从外界转入大量的矿石、煤、油、粮食、淡水等，同时，又向外界输出大量的工业产品、副产品、生活垃圾与工业废弃物。香港每天物质流动量高达 100 万 t。所以，城市是地球表层物质在空间大量集聚的地域，其物质的流速依据不同城市的状况而变化。

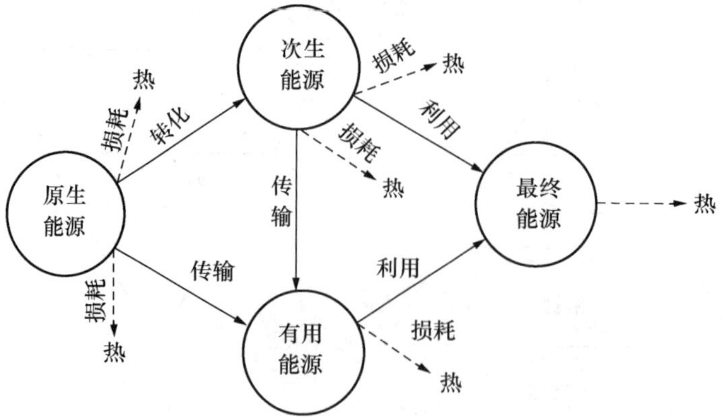

图 9-11　城市生态系统能量流动过程

城市生态系统的物质流包括资源流、货物流、人口流、劳力流、智力流。劳力流是特殊的人口流，包括劳力在时间上的变化，即由于就业、退休等导致劳力数量的变动和劳力在空间上的变化，即劳力在各职业部门的分配情况的变化。智力流则是特殊的劳力流，智力的开发过程（入学、就读、毕业、升学）是智力在时间上的变化，反映着城市智力结构的改变过程；而智力在空间上的变化则反映智力（人才）在不同部门中的改变。在物质流中，以货物流的流动过程最为复杂，它不是简单的输入和输出，其中还经过生产（形态、功能的转变）、消耗、累积及排放出废弃物等过程。城市生态系统的各个子系统中也有其自身的货物流。资源流虽不稳定，但其数量也是极大的，如空气、氧气和二氧化碳，其流动速率和强度，直接影响着城市的大气环境质量，资源流是物质流的重要组成部分。

③城市生态系统的信息流　信息流是对城市生态系统的各种"流"的状态的加工、传递、控制和认识的过程。信息就是指消息，是对某一事物不确定性的度量，或者说指对某事物知道、了解的程度。一个事物越复杂，其中所含的信息就越多。信息具有传递知识、传递情报、节省时间、提高效率等作用。城市中的任何运动都要产生一定的信息。如属于自然信息的水文、气候、地质、生物、环境等信息；属于经济信息的市场、金融、价格、新技术、人才、贸易等信息。城市具有完善的新闻传播网络系统，因而，可以在广阔的范围内能以高速度、大容量及时地传播信息。城市具有现代化的通讯基础设施，能够以信息系统连接生产、交换、分配和消费的各个领域、环节，可高效地组织社会生产和生活。城市的重要功能之一，就是输入分散、无序的信息，输出经过加工、集中、有序的信息。对于以政治、文化、科学、商业为中心的城市，这一功能尤其重要。城市的输出物中，除了物质产品和废物外，还有精神产品，这就要靠信息流来完成。信息流是附于物质流中的，报纸、广告、书刊、信件、照片等是信息的载体，电话、电视、电讯通信、网络也是信息的载体，人的各种活动，如集合、交谈、讲演、表演等，也是在交流信息。信息流量大小反映了城市的发展水平和现代化程度。信息流的高密度集中与高速度有序是现代城市的重要特征之一。

④城市生态系统的人口流　人口流是一种特殊的物质流，它包括时间上和空间上的变化。前者体现在城市人口的自然增长和机械增长上；后者体现在城市内部的人口流动和与相邻系统之间的人口流动上。城市人口流的时空变化往往是决定城市的规模、性质、交通量，以及生产、消费能力的主要依据。城市人口流可从自然生态系统的流动情况分为常住人

口(城市中有固定户口的市镇居民)和流动人口(临时户口及暂时过境旅游人口等)。如果从社会经济的观点出发,也可以把城市人口流按各专业的劳动力和技术人才分类。城市,特别是大城市,既是人口的密集之地,更是各种人才荟萃与培养之地,人才是使一个城市富有生机,使城市经济可持续发展的主导因素。

⑤城市生态系统的价值流　城市生态系统的价值流是物质流的表现与计量形式的体现,包括投资、产值、利润、商品流通和货币流通等,反映城市经济的活跃程度,其实质仍是物质流。城市既然是人类社会劳动及物质、经济交流的产物,则在系统运转的过程中必然伴随着价值的增值和金融货币的流动。城市往往是一定地域的货币流通中心或财政金融中心,并通过价值规律合理流通来调节城市的社会经济功能和生态功能的正常进行。当今世界,货币金融的流动往往会改变一个城市,甚至一个地区或者国家的性质与功能,所以,国际性大都市必须是一定范围的金融中心。

城市系统的能量流、物质流最能体现城市的特点、职能、发展水平和趋势,反映城市的生机、活动强度和对环境的影响等。目前世界各大城市的能量流、物质流强度均处于极高状态,如此强大的能量流、物质流对环境产生不可低估的影响,另外,高强度的人口流动也会带来严重的环境问题。总的来讲,城市生态系统物质流、能量流、信息流之间的关系为:信息流指导能量流和物质流;能量流为物质流和信息流提供能源;物质流是能量流和信息流的基础。

综上可见,由于城市生态系统正大大改变了自然生态系统的生命组分与环境组分状况,因此,使城市生态系统的功能同自然生态系统的功能比较,有很大区别。它是发展程度最高、反自然过程最强的人类生态系统。

(4)城市生态系统存在的问题

城市作为一种人口高度集中、物质和能量高度密集的生态系统,一方面极大地推动了人类经济和社会的发展,同时也对城市及其周围的生态环境产生了许多不利的影响,甚至殃及整个生物圈的结构和功能。

①自然生态环境遭到破坏　城市化的发展不可避免地在一定程度上影响了自然生态环境。一方面,城市化确实使人类为自身创造了方便、舒适的生活条件,满足了自己的生存、享受和发展上的需要。另一方面,城市化造成的自然生态环境绝对面积的减少并使之在很大区域内发生了质的变化和消失,这种变化对城市居民起着更为本质的作用。自然生态的破坏引发了一系列城市环境问题,如热岛效应、生活方式的改变等。另外,人类在享受现代文明的同时,却抑制了绿色植物、动物和其他生物的生存发展,改变着它们之间长期形成的相互关系。人类将自己圈在了自身创造的人工化的城市里而与自然生态环境隔离开来。

②城市土地占用　随着各国城市区域的扩大,所占土地面积越来越大,增加速度也日益加快。特别是发展中国家,近些年来,城市面积增大很快。

③城市的土壤变化　一是地下水位下降与地面沉降。城市建筑物密度增大和大规模排水系统以及其他地下建筑的增加,阻止了雨水向土壤中的渗透,使地下水位下降。另外,人们过量抽取地下水,也加剧了城市地下水位的下降。随着地下水位的大幅度下降,不仅使抽水地区的地面作垂直方向的沉降,而且沉降范围也向四周地区扩展,出现了地下水“漏斗”。这一切,会导致房屋破坏、地下管线扭折破裂而发生漏水、漏电、漏气等事故,对城市生活有着很大的影响。二是城市废物污染。工业城市中的垃圾不仅无法全部用以增加土地的肥力,

而且成为城市及社会的一大问题。我国历年垃圾的堆存量已高达 64.4×10^8 t，占地 5.6×10^4 hm^2，有 200 多座城市陷入垃圾包围之中。我国城市垃圾的无害化处理率仅为 2.3%，97% 以上的城市生活垃圾只能运往城郊长年露天堆放。在我国的垃圾中，有机物占 36%，无机物占 56%，其他占 8%，其中无机物的主要成分是煤灰和残土。在垃圾中危害最大的要数"白色垃圾"，这类垃圾很难自然分解，会进一步造成地下水和空气的污染。

④城市气候变化　城市中除了大气环流、地理经纬度、大的地形地貌等自然条件基本不变外，城市气候在气温、湿度、云雾状况、降水量、风速等都发生了变化。城市的气候现象对于城市大气污染物质的扩散规律及污染物质间的复合作用都有一定影响。一是产生城市热岛效应，形成城市热岛效应的主要原因：耗能散热量大；下垫面吸热导热好、保水性差；风速小、热量不易扩散。二是由于城市热岛效应，市区中心空气受热不断上升，四周郊区相对较冷的空气向城区补充，而在城市热岛中心上升的空气又在一定高度向四周郊区辐散下沉以补偿郊区低空的空缺，这样就形成了一种局地环流，称为"城市风"。

⑤城市大气污染　城市大气环境质量直接关系到城市居民的身体健康和生产能力的发挥。由于城市人口密集、工业和交通发达，从而消耗大量的石化燃料，并产生烟尘和各种有害气体，以至于城市内污染源过于集中，污染量大而复杂，加上特殊的城市气候，往往造成城市大气环境的污染状况更为复杂和严重。我国城市空气质量总体上仍处于较重的污染水平，燃煤是形成城市大气污染的主要原因，主要污染物为烟尘和二氧化硫。城市大气污染冬、春季较重，夏、秋季较轻。北方城市烟尘污染较重，南方城市二氧化硫污染较重。总体上看，北方城市重于南方城市。部分大、中城市出现煤烟与机动车尾气混合型污染，一些城市细粒子污染问题突出。

⑥用水短缺和水污染　水是城市存在的基本条件，但世界上很多城市都遇到水资源紧缺问题，城市供水问题当前在世界范围内已成为一个特别尖锐突出的制约性问题。据环境部门监测，全国城镇每天至少有 1 亿 t 污水未经处理直接排入水体。全国七大水系中 1/2 以上河段水质受到污染，全国 1/3 的水体不适于鱼类生存，1/4 的水体不适于灌溉，90%的城市水域污染严重，50%的城镇水源不符合饮用水标准，40%的水源已不能饮用，南方城市总缺水量的 60%～70%是由于水源污染造成的。

⑦城市噪声问题　据 2015 年环境公报，2015 年，324 个进行昼间监测的地级以上城市，道路交通噪声平均值为 67.0 dB(A)。其中，道路交通噪声环境质量为一级的城市占 65.4%，比 2014 年下降 3.5 个百分点；二级的城市占 29.6%，比 2014 年上升 1.5 个百分点；三级的城市占 2.8%，比 2014 年上升 1.0 个百分点；四级的城市占 2.2%，比 2014 年上升 1.3 个百分点；无五级的城市，比 2014 年下降 0.3 个百分点。

⑧城市电磁波污染　在一些大城市中，城市电磁波污染也日益引人注目。干扰台、广播和电视台、雷达站、高频热合机、火花塞等都是电磁波污染源。2015 年，31 个城市(包括 4 个直辖市和 27 个省会城市)环境电磁辐射水平均远低于《电磁环境控制限值》(GB 8702—2014)规定的公众暴露控制限值 12 V/m(频率范围为 30～3 000 MHz)。

⑨人口密集与绿地奇缺　据有关资料，国外 42 个大城市人口平均密度为每平方千米 7 918 人，其中高于这个值的有 14 个城市。随着我国社会经济的不断发展以及户籍制度的改革，城镇人口还会进一步增加。预计到 2025 年我国城市人口比例将达到 58%，2050 年则达到 70%左右。联合国规定的城市人均绿地标准为 50～60 m^2，2015 年，全国城市建成区绿地率达

36.34%，人均公园绿地面积达 13.16 m^2，与联合国的标准相差甚远。近几年来，我国城市绿地面积虽有所提高，但由于急功近利，多种植草皮，其生态效益不如树木，这也是新的问题。

上述这些问题在城市发展中逐渐超出了城市的地域、水域、空间、自然环境的承载能力。

4. 活动过程

(1)基本原理

城市水生生态系统包括湖泊、河流、池塘及小溪等生态系统。水体初级产氧量是评价水体富营养化水平的重要指标。这里以水生生态系统初级产氧量测定——黑白瓶法为例。

水生生态系统的初级产氧过程是由水生植物，尤其以水中浮游植物为主体的植物群落所完成的。黑白瓶法又称氧气测定法，是测定水生生态系统初级生产力常用方法之一。其操作过程为：用 3 个不同等规格的透明玻璃瓶，其中一个用黑色胶布缠上，再用铝箔纸包上，即为黑瓶(DB)。从等深度的水体中取样，保留一瓶为初始瓶(IB)，测定水中原来的溶氧量。将另外一对黑白瓶沉入取水样深度，经过 24 h 或其他设定时间，取出进行溶氧量测定。根据测定的初始瓶(IB)、黑瓶(DB)和白瓶(LB)溶氧量，可计算求得：

$$净初级生产量=LB-IB$$

$$总初级生产量=LB-DB$$

$$呼吸量=IB-DB$$

其原理为黑瓶是完全不透光的玻璃瓶，瓶内的植物在无光条件下只进行呼吸作用，瓶内氧气将会逐渐减少；白瓶是完全透明的玻璃瓶，在光照条件下，瓶内植物进行光合作用和呼吸作用，但以光合作用为主，瓶中溶解氧会明显增加。假定光照条件下与黑暗条件下，生物的呼吸强度相等，可根据黑白瓶中溶解氧的变化，计算光合作用和呼吸作用的强度，并可间接计算有机物质的生成量。该方法所反映的指标是每平方米垂直水柱的日平均生产力，即指每平方米垂直水柱中的初级生产者生产有机物的平均生产力，以 $g(O_2)/(m^2 \cdot d)$表示。已知氧气的生成量与有机物质的生成量之间存在着一定的相关性，即每产生 1 mol O_2(32 g)时即可生产 36 g 有机物，可测定的平均日生产力，计算有机物质的生成量。

(2)操作过程

①水样的采集

第一步，按浮游植物采样点及采水时间进行采样，首先用照度计测定水体透光深度，如果没有照度计可用透明度测定水体透光深度。采水与挂瓶深度确定在表面照度 100%～1%，可按照表面照度的 100%、50%、25%、10%、1%选择采水与挂瓶的深度和分层。浅水湖泊(水深≤3 m)可按 0.0 m、0.5 m、1.0 m、2.0 m、3.0 m 的深度分层。

第二步，每组 6 个 250～300 mL 的无色透明的试剂瓶，其中 2 个为原初瓶(IB)，2 个为黑瓶(DB)，2 个为白瓶(LB)。黑瓶要包裹严实，完全不透光。

第三步，一般从水面到水底每隔 1～2 m 挂一组瓶。为了测定光合作用指标，可在透明度的 1/2 深度处挂一组瓶，如水体透明度在 1 m 左右，应在 0.5 m 处采水挂瓶。

第四步，将采水瓶从待测的水体深度取水，保留原初瓶(IB)，测定实验前水体溶解氧，黑瓶和白瓶挂在取样水深处,24 h 或设定时间后取出。

第五步,培养结束后,取出黑白瓶立即用细尖的移液管加入 1 mL 硫酸锰溶液和 2 mL 碱性碘化钾溶液进行溶解氧固定,将试剂加入到液面之下,小心盖上塞子,避免空气带入,充分摇匀后放在黑暗处,带回实验室进行溶解氧测定(初始的溶解氧固定和室内测定方法与此相同)。

在水中加入硫酸锰及氢氧化钠溶液,生成氢氧化锰沉淀,此时氢氧化锰性质极不稳定,迅速与水中溶解氧化合生成锰酸锰。

$2MnSO_4+4NaOH=2Mn(OH)_2\downarrow+2Na_2SO_4$

$2Mn(OH)_2+O_2=2H_2MnO_3$

$H_2MnO_3+2Mn(OH)_2=MnMnO_3\downarrow+2H_2O$

②水中溶解氧的分析——碘量法

第一步,在固定水样瓶中加入 2.0 mL 浓硫酸,盖好瓶盖,剧烈上下反复摇动,待沉淀全部溶解后,水样呈黄棕色,放置暗处 5 min。加入浓硫酸使棕色沉淀($MnMnO_3$)与溶液中所加入的碘化钾发生反应,而析出碘,溶解氧越多,析出的碘也越多,溶液的颜色也就越深。

$2KI+H_2SO_4=2HI+K_2SO_4$

$MnMnO_3+2H_2SO_4+2HI=2MnSO_4+I_2+3H_2O$

$I_2+2Na_2S_2O_3=2NaI+Na_2S_4O_6$

第二步,取酸化后的水样 100 mL,用硫代硫酸钠标准溶液滴定至水样变成淡黄色时滴加淀粉批示剂 1 mL,水样变成蓝色,用硫代硫酸钠逐滴滴至蓝色消失,记录消耗硫代硫酸钠的体积。

5. 问题处理

(1)计算水中溶解氧含量

计算公式为:

$$\rho(O_2)=\frac{MV_2\times 8\times 10^3}{V_1}$$

式中:$\rho(O_2)$为水中溶解氧含量,mg/L;V_1 为水样测定体积,mL;V_2 为硫代硫酸钠用量的体积,mL;M 为硫代硫酸钠的浓度,mol/L;8 为 1 mol 的 O_2 和 4 mol 的 $Na_2S_2O_3$ 相当,用氧的摩尔数 325 除以 4 可得到氧的质量,mg。

(2)计算各水层日生产力

计算公式为:

$$PN=LB-IB$$

$$PG=LB-DB$$

$$R=IB-DB$$

式中:R 呼吸量,mg(O_2)/(L·d);PG 为日总初级生产量,mg(O_2)/(L·d);PN 为日净初级生产量,mg(O_2)/(L·d);IB 为原初溶氧量,mg(O_2)/(L·d);LB 为白瓶溶氧量,mg(O_2)/(L·d);

DB 为黑瓶溶氧量，$mg(O_2)/(L \cdot d)$。

(3)水柱日生产量

用算术平均均值累计法计算。

［示例］　某水体某日的 0.0 m、0.5 m、1.0 m、2.0 m、3.0 m、4.0 m 处的日生产力分别是 2.0、4.0、2.0、1.0、0.5、0.0 $mg(O_2)/(L \cdot d)$则某水柱总生产量的计算见表 9-1。

表 9-1　水柱日生产量的计算表

水柱高度/m	1 m^2 水层下水柱体积(L/m^2)	每升水平均日产量/[$mg(O_2)/(L \cdot d)$]	每平方米水面下各水柱日产量/[$g(O_2)/(m^2 \cdot d)$]
0～0.5	500	(2+4)/2=3	3×500=1 500 $mg(O_2)/(m^2 \cdot d)$ =1.5 $g(O_2)/(m^2 \cdot d)$
0.5～1.0	500	(4+2)/2=3	3×500=1 500 $mg(O_2)/(m^2 \cdot d)$ =1.5 $g(O_2)/(m^2 \cdot d)$
1.0～2.0	1 000	(2+1)/2=1.5	1.5×1 000=1 500 $mg(O_2)/(m^2 \cdot d)$ =1.5 $g(O_2)/(m^2 \cdot d)$
2.0～3.0	1 000	(1+0.5)/2=0.75	0.75×1 000=2 500 $mg(O_2)/(m^2 \cdot d)$ =0.75 $g(O_2)/(m^2 \cdot d)$
3.0～4.0	1 000	(0.5+0)/2=0.25	0.25×1 000=1 500 $mg(O_2)/(m^2 \cdot d)$ =0.25 $g(O_2)/(m^2 \cdot d)$
0～4.0			$\sum = 5.5\ g(O_2)/(m^2 \cdot d)$

(4)有机物生成量计算

计算公式为：

$$M = m \times \frac{36}{32} = \frac{9}{8} \cdot m$$

式中：M 为有机物生成量，$g(O_2)/(m^2 \cdot d)$；m 为水柱日生产量，$g(O_2)/(m^2 \cdot d)$。

［示例］由表 9-1 可见上例水柱日生产量为 5.50 $g(O_2)/(m^2 \cdot d)$，将产氧量粗略换算为该水域第一性生产量为：

$$M = 5.5 \times \frac{9}{8} = 6.19[g(O_2)/(m^2 \cdot d)]$$

即每日每平方米水面平均生产有机物为 6.19 g。

(5)结果分析

根据测定结果，计算测定水域生态系统初级生产力，分析测定水域水质状况；分析不同深度的水域实际生产力。

(6)注意事项

此方法不能估计底栖群落的代谢，另外此方法常常忽略细菌对氧的消耗，而低估了水生植物的产量；测定工作最好在晴天进行，详记天气情况，如晴/阴/多云、风向、风力等；记录各层水温、透明度及水草分布情况；此外，还应测定水中主要营养盐含量，如无机磷、无机氮等；

挂瓶时间依测试目的的不同而定；如遇到光合作用很强，形成过饱和氧很多，在瓶中产生大的氧气泡不能放掉，可将瓶略微倾斜，小心打开瓶塞加入固定液，再盖上瓶塞充分摇匀，使氧气充分固定；每个样瓶至少滴定两次，两次滴定用量误差不超过 0.05 mL。

活动三　城市景观生态

1. 活动目标

◆知识目标：了解景观生态学基础知识；认识城市景观结构和功能。
◆能力目标：能熟练进行城市景观要素调查。

2. 活动准备

根据班级人数，按 5 人一组，分为若干组，每组准备以下材料和用具：照相机、调查表、笔。

3. 相关知识

城市景观一般具有大量的、规则的人工景观要素，如大楼、街道、绿化带、商业区、文教区、工业区等，是各种人造景观的高度集合。

(1)景观生态学基础

①景观的含义。有关景观的概念不同学者从不同学科领域曾有不同论述，内涵上早已超出了景观的最原始意义：景色、风景。我国学者俞孔坚认为，景观是美，是栖息地，是具有结构和功能的系统，是符号，是当地的自然和人文精神；郭晋平认为，景观是个生态学系统，是具有一定自然和文化特征的地域空间实体，是异质生态系统的镶嵌体，是人类活动和生存的基本空间。

综合多位学者观点，景观是可识别的地表可见景象的综合。它具有明确的边界和统一的外貌，空间重复性是其重要的特征。具体包括：作为生产性的空间，如农田景观，所有"自然"或"风景"都是副产品；体现在娱乐、自然保护、观赏等于一体的多功能景观；传统的具有历史意义的景观，如原始森林等；由于社会城市发展的要求，被忽视的可能会逐渐消失的景观；没有潜在生产力的自然残留的景观。

②景观生态学。德国著名生物学和地理学家特罗尔被认为是景观生态学的创始人，他把景观定义为将地圈、生物圈和智能圈的人类建筑和制造物综合在一起的，供人类生存的总体空间可见实体。1986 年福尔曼与戈德伦合著的《景观生态学》标志着景观生态学发展进

入一个崭新的阶段。他们认为，景观生态学是研究景观的结构、功能和变化的科学。换言之，景观生态学是以景观为对象，研究其结构、功能及变化的生态学科。

我国景观生态学工作者较多地接受福尔曼和戈德伦对景观生态学的表述，但显然这一概念突出了美国生态学研究注重基础理论和生态学过程研究的特点，在一定程度上忽视了景观作为人类活动空间的意义和人类对景观的双重意义。1996 年徐化成在原有基础上对景观生态学的研究内容做了必要的扩展，他认为，“景观生态学的研究内容不仅包括景观的结构、功能和变化，还包括景观的规划管理”。可见，景观生态学是以景观为研究对象，重点研究景观的结构、功能和变化以及景观的科学规划和有效管理的一门宏观生态学科。其研究内容包括 4 个方面：一是景观结构，景观组成单元的类型、多样性及其空间关系；二是景观功能，景观结构与生态学过程的相互作用或景观结构单元之间的相互作用；三是景观动态，景观在结构和功能方面随时间推移发生的变化；四是景观规划与管理，根据景观结构、功能和动态及其相互制约和影响机制，制定景观恢复、保护、建设和管理的计划和规划，确定相应的目标、措施和对策。

许多不同领域的专家对景观进行了不同目的的研究，研究景观生态学的来源也相当复杂，如生态学、生物学、地理学、经济学、伦理学、规划与设计技术等，充分体现了景观生态学作为一门交叉学科应有的特色，而景观生态学本身也大大得益于各相关学科理论与技术的成就，如统计学、“3S”技术、信息系统、数据库技术等在景观生态学研究中得到了广泛应用，当然景观生态学的有关理论也被广泛应用于诸如生物多样性保护、景观规划、环境艺术设计等相关领域，得到了相得益彰的显著效果。人类活动是景观生态变化的主要驱动力，人文过程也是景观过程的重要内容之一，景观生态学对景观管理、可持续发展等的重要作用逐渐为社会所认识。景观生态学家也越来越多地参与到社会经济活动管理与决策过程之中。在我国经济迅速发展的历史阶段，面对景观土地利用的迅速变化，景观生态学与经济学的融合使景观生态学成为决策支持的重要科学基础。

③景观生态学的特点。景观生态学明确强调空间异质性、等级结构和时空尺度在研究生态学格局和过程及其相互关系中的重要性，强调景观异质性的维持和发展，强调人类活动对景观和其他尺度上生态学系统的影响，强调生态系统的空间结构和生态过程在多个时空尺度上的相互作用。所以景观生态学的特点可以简单地概括为以下几点。

第一，具有整体性和系统性。景观生态学强调研究对象的整体特征和系统属性，通过研究其组成部分的性质和特点去推断整体的属性。虽然景观生态学仍然重视景观要素或景观结构成分的基本属性和动态特点，但景观生态学更多地通过景观要素之间的空间关系和功能关系作为景观整体属性加以研究和分析，揭示景观整体对各种影响和控制因素的反应。

第二，具有异质性和尺度性。由于景观异质性对景观稳定性、景观生产力和干扰在景观中的传播速率、方向和方式等都有显著影响，因此景观生态学对空间异质性更为重视，研究景观异质性的来源、维持和管理是景观生态学的一个重要方面。尺度是研究对象的空间维度，一般用空间分辨率和空间范围来描述，表明对细节的把握能力和对整体的概括能力。尺度越小，对细节的把握能力越强，而对整体的概括能力越弱。由于生态学中的许多事件和过程都与一定的时间和空间尺度相联系，不同的生态学问题只能在不同尺度上加以研究，其研究结果也只能在相应的尺度上应用。

第三，具有综合性和宏观性。景观生态学重点研究宏观尺度问题，其重要特点和优势之一就是高度的空间综合能力，特别是在利用遥感技术、地理信息系统技术、数学模型技术、空间分析技术等高新技术研究和解决宏观综合问题方面具有明显的优势。在景观水平上将资源、环境、经济和社会问题进行综合，以可持续的景观空间格局研究为中心，探讨人地关系及人类活动方式的调整，研究可持续的、宜人的、生态安全的景观格局及其建设途径，可以为城市或区域可持续发展规划提供理论和技术支持。

第四，具有目的性和实践性。由于景观生态学中的问题直接来源于现实景观管理中的实际问题，景观生态学的许多研究成果受时间空间尺度和多种复合约束条件的限制。同时，景观生态学研究成果通过景观规划途径在景观建设和管理实践中得到应用，其应用效果反过来成为进一步深入研究的基础，这种良性互动或反馈促进关系始终是景观生态学发展的动力源泉。

(2)城市景观结构

大多数人认为，城市景观是指城市布局的空间结构和外观形态，包括城市区域内各种组成要素的结构组成及外观形态，是以城市建成区为主体，由城市街区、道路、公园、绿地、林地及近郊城郊型农田等景观要素构成，以人类活动为主导，发挥城市功能的地域实体。

①城市景观的特点。概括起来，城市景观的特点主要表现在高度人工化(或人类主导性)、鲜明的地方特色、生态不稳定性和高度异质性等 4 个方面。

第一，高度人工化。城市景观是以人工建筑为主体构成的景观，其生态系统中的物质和能量输入和输出也强烈地受人为控制和调节，由于人类有意识地强烈干预和影响，城市环境的水文、气象、地质、地貌和动植物等生态因子，都发生了很大变化。城市内部及城市与外部系统之间的物质、能量、信息的交换，主要靠人类活动来协调、维持和完成，这是城市景观区别于其他景观的最重要特点。在城市景观生态中，一方面城市生态系统受人类的控制而发生变化，如果离开了人类的调控，城市系统就会崩溃；另一方面人类通过科学规划、有效管理对城市景观结构进行调节，使城市生态过程向持续健康的方向发展。

第二，鲜明的地方特色。城市景观是高度人工化的景观，必然使城市打上文化的烙印，一个城市景观不仅反映出城市的不同地域特点和气候等自然地理特征，而且还反映出该地域人文背景和经济发展的差异，使各城市景观都表现出浓厚的地方特色，反映出城市社会经济发展状况和城市的历史文化特点。所以不同的城市代表不同的景观特色。

第三，生态不稳定性。城市景观受人为活动的控制，变化很不稳定，主要表现在城市景观的快速发展和城市景观生态系统的脆弱性上。一方面随着城市经济的快速发展，景观的变化速率也很快，城市政治、社会、文化等因素的变动也会迅速反映在城市景观的变化上，与林区景观、农业景观等其他景观相比，城市景观的变化要快得多，城市景观的不稳定性是显而易见的。尤其在新兴城市，景观格局在短短十几年甚至几年的时间里，就会有翻天覆地的变化，像北京、南京、上海、西安、广州等老城市的变化也很快，特别是城市规划思想的转变会对城市景观的总体格局产生重大影响。城市景观的变化也不仅表现在城市景观边际带(城市郊区、城乡接合部)的扩展，还表现在老城区改造、城市道路改造等引起的城市景观总体格局的变化。另一方面表现在城市生态系统对外部物质、能量、信息等系统输入和内部生态过程人为调控的高度依赖性上，这种依赖性决定了城市景观的生态脆弱性，特别是环境生态系统的自我调节反馈机制很不完善，城市生态系统的稳定性受到影响，成为城市景观生态退化的诱因或隐患。

第四，高度异质性。城市景观生态与城市以人类生产、生活活动为主导的生态过程相适应，城市人口密集、物质密集、能量密集、信息密集，各种网络纵横交错、四通八达，许多不同性质的廊道贯穿市区，不同生态属性、社会经济属性的斑块划分细碎，表现出更高的景观异质性。景观的破碎性明显，自然生态要素斑块的连接度或连通性都比较低，这些大小不等、功能各异的斑块、廊道、网络通过人流、物流、能流、信息流等有机地结合成一个整体，完成城市景观的各项功能。维护城市景观的异质性，特别是积极保护和不断增加城市景观中的各类绿地、水域等自然、半自然景观要素，始终是城市景观生态建设和管理的核心内容。

②城市景观的要素。景观是由异质生态系统组成的陆地空间镶嵌体，这些相互作用的、性质不同的生态系统称为景观要素。就城市园林生态建设的角度来看，城市山体和水体、城市公园、城市街道、城市广场和绿地是主要的景观要素类型，而城市人文古迹、园林建筑等，也是重要的城市景观要素(表 9-2)。

表 9-2　城市景观主要构成要素及其相关景物

景观要素	相关景物
道路	街道、高速道路、过街天桥、电线杆、架空道路、照明灯、电话亭、交通信号、交通标志、自行车停放处、汽车停车站、消防栓、喷水池、林荫路等
历史性建筑物	庙宇、宫殿以及其他历史性纪念建筑物
一般建筑	办公楼、学校、图书馆、电影院、剧院、艺术馆、青少年宫等建筑、住宅建筑群
构筑物小品等	桥梁、水塔、烟囱以及广告牌、围墙等小品
人工绿地	公园、绿地、名胜古迹、历史性庭园、古树等
自然植被	植物群落、生境
山体	地形、地貌、地质构造
水体	海、河流、湖、水塘、瀑布等以及喷泉、流水、水池等人工水体
动物	昆虫、鸟、鱼、小动物
光	太阳、夜间照明、烟火等

A. 城市山体和水体景观。城市或城市郊区的山体和水体景观，是城市的重要组成部分，使城市景观具备更加明显的地方特色和自然特点。许多城市的山体和水体都成为该城市景观特色的重要标志，如北京的香山。

城市景观中的山体，有的是山在城中，如北京的香山、广州的越秀山、长沙的岳麓山等，有的是城在山中，如山城重庆、贵阳、遵义等，它们或植被茂盛、物种丰富，或峰峦起伏、秀丽多姿，或形态奇特、气势雄伟，与城市其他景观要素浑然一体，作为城市景观中不可多得的自然景观资源，为城市增添异彩，甚至城市郊区的山体也可纳入城市景观体系，通过交通廊道将它们与城市景观连为一体，作为城市景观规划的重要内容。如北京的万寿山、九江的庐山、沈阳的东陵山、杭州的玉皇山、武汉的龟山和蛇山、承德的避暑山庄等，成为城市居民节假日休闲娱乐的场所，有些已经成为全国闻名的风景旅游胜地，如南京的紫金山，桂林的七星岩、芦笛岩、观音岩，北京的云水洞、石花洞，肇庆的七星岩、凌霄岩，贵阳的地下公园等。

水体是城市景观中不可缺少的基本要素，许多中国古典园林以曲折的自然水体为中心，形成园中的主景。现代园林利用地形改造挖湖堆山，或利用天然湖泊造景。城市景观中的水体除了具有景观效果外，还具有淡水资源、水运通道、水产养殖、水上运动、水上游乐、调节城市气候等功能。如杭州西湖、武汉东湖、北京昆明湖等都是构成城市优美景观不可分割的部分。一些城市及其郊区的温泉，往往成为城市重要的风景旅游资源，如西安华清池、济南的趵突泉、北京玉泉山的泉水和小汤山的温泉、昆明的安宁温泉等。

B. 城市公园。城市公园也是城市景观中重要的景观要素，多数城市具有各类不同规模的公园，是城市绿地系统的主体，包括综合性公园、动物园、植物园、儿童公园、街头小游园、街心花园等。城市公园是以绿地为主体，在建筑密集的城市景观中，是城市的"肺"和"空调器"，对改善城市生态环境起着重要作用，而且也常常是城市景观中重要的生物栖息地。城市公园为市民提供一个安静、清洁、舒适、贴近自然的休闲游憩场所。有些公园还是生物物种异地保护、进行科研的重要场所，具有科普教育的功能。

C. 城市街景。街道是城市景观中主要的廊道，是城市生态功能流的通道，是城市景观中商业区、行政中心、车站码头、居民区等重要景观要素的分隔带和联系纽带，发挥交通运输功能，也是城市污染的重要来源地段，如汽车尾气、噪声、尘埃、垃圾等污染物沿街道分布和扩散，所以城市街道规划设计的合理与否对空气流通、城市热扩散、污染物稀释扩散以及消除城市噪声污染有重要意义。反映城市街景的要素主要有街区建筑、街道绿化模式、街道设施和小品等是突出城市景观特色、提高城市景观品位的重要手段，如北京的长安大街。

D. 城市广场。城市广场是指由城市建筑、街道和绿地等围合或限定形成的永久性城市公共活动空间，是城市景观的重要组成部分，是城市廊道的重要结点，又是城市居民社会活动的主要场所，也是体现城市景观特色的重要载体，是城市开敞空间中最具公共性、最富艺术魅力、最能反映城市文化特色和品位的地方。城市广场一般都兼具多种功能，但多数广场都有一定的主题或主要功能，可以分为集会广场、纪念性广场、交通集散广场、商业广场、文化娱乐广场和附属广场等不同类型。城市广场作为城市景观的一个组成部分，除了功能上的要求之外，对城市广场的艺术要求也越来越高，许多城市广场已经成为城市的标准，如北京的天安门广场、上海人民广场、莫斯科红场、罗马圣彼得大教堂广场、波士顿科普利广场等。

③城市景观结构成分。组成景观的生态要素称景观结构成分，景观结构成分对城市景观的功能及其动态变化有重要作用。景观结构成分是生态学和自然地理学性质各异、而形态特征和空间分布特征相似的景观要素，是对景观要素从空间结构的角度进行分析和考察时的重新划分。

一是斑块。城市景观中的公园、林地、广场，农业景观中的村庄、片林、旱田、水田、水塘，林区景观中不同类型的林地、灌丛、农田、采伐迹地等，是景观中内部属性、结构、功能、外貌特征相对一致，与周围景观要素有明显区别的块状空间地域实体或地段，称为斑块。同一景观中包含不同类型的斑块，也就是不同性质的景观要素，因此，斑块的功能主要取决于斑块作为景观要素的属性。如城市景观中的林地、公园、广场、公共绿地、水域、住宅区、工厂等，都具有不同的功能，林地、公园等能提供重要的生物栖息地、改善小气候、除尘降噪和游憩观赏等；广场等是市民重要的休息、娱乐、集会的场所等。

二是廊道。景观中的廊道也称为廊带，廊道是斑块的一种特殊形式，是指与两边的景观要素或本底有显著区别的带状地段。廊道既可以是孤立的，也可以与某种类型斑块相连接；既可以是天然的，也可以是人工的。如呈带状的植物丛形成的绿篱、防护林带、不同绿化程度的道路、具有不同水文特征和河岸植被的河流等。廊道的功能可以概括为纵向的通道功能、横向的屏障和过滤功能3个方面。同时，廊道本身也有观赏美学功能和其他社会经济功能。廊道在纵向上的通道功能可以表现在多个方面，如道路是重要的人流、物流通道，河流是地表径流和城市废水的通道，树篱、绿化带和防护林带常常是许多生物种在景观中迁移、扩散的通道等。城市景观中的道路、河流和沟渠、绿化带等在横的方向上往往成为人们在景观中运动的屏障，而绿化带还可以作为不良景观的视觉屏障。封闭的高速公路和城市道路对于人和许多地面动物来说是难以穿越的，但对于鸟类和昆虫却构不成障碍。许多廊道对于横向穿越的物质、能量、物种等具有过滤作用。如来自工业区含有烟尘或其他污染物的空气，在流经防护林带时总会得到一定程度的过滤和净化。

三是基底。景观要素中面积最大、连接度最高、对景观的功能的控制作用最强的景观要素称为基底，也称基质、模地或者背景。一般来说，基底的相对面积最大，应超过所有其他景观要素类型的总和，至少其面积占总面积的50%。基底是连接城市景观要素的纽带，它控制了景观中最强影响因素，其他的景观要素的变化都是以基底为中心的，进而影响城市各景观要素对城市的生态作用。一定规模的城市景观系统与周边景观系统（农业景观、郊区景观等）的物质和能量交换相联系，规模越大，物质和能量聚集的程度越高，作为基底的功能越显著，对城市中大量高新技术、产品的输出以及对污染物和城市废弃物的吸纳和过滤作用越强。

(3)城市景观功能

①城市景观的生产功能。城市是典型的人工景观，是人类文明的具体体现，为人类社会的进步和发展做出了突出贡献。城市景观以化石能源为基础，具有非凡的生产能力，能生产各类物质性和精神性产品，彻底改变了自然景观的格局、功能，并在生态环境上与农村存在着很大差异。

A. 生物生产。城市生态系统中的绿色植物，如农田、森林、草地、果园、菜园、苗圃等具有将太阳能转化为初级产品碳水化合物的能力，生产出粮食、蔬菜、水果、花卉及其他产品，该生产在整个城市生产中不占主导地位，但在这个过程中吸收二氧化碳、释放氧气等功能，对维持城市生态环境质量至关重要。由于城市所辖范围狭小，其本身生态系统的生物初级生产不足以满足城市景观生态系统次级生产的需要量，需要大部分从外地调进，表现为明显的客观依赖性。

B. 非生物生产。城市景观生态系统具有其特殊的功能，能创造物质与精神财富。其中物质生产包括正向物质生产和负向物质生产。正向物质生产是指满足人类物质生活需要的各类有形产品及服务，包括各类工业、手工艺、文化艺术等产品；基础设施产品；金融、医疗、教育、文化娱乐、通信、交通、贸易等服务性产品。负向物质生产是指城市景观生态系统向周围环境排出"三废"物质，对环境产生严重的危害。

②城市景观的美学功能。城市景观能给人以美的享受。当人与大自然的和谐相处融合于自然景观之中时，人的感情、精神、思想、道德会得到进一步的升华，达到更高的境界。城市中的自然景观具有以下美学特征：合适的空间尺度；景观结构的适量有序化；多样性和变化性；清洁性；安静性；运动性；持续性和自然性。自然景观结构性强，能吸引人，唤起人们追求奇异的特性。

③城市园林景观的功能。园林景观是城市生态系统的子系统，在保持整个城市生态平衡方面起着极其重要的功能：园林植物可以减少噪声；具有降温和增加相对湿度作用；净化

空气，抵抗污染作用；具有防风与调节气流作用；具有遮阴、防辐射作用；有些园林植物可以起到监测环境作用；减少水土流失，改良城市土壤；调节氧气、二氧化碳的平衡；提供动植物生境，维持生物多样性，保持生态平衡；营造良好视觉，增加环境的可观赏性。

4. 活动过程

主要调查当地城市景观要素，调查过程如下：

(1)地点确定。选取学校所在地的城市一定范围地区。

(2)调查准备。先通过网络查询、城市规划部门资料收集等途径，了解该范围基本情况。

(3)实地调查。分组调查当地景观要素情况，完成表 9-3 内容。

5. 问题处理

活动结束后，完成表 9-3 内容，并写一份 1 000 字左右的“××城市景观要素调查报告”。

表 9-3 ________城市景观要素调查表

景观要素			是否应用	景观描述及评价
自然景观要素	山岳风景景观	山峰、岩崖、洞府、溪涧与峡谷、火山口景观、高山景观、古化石及地质奇观		
	水域风景景观	泉水、瀑布、溪涧、峡谷、河川、湖池、滨海、岛屿		
	天文气象景观	日出、晚霞、云雾景观、海市蜃楼景观		
	生物景观	植物类景观、动物类景观		
历史人文景观要素	名胜古迹景观	古代建设遗迹、古建筑(古代宫殿、宗教祭祀建筑、亭台楼阁建筑、名人居宅建筑、古墓神道建筑)、古工程、古战场		
	文物艺术景观	石窟、壁画、碑刻、摩崖石刻、雕塑艺术品、诗词、楹联、字画、出土文物及工艺美术品		
	民间习俗与节庆活动	生活习俗、地方节气、民族歌舞、民间技艺、服饰、神话传说		

续表 9-3

景观要素				是否应用	景观描述及评价
园林工程要素	山水工程	地形间架	陆地及地形(平地、坡地、山地)水体水景(自然、规则、混合、观赏、活动、静态、动态)		
		水景工程	驳岸、闸坝、落水、跌水、喷泉		
	道路桥梁工程		园路、园桥、汀步		
	假山置石工程		假山(土山、石山、土石相间)、置石(特置、对置、散置、群置)		
	建筑设施工程	游憩建筑设施	科普展览建筑(展览设施)、文体游乐建筑(文体场地、露天剧场、游艺室、康乐厅、健身房等)、游览观光建筑(亭、廊、榭、舫、厅、堂、楼、阁、殿、斋、馆、码头、轩、码头)、园林小品(园椅园桌、展览宣传牌、景墙、景窗门洞、栏杆、花格、雕塑)		
		服务类建筑设施	饮食业建筑设施(餐厅、食堂、酒吧、茶室、冷饮、小吃部)、商业性建筑设施(商店、小卖部、购物中心)、住宿建筑设施、摄影部、售票房		
		公用类建筑设施	标识系统、停车场、供电照明、供水与排水设施、厕所		
		管理类建筑设施	大门、围墙、其他管理类设施(办公室、广播站、宿舍食堂、医疗卫生、治安保安、温室荫棚、变电室、垃圾污水处理场)		

调查日期： 调查人： 指导教师：

其他说明：

活动四　园林生态系统

1. 活动目标

◆知识目标：了解园林生态系统的组成与特点；认识园林生态系统的组分结构、时间结构和空间结构，熟悉园林生态系统的功能。

◆能力目标：能熟练进行园林生态系统的组分与结构分析；能熟练进行园林生态系统物种多样性的测定。

2. 活动准备

根据班级人数，按 5 人一组，分为若干组，每组准备以下材料和用具。

(1)园林生态系统的组分与结构分析：测绳，皮尺，花杆，测高器，钢卷尺，计算器，手持罗盘；

(2)园林生态系统物种多样性调查：测绳，皮尺，卷尺，测高仪，GPS，海拔仪，计算器等。

3. 相关知识

作为典型的人工生态系统，园林生态系统不仅受自然条件和自然资源的制约，还受人类活动的影响；不仅受自然生态规律的支配，还与人类社会经济、文化发展紧密相关。

(1)园林生态系统的组成

园林生态系统由园林生物和园林环境两部分组成。

①园林生物。园林生物是指生存于园林边界内的所有植物、动物和微生物。它们的存在和结构状况决定园林生态系统的功能和作用。

A. 园林植物。园林植物包括各种园林树木、草本、花卉等陆生和水生植物。园林植物有不同的分类方法，常用的分类方法有：

按植物学特性进行分类，可划分为以下 6 类：一是乔木类，如梅花、红叶李、碧桃等小乔木；圆柏、樱花、木瓜、枇杷等中乔木；银杏、悬铃木、毛白杨等大乔木。二是灌木类，如金丝桃、紫叶小檗等小灌木；南天竹、小叶女贞、麻叶绣球、贴梗海棠等中灌木；蚊母树、珊瑚树、紫玉兰、榆叶梅等大灌木。三是藤本类，如紫藤、木香、凌霄、五叶地锦、爬山虎、金银花等。四是竹类，如毛竹、紫竹、斑竹、凤尾竹、佛肚竹、茶秆竹、苦竹、箬竹等。五是草本植物，包括一年生、二年生草本植物和多生草本植物。六是仙人掌及多浆植物，主要是仙人掌类，还有景天科、番杏科等植物。

按观赏特性不同进行分类，又可划分为以下 5 类：一是观形类。由于不同树种有不同的主干、分枝和树冠的生长发育规律，因而树形有明显差异，可以作为观赏点。如雪松、水杉、广玉兰、黑杨等。二是观枝干类。树木主干、枝条形状，树皮的结构、色泽，也是千姿百态，各具特色的。如毛白杨、白皮松、梧桐、竹子等。三是观叶类。树叶的大小、形状、颜色、质地和着生在枝上的疏密度等各有不同，显示出不同的景观，给人以不同的感受。如鹅掌楸、银杏、枫香、红叶李、紫叶小檗等。四是观花类。植物花的绽放，是植物生活史中最辉煌的时刻，也是园林景观中最引人入胜的观赏点。可观花的植物类型非常多，如桃、梅、玫瑰、石榴、牡丹、桂花、紫藤等。五是观果类。许多树种具有美观的果实或种子，给人以丰足、富裕、满意的感觉。如南国红豆，营造出另外一个仪态万千的世界。可观果的植物类型非常多，如木瓜、罗汉松、紫珠、栾树、火棘、南天竹等。

B. 园林动物。园林动物是指在园林边界内生存的所有动物，包括鸟类、昆虫、兽类、两栖类、爬行类、鱼类等。园林动物是园林生态系统的重要组成成分，对于增添园林的观赏点，增加游人的观赏乐趣，维护园林生态平衡，改善园林生态环境有着重要的意义。

鸟类是园林动物中最常见的种类之一。人们常将鸟语花香作为园林的最高境界。如广东新会的“小鸟天堂”，是全国最大的天然赏鸟乐园，已成为著名的国际级生态旅游景点。

昆虫是园林动物中的常见种类之一，有植物必有昆虫。园林昆虫有两大类：一类是害虫，如鳞翅的蝶类、蛾类，多是人工植物群落中乔灌木、花卉的害虫。另一类是益虫，如鞘翅目的某些瓢虫，有园林植物卫士之称，专门取食蚜虫、虱类等。又如蜜蜂，在园林中起着传花授粉的作用。但从生态学的角度看，保护园林昆虫，对维护园林生态系统的生态平衡有重要的意义。

兽类是园林动物的种类之一。由于人类活动的影响，除大型自然保护景区外，城市园林环境和一般旅游景区中大中型兽类早已绝迹，小型兽类偶有出现。常见的有蝙蝠、黄鼬、刺猬、蛇、野兔、松鼠、花鼠等。在园林面积小、植物层次简单的区域，兽类的种类和数量较少；而园林面积较大、植物层次丰富的区域，园林动物就较多。据调查，北京颐和园和圆明园约有 12 种园林动物，而香山公园则达到 18 种之多。

鱼类是园林动物和种类之一。中国园林，有园必有水，有水必有鱼，而且多为观赏鱼类，人工放养。鱼类在园林水系统中起着重要的生态平衡作用，它们通过取食可净化水系统；鱼的活动，平添园林景观，增加游人乐趣，特别是有大型水域的园林，可供游人垂钓，另是一番情趣。

C. 园林微生物。园林微生物指在园林环境中生存的各种细菌、真菌、放线菌、藻类等。园林微生物通常包括园林环境空气微生物、水体微生物和土壤微生物等。园林环境中的微生物种类，特别是一些有害的细菌、病毒等，数量和种类较少，因为园林植物能分泌各种杀菌素消灭细菌。园林土壤微生物的减少主要由人为影响引起。如风景区各种植物的枯枝落叶被及时清扫干净，大大限制了园林环境中微生物的发展。因此城市园林必须投入较多的人力和物力行使分解者的功能，以维持正常的园林生物之间、生物与环境之间的能量传递和物质交换。

②园林环境。园林环境通常包括园林自然环境、园林半自然环境和园林人工环境 3 部分。

A. 园林自然环境。园林自然环境包含自然气候、自然物质和原生地理地貌 3 部分。自然气候即气候、温度、湿度、降水等，为园林植物提供生存基础。自然物质是指维持植物生长发育等方面需求的物质，如自然土壤、水分、氧、二氧化碳、各种无机盐类以及非生命的有机物质等。原生地理地貌，即造园时选定区域的地理地貌，亦称小生境。原生地理地貌对园林的整体规划有决定性的作用，对植物布局和其后的生存发展有重要影响。

B. 园林半自然环境。园林半自然环境是经过人工打造的，仍以自然属性为主的环境。如人工湖、人工堆积的小山，直接影响园林景观布局，它改变了原生地理地貌，增加了原区域不曾有的小气候和地理异质性。通过选择合适的植物种类，可造就与本地植被类型不同的植物景观。如承德避暑山庄就是典型的以半自然环境为主体的园林。

C. 园林人工环境。园林人工环境是指人工创建的，受人类强烈干扰的园林环境。该类环境下的植物须通过人工保障措施才能正常生长发育，如温室、大棚及各种室内园林环境等都属于园林人工环境。在园林人工环境中所产生的土壤条件、光照条件、温湿度条件等构成园林人工环境的组成部分。

(2)园林生态系统的特点

园林生态系统来自于自然生态系统，因而无论是生物组分还是环境组分都与自然生态系统有很多相似的特征。然而，园林生态系统又是人类对自然生态系统长期改造和调节控制的产物，因此又明显区别于一般自然生态系统。主要区别表现为以下几个方面：

①园林生态系统的植物种类构成不同于自然生态系统。园林生态系统中的植物种类是经过人类引种、挑选、驯化、培育的，其构成的群落是人类干预下形成的。由于植物群落不同，系统内的生物种群亦不尽相同。特别是由于人类有目的地控制园林中对景观无利用价值和对园林生物有害的生物，使园林生态系统中的生物种类减少，物种多样性降低，生态系统的稳定性也远低于自然生态系统。

②园林生态系统的稳定机制不同于自然生态系统。园林生态系统生物种类减少，食物链结构变短，其稳定机制受强烈的人工影响。由于人工保障的结果，园林生物对环境条件的依赖性增加，抗逆能力减弱，自然调节稳定机制被削弱，系统的自我稳定性下降。因此，园林生态系统中需要人为的合理调节与控制才能维持其结构与功能的相对稳定性。如常进行施肥、喷药、灌水、整形修剪等辅助能量的投入，以增加系统的稳定性。

③园林生态系统的开放程度高于自然生态系统。园林生态系统为了满足人类物质和文化生活发展的需要，建立清洁卫生的环境，就要不断地修剪树木、修剪草坪、清扫落叶残枝，输出一定量的有机物质。从系统的输入机制看，除了太阳能以外，需要向系统输入化肥、农药、机械、电力、灌水等物质和能量。这就表明园林生态系统的开放程度远远超过自然生态系统。

④园林生态系统的环境条件不同于自然生态系统。园林生态环境的生物经过人类改良和培育，同时人类也在对园林的自然生态环境进行调控和改造，以便为园林生物生长发育创造更为稳定和适应的环境条件。例如，人类通过整改园林田地、施用肥料、灌溉排水、中耕除草、病虫防治、建造温棚等措施，调节园林生物生长发育的光、温、水、氯、热、营养物质有害生物等环境条件，使园林生态环境显著不同于自然生态环境。

⑤园林生态系统运行的“目的”不同于自然生态环境。自然生态系统的“目的”是使生物现存量最大，充分利用环境中的能量和物质，维持结构和功能的平衡与稳定。园林生态系统的“目的”则完全服从人类在社会生活和生态环境方面的需求。即为居民提供良好的休憩、

游赏环境，使人们在回归自然的过程中身心放松，精神愉悦，精力充沛，达到体力和智力的充分恢复。

(3)园林生态系统的结构

园林生态系统的结构由3个要素组成：构成系统的组分；组分在时间、空间中的位置；组分间能量、物质、信息的流动途径和传递关系。

①园林生态系统的组分结构。园林生态系统的组分结构由园林生物和园林环境两部分构成。从园林生物的物种结构看，园林生态系统中各种生物种类以及它们之间的数量组合关系多种多样，不同的园林生态系统，其生物种类和数量有较大的差别。小型园林只有十几个到几十个生物种类构成，大型园林则由成百上千的园林植物、园林动物和园林微生物所构成。

从园林环境结构看，园林生态系统的环境结构主要指自然环境和人工环境。自然环境包含光照、温度、湿度、降水、气压、雷电、自然土壤、水分、氧、二氧化碳、各种无机盐类以及非生命的有机物质等；人工环境指人工创建的、受人类干预的园林环境，如温室、人工化土壤、人工化光照条件及温度条件等，此外，为了增加园林生态系统的人文环境，树立以人为本的理念，提高园林生态系统的景观效果，加强园林生态系统的管理，人为建造山、石、路、池、塘、亭、管、线、灯等，也应视为园林生态系统的人工环境。

②园林生态系统的空间结构。园林生态系统的空间结构指系统中各种生物的空间配置状况，通常分为水平结构和垂直结构。

A. 水平结构。园林生态系统的水平结构指园林生物在园林边界内地面上的组合与分布。因各地自然条件、社会经济条件和人文环境条件的差异，在水平方向上表现有自然式结构、规划式结构和混合式结构3种类型：一是自然式结构。园林植物在地面上的分布表现为随机分布、集群分布或镶嵌式分布，没有人工影响的痕迹。各种植物种类、类型及其数量分布没有固定的形式，表面上参差不齐，没有一定规律，但本质上是植物与自然完美统一的过程。各种自然保护区、郊野公园、森林公园的生态系统多是自然式结构。二是规则式结构。园林植物在水平方向上的分布按一定的造园要求安排，具有明显的规律性，圆形、方形、菱形等规则的几何形状，或对称式、均匀式等规律性排列。一般小型城市园林、小型公园的生态系采取规则式结构。三是混合式结构。园林植物在水平方向上的分布既有自然式结构，又有规则式结构，二者有机地结合。在造园实践中，绝大多数园林采取混合式结构。因为混合式结构既有效地利用当地自然环境条件和植物资源，又按照人类的意愿，考虑当地自然条件、社会经济条件和人文环境条件提供的可能，引进外来植物构建符合当地生态要求的园林系统，最大限度地为居民和游人创造宜人的景观。

B. 垂直结构。园林生态系统的垂直结构指园林生物在一定的区域范围内垂直空间上的组合与分布。在垂直方向上，环境因子因地理高程、水体深度、土层厚度不同而使生物群落形成层次，形成适应不同环境条件和各类层次的立体结构。主要表现为以下6种配置状况：一是单层结构，仅由一个层次构成，或草本，或木本，如草坪、行道树等。二是灌草结构，由草本和灌木两个层次构成，如道路中间的绿化带配置。三是乔草结构，由乔木和草本两个层次构成，如简单的绿地配置。四是乔灌结构，由乔木、灌木两个层次构成，如小型休闲森林等的配置。五是乔灌草结构，由乔木、灌木、草本3种层次构成，如公园、植物园、树木园中的某些配置。六是多层复合结构，除乔、灌、草以外，还包括各种附生、寄生、藤本等植物配置，如复杂的森林或营造的一些特殊的植物群落等。

③园林生态系统的时间结构。园林生态系统随着时间推移而表现出不同结构，就是园林生态系统的时间结构。园林生态系统的时间结构主要表现为两种形式。

A. 季相变化。是指园林生物群落的结构和外貌随季节的更迭依次出现的改变。植物的物候期现象是园林植物群落季相变化的基础。在不同的季节，会有不同的植物景观出现，人们春季品花、夏季赏叶、秋季看果、冬季观枝干等。随着人类对园林人工环境的控制及园林新技术的开发应用，园林生态系统的季相变化将更加丰富多彩。

B. 长期变化。是指园林生态系统随着时间的推移而产生的结构变化。这是在大的时间尺度上园林生态系统表现出来的时间结构。如园林植物的生长，特别是高大乔木生长所表现出来的外部形态变化等。此外，人类的干预也能导致园林生态系统的长期变化，如通过园林的长期规划所形成的预定结构表现，它是在人工管理和人为培育过程中实现的。

④园林生态系统的营养结构。园林生态系统是典型的人工生态系统，其营养结构也由于人为干预而趋于简单。例如地面的枯枝落叶、植物残体被及时清理，导致园林微生物群落衰减，进而影响土壤肥力，迫使人类投入更多的物质和能量以维持系统的正常运转。园林生态系统的营养结构有如下特点：

A. 食物链上各营养级的生物成员在一定程度上受人类需求的影响。在造园时人们按照对改善生态环境、提供休闲娱乐及生物多样性的保护等有目的地安排园林的主体植物，系统中的其他植物则是从自然生态系统所继承下来的。与此相衔接，食物链上的动物或微生物必然受到人类的干预。此外，为保证园林植物的健康成长，人类不得不采取措施控制园林生态系统中的病、虫、鼠、草等有害生物，避免其对园林生物存活及生长发育造成有害的影响。同时，鸟类等有益生物，则受到人类的保护，从而得到加强。园林生态系统的各生物存在状况决定了其食物链上各营养级的生物成员在一定程度上受人类需求的影响。

B. 食物链上的各生物成员的生长发育受到人为控制。自然生态系统食物链上的生物主要是适应自然规律，进行适者生存的进化。而园林生态系统中各营养级的生物成员，则在适应自然规律的同时还受人类干预完成其生活史，实现系统的各种功能，表现各种形态和生理特性。特别是园林的主体植物，其生长发育过程受到人为控制和管理，从种子苗木选育、营养生长到生殖生长都受到人为控制。

C. 园林生态系统的营养结构简单，食物链简短而且种类较少。自然生态系统的生物种类较多，其食物网较复杂，从而使系统内的物质、能量转换效率高，系统的稳定性好。园林生态系统由于受到人为干预，系统内的生物种类大大减少，使营养结构简单，食物链简短，系统的抗干扰能力较差，稳定性亦差，在很大程度上依赖于人为的干预和控制。为了提高园林生态系统的稳定性和抗逆性，人类不得不增加投入和管理，如灌水、施肥、使用化学农药和植物生长调节剂等以维持系统的稳定和正常运行。

为了减少园林生态系统的投入和管理，维持其良好的运转，要增加园林生物种类的多样性和层次的复杂性，营造园林生态环境的自然氛围，为当今向往自然的人们，特别是城市居民提供享受自然的空间，更好地满足人类身心健康的需求。

(4)园林生态系统的功能

①园林生态系统的能量流动。园林生态系统中的能量流动，除了遵循生态系统能量流动的一般规律外，由于大量人工辅助能的投入，可以极大地强化能量的转化速率和生物体对

能量贮存的能力。园林生态系统由于受到人类不同程度的干预，是一种人工或半人工的生态系统。其能量流动过程不同于自然生态系统，具体表现为以下特点。

第一，园林生态系统能量来源于大量的人工投能。园林生态系统能量来源于两个方面：一方面来自于太阳辐射能；另一方面还有大量的辅助能投入。大量的人工投能是园林生态系统能流的最大特点。不同的区域，由于地形、地势、海拔、纬度、坡向等因素的影响，使各地的太阳辐射能表现出一定的差异，这包括光质、光照强度和光照时间的不同；另外，由于不同地区的社会、经济、技术条件的不同，向园林生态系统投入各种辅助能的数量和质量也有所不同。因此，园林生态系统的能量流动表现出明显的地域性差异。

第二，园林生态系统能流途径不同于自然生态系统。园林生态系统中的园林动物和园林微生物作用相对较弱，园林植物贮存的能量不以为各种消费者提供能量为主要目的，而是以实现净化环境等各种生态效益，供人们观赏、休闲等社会效益为目的。

第三，园林生态系统表现为开放系统，必须施加人工投入，才能维持系统的正常运转。园林生态系统的植物、动物、微生物在能量转化过程中所固定的能量，由于人为的管理作用，必然不断地被输出系统之外；与此同时，为维持系统的正常运转，又需要有大量的能量投入来补充，使系统的能量输入和输出保持动态的平衡。从生态系统原理和园林生态系统的特点看，人为干预园林生态系统是必不可少的，但应尽量增加园林植物的种类及数量，为各种园林动物与园林微生物提供生存空间，以充分发挥园林动物与园林微生物在整个生态系统中的作用。这样，既可以减少园林管理者的能量投入，又可以促进园林生态系统自身调控机制和自然属性的发挥，增加系统的自然气息和活力，使人类更能接近自然，享受自然。

②园林生态系统的物质循环。园林生态系统的物质循环主要包含园林植物个体内的养分再分配、园林生态系统内部的物质循环和园林生态系统与外界环境之间的物质循环。

A. 园林植物个体内养分的再分配。园林植物的根吸收土壤中的水分和矿质元素，叶吸收空气中的 CO_2 等营养物质满足自身的生长发育需求，并将贮藏在植物体内的养分转移到需要的部位。植物在其体内转移养分的种类及其数量，取决于环境中的养分状况以及植物吸收的状况。一般在养分比较缺乏的区域，植物体内的养分再分配较为明显，通过养分在植物体的再分配，以维持植物正常的生长发育。这也是植物保存养分的重要途径。植物体内养分的再分配在一定程度上缓解了养分的不足。有些植物在不良的环境条件下形成了贮存养分的特化组织器官，但这不能从根本上解决养分的亏缺。因此，在园林生态系统中，要维持园林植物的正常生长发育，特别是在贫瘠的土壤环境，要通过人为补施水分、矿质元素等物质以满足植物生长的需要。

B. 园林生态系统内部的物质循环。园林生态系统内部的物质循环是指在园林生态系统内，各种化学元素和人物沿着特定的途径从环境到生物体，再从生物体到环境，不断地进行反复循环利用的过程。园林动物在生长发育过程中，其排泄物或其死体直接留在系统内，为微生物分解，或为雨水冲刷进入土壤，变成简单物质后可为植物生长再吸收利用，即进入下一轮循环。由于园林生态系统是人工生态系统，因而其系统内的物质循环扮演着次要的角色。人们为了保证园林的洁净，将枯枝落叶及动、植物死体清除出系统外，客观上削弱了园林生态系统内部的物质循环。

C. 园林生态系统与外界环境之间的物质循环。园林生态系统是人工生态系统，要维持系统的正常运行，满足人类对园林的观赏和游逸需求，就必须从系统外输入大量的物质以保证园林植物的生长、发育并保持植物体或群落的样貌。与此同时，园林植物的残体、剪枝、落叶又被清除出园林系统。一进一出，构成园林生态系统与外界环境之间的物质循环。

③园林生态系统的信息传递。信息传递是园林生态系统的功能之一。园林生态系统是一种人工控制的生态系统，人类利用生物与生物、生物与环境之间的信息调节，使系统更协调、更和谐；同时，也可利用现代科学技术控制园林生态系统中的生物生长发育、改善环境状况，使系统向人类需要的方向发展。

A. 光信息在园林生态系统中的应用。许多植物都有较明显的光周期现象，并依此而分化出短日照植物和长日照植物及中性植物等类群。利用光信息可调节和控制生物的生长发育，这在花卉生产上应用较多，利用光周期现象控制植物开花时间。或因昆虫对各种波长的光反应不同，可以利用昆虫的趋光性诱杀园林害虫。

B. 化学信息在园林生态系统中的应用。在园林生态系统中，人们常利用昆虫的性外激素诱捕昆虫，通过所诱捕的虫数，可以短期预报害虫的发生时期、虫口密度及危害范围。人们也通过在园林中释放人工合成的性引诱剂，使雄虫无法辨认雌虫的方位，或者使它的气味感受器变得不适应或疲劳，不再对雌虫有反应，从而干扰害虫的正常交尾活动，有效地控制害虫的虫口密度。

C. 营养信息在园林生态系统中的应用。在自然界，人们都知道植物有趋水性、趋肥性、趋光性，实际上这都是营养信息作用的表现。园林管理实践中，人们常用激素控制植物的生长发育，如用矮壮素控制植物徒长，用乙烯利控制植物开花，用脱落酸疏枝疏叶，采取深松表土的方法促使植物扎深根，喷施叶面肥促使植物健壮生长等，都是应用营养信息作用于园林生态系统的范例。

④园林生态系统的服务功能。生态系统的服务功能是指生态系统及其生态过程所形成及所维持的人类赖以生存的自然环境条件与效用。它给人类社会、经济和文化生活提供了许许多多必不可少的物质资源和良好的生存条件。生态系统服务功能的内涵包括有机质的合成与生产、大气组成的调节、气候的调节、水资源的贮存和保持与调节、土壤肥力的更新与维持、营养物质贮存与循环、环境净化与有害有毒物质的降解、生物多样性的产生与维持、植物花粉的传播与种子的扩散、有害生物的控制、基因资源的保持、提供娱乐和文化等多方面。

A. 净化空气和调节气候。园林生态系统对大气环境的净化作用主要表现为维持碳氧平衡、吸收有害气体、滞尘效应、减菌效应、负离子效应等方面。园林植物在生长过程中，通过叶面蒸腾，把水蒸气释放到大气中，增加了空气湿度、云量和降雨。园林植物的生命过程还可以平衡温度，使局部小气候不至于出现极端类型。园林植物群落可以降低小区域范围内的风速，形成相对稳定的空气环境。或在无风的天气下，形成局部微风，能缓解空气污染，改善空气质量。

B. 生物多样性的维护。生物多样性是生态系统生产和生态系统服务的基础和源泉。园林生态系统可以营建种种类型的绿地组合，不仅丰富了园林空间的类型，而且增加了生物多样性。园林生态系统中的各种植物类型的引进，一方面可以增加系统的物种多样性，另一方面又可保存丰富的遗传信息，避免自然生态系统因环境变动，特别是人为的干扰而导致物种的灭绝，起到了类似迁地保护的作用。

C. 维持土壤自然特性的功能。土壤是一个国家财富的重要组成部分。在人类历史上，肥沃的土壤养育了早期文明，有的古代文明因土壤生产力的丧失而衰落。今天，世界约有

20%的土地因人类活动的影响而退化。通过合理地营建园林生态系统,可使土壤的自然特性得以保持,并能进一步促进土壤的发育,保持并改善土壤的养分、水分、微生物等状况,从而维持土壤的功能,保持生物界的活力。

D. 减缓自然灾害。良好、结构复杂的园林生态系统,可以减轻各种自然灾害对环境的冲击及灾害的深度蔓延,如干旱、洪涝、沙尘暴、水土流失、台风等。各种园林树木对以空气为介质传播的生物流行性疾病、放射性物质、电磁辐射等有明显的抑制作用。

E. 休闲娱乐功能。园林生态系统可以满足人们日常的休闲娱乐、锻炼身体、观赏美景、领略自然风光的需求。能减轻压抑,使心理和生理病态得到康复和愈合。洁净的空气、和谐的草木万物,有助于人的身心健康,使性格和理性智慧得以充分地发展。

F. 精神文化的源泉及教育功能。各地独有的自然生态环境及人为环境塑造了当地人们的特定行为习俗和性格特征,同时决定了当地人们的生产生活方式,孕育了各具特色的地方文化。园林生态系统在给人们休闲娱乐的同时,还可以使人们学习到自然科学及文化知识,增加人们的知识素养。让人们在对自然环境的欣赏、观摩、探索中,得到许多只可意会而难以言传的启迪和智慧。多种多样的园林生态系统的生物群落充满着自然的艺术情趣和无际的科学规律,是人们学习的大课堂,为人们提供了丰富的学习内容;园林生态系统丰富的景观要素及生物的多样性,为环境教育和公众教育提供了机会和场所。

4. 活动过程

(1)园林生态系统的组分与结构分析

选择一个园林生态系统,进行下列全部或部分内容。

第一步,选定调查对象,明确系统边界。调查所在城市的一个行政区(或县级市镇、县城镇),指导教师把全班分成若干学习小组,每一个学习小组负责调查一个园林生态系统(独立的园林单元或区域);全班调查的行政边界看作系统的边界,每个学习小组调查的对象称为子系统。

第二步,实施系统调查,广泛收集资料。确定了系统边界以后,通过同学们的实地勘测、查阅和收集资料,掌握该系统的园林生物和环境因子的种类、数量、特征,明确系统的组分。

第三步,分析结构特点,形成分析结论。调查中注意了解系统内的生物与环境之间的关系,掌握系统内各组分的种类和数量比例,分析该系统的空间结构(水平结构及垂直结构)和时间结构,形成分析结论。

(2)园林生态系统物种多样性的测定

①基本原理。对园林生态系统进行调查,掌握α-多样性、β-多样性和γ-多样性。

A. α-多样性。α-多样性是指在栖息地或群落中的物种多样性,其计算方法为:

第一,辛普森多样性指数(Simpson's diversity index)。辛普森多样性指数是在一个无限大小的群落中,随机抽取两个个体,对它们属于同一物种的概率是多少进行假设而推导出来的,其公式为:

辛普森多样性指数＝1－随机取样的两个个体属于同一物种的概率
＝1－每个物种的物种个数除以总植株个数的平方的加和

即

$$D=1-\sum_{i=1}^{S}p_i^2$$

式中:D 为辛普森指数;S 为各物种的数目。

由于取样的总体是一个无限群落,P_i 的真值无法直接得出,所以它的最大必然估计量是:

$$P_i=\frac{N_i}{N}$$

式中:N_i 为物种 i 的个体数;N 为群落中全部物种的个体数。

由此,辛普森指数为:

$$D=1-\sum_{i=1}^{S}p_i^2=1-\sum_{i=1}^{S}\left(\frac{N_i}{N}\right)^2$$

例如,有两个群落,且群落中只有 A 和 B 两个物种,甲群落中 A、B 两个种的个体数分别为 80 和 20,而乙群落中 A、B 两个种的个体数均为 50,按辛普森多样性指数计算:

甲群落的辛普森指数:$D_{甲}=1-[(80/100)^2+(20/100)^2]=0.320\ 0$

乙群落的辛普森指数:$D_{乙}=1-[(50/100)^2+(50/100)^2]=0.500\ 0$

由计算结果可知,乙群落的多样性高于甲群落,引起差异的主要原因是甲群落中两个物种分布不均匀。Simpson 多样性指数中稀有物种所起的作用较小,而普遍物种所起的作用较大。这种方法估计出的群落物种多样性需要较多地样本才能很好地反映群落物种多样性。

第二,香农-维纳指数(Shannon-Wiener index)。香农-维纳指数是描述各个个体出现的紊乱和不确定性。常与辛普森多样性指数共同使用。其计算公式为:

$$H=-\sum_{i=1}^{S}p_i\log_2^{p_i}$$

式中:H 为物种多样性指数;S 为物种的数目;p_i 为物种 i 的个体数占群落中总个体的比例。

公式中对数的底可取 2、e 和 10,但单位有所不同,分别是 nit、bit 和 dit。

以上述甲乙群落为例计算,则香农-维纳指数为:

$$H_{甲}=-\sum_{i=1}^{S}p_i\log_2^{p_i}=-(0.80\times\log_2^{0.80}+0.20\times\log_2^{0.20})=0.72(\text{nit})$$

$$H_{乙}=-\sum_{i=1}^{S}p_i\log_2^{p_i}=-(0.50\times\log_2^{0.50}+0.50\times\log_2^{0.50})=1.00(\text{nit})$$

由计算结果可知,乙群落的多样性高于甲群落,与辛普森多样性计算结果一致。

物种数越多,各物种个体分配越均匀,香农-维纳指数越高,提示群落多样性越好。

当群落中有 S 个物种,每一物种恰好只有一个个体时,H 达到最大,即:

$$H_{\max}=-S\left[\frac{1}{S\times\log_2^{(1/S)}}\right]=\log_2^S$$

当群落中全部个体为一个物种时，多样性最小，即：

$$H_{min}=\frac{-S}{S}\times\log_2^{(S/S)}=0$$

因此，我们可以将均匀度和不均匀性计算公式分别定义为：

$$E=\frac{H}{H_{max}}$$

式中：E 为均匀度；H 为实际观察的物种多样性；H_{max} 为最大物种多样性。

$$R=\frac{H_{max}-H}{H_{min}-H_{min}}$$

式中：R 为不均匀性，取值为 0～1；H 为实际观察的物种多样性；H_{max} 为最大物种多样性；H_{min} 为最小物种多样性。

B. β-多样性。β-多样性是衡量在地区尺度上物种组成沿着某个环境梯度方向从一个群落到另一个群落的变化率。可以定义为沿着某一环境梯度物种替代的程度或速率、物种周转速率、生物变化速率等。测度 β-多样性的重要意义有：可以反映生境变化的程度；可以指示生境被物种分隔的程度；可以用来比较不同地段的生境多样性；β-多样性与 α-多样性一起构成了总体多样性或一定地段的生物异质性。

C. γ-多样性。γ-多样性是地区间的物种多样性，反映的是最广阔的地理尺度，指在不同地点的同一类型生境中，物种组成随着距离或随地理区域的延伸而改变的程度。控制 γ-多样性的生态过程主要为水热动态，气候和物种形成及演化的历史。

α-多样性、β-多样性和 γ-多样性三者的关系可以表示为：

$$\gamma=\alpha\cdot\beta$$

②操作过程。

第一步，样地的选择。在校园或学校周边地区选择一个落叶阔叶林群落，选择群落结构完整，层次分明；生境条件一致，特别是地形和土壤条件基本要一致，能反映该群落生境特点的地段；样地要设在群落中心的典型部分，避免选生态过渡带；选取样地实物作为标记，以便明确观察范围。样方面积为 10 m×10 m 或 20 m×20 m，再将样方划分为 5 m×5 m 的 4 个或 16 个网格的小样方。对样方进行调查，将调查结果记入在表 9-4 中。

表 9-4　园林生态系统多样性调查表

调查者：		样方号：		日期：	
生态系统类型：					
地理位置	纬度：	经度：		海拔：	
地貌：			土壤类型：		
坡向：		坡度：		地形：	坡位：
系统内地质情况：			人为及动物活动情况：		

第二步，生态系统内乔木层数据调查：在每个 5 m×5 m 的小样方内识别乔木层树种的

数目，目测出样方的总郁闭度。然后统计每个树种的株数，测量胸径、树高以及目测每个树种的郁闭度。将调查结果记录在表 9-5 中。

表 9-5　乔木层物种多样性调查表

名称____________样地面积________野外编号________第________页

调查时间________调查者________

编号	植物名称	胸径/cm	高度/m	株数/株	郁闭度	备注
1						
2						
⋮						

第三步，生态系统内灌草层数据的调查：在同样的 5 m×5 m 的小样方内识别灌木层中的物种数，目测每个灌木种类的盖度、平均高度以及多度。在 10 m×10 m 的样方随机选取 5 个 1 m×1 m 的草本植物样方，然后进行草本层植物种类、每个植物物种的盖度、平均高度以及多度调查，调查结果记录在表 9-6 中。

表 9-6　灌草层物种多样性调查表

名称____________样地面积________野外编号________第________页

调查时间________调查者________

编号	植物名称	株丛数	盖度	平均高度/cm	备注
1					
2					
⋮					

第四步，结果计算。采用辛普森多样性指数(D)和香农-维纳多样性指数(H)对调查结果进行计算。

5. 问题处理

(1)整理调查结果表，对调查结果进行计算及分析。

(2)分析生物多样性的重要意义及如何保护生物多样性。

【师生互动】

将全班按 6～10 人标准分为若干团队，进行下列活动，并进行团队互动，提出合理化建议。

1. 将所在学校、实训基地等作为一个生态系统，调查以下内容：这个生态系统的基本组分有哪些？请画出这个生态系统的物种流动、能量流动、信息传递示意图，提出这个生态系统存在哪些问题。

2. 将所在城市作为一个生态系统，调查以下内容：这个城市生态系统的基本组分有哪些？请画出这个城市生态系统的物种流动、能量流动、信息传递示意图，提出这个城市生态系统存在哪些问题。

3. 将所在城市的某一区域作为一个生态系统，调查以下内容：这个城市景观要素有哪些？请画出这个城市景观结构成分示意图。

4. 将学校所在地的一个公园作为一个园林生态系统，调查以下内容：这个生态系统的组成成分有哪些？这个生态系统的结构有哪些特点？

【知识拓展】

如果同学们想了解更多的知识，可以通过下面渠道进行学习：

1. 阅读杂志

(1)《生态学报》

(2)《应用生态学报》

(3)《生态学杂志》

(4)《城市生态系统》

(5)《中国园林》

2. 浏览网站

(1)中国生态网　http://www.zgshtw.com/

(2)环境生态网　http://www.eedu.org.cn/

(3)中国科学院生态研究中心　http://www.rcees.ac.cn/

(4)中国生态工程网　http://www.cneect.cn/

(5)中国风景园林网　http://www.chla.com.cn/

3. 阅读书籍

(1)《园林生态学》(第2版)，冷平生主编，中国农业出版社

(2)《园林生态学》(第2版)，张先平主编，中国农业出版社

(3)《园林生态学》，姚方，张文颖主编，黄河水利出版社

(4)《城市园林生态学》，徐惠风等编著，中国林业出版社

(5)《风景园林生态学》，廖飞勇主编，中国林业出版社

(6)《园林生态学实验与实践》，刘旭、张翠丽、迟春明主编，西南交通大学出版社

Chapter 10

学习情境十

园林生态工程建设

活动一　园林生态规划

活动二　园林生态设计

活动三　园林生态建设

活动四　园林生态管理

【情境创设】

<table>
<tr><td rowspan="3">能力目标</td><td>专业能力</td><td>1. 熟悉园林生态规划步骤；
2. 熟悉园林生态设计内容；
3. 熟悉园林生态建设内容；
4. 熟悉园林生态管理内容。</td></tr>
<tr><td>方法能力</td><td>1. 具备获取信息、收集资料的能力；
2. 具备制订计划、执行计划的能力；
3. 具备自主学习、发现问题、解决问题的能力。</td></tr>
<tr><td>社会能力</td><td>1. 具备良好的团队协作、配合能力；
2. 具备良好的与人沟通、协调能力；
3. 具备一定的方法综合、创新能力。</td></tr>
<tr><td>知识目标</td><td colspan="2">1. 了解园林生态规划的含义及生态园林城市有关知识，认识园林生态规划的原则、内容和步骤；
2. 了解现代园林生态设计思想，认识园林生态设计的原则、主要类型和主要内容；
3. 了解现代园林生态建设的原则，熟悉园林生态建设的主要内容；
4. 了解园林生态管理的原则；熟悉园林生态管理的主要措施。</td></tr>
<tr><td>思政目标</td><td colspan="2">学习“习近平谈生态文明(三)”，培养学生的生态文明意识，立志改善生态环境，恢复植被，建设美丽家园。
二维码
思政园地</td></tr>
<tr><td>教学条件</td><td colspan="2">多媒体课件、园林绿地、城市、公园、图书馆、网络。</td></tr>
<tr><td>教学方法</td><td colspan="2">课堂讲授、资料查阅、现场考察或调查、课外活动。</td></tr>
<tr><td rowspan="2">考核评价</td><td>学习过程考核</td><td>计划制订(20%)、师生析疑(10%)、完成任务(50%)、检查评价(20%)。</td></tr>
<tr><td>拓展能力考核</td><td>工作态度(20%)、岗位技能(50%)、拓展能力(20%)、团队合作(10%)。</td></tr>
<tr><td>考核方式</td><td colspan="2">教师评价(70%)、小组互评(20%)、学生自评(10%)。</td></tr>
</table>

【活动内容】

活动一　园林生态规划

1. 活动目标

◆知识目标：了解园林生态规划的含义及生态园林城市有关知识；认识园林生态规划的原则、内容和步骤。

◆能力目标：了解当地有代表性的园林生态规划案例，熟悉园林生态规划步骤。

2. 活动准备

根据班级人数，按 5 人一组，分为若干组，每组准备以下材料和用具：当地园林生态规划景观、调查表格、记录本、笔等。

3. 相关知识

(1)园林生态规划概述

生态规划是指以生态学原理和区域规划原理为指导，应用系统科学、环境科学等多学科的手段辨识、模拟和设计人工复合生态系统内的各种生态关系，确定资源开发利用与保护生态适宜度，探讨改善系统结构与功能的生态建设对策，促进人与环境持续协调发展的一种规划方法。

①园林生态规划含义　园林生态规划是指运用园林生态学的原理，以区域园林生态系统的整体优化为基本目标，在园林生态分析、综合评价的基础上，建立区域园林生态系统的优化空间结构和模式，最终的目标是建立一个结构合理、功能完善、可持续发展的园林生态系统。生态规划与园林生态规划既有差异也有共同点，生态规划强调大、中尺度的生态要素的分析和评价的重要性，如城市生态规划；而园林生态规划则以在某个区域生态特征的基础上的园林配置为主要目标，如对城市公园绿地、广场、居住区、道路系统、主题公园、生态公园等的规划。

园林生态规划注重融合生态学及相关交叉学科的研究成果，对城市绿地系统的布局进行深入的分析研究，使建成的城市园林绿地不仅外部形态符合美学规律以及居民日常生活行为的需求，同时其内部和整体结构也符合生态学原理和生物学特性的要求，使城市绿地系统在再现自然、维持生态平衡、保护生物多样性、保证城市功能良性循环等方面发挥重要作用。

②生态园林城市　生态园林城市就是要利用环境生态学原理，规划、建设和管理城市，

进一步完善城市绿地系统，有效防治和减少城市大气污染、水污染、土壤污染、噪声污染和各种废弃物，实施清洁生产、绿色交通、绿色建筑，促进城市中人与自然的和谐，使环境更加清洁、安全、优美、舒适。生态园林城市不仅仅是指环境优美、洁净，园林绿化好，而且要在园林城市的基础上，利用生态学原理，通过植树造林，扩大森林面积，增加森林资源，保护生物多样性，提高城市的生态功能，突出城市的生态概念，并保证居民对本市的生态环境有较高的满意度。生态园林城市与传统城市相比，不仅具有园林的观赏、美化环境等特点，还具有诸多的生态学特点，将自然美、艺术美和社会美融合在整个生态系统中，它具有集生态、社会、美化为一体的综合功能。

2016 年 10 月 28 日，住房与城乡建设部以建城〔2016〕235 号印发《国家园林城市系列标准》，为全国城市的创建活动提供了理论依据和考核标准。《国家生态园林城市标准》有一般性要求和基本指标要求两部分组成。一般性要求共七条，是生态园林城市的定性描述。基本指标要求又分别从城市生态环境、城市生活环境、城市基础设施三方面给出明确的量化指标，是生态园林城市的定量要求。一般性要求的第一条首先从宏观上给生态园林城市做了定性，就是强调“生态”。从城市绿地系统，到城市的功能定位、发展目标、布局结构都要按照生态学和系统学的原理来规划，甚至明确要求制定“完整的城市生态发展战略、措施和行动计划”。可见，生态园林城市所强调的生态实际上包含了自然、经济、社会三方面的含义。

(2)园林生态规划原则

园林生态规划必须按照客观规律办事，既要考虑当地自然资源的实际情况，又要兼顾生态学的原理。在进行生态园林城市规划时，必须坚持以下几个基本原则：

①整体优化原则　园林生态规划遵循整体性原则时，第一，要保证相当规模的绿色空间和绿地总量，要充分尊重城市原有的自然景观和人文景观。第二，要增加园林绿地的空间异质性，合理进行植物配置，构筑稳定的复层混合立体式植物群落，提高环境多样性和多维度，丰富物种多样性。第三，要合理布置城市绿地空间布局，构筑生物廊道，重现城郊绿化，完善园林绿地系统结构与功能。第四，要提高绿地的连接度，为边缘物种提供生境，注重保护郊区大面积绿地，通过生物通道的合理设计和建造来维持景观稳定发展，保持物种多样性。

②自然优先原则　保护自然景观资源和维持自然景观生态过程及功能，是保护生物多样性及合理开发利用资源的前提，是景观持续性的基础。自然景观资源包括原始自然保留地、历史文化遗迹、森林、湖泊以及大的植物斑块等，它们对保持区域基本的生态过程和生命维持系统及生物多样性保护具有重要意义。地带性植被是最稳定的植被类型，它是在大气候条件下形成和发展的。规划种植的植物必须因地制宜、因时制宜，要借鉴地带性植被的种类组成、结构特征和演替规律，以乔木为骨架，以木本植物为主体，在城市中艺术地再现地带性植被类型。此外，城市的自然地理因素是重要的景观资源和生态要素。城市园林生态系统规划应充分利用这些要素，因地制宜地组织由城市景观廊道及各类斑块绿地构成的完整的连续的城市绿地空间系统。

③生态位原则　园林生态系统的生物都具有生态位，就是说不仅要考虑其现存自然生态条件，还要考虑其所必需的社会经济条件。由于不同植物的生长速度、寿命长短以及对光、水、土壤等环境因子要求不同，配置时如果没有充分考虑植物的种间关系，那么就会影响每一个体生长，种间恶性竞争会导致在数年后植物群落退化，功能衰减，达不到设计的预想效果，同时也是对人力和物力的浪费。因此在人工植物群落的构建过程中，应根据本地植物

群落演替的规律，充分考虑群落的物种组成，选配生态位重叠较少的物种，并利用不同生态位植物对环境资源需求的差异，确定合理的种植密度和结构，以保持群落的稳定性。增强群落自我调节能力，保持系统的能量流动、物质循环、信息传递过程的正常进行，维持植物群落平衡与稳定发展。

④以人为本原则　城市绿地空间组织中要贯彻以人为本的原则，满足人的审美需求对自然的生态环境的要求，为人们建起绿色生态屏障，让人们充分享受绿地带来的好处。因此，生态绿地空间的定位、具体的空间规划要考虑园林对人类的安全性，是否会给人类带来危害；要考虑园林生态系统的安全性，比如引进的外来物种是否对系统的稳定造成危害等；要预计到居民的行为方式和绿地的实用性，布置幼儿、青少年、成年人和老年人各种不同需要的生活和游憩空间，反映一定的文化品位。高品位的绿地规划设计是尊重和保护生态环境的要求。真正的环境艺术创造是与自然友好相处。这样做是实现生态绿地系统规划所要达到的最美好的人居环境目的的重要工作内容，同时说明了居民参与的重要性。

⑤生物多样性原则　生物多样性包括遗传基因的多样性、生物物种的多样性和生态系统多样性三个层次，生态规划时不仅要考虑物种的多样性，还要考虑生境的多样性和生态系统的多样性。多样性维持了生态系统的健康和高效，因此是生态系统服务功能的基础，与自然相结合设计就应尊重和维护其多样性，保护生物多样性的根本是保持维护乡土生物与生境的多样性，如何通过景观格局的设计来保持生物多样性，是园林生态规划的一个最重要方面。

⑥可持续发展原则　可持续发展的基本思想是既能满足当代人的需要，又不能对后代人满足其需要构成危害的发展。这就要求在使用自然资源中要提倡减量使用、重复使用、循环使用、保护使用。在规划中尽量合理使用自然资源，尽量减少使用能源；对废弃的土地可通过生态修复得到重复使用，对新建的园林景观，对原有的植物资源要尽量地再利用，减少浪费；促进园林系统资源的循环使用，如将枯枝落叶作为肥料归还大自然；充分保护不可再生的资源，保护特殊的景观要素和生态系统，如保护湿地景观、自然水体等。

⑦可操作性和经济性原则　规划的可操作性和经济性是检验规划合理的重要原则。任何园林系统的规划必须是可实施的，不能脱离一定的时代经济背景。经济性是指既考虑投资成本的经济性，不可能超越社会的承载力，但同时追求社会的经济效益的最大化。

⑧绿与美协调发展原则　园林绿地系统除了具有维持生物多样性、提供动植物生境、基因库保存、生态系统的维持、碳氧平衡、蒸腾吸热、吸污滞尘、减菌减噪、涵养水源、土壤活化与养分循环和防灾减灾等功能外，还有一个比较重要的功能是景观美学文化功能。园林不仅是外在山水之美，而且是艺术和文化，园林文化是园林的灵魂。这就要求园林生态规划既要充分考虑外在景观的美，还要考虑园林的意趣和意境，考虑园林空间的主题。

(3)园林生态规划内容

①生态环境调查与资料收集　生态环境调查主要是对规划区域内的自然、社会、人口、经济与环境的资料与数据进行调查收集，充分了解规划区域的生态特征、生态过程、生态潜力与制约因素。主要的方法与手段包括历史资料收集、实地调查、社会调查和3S技术应用等。生态调查首先要调查生态规划区域的范围。采用1∶10 000(较大区域采用1∶50 000)地形图为底图，按照一定的原则将规划区域划分为若干个网格，网格一般为1 km×1 km(大小视具体情况而定)，每个网格即为生态调查的基本单元。生态调查的内容包括生态系统调

查、生态结构与功能调查、社会经济生态调查和区域特殊保护目标调查等。

生态系统调查主要调查动植物(特别是珍稀濒危物种)种类、数量、分布、生活习性、生长、繁殖及迁移行为规律和生态系统类型、特点等。生态结构与功能调查包括形态结构调查、生态流与生态功能调查。社会经济生态调查包括社会生态调查和经济生态调查。区域特殊保护目标调查需重点关注和特殊生态保护目标有:地方性敏感生态目标(如自然景观与风景名胜)、脆弱生态系统(如热带雨林生态系统)、生态安全区、重要生境(如受人类影响甚少的荒野地、珊瑚礁、红树林)等。

②生态系统分析和评估　生态系统分析与评估包括生态过程分析、生态潜力分析、生态敏感性分析、环境容量和生态适宜度分析等内容。在具体分析过程中,除对上述调查的内容进行分析外,还要进行生态系统分析、生态环境现状分析、生态破坏的效应分析、生态环境变化趋势分析。

③生态功能区划　生态功能区划是进行生态规划的基础,应综合考虑生态要素的现状、问题、发展趋势及生态适宜度,提出工业、农业、生活居住、对外交通、仓储、公建、园林绿化、游乐功能区的综合划分以及大型生态工程布局方案。例如,在城市规划时,根据城市功能性质和环境条件而划分为居民区、商业区、工业区、仓储区、车站及行政中心区等。

生态功能区划应充分考虑各功能区对环境质量的要求及对环境的不同影响。具体操作时,可将土地利用评价图、工业和居住地适宜度等图纸进行叠加和综合分析。生态功能区划必须遵循有利于经济和社会发展、有利于居民生活、有利于生态环境建设三个原则,力求实现经济效益、社会效益、生态效益的统一。

④环境区划　环境区划是生态规划的重要组成部分,应从整体出发进行研究,分析不同发展时期环境污染对生态状况的影响,根据各功能区的不同环境目标,按功能区实行分区生态环境质量管理,逐步达到生态规划目标的要求。其主要内容包括:区域环境污染总量控制规划,如大气污染物总量控制规划、水污染物总量控制规划等;环境污染防治规划,如水污染防治规划、大气污染防治规划、环境噪声污染规划、固废物处理与处置规划、重点行业和企业污染防治规划等。

⑤人口容量规划　人类的生产和生活活动对区域及城市生态系统的发展起着决定性作用。因此,在生态规划编制过程中,必须确定近、远期的人口规模,提出人口密度意见,提高人口素质对策和实施人口规划对策。研究内容包括人口分布、规模、自然增长率、机械增长率、男女性别比、人口密度、人口组成、流动人口基本情况等。

⑥产业结构与布局规划　产业结构是指区域或城市产业系统内部各部门(各行业)之间的比例关系,是经济结构的主体,影响着区域或城市生态系统的结构和功能。产业结构的不同比例对环境质量有很大影响。目前,城市产业结构中第一、第二、第三产业的比例,发达国家为1∶2∶3,而我国大多数城市为1∶3∶2,特别是我国的一些老重工业城市的第二产业比重,尤其是重化工业比重一直偏高,对环境的压力很大。同时,城市的产业结构还存在生产工艺合理设计的问题,即在功能区(工业区)中要设计合理的"生态工业链",推行清洁生产工艺,促进城市生态系统的良性循环。

合理调整区域及城市的产业布局是改善区域及城市生态结构、防治污染的重要措施。城市的产业布局要符合生态要求,根据风向、风频等自然要素和环境条件的要求,在生态适宜度大的地区设置工业区。各工业区对环境和资源的要求不同,对环境的影响也不一样。

在产业布局中，隔离工业一般布置在城市边远的独立地段；严重污染工业布置在城市边缘地带；对那些散发大量有害烟尘和毒性、腐蚀性气体的工业，如钢铁、水泥、炼铝、有色冶金等应布置在最小风频风向上风侧；对那些污水排放量大，污染严重的造纸、石油化工和印染等工业，应避免在地表水和地下水上游建厂。

⑦生态绿地系统规划　生态绿地系统是指区域内的一切人工或自然的植物群体、水体及其具有绿色潜能的空间。城市生态绿地系统对于改善生态环境质量、调节城市小气候和碳-氧平衡、净化空气、减轻污染、保持水土、丰富与美化环境等都具有重要作用。因此，城市生态规划应根据区域的功能、性质、自然环境条件与文化历史传统，制定出城市各类绿地的用地指标，选定各项绿地的用地范围，合理安排整个城市生态绿地系统的结构和布局形式，研究维持城市生态平衡的绿量(绿地覆盖率、人均公共绿地等)，合理设计群落结构、选配植物，并进行绿化效益的估算。

制定区域生态绿地系统规划，首先必须了解该区域的绿化现状，对绿地系统的结构、布局和绿化指标做出定性和定量的评价。然后按以下步骤进行生态绿地系统规划：确定绿地系统规划原则；选择和合理布局各项绿地，确定其位置、性质、范围和面积；拟定绿地各项定量指标；对原绿地系统规划进行调整、充实和改造，并提出绿地分期建设及重要修建项目的实施计划，以及划出需要控制和保留的绿化用地；编制绿地系统规划的图纸及文件；提出重点绿地规划的示意图和规划方案，如需要可提出重点绿地的设计任务书。

⑧资源利用与保护规划　在经济和社会发展过程中，人类对自然资源的掠夺式开发和利用，导致人类面临资源枯竭的危险。因此，生态规划应根据国土规划和区域规划的要求，制定自然资源合理利用与保护的规划。其主要内容包括：水土资源保护规划(包括城镇饮用水源保护规划)；生物多样性保护与自然保护区建设规划；区域风景旅游、名胜古迹、人文景观等重点保护对象，确定其性质、类型和保护级别，提出保护要求，划定保护范围，制定保护措施。

⑨制定区域环境管理规划　主要内容有建立和健全区域环境管理组织机构的规划意见，区域范围环境质量常规监测以及重点污染源动态监测的规划意见，区域实施各项环境管理制度的规划设想，区域环境保护投资规划建议等。

(4)园林生态规划步骤

有关园林生态规划步骤目前尚无统一标准。一般可概括为以下 8 个步骤：

①编制规划大纲　接受园林生态规划任务后，应首先明确园林生态规划的目的，确立科学的发展目标(包括生态还原、产业地位和社会文化发展)。为达到园林生态规划的目的，保证规划合理，规划目的和对象明确，在规划之前应做可行性分析。对于不可能实现的园林生态规划任务应主动放弃；对难以实现的任务，应在反复研究、充分论证的基础上考虑重新立项，或改变规划的目的和对象；对于能够实现的任务，要分析背景，提出问题，编制规划大纲。

②园林生态环境调查与资料收集　园林生态环境调查是园林生态规划的首要工作，主要是调查收集规划区域的气候、土壤、地形、水文、生物、人文等方面资料，包括对历史资料、现状资料、卫星图片、航片资料、访问当地人获得的资料、实地调查资料等的收集，然后进行初步的统计分析、因子相关分析以及现场核实与图件清绘工作，建立资料数据库。

③园林生态系统分析与评估　主要是分析园林生态系统结构与功能状况，辨识生态位势，评估生态系统健康度、可持续度等；提出自然—社会—经济发展的优势、劣势和制约因

子。该步骤是园林生态规划的主要内容，为规划提供决策依据。

④园林生态环境区划和生态功能区划　主要是对区域空间在结构功能上的类聚和划分，是生态空间规划、产业布局规划、土地利用规划等规划的基础。

⑤规划设计与规划方案的建立　根据区域发展要求和生态规划的目标，在研究区域的生态环境、资源及社会条件的适宜度和承载力范围内，选择最适于区域发展方案的措施。一般分为战略规划和专项规划。

⑥规划方案的分析与决策　根据设计的规划方案，通过风险评估和损益分析等对方案进行可行性分析，同时分析规划区域的执行能力和潜力。

⑦规划的调控体系　建立生态监控系统，从时间、空间、数量、结构、机理等方面监测事、人、物的变化，并及时反馈与决策；建立规划支持保障系统，包括科技支持、资金支持和管理支持系统，从而建立规划的调控体系。

⑧规划方案的实施与执行　规划完成后由有关部门分别论证实施，并应由政府和市民进行管理和执行。具体的规划编制流程如图 10-1 所示。

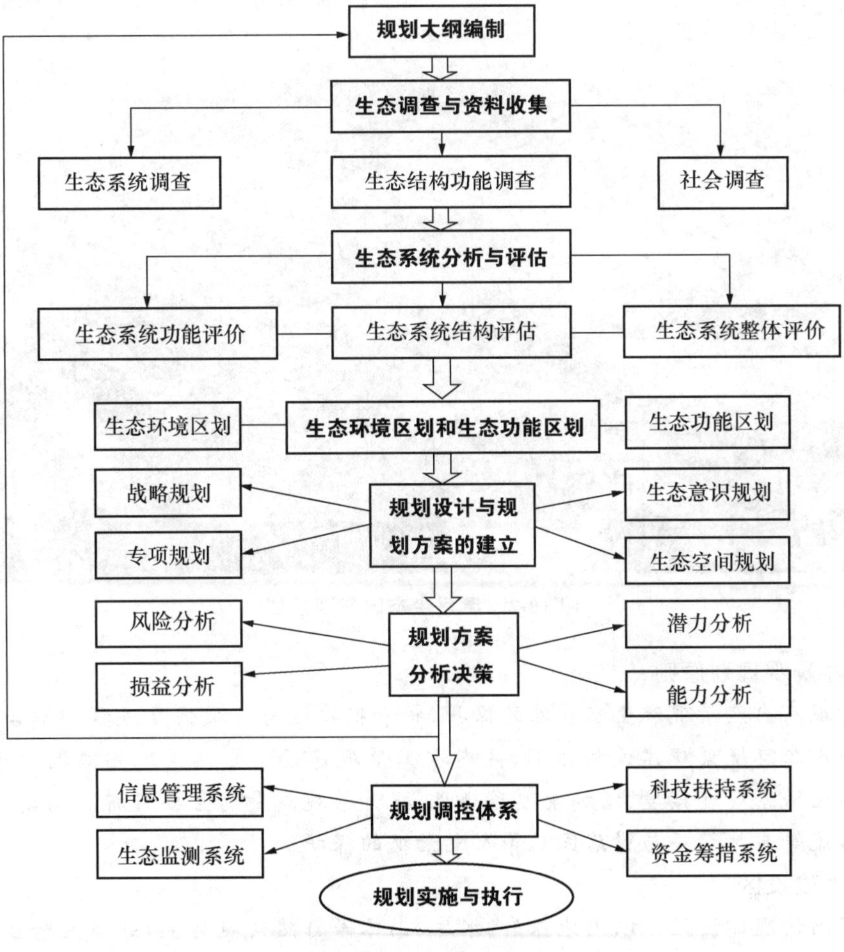

图 10-1　园林生态规划编制流程

4. 活动过程

以温州生态园景观规划为例，选取学校附近有代表性的园林生态规划景观参观学习。

温州生态园景观规划实例

(1)景观特色

温州生态园以优秀的地景、水景、建筑、胜迹和生物景观为景观特色。其中，地、水、建筑、胜迹组成了温州生态园具有悠久历史的山水文化，演绎了其历史文脉，而生物景观是现代农业的体现，展示了生态园新时期的新景象。景观特色归纳如下：地旷物博，地形复杂；旷幽兼具，刚柔并济；水乡泽国，诗情画意；山水文化，源远流长；空气清新、小气候优越(图10-2)。

图 10-2　温州生态园景观规划

(2)园林景观规划原则

注重对现有自然景观和生态资源的保护，将景观建设与植被恢复过程相融合，整体景观建设与城市人工环境景观建设相协调，区内人工景观建设与自然景观相协调的原则。景观建设以增强区域景观连接度、增加景观多样性、提升景观质量为主要目标。高度重视现有植物、裸岩、溪流等自然景观与村落民居等人文景观的保护。

(3)景观建设区

①大罗山景观建设区　以山地裸岩、水库、山体等自然景观为主，结合生态教育中心、生态村等人工景观建设，形成包括生态教育、生态娱乐、生态风景等为一体的生态体验主题的山地景观区(图 10-3)。

②三垟湿地保护游赏区　以湿地景观恢复为重点，通过湿地水城、湿地果林、湿地草丛、

图 10-3 大罗山景观

水禽栖息地景点的建设，形成以橘岛水乡为特色的湿地型滨水景观区（图 10-4）。

图 10-4 三垟湿地

(4)十大主景

①三垟水乡　以橘岛水乡为特色，适合开展湿地生态休闲游憩和城市休闲娱乐活动，是生态园最重要的区域之一。

②茶山果香　以风貌山村和瓯柑民俗文化为主要特色，适合开展参与性强、具有民俗趣味的特色活动。

③千佛塔影　以人文景观为主，适合开展宗教文化活动。

④瑶溪钟秀　以"十里溪山"的自然风光为特色，适合开展山地观光游赏活动。

⑤香山日月　为生态园的旅游接待中心，适合开展休闲度假旅游活动。

⑥峰台碧水　南部为高山平原，北部沟壑众多，是重要的生物多样性保育区域，注重环境保护和生态保育，适合开展生态型越野探险和野营活动。

⑦仙岩潭瀑　景观与山水诗境紧密结合，自然景观和人文景观相结合，适合开展山水观

光游赏活动。

⑧天河浩渺　是大罗山最重要的水源保育区，适合开展生态科普教育活动。

⑨化成洞幽　以洞景怪石和林峰古寺为特色，适合开展洞穴寻幽、宗教禅拜等体验型游憩活动。

⑩天柱古刹　以山地风光和南禅文化为特色，适合开展生态型山水观光游赏和禅拜活动。

(5)村镇景观控制

仙岩镇、茶山镇、天河镇作为大罗山平原地区的旅游服务中心城镇，在镇区规划、镇区建筑体量、材料和色彩等方面都要与当地建筑特色相协调；大罗山山地村落宜保护村落空间结构的整体性和自然状态；三垟湿地村落严格控制村落的扩张，调整用地布局和空间结构。

(6)建筑景观控制

建筑景观应保存与发扬有地方特色的大罗山山地民居、三垟湿地水上人家的建筑形式、建筑材料、建筑技术与工艺；选址、造型与环境融为一体，不需要进行大的改造，但对部分破旧建筑应按照传统工艺进行适当维修，提高房屋质量；宗教建筑应进行保护，在维护的同时要特别重视宗教气氛的保护，注重宗教建筑周边整体环境的控制。

(7)道路景观控制

区内道路分为车行观光路、游步道和山林探险路等，必须遵循选线顺应地热，不得大规模破坏植被或改变地貌，道路铺装应尽量使用当地材料，注意维护道路安全等原则。

(8)市政设施建设景观控制

选址应尽量隐蔽，造型、用材、色彩必须与所在环境相协调，区域大型电力设施、通信设施不得穿越生态园景观建设核心区，景区内电缆一般采用敷地铺设的方式。

5. 问题处理

参照温州生态园景观规划实例，选取学校附近有代表性的园林生态规划景观参观学习，写出一份“××生态园景观规划介绍”。

活动二　园林生态设计

1. 活动目标

◆知识目标：了解现代园林生态设计思想；认识园林生态设计的原则、主要类型和主要内容。

◆能力目标：了解当地有代表性的园林生态设计案例，熟悉园林生态设计内容。

2. 活动准备

根据班级人数，按 5 人一组，分为若干组，每组准备以下材料和用具：当地园林生态设计实例、调查表格、记录本、笔等。

3. 相关知识

园林生态设计与园林生态规划，既有密切联系，又有一定的区别。园林生态规划是从较大尺度上对原有生态系统进行结构的优化，以及组分的重新分配，或引入新的组分，调整或构建新的园林生态系统结构及功能区域；而园林生态设计则是小尺度上对园林生态规划中划分的不同区域（绿地）的实现过程，一般都与具体的园林工程相联系，以园林植物生态配置为主要特征。

(1)现代园林生态设计思想

①国外现代园林　西方现代园林把生态主义作为园林设计思想的主线而贯穿设计过程的始终，设计过程遵循生态的原则，遵循生命的规律。如反映生物的区域性；顺应当地的自然条件，合理利用土壤、植被和其他自然资源；依靠可再生能源，充分利用日光、自然通风和降水；选用当地的材料，特别注重乡土植物的运用；注重材料的循环使用，并利用废弃的材料以减少能源的消耗，减少维护成本；注重生态系统的保护、生物多样性的保护与建立；发挥自然自身的能动性，建立和发展良性循环的生态系统；体现自然元素和自然过程，减少人工的痕迹等等。美国、日本、德国是园林设计多样性中的 3 个典型代表。

美国园林设计——自由的天性：美国人对自然的理解是自由活泼，现状的自然景观是其园林设计表达的一部分，自然热烈而充满活力。美国人对自然的渴求已经融入他们的生活和审美之中，他们也追求自然的那份朴实、亲切、神奇而充满活力。美国有黄石国家公园、大峡谷、化石林国家公园、佩恩蒂德沙漠、佛罗里达大沼泽地国家公园等。

日本园林设计——提炼的自然：日本的园林景观中对自然的体验和感悟是特殊而丰富的，阴晴雨雪，花香树影皆成风景。阴雨四月，情景模糊，形象含蓄，给观者无限联想的空间；庭院中一束青竹高度参差，疏密有致，细雨淋上，沙沙作响，青翠欲滴，与水珠有节奏的滴落声相呼应，院落更加宁静空灵。在有限景观的认识理解表达上，透过重重表象，挖掘和提炼了自然精髓，对于景物深刻感悟，加上文化的情结，化平淡为神奇，提炼了自然景观，创造了自然的境界。

德国园林设计——理性的光芒：德国的园林景观设计充满了理性主义的色彩，按各种需求、功能以理性分析、逻辑秩序进行设计，反映出清晰的观念和思考。简洁的几何线、形、体的对比，按照既定的原则推导演绎，它不仅能产生热烈、自由、随意的景象，而且表现出严格的逻辑，清晰的观念，深沉、内向、静穆。

②中国现代园林　中国现代园林设计思想主要体现在城市公园上，其造园特点主要有四：一是南方公园因其得天独厚的自然条件、丰富的水源和种类多样的植物，形成小巧玲珑

的自然式公园，与我国古典园林有许多相同之处。二是与历史、文化、古迹相结合，形成了各个公园不同的特色。三是有明确的功能分区。四是建筑主要作为游憩服务之用，不像古典园林那样成为公园的主题。

(2)园林生态设计的原则

①协调共生原则　协调是指保持园林生态系统中各子系统、各组分、各层次之间相互关系的有序和动态平衡，以保证系统的结构稳定和整体功能的有效发挥。如豆科和禾本科植物、松树与蕨类植物种植在一起能相互协调、促进生长，而松和云杉之间具有对抗性，相互之间产生干扰、竞争、互相排斥。共生是指不同种生物基于互惠互利关系而共同生活在一起。如豆科植物与根瘤菌的共生，赤杨属植物与放线菌的共生等。这里主要是指园林生态系统中各组分之间的合作共存、互惠互利。园林生态系统的多样性越丰富，其共生的可能性就越大。

②生态适应原则　生态适应包括生物对园林环境的适应和园林环境对生物的选择两个方面。因地制宜、适地适树是生态适应原则的具体表现。城市热岛、城市风、城市环境污染常改变城市园林生态环境，给园林植物的适应带来障碍。因此，在进行园林生态设计时必须考虑这种现状。对某一特定环境，通常会有一两个因子起主导作用，故考虑生物适应性时应有所侧重。如高山植物长年生活在云雾缭绕的环境中，在引种到低海拔平地时，空气湿度是存活的主导因子，种在树荫下一般较易成活。乡土植物是经过与当地环境长期的协同进化和自然选择所保留的物种，对当地的气候、土壤等环境条件具有良好的适应性。园林生态设计时，应保护和发展乡土物种，节制引用外来物种，使园林生态系统成为乡土植物和乡土生物的栖息地。

③种群优化原则　生物种群优化包括种类的优化选择和结构的优化设计。种类选择除了考虑环境生态适应性以外，还应考虑园林生态系统的多功能特点和对人的有益作用。比如住宅区绿化，应尽可能选择对人体健康无害、并有较好的环境生态作用的植物，适当地选用一些杀菌能力强的芳香植物，香化环境，增强居住区绿地的生态保健功能。不要选择有飞絮、有毒、刺激性大的植物，儿童容易触及的区域尽量不要选择带刺的植物。有针对性地选择具有抗污、耐污能力，滞尘能力、杀菌能力强的园林植物，可以降低大气环境的污染物浓度，减少空气中有害菌的含量，达到良好的空气净化效果。比如可选择樟树、松树、栾树、椴树、柑橘、榕树、杧果、海桐、九里香、大叶黄杨、米兰等作为居住区绿地的绿化树种。乔、灌、草结合的复层混交群落结构对小气候的调节、减弱噪声、污染物的生物净化均具有最佳效果，同时也为各种鸟类、昆虫、小型哺乳动物提供栖息地。在园林生态系统中，如果没有其他的限制条件，应适当地优先发展森林群落。

④经济高效原则　园林生态设计必须强调有效地利用有限的土地资源，用最少的投入(人力、物力、财力)来建立健全园林生态系统，促进自然生态过程的发展，满足人们身心健康要求。我国是发展中大国，也是人口大国。土地资源紧张，人口压力巨大。又由于近 20 多年经济社会的高速发展，忽视了发展经济与保护环境的辩证关系，乱砍滥伐、侵吞耕地、破坏植被、污染水源的现象频繁出现，这样的国情不允许我们设计高投入的园林绿化系统。比如园林中大量施用化肥、农药，大量设计喷泉、人工瀑布，大规模应用单一草坪和外来物种，大面积种植花坛植物，清除一切杂草等生态工程都是有悖于经济高效的原则的，因而也是不可行的。

(3)园林生态设计的主要类型

目前园林生态设计的主要类型有：

①生态保护设计　是指以保护现状良好的园林生态系统为目的，在对设计对象所在区域的生态因子和生态关系的调查分析基础上，通过合理的建设、保护、管理措施减少对自然的不良影响和破坏性设计。其本质是将自然过程引入到现代园林景观设计中，通过园林设计实现对自然环境的保护，主要包括景观资源保护、生态系统保护、生物多样性保护等。

②生态恢复设计　是通过人工设计和恢复措施，在受干扰的生态系统的基础上，恢复或重建一个具有自我维持能力的健康生态系统，并为自然和人类社会提供生态系统服务。主要应用于矿山、河道、边坡、工厂等被人们生产、生活和建设活动所干扰、破坏的自然场地的再设计。

③生态功能性设计　是指发挥自然生态系统的自我组织或自我设计能力，对场地进行合理、有效、科学的设计，创造与生态环境相协调、舒适宜人、景观优美的园林环境。

④生态展示设计　是通过设计向人们展示其生存环境中的种种生态现象、生态作用和生态关系。

(4)园林生态设计的主要内容

根据住房与城乡建设部2002年9月1日颁布实施的《城市绿地分类标准》(CJJ/T 85—2017)，城市绿地分为四大类，即公园绿地、防护绿地、附属绿地及区域绿地。

①公园绿地的生态设计　公园绿地代码为 G_1，是面向公众开放，以游憩为主要功能，兼具生态、美化、防灾等作用的绿地，包括综合公园、社区公园、专类公园、带状公园及街旁绿地。

公园绿地的植物选择首先要保证其成活，特别是在环境条件相对差的情况下，要选择那些适应性较强，容易成活的种类，大量应用乡土植物，形成鲜明的地方特色。尽可能地增加植物种类，促进生物多样性，丰富园林植物景观，保持景观效果的持续性。避免选用对人体容易造成伤害的种类，如有毒、有刺、有异味、易引起人过敏或对人有刺激作用的植物。

公园绿地的植物配置要结合当地的自然地理条件、当地的文化和传统等方面进行合理的配置，尽可能使乔、灌、草、花等合理搭配，使其在保证成活的前提下能进行艺术景观的营造，既能发挥良好的生态效益，又能满足人们对景观欣赏、遮阴、防风、森林浴、日光浴等方面的需求。为此，公园绿地植物的时空配置往往要分区进行，并尽可能增加植物种类和群落结构，利用植物形态、颜色、香味的变化，达到季相变化丰富的景观效果，满足不同小区的功能要求。

②防护绿地的生态设计　防护绿地代码为 G_3，是城市中具有卫生、隔离和安全防护功能的绿地。包括卫生隔离带、道路防护绿地、城市高压走廊绿带、防风林、城市组团隔离带等，其布局、结构、植物选择一定要有针对性。

比如卫生隔离带的生态设计，对于烟囱排放的污染源，防护林带要布置在点源污染物地面最大浓度出现的地点，而近地面无组织排放的污染源，林带可近距离布置，以把污染物限制在尽可能小的范围内。一般林带越高，过滤、净化、降噪、防尘效果越好。乔、灌、草密植的群落结构降噪效果最为显著，以防尘为目的的林带间隔地带则应大量种植草坪植物，以防降落到地面的尘粒再度扬到空中。卫生防护林带的植物一定要选择对有毒气体具有较强的抗性和耐性的乡土植物。

③附属绿地的生态设计　附属绿地代码为 G_4，是城市建设用地中绿地之外各类用地中的附属续建化用地。包括居住用地、公共设施用地、工业用地、仓储用地、对外交通用地、道路广场用地、市政设施用地和特殊用地中的绿地，其生态设计一定要坚持因地制宜的原则，针对性要强。

比如工厂区防污绿化，树种的选择必须充分考虑植物的抗污、耐污能力与净化吸收能力以及对不良环境的适应能力。植物群落结构既不能太密集，又不能太稀疏，污染源区要留出一定空间以利于粉尘或有毒气体的扩散稀释，而在其与清洁区域的过渡地带，则应布置厂区内的防护绿地。

④区域绿地的生态设计　其他绿地代码为 G_5，是对城市生态环境质量、居民休闲生活、城市景观和生物多样性保护有直接影响的绿地，包括风景名胜区、水源保护区、郊野公园、森林公园、自然保护区、风景林地、城市绿化隔离带、野生动植物园、湿地、垃圾填埋恢复绿地等。

如风景名胜区植物种类的选择首先要与风景名胜区的风格或特色相一致，在此基础上，按照具体需求进行植物种类的选择，尽可能选用当地的乡土植物种类，以充分发挥其效应。植物配置则要在保护的前提下，按照具体地段和位置进行，以保护保证自然景观的完整风貌和人文景观的历史风貌，突出自然环境为主导的景观特征。

由此可见，园林生态设计的范畴非常广泛，从公园、附属绿地的生态设计，到生产、防护绿地的生态设计，以及风景名胜区、自然保护区、城市绿化隔离带、湿地、垃圾填埋场恢复绿地的生态设计等均可纳入园林生态规划与设计的范畴。其功能用途不同，生态设计重点自然也应有所区别。

4. 活动过程

以浙江黄岩永宁江河流再生设计为例，选取学校附近有代表性的园林生态规划景观参观学习。

浙江黄岩永宁江河流再生设计

本案例摘自俞孔坚教授的论文“河流再生设计——浙江黄岩永宁公园生态设计”。

(1)概述

永宁公园(图 10-5)位于永宁江右岸，总用地面积约为 21.3 hm^2。永宁江孕育了黄岩的自然与人文特色，堪称山灵水秀，自古以来为道教圣地，鱼米丰饶，盛产黄岩蜜橘；现代则有模具之乡等美誉。然而，近几十年来，当地的人们并没有善待这条母亲河。由于人为的干扰，特别是河道硬化和渠化，导致河流动力过程的改变和恶化，水质污染严重，河流形态改变，两岸植被和生物栖息地被破坏，休闲价值损毁。永宁江公园对黄岩的自然、社会和文化有很重要的意义。如何延续其自然和人文过程，让生态服务功能与历史文化的信息继续随河水流淌，是设计的主要目标。

图 10-5　浙江黄岩永宁公园

(2)设计战略

为实现此目标,永宁公园方案提出以下六大景观战略。

①保护和恢复河流的自然形态,停止河道渠化工程　设计开展之初,永宁江河道正在进行裁弯取直的水泥护堤工程,高直生硬的防洪堤及水泥河道已吞噬了场地 1/3 的滨江岸线。考察完场地后,设计组提出了停止河道渠化工程的建议。接着,进行了流域的洪水过程分析,得出洪水过程的景观安全格局,提出通过建立流域的湿地系统,与洪水为友,把洪水作为资源而不是敌人。

②建立内河湿地,形成生态化的旱涝调节系统和乡土生境　本公园设计的第二大特点,是在防洪堤的外侧营建一块带状的内河湿地。它平行于江面,而水位标高在江面之上,旱季则开启公园东端的西江闸,补充来自西江的清水;雨季可关闭西江闸,使内河湿地成为滞洪区。尽管公园的内河湿地只有 2 hm^2 左右,相对于永宁江流域的防洪滞洪来说无异于杯水车薪,但如果沿江能形成连续的湿地系统,必将形成一个区域性的、生态化的旱涝调节系统。这样一个内河湿地系统同时为乡土物种提供栖息地,创造了丰富的景观,也为休闲活动提供了场所。

③设计一个由大量乡土物种构成的景观基底　应用乡土物种形成绿化基底,整个绿地系统平行于永宁江,分布如下几种植被类型:第一带,河漫滩湿地,在一年一遇的水位线以下,由丰富多样的乡土水生和湿生植物构成,包括芦苇、菖蒲、千屈菜等。第二带,河滨芒草种群,在一年一遇的水位线与 5 年一遇的水位线之间,用当地的九节芒构成单优势种群,是巩固土堤的优良草本,场地内原有大量九节芒杂乱无章地分布,可进入性差。经过设计的芒草种群疏密有致,形成安全而充满野趣的空间。第三带,江堤疏树草地,在 5 年一遇的水位

线和 20 年一遇的水位线之间，用当地的狗牙根作为地被草种，上面点缀乌桕等乡土乔木，形成一条观景和驻足休憩的边界场所，在其间设置一些座椅和平台广场。第四带，堤顶行道树，结合堤顶道路，种植行道树。第五带，堤内密林带，结合地形，由竹林、乌桕、无患子、桂花等乡土树种构成密林，分隔出堤内和堤外两个体验空间。堤外面向永宁江，是个外向型空间，堤内围绕内河湿地形成一个内敛式的半封闭空间。第六带，内河湿地，由观赏性较好的乡土湿生植物构成，如睡莲、荷花、菖蒲、千屈菜等。第七带，滨河疏林草地，沿内河两侧分布，给使用者一个观赏内河湿地和驻足休憩的边界场所。第八带，公园边界，在公园的西边界和北边界，繁忙的公路给公园环境带来不利的影响，为减少干扰，设计了用香樟等树种构成的浓密的边界林带，使公园有一个安静的环境。

④水杉方阵，平凡的纪念　水杉是一种非常普通而不被当地人关注的树种，它们或孤独伫立在水稻田埂之上，或排列在泥泞不堪的乡间路旁，或成片分布于沼泽湿地和污水横流的垃圾粪坑边。本设计通过方格网状分布的树阵，在一个自然的乡土植被景观背景之上，将这些平凡的水杉树按 5×5 棵种在一个方台上，给它们一个纪念性的场所，凸显高中典雅。树阵或漂于水上、或落入繁茂的湿生植物之中、或嵌入草地，无论身处何地，独特的水杉个性都会显露无遗。

⑤景观盒，最少量的设计　在自然化的地形和林地以及乡土植物所构成的基底之上，分布了 8 个 5 m^2 见方的景观盒。它们是公园绿色背景上的方格点阵体系，融合在自然之中，构成了“自然中的城市”机理。同时，野生的水草、茅草等自然元素也渗透入盒子，使体现人文和城市的盒子与自然达到交融互含的状态。这些盒子由墙、网或柱构成，以最简单的方式，给人以三维空间的体验。

⑥延续城市道路，便捷地实现公园的服务功能　公园是为市民提供生态服务的场所，因此，应该是开放式的，为居民提供最便捷的进入方式。为此，公园的路网设计是城市路网的延伸，直线式的便捷通道穿过密林成为甬道，越过湖面湿地成为栈桥，穿越水杉树阵成为虚门，贯通盒子成为实门，并一直延伸到永宁江边，无论是游玩者还是行路者，都可以获得穿越空间的畅快和丰富的景观体验。

(3)结语

永宁公园于 2003 年 5 月正式建成开园，由于大量应用乡土植物，在短短的一年多时间内，公园即呈现出生机勃勃的景象。设计之初的设想和目标已基本实现，2004 年夏天还经受了 25 年来最严重的台风破坏，也很快得到了恢复。作为生态基础设施的一个重要节点和示范地，永宁公园的生态服务功能在以下几个方面得到了充分的体现。

第一，自然过程的保护和恢复。长达 2 km 的永宁江水岸恢复了自然形态，沿岸湿地系统得到了恢复和完善；形成了一条内河湿地系统，对流域的防洪滞洪涝起到积极作用。

第二，生物过程的保护和促进。保留滨水带的芦苇、菖蒲等种群，大量应用乡土物种进行河堤的防护，在滨江地带形成了多样化的生境系统。整个公园的绿地面积达到 75%，初步形成了物种丰富多样的生物群落。

第三，人文过程。为广大市民提供了一个富有特色的休闲环境。无论是在江滨的芒草丛中，还是在横跨内河湿地的栈桥之上，或是在野草掩映的景观盒中，我们都可以看到男女老幼在快乐地享受着公园的美景和自然的服务：远山被引入公园中的美术馆，黄岩的历史和故事不经意间在公园中传颂着、解释着；不曾被注意的乡土野草突然间显示出无比的魅力，一种关于自然和环境的新的理念如润物无声的春风细雨在游赏者的心里孕育——爱护脚下的每一种野草，它们是美的，借着共同的自然和乡土的事与物更便于人和人之间的交流。

永宁公园通过对生态基础设施关键地段的设计，发展和促进自然系统的生态服务功能，同时让城市居民能充分享受到这些服务。

5. 问题处理

参照浙江黄岩永宁江河流再生设计实例，选取学校附近有代表性的园林生态设计景观参观学习，写出一份“××园林生态设计介绍”。

活动三　园林生态建设

1. 活动目标

◆知识目标：了解现代园林生态建设的原则；熟悉园林生态建设的主要内容。

◆能力目标：了解当地有代表性的园林生态建设案例，熟悉园林生态建设内容。

2. 活动准备

根据班级人数，按 5 人一组，分为若干组，每组准备以下材料和用具：当地园林生态建设实例、调查表格、记录本、笔等。

3. 相关知识

园林是自然景观与人文景观融为一体的特殊地域，是城市自然空间的缔造者与维护者，已成为衡量城市现代经济水平和文明程度的标准，因此以科学理论为指导，建设生态园林成为园林建设的热点。

(1)园林生态建设的原则

①整体性与连续性原则　在一定的区域中，包括不同的行政单元，但是在地理、经济、环境等方面是一个相互联系的整体，任何局部的变化都会对其他区域产生影响。区域景观规划必须注重整体效益，尤其是具有多种景观特征的区域和区域总体景观规划中，不能强调某一元素的单一效益或局部地区的利益，进而进行条块分割，切断区域内景观的有机联系，致使景观破碎化，影响区域生态系统正常的生态功能和整体的生态服务价值，不利于社会和经

济可持续的发展。

②格局和过程统一的原则　区域现有的景观特征是格局和过程相互作用的结果。园林生态景观建设主要是对区域景观格局的营建、调整和恢复,但必须考虑相应的生态过程。通常过程是目标,而格局是载体或手段,两者是不可分割的。在区域旅游发展中,除了考虑产业效益、游客体验以外,还要考虑区域相应建设对整体生物多样性保育的影响。

③自然优先和生态文明的原则　生态文明的新理念是可持续发展的深层哲学基础,它继承了我国自古以来"天人合一"的思想,主张人与自然和谐共处,共同促进世界的发展。人类改变直接获取物质的开发利用方式,而以享受生态系统服务为主,同时保护自然,向自然投资,使自然资本增值。在处理人与自然的关系上,倡导自然优先原则,确保自然生态服务功能持续、有效的发展。通过区域生态景观、人居环境以及生态旅游等的建设和发展,带动周围区域的生态文明建设,是超越本区域的重要功能之一。

④动态的和渐进的原则　目前,科学技术的发展日新月异,同时随着国际社会、经济、科技、文化的交融和发展,人们对区域规划理论的理解、对园林生态环境建设要求也会不断提高,而生态系统自身,包括景观水平上的格局也在不断地演化,因此,任何一项规划都不可能描绘出区域发展的终极蓝图,它必然是一个与人类社会的发展水平相适应的渐进的、动态过程。

(2)园林生态建设的主要内容

园林作为一种综合的艺术形式,其价值也是多方面的,首先,它可供人们休憩和浏览。无论古今,无论是否具备园林知识和文化修养,只要走进园林,人们都能够直接感受到园林的外在之美,这是园林生态系统建设的重要功能。其次,园林不仅带来山水生物之美,同时也是有形的山水、建筑、花木草与人文艺术精神的相互融合,最大限度地满足了人与自然和谐相处的愿望,是园林生态系统建设过程中要考虑建设的目标之一。园林生态系统的建设一般可按照以下几个步骤进行:

①园林环境的生态调查　园林环境的生态调查是园林生态系统建设的重要内容之一,是关系到园林生态系统建设成败的前提。特别是在环境条件比较特殊的区域,如城市中心、地形复杂、土壤质量较差的区域等,往往会限制园林植物的生存,因此,科学地对预建设的园林环境进行生态调查,对建立健康的园林生态系统具有重要的意义。

一是地形与土壤调查。地形条件的差异往往影响其他环境因子的改变。因此,充分了解园林环境的地形条件,如海拔、坡向、坡度、小地形状况、周边影响因子等,对植物类型的设计、整体规划具有重要意义。土壤调查包括土壤厚度、结构、水分、酸碱性、有机质含量等方面,特别在土壤比较瘠薄的区域,或酸碱性差别较大的土壤类型更应详细调查。在城市地区,要注意土壤堆垫土的调查,对是否需要土壤改良,如何进行改良要拿出合适的方案。

二是小气候调查。特殊小气候一般由局部地形或建筑等因素所形成,城市中较常见,要对其温度、湿度、风速、风向、日照状况、污染状况等进行详细调查以确保园林植物的成活、成林、成景。

三是人工设施状况调查。在预建设的园林环境范围内,对已经建设的或将要建设的各种人工设施进行调查,了解其对园林生态系统造成的影响。如各种地上、地下管网系统的走向、类别、埋藏深度、安全距离等,在具体施工过程中要严格按照各种规章制度进行,避免各种不必要的事件或事故的发生。

②园林植物种类的选择与群落设计

第一,园林植物的选择。园林植物的选择应根据当地的具体状况,因地制宜地选择各种适生的植物类型。一般要以当地的乡土植物种类为主,并在此基础上适当增加各种引种驯化的类型,特别是已在本地经过长期种植,取得较好效果的植物类型。同时,要考虑各种植物之间的相互关系,保证选择的植物不至于出现相克现象。当然,为营造健康的园林生态系统,还要考虑园林动物与微生物的生存,选择一些动物与微生物比较喜欢栖息的植物或营造其喜欢栖居的植物群落类型。

第二,园林植物群落的设计。园林植物群落的设计,一方面要强调群落的结构、功能和生态学特性相互结合,保证园林植物群落的合理性和健康性。另一方面要注意与当地环境特点和功能需求相适应,突出园林植物群落对特殊区域的服务功能,如工厂周围的园林植物群落要以改善和净化环境为主,应选择耐粗放管理、抗污吸污、滞尘、防噪的树种、草皮等;而在居住区范围内应根据居住区内建筑密度高、可绿化面积有限、土质和自然条件差以及人接触多等特点选择易生长、耐旱、耐湿、耐瘠薄、树冠大、枝叶茂密、易于管理的乡土植物构成群落,同时还要避免选用有刺、有毒、有刺激性的植物等。

③种植与养护　园林植物的种植方法可简单分为 3 种:大树搬迁、苗木移植和直接播种。大树搬迁一般是在一些特殊环境下为满足特殊的要求而进行的,该种方法虽能起到立竿见影的效果,满足人们及时欣赏的需求,但绿化费用较为昂贵,技术要求较高且风险较大,从整体角度来看,效果不甚显著,通常情况不宜采用;苗木移植在园林绿化中应用最广,该方法能在较短的时间内形成景观,且苗木抗性较强,生长较快,费用适中;直接播种是在待绿化的地面上直接播种,其优点是可以为各种树木种子提供随机选择生境的机会,一旦出苗就能扎根,形成合适根系,可较好地适应当地生境条件,且施工简单,费用低,但成活率较低,生长期长,难以迅速形成景观。因此,在粗放式管理特别是大面积绿化区域使用较多。

养护过程是维持园林景观不断发挥各种效益的基础。园林景观的养护包括适时浇灌、适时修剪、补充更新、防治病虫害等各方面。

4. 活动过程

以温州生态园三垟湿地公园建设为例,选取学校附近有代表性的园林生态建设实例参观学习。

温州生态园三垟湿地公园建设

(1)温州生态园三垟湿地公园现状

三垟湿地约 12 km^2,由 160 多个小岛屿组成,河道蜿蜒其间,具有典型的江南水乡特色,主要包括城建区(占陆域 15.2%)、大榕树生长点(20 个)。但是,现有岛屿的陆域基本已丧失河滩湿地特质,主要湿地区仅限于现有的河道。三垟水体整体水质为劣Ⅴ类水,与温瑞塘河相邻接的西南、西北一线由于受温瑞塘河水的影响,常出现黑水、恶臭,并有向中心区域扩散的倾向。主要城建区周边的水体,由于居民倾倒生活垃圾、生活污水以及部分工业企业(如无纺布企业)废水的排放,在影响水质的同时,也降低了区域景观质量。无序的人类活动，侵占湿地生物生长空间，破坏了区域景观的和谐。区域城建区工厂、民居建设，特别是岛屿滨岸区域乱搭、乱建，堆放工业原料、垃圾杂物，以及水域中大量的养殖网箱(2 300 多个)，在侵占湿地生物栖息地的同时，破坏了区域景观的和谐，降低了湿地的自然特征。区域现有景观，除了古树名木(大榕树)以及南侧靠近大罗山水质较好的区域，旅游、美学方面的价值大大下降。

(2)建设目标

①总体目标　温州生态园三垟湿地公园生态建设的总体目标是：改善区域人居环境，拓展城市经济发展空间，增强城市综合竞争力。通过区域生态建设，使其成为环境优美、空气新鲜、适宜城市居民休闲娱乐，并可适度发展生态旅游的区域。

②主要生态建设工程　整个生态园的生态建设可归结为以下工程：生态示范区建设工程；三垟湿地水环境整治工程；三垟湿地亲水岸滩建设工程；三垟湿地湿生、水生植物恢复工程；三垟湿地生态人居建设工程；三垟湿地生态农业建设工程。

③分期具体目标与指标

第一步，示范区建设期(2 年，2004—2005 年)。主要完成生态示范区建设。在生态示范区内有效植被覆盖率达到 60%以上，水体水质基本达到Ⅱ类水标准，并初步具有自我调控能力。其具体指标为：三垟湿地示范区内生态服务价值由理论价值的 16.4%，提高到 55%～65%。

第二步，生态建设工程实施期(5 年，2006—2010 年)。在生态园的生态建设区以生态示范区为模式进行各项生态建设工程，使整个区域有效植被覆盖率达到 50%以上，完成主要生态景观建设，区域生态系统服务价值初步实现外部经济效益内部化。

第三步，生态建设成果维护与稳定期(5 年，2011—2015 年)。区域生态系统整体能较好实现自我调控和自我维持，能稳定实现外部经济效益的内部化，推动周边地区整体生态建设与发展。其具体指标为：区域生态系统服务价值达到理论值的 75%以上。

(3)生态功能区的定位与划分

根据生态建设的原则，结合其内部也有“人居—产业—景观”组分的融合的现状等，将湿地划分为三大生态功能区：生态景观区、生态产业区和生态人居区，其中生态景观区又分为生态景观建设区和生态保育建设区，各区具体建设位置和面积见表 10-1。

表 10-1　三垟湿地各生态功能区面积

项目	功能区别	面积/km^2
生态景观区	湿地保育建设区	5.45
	水景建设区	2.10
	生态建设示范区	0.83
生态产业区		1.86
生态人居区		1.32
公建区		0.44

①生态景观建设区　生态景观建设区是开展生态旅游的主要区域，包括现有景点和潜在旅游景点，同时也是其他功能区的生态屏障，是整个生态园生态服务功能的主要提供者。

②生态保育建设区　生物多样性保育区主要针对生物多样性敏感区建设，建设的方式不同于传统的自然保护区，包括水源涵养林建设、生物多样性保育林建设和生态防护林建设等。主要根据区域植被特征，采用各种生态工程措施，如生态重建等，营建适宜的生物栖息地，进行区域生物多样性的培育和恢复。

(4)三垟湿地公园生态建设工程

通过工程建设，增强水质净化功能，除了控制、消除外源污染，还需进行适当的底泥疏浚，全序列或半序列湿地植被的恢复与重建，鱼类复育，生态滨岸建设，生态人居环境建设，生态农业建设(图 10-6)。

图 10-6　三垟湿地公园

①生态景观区　主要建设工程有：

——湿地保育建设区。主要包括水污染治理、湿地植被建设和整体景观建设三方面。

水污染治理工程：以降低水体污染物输入，改善水质，提高水体透光率为主要目标。基本措施包括以下几方面：一是截污。以消除点源污染，控制面源污染为主要目标。具体措施包括：在温瑞塘河与三垟湿地相连接的水道建水闸，严格控制污水流入；主要居民区、工业企业废水结合复绿工作，营建人工湿地，进行集中处理；主要农业产业区周边，结合复绿工作，营建湿地水质净化隔离带，同时改变农业耕作方式，控制化肥、农药的施用量。二是流水。以改善区域水文条件为主要目标。在条件合适区域，通过提升水位，曝气，促进水体的流动和扰动，增加水体氧气含量，促进微生物生长，达到水质净化的目的。三是生物吸收。结合复绿和景观建设，采用生态工程技术，以水生植物为主体，在适宜水体营建人工浮床，通过植物生长、收获，去除水体营养盐和重金属。除了污染源控制，目前河道水质净化常用方法如表 10-2 所示。其中，引水冲污、湿地净化、疏浚等尤为常见。底泥疏浚是削减内污染源，治理水体富营养化的一项重要措施，三垟湿地底泥的3/4清除对于水质的改善具有良好作用。疏浚底泥量的控制是工程关键，疏浚量过少，达不到改善水质的目的；疏浚量过多，使底部环境遭受破坏，对底栖生物的生长产生不利影响，甚至打破整个湿地或湖泊生态系统的能量流动和物质循环方式，破坏原有的生态系统平衡。结合底泥疏浚的湿地植被建设方法对治理污染最为有效。

表 10-2　河道水质净化的常用方法

净化方法	具体方法	可行性
引水、调水	从其他河流引入稀释水；从贮水池补水维持水量进行循环；引入海水或已经净化过的下水	需要大量引水，需要各河流管理部门配合，费用较高
砾石净化	利用高河滩，在其上铺上砾石后引进河水，利用生物膜净化水体	铺砾石需要一定空间，可利用上部进行多项休闲旅游活动
湿地净化	栽植能吸收氮、磷的植物，定期割除用以达到净化目的	植物收割和处理要花一定费用
疏浚	定期疏浚河床中堆积的污泥	疏浚出来的污泥处理需要花费，也可用来做堆肥
污泥固化	掺入污泥固化剂，变成可利用的土，以固定污泥	由于处理土能有效利用，所以可行性好
曝气	利用落差结构和泵等加放空气，提高河水的净化功能	适用于有纵向坡度的河流，用机械曝气需要费用
闸门调节	在潮汐区段通过调节阀门利用潮水把优质水引入其他河流中	需要调整防洪设施
污水分离	使污水同河水分离，排入下水道	系统设计需要费用，可能导致河流水量减少

湿地植被建设工程：以恢复和重建湿地植被、提高初级生产、增强环境效益和增加生物多样性为主要目标，选取合适乡土和引入物种，在以木本植物为主的基础上，追求四季有景看，乔、灌、藤、草相协调的景观效果。

整体景观建设工程：主要包括以下两个方面，一是增加区域水面积，以恢复湿地景观特质为目标，结合基质修复和植被恢复工作，拓展水域面积至区域总面积的50%以上。二是湿地多样性景观恢复，在区域景观制图、分析基础上，结合湿地植被建设工作，进行多样化的湿地景观建设。

——水景建设区。主要包括亲水岸滩建设和水生植被建设两部分。

亲水岸滩建设工程：亲水滨岸建设在三垟湿地内是非常重要的内容。在滨岸建设中除了维持现在的天然滨岸外，应根据岛屿的功能类型，设计相应的滨岸。在建设中，应巧用天然材料，如河中固有的卵石、块石等，在生态景观区应避免采用混凝土岸段，因为混凝土结构容易导致河段成为人工水槽，不仅阻断了河道与地下水的交换作用，并且无法提供鱼类和其他水生生物的栖息地。三垟湿地岛屿众多，拥有很长的滨岸，因此可以采用多种护岸方案，目前常用的护岸方案见表10-3，在保证滨岸功能的同时，提高景观的多样性。

表 10-3 亲水、河流开发利用护岸方案

护岸类型	护岸方案
普通护岸类型	砌块护岸
缓坡护岸类型	缓坡砌石护岸；缓坡砌块护岸
带河岸裙墙的护岸类型	带裙墙的异型边框绿化护岸；木桩锚固卵石护岸
阶梯护岸类型	踏步砌块阶梯护岸；仿木阶梯护岸
带平台的护岸类型	带平台的砌块护岸；带草坛平台的砌石护岸
缓坡、阶梯复合类型	阶梯砌石护岸

水生植被建设：主要包括消亡植被的恢复和全序列或半序列湿地植被恢复。消亡植被的恢复是以恢复湿地植被初级生产力为主要目标，主要包括以下内容：一是消亡物种的恢复。通过引种、繁育，恢复三垟湿地特有植物种类，包括各种挺水、沉水、浮水以及湿生植物。具体可以通过营建水生生物繁育基地实现。二是重建湿地植被生长区。结合改土工作，恢复湿地植被，拓展湿地区域面积。水域植被覆盖率以占水域总面积的30%为基本建设目标。全序列或半序列湿地植被恢复以恢复植被多样性为主要目标，根据区域景观建设要求，在适宜区域营建由“沉水植物—浮水植物—挺水植物—湿生植物”组成的湿地植被全序列或半序列湿地景观。具体物种配置与建设措施参照三垟湿地生态建设示范区部分。

②生态产业区　包括生态农业区、生态加工业区和生态旅游区。建设区域主要为瓯柑种植区，土壤条件较好，瓯柑产量高，存在问题为：品种老化，种植方式传统，对水体造成N、P污染。利用生态资源优势，推广无公害农业生产技术，形成布局合理、结构优化、标准完善、管理规范的绿色安全生产基地；农业产业区周边，根据栽培面积，营建湿地水质净化隔离带；同时，也可在环境容量许可的情况下开展观光农业，如农家、果林观光旅游。

③生态人居区　对现有的村落进行改造，建设生态人居区。相应生态建设项目指标体系如表10-4所示。

表 10-4 温州生态园生态建设指标体系

生态功能区		指标
生态产业区	种植业	土壤有机质含量、有机肥/化肥施用比例、病虫害防治情况（生物防治、化学防治）；农产品品种、农产品质量、农产品产量、农产品农残量；种植业投入/产出比、农产品深加工比例、观光农业收入、从事农业生产人数
	渔业	邻近水体的富营养化程度（N/P、BOD、COD）、饵料（浮游植物、浮游动物）丰度、河道内非养殖性鱼类生物多样性、河道内非养殖性底栖动物生物多样性；渔获量、渔产品多样性；渔业投入/产出比、水产品深加工比例、观光渔业收入、从事渔业生产人数
	工业	空气质量状况（TSP、SO_2）；清洁生产技术利用程度（应当利用清洁生产的企业通过清洁生产审核的比例）、规模化企业（年产品销售收入超过500万元的工业企业）通过ISO14000认证的比例；废渣/废水/废气产生、收集、转动和处理、噪声控制、单位GDP的能耗和水耗、工业固体废物综合利用率、工业用水重复利用率，工业园区与生活社区的间距与隔离
	第三产业	点源/面源污染及其处理；对自然资源的利用程度；第三产业占本地GDP的比重

续表 10-4

生态功能区		指标
生态景观建设区	旅游区园林建设	树种多样性、乔/灌/草比例、针叶比例、年龄结构、开花期分布
	生态河网建设	流速和流向、水质、透明度、河岸侵蚀状况、动植物优势种(是外来种还是乡土物种)、鱼类多样性
生态居住区	能源	建筑节能率、绿色能源利用率等
	水环境	污水处理达标排放率、中水与雨水的收集与使用效率、节水器具使用率
	空气	自然通风面积、空气质量
	噪声	噪声阻隔措施(室外设计应满足日间噪声小于 50 dB,夜间小于 40 dB;室内噪声环境小于 40 dB,夜间小于 35 dB。)
生态产业区	光照	光污染状况、节能灯具使用率、室内自然光条件
	公共绿地系统	绿化覆盖率、观赏植物多样性,病虫害控制等生态化植保措施,花期分布,常绿/落叶植物比例,一年生、多年生植物比例,绿地可接近程度等
	废弃物收集与处理系统	生活垃圾分类收集系统(收集率、分离率)、循环利用效率
	绿色建筑材料系统	无毒、无害、不污染环境的材料和产品使用率

5. 问题处理

参照温州生态园三垟湿地公园建设实例,选取学校附近有代表性的园林生态建设实例参观学习,写出一份"××园林生态建设介绍"。

活动四　园林生态管理

1. 活动目标

◆知识目标:了解园林生态管理的原则;熟悉园林生态管理的主要措施。

◆能力目标:了解当地有代表性的园林生态管理案例,熟悉园林生态管理内容。

2. 活动准备

根据班级人数，按 5 人一组，分为若干组，每组准备以下材料和用具：当地园林生态管理实例、调查表格、记录本、笔等。

3. 相关知识

园林生态管理是根据生态学、经济学、社会学和管理学等原理，基于对城市（镇）特殊的自然—半自然—人工的生态系统的组成、结构、功能及其生态过程分析的基础上，采取行政的、经济的、法律的及工程技术的措施，对城市（镇）园林绿地的研究、规划设计、建设、栽培与养护、保护与更新等工作实施有效的、科学的管理和监督，以充分发挥园林绿地系统的服务功能，维护城市（镇）绿地系统的健康、保持稳定性和整体性，提高城市（镇）生态系统环境质量和人居环境质量，从而实现区域生态系统可持续发展。应用生态学原理进行生态系统管理是城市绿色空间规划和建设成功的重要手段。

(1)园林生态管理的原则

为了使园林生态系统永续良性进行，达到人类所企盼的近期目的和长远目标，在园林生态管理对策设计和实施过程中必须遵守以下原则。

①协调发展原则　园林生态管理必须贯彻生态、经济、社会协调发展的原则，并且把生态学、经济学、社会学和管理学有机结合起来，形成一个新的知识体系和一项组织管理的技术体系，并强调生态系统管理所涉及的相互协作。

②区域性原则　必须明确生态系统管理的对象与管理的目标，只有明确了以什么为对象，以什么作为时间空间边界，这就决定了生态系统管理的尺度和弹性；在多大范围内，采取什么样的管理措施，达到什么样的程度；同时，来自所采用目标以外的外部影响仍很重要，生态系统与周围的系统相互作用、相互影响，必须予以考虑，此外，还要考虑生态系统管理所涉及区域内居民的特性、目标和行为的敏感性。

③社会性原则　把生态系统知识、有关环境问题的政策和社会组织管理手段结合起来，确认人类在其中扮演调控者的角色。人类依赖于园林生态系统提供的基本产品和服务，如释氧固碳等。然而，人类社会以其能力和追求，这样做具有深远的影响。除了生存以外，园林生态系统的产品和服务支持人类获得健康、文化发展、旅游及其他有利于建立和维持社会的要素。必须允许和鼓励局部水平的多种利用和行为，以达到区域的长期管理，同时需要对个人利用加以法律约束，必要时禁止个人利用。

④系统性原则　用系统思维方式和系统工程方法研究园林生态系统评价标准和评价指标体系，应用信息管理技术、数学模型和政策间的关系对生态过程进行系统动态仿真与分析。在规划、设计和决策过程中，需要收集关于区域的高质量的科学信息，以便对整个管理过程提供帮助。

⑤稳定性原则　阈值是指当生态系统退化到该水平时，其主要的性质和功能就会丧

失。生态系统管理特别重视某些生态系统功能的阈值，超过这些阈值，生态系统的某些性质和功能必然会丧失。通常用生态系统结构的稳定性，生态系统功能的稳定性，生态系统过程的稳定性，生态系统的生产力、生物量、生物多样性、生态过程演替等来反映阈值的具体内容。

⑥多元化原则　由于园林生态系统的多样性、异质性、变化的必然性，所以园林生态系统管理随着对象的不同（如道路、公园、风景区等），在管理目标、管理模式上各不相同，要求多元化管理，以满足园林生态系统管理的多样性、异质性、复杂性、适应性的需要。

⑦适应性原则　适应性管理是生态系统管理的一个重要组成。园林生态系统管理是一个自组织与它组织、自适应与它适应相结合的过程，是一个复杂的适应性系统。所以要从适应性管理的角度去研究园林生态系统的复杂性与复杂性管理。一个系统能否具有很强的适应能力，取决于这个系统是不是具有良好的内部调节机制以保持系统内部协调一致和系统有效的功能，同时也取决于反馈、控制与调整，即生态系统管理需要一个人类本身能不断从所犯的错误中吸取知识的学习系统。

⑧复杂性原则　生态系统管理是一项复杂性管理，因此，要研究复杂性管理必须研究系统复杂性。

(2)园林生态管理措施

园林生态管理一般主要从园林植物的适宜配置、园林生态系统的清洁养护和园林生态系统调控等方面进行健康管理。

①园林植物的生态配置　园林植物生态配置是运用生态学原理，根据植物的形（单株形态和群体形态）、习性（生态学习性和生物学特性）和生态效能，将乔木、灌木、藤本、草本植物进行合理搭配，使植物与环境之间、植物与植物之间能很好地适应和融合，建立良好的关系，同时发挥植物的多种功能，进而获取最佳综合效益。

园林植物的生态配置应有3个方面的内涵：一是具有园林的观赏美学价值，创造园林景观，美化环境；二是具有改善环境的生态效应性，通过植物的光合、蒸腾作用，吸收和吸附作用，调节小气候，吸收园林环境中的有害物质，衰减噪声，防风降尘，维护生态平衡等；三是具有生态结构的合理性，它应具有合理的时间结构、空间结构和营养结构，与周围环境一起组成和谐的统一体。

园林植物配置原则主要有：一是生态适应性原则。在植物配置设计时，要根据设计地区生态环境的不同，因地制宜地选择适当的植物种类，使植物本身的生态习性和栽植地点的环境条件基本一致，使方案能最终得以实施。二是物种多样性原则。自然植物群落一般由多物种组成，具有很强的稳定性。城市中多为人工植物群落，因此在进行植物配置时，应该注重“物种多样性”原则，尽量避免采用单一物种的配置形式，物种多样性较高的园林植物群落不仅对环境及其变化有更好地适应调节能力，增强群落的抗逆性和韧性，还有利于保持群落的稳定，避免有害生物的入侵。三是生态稳定性原则。植物配置应当遵循植物群落的垂直结构规律和水平结构规律，乔、灌、草合理搭配，水生植物、耐水湿植物、稍耐水湿植物、旱生植物合理搭配。按照群落演替规律确定人工植物群落的布局，促进群落的稳定性，同时减少养护成本。四是功能性原则。园林景观设计要体现以人为本的原则，应当首先满足人作为使用者的最根本的功能需求。例如给陵园作植物配置，为了营造陵园那种庄严肃穆的气氛常常选择青松翠柏对称布置。五是美学原则。植物造景讲究科学性与艺术性的统一，要在熟练掌握观赏植物的生态学和生物学特性的基础上，运用美学原理，根据不同的环境绿地功能以及人文景观、社会经济等方面的要求进行通盘考虑，尤其要重视植物配置过程中需遵循的美学原则。六是历史文化延续性原则。植物配置首先要理清历史文脉的主流，重视景观资源的继承、保护和利用，以自然生态条件和地带性植被为基础，将民俗风情、传统文化、宗教、历史文物等融合在植物景观中，使植物景观具有明显的地域性和文化性特征，产生可识别性和特色性。如海南的“椰子树”、荷兰的郁金香文化、日本的樱花文化，可以记载一个地区的历史，传播一个城市的文化。在世界经济一体化与文化多元化并行发展的今天，历史文化连续性原则更应该成为植物配置的指导原则。七是经济性原则。植物景观以创造生态效益和社会效益为主要目的，但这并不意味着可以无限制地增加投入。任何一个城市的人力、物力、财力和土地都是有限的，须遵循经济性原则，在节约成本、方便管理的基础上，以最少的投入获得最大的生态效益和社会效益，从而改善城市环境、提高城市居民生活环境质量服务。例如，多选用寿命长，生长速度中等，耐粗放管理，耐修剪的植物，以减少资金投入和管理费用。

植物在长期的物种进化过程中，形成一系列与之生长发育的环境生态条件相适应的形态特征和生理特征，衍生出千姿百态的种质资源，在园林植物配置中，要根据植物的生态环境选择适宜的生态类型的植物。

②园林生态系统的清洁养护

A. 防止园林生态系统的污染。目前，生态环境问题仍然是四大公害（废气、废水、废渣和噪声污染）。对园林生态系统的清洁包括：一是城市大气污染防治，采取的措施有：调整能源构成、开发新能源；合理城市工业布局；改进燃烧设备和燃烧方法；采用除尘装置，减少烟尘污染；减少机动车尾气污染。二是防止城市水污染，包括加强水资源的保护，节约用水；重视园林系统废水排放量和污染物浓度。三是园林固体废弃物处理，减少垃圾来源，及时妥善地处理固体废弃物。四是噪声控制，包括降低或减弱噪声声源，控制噪声传播途径等。

B. 对园林植物进行管护。第一是浇灌。园林植物，尤其是室内园林植物，由于不能直接接触雨水，因此，必须适时浇水，以保持植物体内的水分平衡。根据具体的植物生长环境采取自动浇灌或人工浇灌方式。第二是施肥。园林植物要想维持长期的正常生长，必须进行适时、适量施肥。施肥要针对不同的植物类型、同一类型的不同植物以及同一植物的不同生长发育阶段分别考虑施肥方式和施肥量。第三是整形和修剪。整形和修剪是园林植物管理的一项重要措施。一方面，由于空间相对狭小，特别是受限制性空间，更要及时修剪整形，以保持植物的优美姿态和艺术造型，提高其观赏价值；另一方面，通过修剪还可以调整植物的生长状况，促进植物的生长、开花和结实等。第四是换植。园林植物的换植非常普遍，特别是受光线限制的植物，不能长期生长在低光下。换植一方面可以维持良好的植物景观，另一方面还可以改变植物的景观形式、色彩等，体现更加丰富多彩的景象。第五是其他管理、养护措施。室内园林植物的正常生长发育以及美好景观的维持，必须建立在良好的管理之上，如防治病虫害，及时进行松土和除草，以及盆栽植物的换盆，甚至有些叶片的除尘等。

C. 园林生态系统清洁和养护应注意的问题。加大宣传力度，引导市民爱护身边的一草一木，积极支持和参与园林城市建设，在全社会形成重视园林生态系统清洁与养护的良好氛围，这是养好管好园林绿地的根本措施。从各级主要领导到负责基层园林绿化工作的人员，从市政园林部门到各企事业单位，从政府到市民，对城市园林绿化、美化、清洁与养护工作的重要性要形成共识。城市园林的清洁、养护、管理要考虑经济的承受能力。例如 20 世纪 90 年代中期，大连颇具欧陆风情的城市景观风靡一时，许多城市刻意模仿，耗费了巨大的环境资源和经济实力；又如我国南方的一座“园林城市”，其城内有一条主干街道，是该市人大、政协、市政府所在的街道，道两边运用了大量需不断更换的花卉，3 km 长的道路一年的养护费就需 30 万元人民币。近年来，我国园林界提出生态园林的理论，其核心是以保护生态环境为最高目标，按照生态学规律，追求最大的投入产出比和多方面、多层次的产品，并使园林的生态和美学价值随时间增值。具体到园林植物的应用上，应进行合乎自然规律的植物群落配置，以便维持群落的相对稳定，降低人工养护费用。目前，已有越来越多的有识之士认识到应着力发展节水、节能、控制污染的园林植物，利用自然植被，摒弃刻意修饰的造园手法。此外，研究城市生态环境保护政策，使城市生态环境有长效管理机制。积极推动市政、环卫、园林等行为市场化，运用市场经济手段，引导各种所有制单位、个人通过招投标、入股等方式，参与城市园林、绿地养护，减轻政府财政支出。

③园林生态系统调控　园林生态系统的调控是以生态学原理为指导，利用绿色植物特有的生态功能和景观功能，创造出既能改善环境质量，又能满足人们生理需要和心理需要的自然景观。在大量栽植乔、灌、草等绿色植物，发挥其生态功能的前提下，根据环境的自然特性、气候、土壤，建筑物等景观要素的要求进行植物的生态配置和群落结构设计，达到生态学上的科学性、功能上的综合性、布局上的艺术性和风格上的独特性，同时，需要考虑人力、物力的投入量。因此，园林生态系统的建设必须兼顾环境效应、美学价值、社会需求和经济合理的需求，确定园林生态系统的目标以及实现这些目标的步骤等。

A. 园林生态系统的调控原则。园林生态系统是一个半自然生态系统或人工生态系统，在其调控的过程中，必须从生态学的角度出发，遵循生态学的原则，才能建立起满足人们需要的园林生态系统。

一是森林群落优先建设原则。由于森林能较好地协调各种植物之间的关系，最大限度地利用当地的各种自然资源，是结构最为合理、功能健全、稳定性强的复层群落结构，是改善环境的主力军；同时，建设、维持森林群落的费用也较低，因此，在调控园林生态系统时，应优先建立森林。

二是地带性原则。每一个气候带都有其独特的植物群落类型，如高温、高湿地区的热带典型的地带性植被是热带雨林，四季分明的湿润温带典型的地带性植被是落叶阔叶林，气候寒冷的寒温带则是针叶林。园林生态系统的调控要与当地的植物群落类型相一致，才能最大限度地适应当地的环境，保证园林植物群落调控成功。

三是充分利用生态演替理论。园林工作者应充分利用这种理论，使群落的自然演替与人工控制相结合，在相对小的范围内形成多种多样的植物景观，既丰富群落类型，满足人们对不同景观的观赏需求，又可为各种园林动物、微生物提供栖息地，增加生物种类。

四是保护生物多样性原则。保护园林生态系统中生物多样性，就是对原有环境中的物种加以保护，不要按统一格式更换物种或环境类型。另外，应积极引进物种，并使其与环境之间、各生物之间相互协调，形成一个稳定的园林生态系统。

五是整体功能原则。园林生态系统的调控必须以整体功能为中心，发挥整体效应，各种园林小地块的作用相对较弱，只有将各种小地块连成网络，才能发挥更大的生态效应。另外，将园林生态系统建设成为一个统一的整体，才能保证其稳定性，增强园林生态系统对外界干扰的抵抗能力，从而大大减少维护费用。

B. 园林生态系统的调控技术。

一是个体调控。园林生态系统的个体调控是指对生物个体，特别是对植物个体的生理及遗传特性进行调控，以增加其对环境的适应性，提高其对环境资源的转化效率。主要表现在新品种的选育上。我国植物资源丰富，通过选种可大大增加园林植物的种类，而且可获得具有各种不同优良发育的植物个体，经直接栽培、嫁接、组培或基因重组等手段产生优良新品种，使之具有较高的生产能力和观赏价值，又具有良好的适应性和抗逆性。同时，从国外引进各种优良植物资源，也是营建稳定健康的园林植物群落的物质基础。

二是群体调控。园林生态系统的群体调控是指调节园林生态系统中个体与个体之间、种群与种群之间的关系，充分了解园林植物之间的关系，特别是园林植物之间、园林植物与园林环境之间的相互关系，在特定环境条件下进行合理的植物生态配置，形成稳定、高效、健康、结构复杂、功能协调的园林生物群落，是进行园林生态系统调控的重要内容。具体措施主要包括：密度调节，如调节园林系统中植物种植密度等；前后搭配调节，如林木的更新；群体种类组成调节，如立体种植、动物混养、混交林营造等；对系统的生物组分进行调节，它包括两个大方面，一方面是利用肥料、生长调节剂、生物菌肥等对园林植物生长的调节；另一方面是利用除草剂、杀虫剂、杀菌剂、园林益虫等对病虫草害的调控。

三是环境调控。环境调控就是利用有关技术措施改善生物的生态环境，达到调控的目的。它包括对土壤、气候、水分、有利有害物种等因素的调节，其主要目的是改变不利的环境条件，或者削弱不良环境因子对生物种群的危害程度。具体表现为运用物理（整地、剔除土壤中的各种建筑材料等）、化学（施肥、使用各种化学改良剂等）和生物（使用有机肥、利用赤眼蜂和七星瓢虫等益虫防治害虫等）等方法改良生物生存的环境条件；通过各种自然或人工措施调节气候环境（利用温室、大棚、人工气候室等保存、种植园林植物）；通过增大水域面积，喷灌、滴灌等方法直接改善生物生存环境的水分状况。

四是适当的人工管理。园林生态系统是在人为干扰较为频繁的环境下的生态系统，人们对生态系统的各种负面影响必须通过适当的人工管理来加以补偿。当然，有些地段特别是城市中心区环境相对恶劣，对园林生态系统的适当管理更是维持园林生态平衡的基础。而在园林生物群落相对复杂、结构稳定时可适当减少管理的投入，通过其自身的调控机制来维持。

五是大力宣传与普及生态环境意识。加强法治教育，依法保护生态，大力宣传，提高公众的生态意识，是维持园林生态平衡，乃至全球生态平衡的重要基础。要加强生态环境宣传教育，树立牢固的环境意识和环境法治观念，为保护环境与资源，维持生态平衡做贡献；参与监督、管理、保护环境的公众活动；积极开展以《环境保护法》为主的各类宣传教育活动，让人们认识到园林生态系统对人们生活质量、人类健康的重要性，从我做起，爱护环境，保护环境。另外，在工业上推广不排污或少排污的工艺，推行废水、废气、废渣的回收利用；在园林植物的管护时推广节水、节肥、节农药以及生物防治病虫害等技术；积极调整能源结构，积极推广太阳能、风能等“洁净”能源。并在此基础上主动建设园林生态系统，真正维持园林生态系统的平衡。

六是系统结构调控。指利用综合技术与管理措施,协调不同种群的关系,合理组装成新的复合群体,使系统各组分间的结构与功能更加协调,系统的能量流动、物质循环更趋向合理。从系统构成上讲,结构调控主要包括 3 个方面:一是确定系统组成在数量上的最优比例;二是确定系统组成在时间、空间上的最优联系方式,要求因地制宜、合理布局园林系统的配置;三是确定系统组成在能流、物流、信息流上的最优联系方式,如物质、能量的多级循环利用,生物之间的相生、相克配置等。

七是设计与优化调控。随着系统论、控制论的发展和计算机应用的普及,系统分析和模拟已逐渐地应用到生态系统的设计与优化之中,使人类对生态系统的调控由经验型转向定量化、最优化。

4. 活动过程

以丹麦欧登塞尔市公园的生态管理为例,选取学校附近有代表性的园林生态管理实例参观学习。

丹麦欧登塞尔市公园的生态管理

丹麦欧登塞尔市有居民 19 万人,市区面积 304 km^2,其中 2 100 hm^2 是公园、绿化地带等,人均公共绿地 110 m^2。在 20 世纪 80 年代中期,市政府颁布一项缩减绿地养护费用的决定,在 1987—1992 年要减少 33%的养护费用。园林管理部门选择市内部分公园试验改造为养护费用低的生态公园,具体措施为:

(1)禁止使用杀虫剂和化肥,既改善环境,又使工作人员从化学药剂中解放出来,不修剪草坪,或一年只修剪一次,在绿地中划出一些可践踏的草坪和绿地,以减少药剂肥料以及人工费用。

(2)尽量使植物配置更具有自然性,有意识地种植一些树木组群,使公园更具有自然化特征,营造更多的自然环境。

(3)作为管理目标之一,鼓励自然植物的传播和繁殖,从而获得许多不同种类的野花,而不仅仅是杂草。自然植物的增多使乡土植物在公园中逐渐成为主体,植物色彩、季相变化丰富。为此,公园还试验在肥沃土壤中掺入沙和石子,以改变土壤结构,适合不同植物生长。

(4)公园中植物种类较丰富,有条件吸引一些动物在绿地中生存,为此,在一些公园里设立了动物房,以吸引动物到那里去生活,如各种小型哺乳动物、鸟和昆虫等,特别是蝴蝶和蜜蜂。由于使用杀虫剂,这些动物在城市的其他地方已经越来越少了。

(5)加强信息宣传工作,首先说服员工改变观念,让他们理解杂草不能割掉,而且越多越好,树木保持自然生长,灌木丛维持野生状态。其次,利用电台、报纸、小册子宣传,让市民理解生态公园的优点,肯定野草、野花和自然植被的功能,使游客明白对绿地减少人工化的养护措施是有意识的工作和选择,而不是放弃和出现的工作纰漏。

经过几年的实践,生态公园取得了很大成绩,市民给公园管理者寄去许多肯定态度的信,员工们也为参与发展一种新的公园类型而感到自豪,尽管达到了最终目的还需要很长时间,但最直接的结果是节省了经费,而且生态公园已被市民初步接受(图 10-7)。

图 10-7 丹麦欧登塞尔市公园

5. 问题处理

参照丹麦欧登塞尔市公园的生态管理实例，选取学校附近有代表性的园林生态管理实例参观学习，写出一份“××园林生态管理介绍”。

【师生互动】

将全班按 6～10 人标准分为若干团队，以学校附近的城市、园林生态工程为依据，调查以下内容，并进行团队互动，提出合理化建议。

1. 当地有哪些典型的园林生态规划案例？
2. 当地有哪些典型的园林生态设计案例？
3. 当地有哪些典型的园林生态建设案例？
4. 当地园林绿化的清洁养护有哪些典型经验？

【知识拓展】

如果同学们想了解更多的知识，可以通过下面渠道进行学习：

1. 阅读杂志

(1)《生态学报》

(2)《应用生态学报》

(3)《生态学杂志》

(4)《城市生态系统》

(5)《中国园林》

2. 浏览网站

(1)中国生态网　http://www.zgshtw.com/

(2)环境生态网　http://www.eedu.org.cn/

(3)中国科学院生态研究中心　http://www.rcees.ac.cn/

(4)中国生态工程网　http://www.cneect.cn/

(5)中国风景园林网　http://www.chla.com.cn/

3. 阅读书籍

(1)《园林生态学》(第2版)，冷平生主编，中国农业出版社

(2)《园林生态学》(第2版)，张先平主编，中国农业出版社

(3)《园林生态学》，姚方，张文颖主编，黄河水利出版社

(4)《城市园林生态学》，徐惠风等编著，中国林业出版社

(5)《风景园林生态学》，廖飞勇主编，中国林业出版社

Chapter 11

学习情境十一

园林生态工程应用

活动一　园林生态工程概述
活动二　城市园林绿地生态工程
活动三　城市湿地生态工程
活动四　河岸生态工程
活动五　边坡生态工程

【情境创设】

能力目标	专业能力	1. 熟悉城市园林绿地生态工程技术； 2. 熟悉城市湿地生态工程技术； 3. 熟悉河岸生态工程技术； 4. 熟悉边坡生态工程技术。
	方法能力	1. 具备获取信息、收集资料的能力； 2. 具备制订计划、执行计划的能力； 3. 具备自主学习、发现问题、解决问题的能力。
	社会能力	1. 具备良好的团队协作、配合能力； 2. 具备良好的与人沟通、协调能力； 3. 具备一定的方法综合、创新能力。
知识目标	1. 了解生态恢复和生态工程概念；熟悉园林生态工程的原理与原则； 2. 了解城市植被恢复重建的生态学原理；熟悉城市植被恢复重建的方法； 3. 了解湿地生态工程概念和总体要求；熟悉城市湿地工程技术和人工湿地处理污水工程； 4. 了解河岸生态工程概念与河岸带服务功能；熟悉河岸生态工程技术； 5. 了解边坡生态工程概念与边坡类型；熟悉边坡生态工程技术与边坡植物群落的重建。	
思政目标	学习“习近平谈生态文明(四)”，培养学生的生态文明意识，立志改善生态环境，恢复植被，建设美丽家园。	二维码 思政园地
教学条件	多媒体课件、园林绿地、城市、公园、图书馆、网络。	
教学方法	课堂讲授、资料查阅、现场考察或调查、课外活动。	
考核评价	学习过程考核	计划制订(20%)、师生析疑(10%)、完成任务(50%)、检查评价(20%)。
	拓展能力考核	工作态度(20%)、岗位技能(50%)、拓展能力(20%)、团队合作(10%)。
考核方式	教师评价(70%)、小组互评(20%)、学生自评(10%)。	

【活动内容】

活动一 园林生态工程概述

1. 活动目标

◆知识目标：了解生态恢复和生态工程概念；熟悉园林生态工程的原理与原则。

◆能力目标：考察当地有代表性的园林生态工程案例，总结生态工程的作用。

2. 活动准备

根据班级人数，按 5 人一组，分为若干组，每组准备以下材料和用具：当地园林生态工程案例、调查表格、记录本、笔等。

3. 相关知识

在园林绿化领域，生态工程的重点是充分尊重自然生态规律，应用人为工程技术措施，发挥人类保护自然、改善环境、恢复和建设景观的能动作用，恢复和重建与环境相协调、生态景观功能良好的植被。

(1)生态恢复

城市化和工业化的迅速发展带来的环境污染、森林及自然景观变成农业和工业景观，导致各种生态系统的生物多样性降低、生态服务功能下降，大量退化系统的出现严重威胁到人类社会的可持续发展。因此，保护现有的自然生态系统，综合整治和恢复已退化的生态系统，重建可持续的近自然生态系统，已经成为人类亟待解决的重要课题。

国际生态恢复学会提出了生态恢复的定义：生态恢复是帮助退化、受损或毁坏的生态系统恢复的过程。生态恢复的含义很丰富，包括复原、重建、改建、改造、再植等含义，在实践中要从结构和功能上完全复原原有的生态系统几乎不可能，也没有必要。目前一般指依靠生态系统的自我调节和自组织能力使系统向着更有序、更稳定和理应高效的方向演化，或者利用生态系统自我恢复能力，辅以人工措施，使遭到破坏的生态系统逐步恢复或使生态系统向良性循环方向发展。生态恢复目标是通过人工设计和恢复措施，使受损生态系统得到恢复或重新建立一个具有自我恢复能力的健康生态系统(包括自然生态系统、人工生态系统和半自然半人工生态系统)；同时，重建和恢复的生态系统在合理的人为调控下，既能为自然服务，长期维持良性状态，又能为人类社会、经济服务，长期提供可持续利用的资源，即服务于包括人在内的整个自然界和人类社会。

(2)生态工程

自 20 世纪 60 年代起,西方在解决高速工业化和城市化造成的严重环境问题的过程中,从环境保护的目的出发,试图综合运用生态学和工程学的原理和工艺来处理废弃物,保护环境,从而逐步形成生态工程。我国著名生态学家马世骏认为,连接多系统的循环关系,可以及时有效地将人类和动物产生的废物运回土壤,将工业废弃物分别加以分解和再生,这对维持现代化都市的优良环境和支持郊区现代化农业有重要作用。因此,生态工程就是应用生态系统中物种共生与循环再生原理,结构与功能协调原理,结合系统分析的最优化方法,设计的促进分层次多级利用物质的生产工艺系统。

生态工程起始于 20 世纪 60 年代,由研究走向应用,并在实践中不断完善其理论和技术体系。我国传统农业中的桑基鱼塘(或蔗基鱼塘)系统就是典型的农业生态工程(图 11-1),桑树通过光合作用生成桑叶,桑叶饲蚕,生产出蚕蛹及蚕丝(加工工艺中的物质转化),蚕沙施用到鱼塘,喂食鱼,鱼的排泄物及其未被利用的有机物沉积于塘底,经底栖生物分解后可作为桑树的肥料,返回桑基。国内外有大量成功的生态工程实践,如美国加利福尼亚州南部河口区是一块湿地,哺育着生活在这里的大量珍稀和濒危物种,建立了利用湿生植物香蒲等去除重金属、改善水质并进行复垦的生态工程;20 世纪 80 年代巴西成功地对位于亚马孙地区的矾土矿矿场实施了热带雨林恢复;荷兰通过调控湖泊中生物种类结构,增加直接摄取藻类以及在阳光和营养方面有竞争力的生物种类,防治水体富营养化。

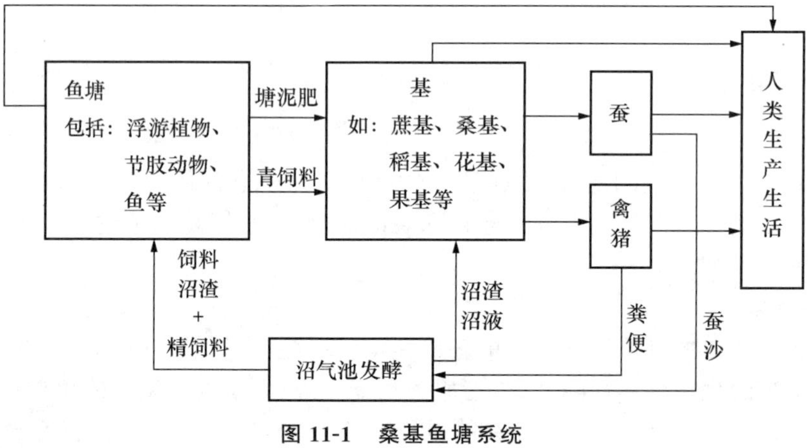

图 11-1　桑基鱼塘系统

(3)园林生态工程

园林生态工程是生态工程的一个重要组成部分,也是当前城市园林绿化建设的重要内容,是生态工程在园林规划设计和建设领域的应用,其目的是通过恢复与重建园林绿地生态系统,实现自然生态过程,发挥其生态功能与景观功能。因此,可以说园林生态工程就是遵从生态学与景观学原理,通过模拟自然生态系统中能量转换、物质循环、信息流动过程,运用景观生态和系统工程技术分析、设计,将受到污染、干扰和人为破坏的地域恢复重建为近自然生态系统,发挥生态系统的自我恢复、维持及净化环境的能力,实现生态效益和景观效益的最大化。

将自然生态系统中高效能结构与功能关系的原理应用到人工生态系统中,设计和改造园林生态系统的结构,充分发挥自然生态过程的作用,通过促进系统组分间的再生和共生关系，疏通物质、能量流通渠道，开拓资源利用的深度及广度，减少对外部资源输入和输出的依赖性，最终实现生态环境和景观的持续稳定发展，是园林生态工程的基本目标。如废气、污水、固体废弃物的生态处理，城市绿地建设，工厂、矿山、垃圾场等废弃地的合理利用，道路边坡与山体边坡的生态恢复与绿化，海岸、河道、湿地的恢复重建等。由于园林生态工程与人类聚居环境密切相关，更多地强调生态功能与景观休闲功能的恢复，构成了园林生态工程的主要内容，也是园林从城市绿化发展到大地景观规划阶段的重要内容。

(4)园林生态工程的原理

园林生态工程的基本原理主要包括物质循环再生原理、生物多样性原理、协调与平衡原理、系统学与工程学原理。

①物质循环再生原理。保证系统内物质循环利用，实现废弃物对系统外零排放，避免环境污染及其对系统稳定性发展的影响。

②生物多样性原理。通过提高生物多样性可增强系统的抵抗力与稳定性，提高系统的生产力和景观价值。

③协调与平衡原理。保持系统内生物与生物之间、生物与环境之间的协调与平衡，形成食物网结构，不超过环境承载力，避免系统的失衡和破坏。

④系统学与工程学原理。遵循自然规律，改善和优化系统的结构，以保持系统的高生产力和美学价值。

(5)园林生态工程原则

园林生态工程的核心是自然生态过程的恢复，重点是植被恢复与重建。园林生态工程应遵循生物措施主导原则、以群落为基本单位的原则、生物多样性原则、生态演替原则、以乡土植物为主的原则、整体性和系统性原则。

①生物措施主导原则　生态恢复应以生物措施为主，工程措施服务于生物措施。对于受损生态系统，要完全复原到受损前的状态几乎是不可能的。生态恢复就是要提供生物生长发育的基本条件，通过引导或加速自然演化过程，促进一个群落发展成为由当地物种组成的完整生态系统，因此，各项措施都要围绕有利于群落的恢复重建来进行。如植物根系的固坡护坡作用，一般禾草、豆科植物和小灌木在地下0.75～1.50 m深处有明显的土壤稳定作用，乔木根系的这种稳定作用则可影响到地下3 m甚至更深的土层。

②以群落为基本单位的原则　在植被恢复重建时，应以周围自然植物群落为模板，模拟自然群落结构，尽可能将乔木、灌木、草本植物因地制宜地配置在群落中，形成包括丰富的植物、动物和有益微生物在内的物种多样性，达到种群之间的协调和群落与环境之间的协调。因此，应充分考虑物种的生态位特征，合理配置植物，避免种间直接竞争，形成结构合理、功能健全、种群稳定、景观优美的复层群落结构。在群落的时空条件、资源利用方面都趋向于互补和协调，充分利用群落自身的恢复力，促进生态过程，既充分利用环境资源，在物种间形成复杂的食物网关系、低养护成本的稳定群落，又能改善环境，形成优美的景观。

③生物多样性原则　在生态恢复计划、项目实施和评估过程中，多样性具有非常重要的作用，在生态恢复计划阶段就要考虑恢复乡土物种的生物多样性，以本地优良乡土植物为主、引用外来种为辅，丰富生物多样性。生物多样性也是衡量群落稳定性的重要指标，生物多样性高的群落一般稳定性也高，景观也更丰富。因此，在城市绿地建设中应尽量多造针阔叶混交林，少造或不造纯林，对引进外来植物应持慎重态度，以避免它们造成基因混交或变

成有害种类。

在生态恢复过程中要注意保护生物多样性，避免大拆大建，对残留下来的植被、池塘以及动植物区系尽可能保留，维持已经建立的稳定的植物和动物区系，保存下来的不同的生境条件可为不同物种提供生育地。保护生物多样性经常是从保护该生物种生存的群落着手，从而达到保护基因的目的。由于城市生境的改变，一些物种数量减少甚至消失，一些物种扩展或被引入。在城市地区生物多样性最高的地块经常出现的荒地，尽管在早期多形成杂草地，但大多形成良好的生境，它们一般是乡土植物，对当地环境有良好的适应力，在进行植被重建时，不必一概摘除，可通过适当管理（如定期修剪），不仅保护城市生物多样性，而且可以发挥绿化效益并无需大量投资。

④生态演替原则　在废弃地上首先定居的是一年生杂草，然后是多年生草本植物和小灌木，接下来则出现乔木的幼苗，任其发展之后可能成为当地普遍分布的杂木林。当然，这一自然演替过程是相当漫长的。因此，在掌握这一规律后，就可对此加以利用，通过调查了解当地的地带性植被与群落结构，根据生态位与演替进程，确定种植设计，逐步改善生境条件和群落结构，加速次生演替过程，形成稳定的植物群落。在生态条件较好的地段，甚至直接建立起顶极群落或顶极群落的前期阶段，以缩短演替的过程。为此，需要找出在这个地区的自然条件下可能发展的自然植被类型，即所谓的潜在自然植被。亦即在所有的演替系列中没有人为干扰，而可以是这个地区的气候顶极，也可以是这个地区的土壤顶极或地形顶极。由于潜在植被是在人们研究这个地区的植被现状和历史以及自然条件的基础上确定的，它反映了该地区现状植被的趋势。因此，按照潜在植被类型进行城市植被建设更能适应该地的自然条件，获得稳定的发展。希望保持在某一演替阶段时（如草坪或湿地群落），可通过人工措施阻止演替的发展，让演替过程长期停留在某一阶段。

⑤以乡土植物为主的原则　在生态恢复中应坚持乡土植物为主、外来植物为辅的原则，即将乡土植物材料作为城市植被恢复重建的主题，充分发挥乡土植物对当地环境条件适应性强、生长快、抗逆性强、养护简单等优点。

⑥整体性和系统性原则　生态学十分强调生态系统的整体性和系统性，将自然界一切都看成是相互联系、相互影响的。在绿地建设中既要注意各种植物的相互关系，也要注意植物与动物的相互关系以及绿地与人的关系。生态工程建设过程中也应将城市绿地构建成绿地系统，将城市开敞的绿色空间连接成网络，减少绿地孤立状态，同时也要注意保留并建设大块绿地，一个大的没有分割的绿地，其生态作用是许多分散的绿地无法代替的，这是由于较大的绿地具有较强的抗干扰能力和边缘效应。

4. 活动过程

以洛阳市生态园林城市建设为例，选取学校附近有代表性的园林生态工程实例进行参观学习。

洛阳市生态园林城市建设

洛阳市是我国著名的历史文化名城，位于河南省西部的黄河南岸，是中国七大古都之一，因地处洛河之阳而得名。洛阳东傍嵩岳，西依秦岭，南有伊阙耸立，北有邙山屏障，中有伊、洛、瀍、涧4条河流贯穿其中，拥有丰富的自然和人文资源。洛阳市是河南省的重工业城市，有拖拉机制造厂、矿山机械厂、四零七厂、铜加工厂等，而工业的发展带来诸多的环境问题，开始危胁到人类的生存。城市环境污染日益严重，人们渴望重返大自然的怀抱，开始羡慕“采菊东篱下，悠然见南山”的田园生活，如何治理环境污染，除了治理工厂煤炭燃烧、汽车尾气排放以外，建设生态园林城市也是解决环境污染的一条重要途径。

(1)洛阳市建设生态园林城市的要求

要建设生态园林城市，就必须打造优美的生态环境，园林绿化是改善生态环境的一个重要举措。要营造生态城市的绿色景观，就必须进一步提高园林绿地的覆盖率，同时丰富城市的园林景观，加大植树、种草的力度。对洛南新区道路绿化，东、西出入口绿化，老城区道路绿化要统一规划设计，突出各绿化带的主导树(花草)种和特色景观，营造色彩丰富和季节变化明显的复层混交林结构。社区园林景观要强化精品意识，着重丰富园林绿化的文化内涵，特别是在公园和街头绿地中，营造“一园一特色，一路一景观，一街一景点”的绿化新格局，在大、中、小三个层次上建立起来的风景园林绿地系统，不仅可以优化本系统在当地的生态防护、基础设施配套等功能，而且还可以满足人对自然的需求，充分体现人与自然的和谐共处，体现出文化休憩、景观形象的功能以及自然属性、审美情趣和精神文化内涵。

(2)建立适应生态城市发展的规划建设管理体系

绿化规划是龙头，是创建园林城市的先导，是园林绿化建设和发展的重要依据。编制生态城市建设规划以指导城市建设，使各项城市活动逐步纳入生态城市建设的轨道，并在规划指导下做到有效、有序地完善和提升现行城市经济、社会、环境结构，改善城市的生态服务功能，提高城市各系统再生能力，促进现行的城市结构、城市功能、城市管理和城市运营向生态城市全面转变。建立强有力的生态城市建设协调机制，强化政府机构在政策导向、规划执行和宏观调控方面的作用，探索建立统一、高效、有序、协调的生态规划建设体制和综合管理机制。

(3)洛阳市城市生态绿化的思路

①创建生态城市的一体化格局，体现城市生态设计水平　作为城市自然生产力的主体，城市生态绿化应成为城市生态系统的核心。因此，城市生态绿化应贯彻生态优先准则，同时参与城建项目规划和建设的整个过程，而不是工程建设的最后补漏和修饰。应用景观生态学的“基质—廊道—斑块”理论，建设城市生态绿地的绿色网络系统。根据城市不同分区的空间异质性，贯通城市内的绿廊结构，其中绿廊穿越外环绿带、楔形绿地和中心区园林绿地，将城市周边的清洁空气经过森林群落引入城市中，缓解热岛效应，改善空气质量。在城市的生态绿化工作中，我们应注意城市绿地分布的均匀性和合理性。在目前加快城市绿化步伐的过程中，人们比较热衷于城市新区绿地的开辟，忽视了老城区绿化，导致新、老城区绿化建设的“两极分化”“最需要绿的地方反而最缺乏绿色”。针对此现象，我们应用景观生态学的原理，促使城市公共绿地在新区与市民聚居的中心区、老城区之间得到合理的分布和平衡发展。

②提高植物配置水平，体现城市地域人文特色　城市生态绿化的一个重要组成部分是合理的植物配置。首先要求加强地带性植物生态型和变种的筛选和驯化，构造具有乡土特色和城市个性的绿色景观；同时慎重而有计划地引进一些外地特色树种，重点还应以原产于

本地的树种为主。另外,城市绿地景观的规划设计应注意保护中国传统文化,保留城市自然环境、人文资源、民俗风情,改善城市人文环境,创造有地方特色的城市风格。

③依据潜在植被理论进行恢复树种规划　城市发展在基础建设和道路建设中几乎不可避免对自然植物群落的破坏。依据潜在植被理论进行恢复被破坏的植物群落系统,其在绿量和生物多样性比自然再生的恢复速度要快。绿化树种规划的基本思路是:一是以当地景观与植被构成为主的乡土群落为复原目的;二是早期形成绿量的速生落叶树种(先驱种)与远期形成景观的常绿树按一定比例配置。

④城市绿化向节约型发展　城市绿化向节约型发展,城市绿化必须坚持以节财、节水、节能为手段,以生态环保、改善人居环境为目标,坚持只用对的、少用贵的,多用成本低、适应性强、地域特色明显的乡土树种,选择对周围生态环境最少干扰的绿化模式。这样,才能为城市人民提供最高效的生态保障系统与和谐宜人的游憩场所。在园林绿化时充分体现生物多样性原则,构建复合植物群落。物种多样性是促进城市绿地自然化的基础,也是提高绿地生态系统功能的前提,所以,生态绿化应恢复和重建城市物种多样性。在城市园林绿化时首先要考虑到落叶树和常绿树的比例,在城市绿化时要因地制宜地把高大乔木、小乔木、灌木、藤本植物、草本植物和地被植物合理搭配,构建复合植物群落,把自然群落和人工群落融为一体,和自然环境一起形成相对稳定的城市生态系统。近年来,洛阳市坚持政府组织、群众参与、统一规划、因地制宜、讲求实效的原则,实行严格的城市绿化管理制度,科学安排绿化布局,合理划定,切实保证绿化用地,做到片、线、点结合,通过调整和优化城市的用地结构,充分利用原有的人文和自然条件,扩大绿地比例,不断增加绿化面积,恢复生态功能和保持植物多样性。

(4)自觉保护城市园林绿地

为了改善城市的生态环境,应采取多种措施来保护园林绿化成果。一是加强宣传,通过报刊、广播、电视等多种形式宣传建设生态园林城市的重要意义,教育广大市民树立社会主义道德观,爱护绿地、保护绿化成果人人有责。培养市民的生态价值观和生态伦理观,把保护城市生态环境变成广大市民的自觉行动。二是开展各种活动来保护绿化成果,如开展“大树认养”“爱绿护绿”“青年林”等活动,收到了良好效果,增加广大市民爱绿护绿的自觉性。三是制订一些保护城市绿化和环境的条例,用违反条例采取处罚措施等来约束人们的行为,逐渐形成爱护环境、保护绿地的社会氛围,营建良好的社会风尚和城市环境。四是加强绿化执法队伍建设,严格执行和城市园林绿化相关的法律法规。

从传统园林发展到生态园林是我国园林发展的总趋势,它要求我们运用现代科学技术,从环境保护学、行为科学、生态学的角度来研究城市大环境绿地规划。建设人与自然和谐共生的生态园林城市是城市发展的理性选择。统筹人与自然协调发展,是一项艰巨而复杂的系统工程,必须坚持以人为本,持之以恒地做好工作,创造更加适宜人们居住的良好环境。面对新世纪新阶段的机遇和挑战,洛阳市应继续坚持以人为本的科学发展观,加强区域间的交流与合作,不断学习和吸收各国和各地区的先进经验,进一步加快洛阳市的生态园林城市建设,实现城市生态系统的良性循环。

5. 问题处理

参照洛阳市生态园林城市建设实例，选取学校附近有代表性的园林生态工程实例参观学习，写出一份“××园林生态工程介绍”。

活动二　城市园林绿地生态工程

1. 活动目标

◆知识目标：了解城市植被恢复重建的生态学原理；熟悉城市植被恢复重建的方法。

◆能力目标：考察当地有代表性的城市园林绿地生态工程案例，总结城市植被恢复重建经验。

2. 活动准备

根据班级人数，按5人一组，分为若干组，每组准备以下材料和用具：当地城市植被恢复重建案例、调查表格、记录本、笔等。

3. 相关知识

建设生态城市，实现城市的可持续发展，就要有良好的生态环境，为此，必须大幅度提高植被覆盖率，营建城市森林、隔离林带、大面积绿地。由于城市环境与自然环境存在很大差异，城市植被的恢复与重建有其固有的规律，这也是受到普遍关注和亟待解决的问题。

(1)城市植被恢复重建的生态学原理

城市植被恢复重建必须以生态学理论为指导，因为生态学是认识人与自然、植物与环境关系的理论基础。主要原则有以下几个方面：

①以群落为基本单位的原则　植物群落是自然植被存在的基本形式。因此，在城市植被建设中应以群落为单位，尽可能把乔木、灌木、草本以及藤本植物因地制宜地配置在群落中，达到种群间相互协调和群落与环境的协调。在城市植被建设中，应充分考虑物种的生态位特征，合理选配植物种类，避免种间直接竞争，形成结构合理、功能健全、种群稳定的复层群落结构，以利于种间相互补充，既充分利用环境资源，又能形成优美的景观。

②地带性原则　任何一个群落的存在都需要一定的环境条件，因而每一个群落都有一

定的分布区。如高温、潮湿的热带形成热带雨林，季风亚热带形成常绿阔叶林，四季分明的湿润温带形成落叶阔叶林，气候寒冷的寒温带则形成针叶林等，即地带性原则。因此城市植被建设应根据城市所处的气候带选择当家树种和主要群落类型，即把乡土植物作为城市植被建设的主题。

③生态演替原则　生态演替是指一个群落被另一个群落所代替的过程，这一过程在城市中到处都在进行。因此，如果希望在城市植被中建立稳定的顶极群落，可以通过改善生境条件，改变种类组成，直接建立顶极群落和顶极群落的前期阶段，以缩短演替的过程；而若希望保持某一种演替阶段时（如草坪或湿地群落等），则又可通过人工措施，以阻止演替的发展，让这一过程长期停留在某一阶段。

④以潜在植被理论为指导的原则　城市是一个被人类强烈改变了环境因子的生境，特别是在人口密集、历史悠久的大城市中，地带性的自然植被可能已经不复存在，广泛分布的大都是衍生的或人工的临时性的植被类型。如果以这些植被类型为主体构成城市植被，既不经济又不稳定，更不能充分发挥绿地的生态效益。在这种情况下要进行城市植被建设，需要找出在这个地区的气候和土壤等自然条件下可能发展的自然植被类型，即所谓的"自然潜在植被"，亦即在所有的演替系列中没有人为干扰，而在现有的气候与土壤条件（包括那些在人为创造的条件下）能够建立起来的植被类型，它可以是这个地区的气候顶极，也可以是这个地区的土壤顶极和地形顶极。由于潜在植被是在人们研究了这个地区的植被现状和历史以及自然条件的基础上确定的，它反映了该地区现状植被的趋势，因此，按照潜在植被类型进行城市植被建设更能适应该地的自然条件，获得稳定的发展。

⑤保护生物多样性原则　由于城市生境的改变，一些物种数量减少甚至消失，一些物种扩展或被引入。城市中的生物多样性与周围地区的物种多样性是不同的。在城市绿地建设中要注意保护生物多样性，对城市里留下来的自然植被、池塘以及动植物区系都应加以保护，维持已经建立的稳定的植物和动物区系，尽可能保存下来的不同的生境条件可为特殊的种类提供生育地。即使对"杂草"也要按情况分别对待，只要它们不生长在不该生长的地点（如农田、果园和人工的纯种草坪），都不必一概铲除，通过适当管理（如定期修剪），不仅保护了城市生物多样性，而且可以发挥绿化效益并无须大量投资。在城市绿地建设中应尽量模拟自然群落结构，形成有丰富的植物、动物和有益的微生物在内的物种多样性。在物种多样性高的绿地群落中，不仅有丰富的植物和鸟类，其群落的稳定性也高，生物群落与自然环境条件相适应，在群落的时空条件、资源利用方面都趋向于互相补充和协调，而不是直接竞争。

⑥景观多样性原则　城市景观既包括自然形成的，也包括经过人工改造的或主要是由人工建造的景观。自然界中景观的稳定性与景观的多样性相联系，即多样性可以导致稳定性。城市植被的建设也必须强调景观的多样性，这不仅涉及城市的美化，而且也涉及绿地系统的稳定。

⑦整体性和系统性原则　生态学十分强调生态系统的整体性和系统性，把自然界一切都看成是相互联系、相互影响的。在绿地建设中既要注意各种植物的相互关系，也要注意植物与动物的相互关系以及绿地与人的关系。要把绿地建成系统，需把城市开敞的绿色空间连接成网络，减少绿地孤立状态，同时也要注意保留并建设大块绿地，一个大的没有分割的

绿地,其生态作用是许多分散的绿地所无法代替的,这是由于较大的绿地具有较大的抗干扰能力和边缘效应。

(2)植物种类选择与群落设计

绿化植物种类的选择应根据当地的立地条件,因地制宜地选择适生的植物种类。选择植物时,一般以当地的乡土植物为主,也可适当采用一些引种驯化成功的外来优良种类。在充分考虑当地的土壤条件、小气候条件及环境污染状况等情况下确定群落种类组成。

群落设计除应强调结构、功能和生态学特性的相互结合外,还应特别注意绿化地点的特点及其环境条件,使植物群落不仅具有景观价值,而且根据生态环境的保护效应,以适应不同绿地地区的特殊要求。如工厂区绿地群落实际是以改善和净化环境为主,应根据工厂的性质、环境污染状况、立地条件设计组成群落的植物种类,确定种植方式。一般情况下,以耐粗放管理、抗污吸污、滞尘、防噪的树种和草皮为主,构成厂区绿地的"基调"。在此基础上,针对不同的功能分区进行群落设计和布局。

防护林带的群落要起到防风或防噪、滞尘或作绿色背景、分隔绿地空间、屏蔽杂乱景物的作用,因此林带的群落应由乔、灌、草组成群落复层结构,以充分发挥其保护生态环境的效应。种类组成根据当地气候、土壤及地形条件加以确定。如上海黄浦江上游水厂取水口防护林一方面要保持水土,防止污染,同时还要起到对过往船只的标志作用,主体群落的设计采用乌桕+水杉—石楠+凤尾丝兰+迎春花—草本地被群落。乌桕为亚热带阳性树种,深根性,耐水湿,对土壤的适应性强,与水杉配合能防风和防治大气污染,并能以其显著的叶色季相变化引起人们的注意;林下种植耐阴的常绿小乔木石楠和常绿灌木凤尾丝兰,能耐贫瘠,对土壤水分要求不严格,是较理想的防污绿化种类,此外,在林带边缘种植迎春花;地被层种植适生草本植物,形成较好的景观并具有水土保持的效果。

在居住区绿化的群落设计中,由于居住区一般具有建筑密度高、可绿化用地面积有限、土质和自然条件差、同人接触多的特点,因此要选用易生长、耐旱、耐贫瘠、树冠大、枝叶茂密、易于管理的乡土植物,避免有刺、有毒、有刺激性的植物。如在暖温带、亚热带地区可选择香樟和银杏、广玉兰混交种植,其下选用桂花、小叶女贞、大叶黄杨、八角金盘、海桐、紫酢浆草、麦冬等组成复合型群落,如槭树—杜鹃以及水杉—八角金盘群落。槭树、水杉高大直立、根深叶茂,可以吸收群落上层较强直射光和较深层土壤的矿质养分;杜鹃和八角金盘是林下灌木,吸收林下较弱的散射光和较浅土层中的矿质养分,可以较好地利用林下的阴生环境。两类植物在个体大小、根系深浅、养分需求和季相色彩上差异较大,既可避免种间竞争,又可充分利用光和养分环境资源,保证了群落的稳定性。

(3)城市植被恢复重建的方法

①日本宫胁昭环境保护林建造法

A. 宫胁法的理论基础。日本宫胁昭环境保护林建造法(简称宫胁法)主要是基于生态学的演替理论,以此作为依据重建当地的自然潜在植被。根据演替理论,在演替前期的群落为演替后期的群落提供适宜的环境条件,经过若干阶段群落的接二连三的替代,最后达到顶极群落。顶极群落与当地的气候、地形、土壤等环境因子相适应。这种由裸地开始的自然演替到顶极群落的过程需要很长时间,有时可能要数百年,但是如果通过人工措施提供组成顶极群落优势种所需的条件,就有可能大大缩短演替时间。基于此,宫胁法采用改造土壤、控制水分条件、收集当地的乡土树种种子、用营养钵育苗等措施,在较短时间内建立适应当地气候的、稳定的顶极群落类型。图 11-2 显示只需要 40～50 年，就能达到自然演替需经历很多个阶段(约 400 年)才能达到的相同的顶级群落阶段，如果缺乏顶极群落优势种的来源，自然演替过程还将更长。

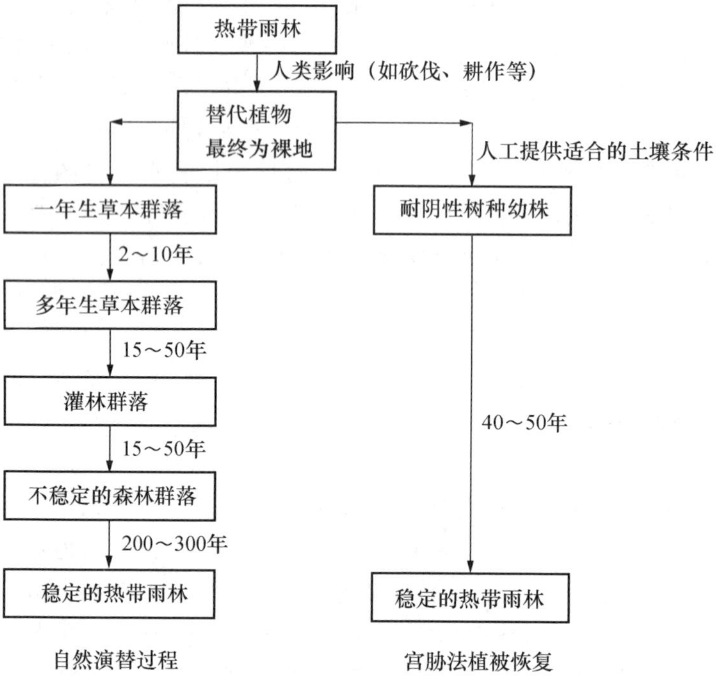

图 11-2　自然演替过程与宫胁法植被恢复的比较

B. 宫胁法植被恢复的方法和步骤。利用宫胁法在城市中进行植被恢复，大致可分为潜在植被类型调查、优势各选择与群落重建、养护 3 个阶段(图 11-3)。

第一步，潜在植被类型调查阶段。宫胁法首先要确定潜在自然植被类型。潜在自然植被的确定较为复杂，因为城市地区由于人类活动，早已被破坏的植被与原有植被有很大不同。在城市局部地点，如寺庙、村落附近经常保存有较好的自然植被。根据这些残存的植被以及气候、地形等条件，可判断潜在植被类型。如果城市地区没有残存植被，可通过对城市相邻地区的自然植被进行调查，结合地形、土壤和气候等条件，确定潜在的自然植被类型。

第二步，优势种选择和群落重建阶段。潜在自然植被确定后，即可选择待建群落优势种，然后准备充足的种苗用于重建。因此，要制订种苗培育计划，一般在自然林中采集待栽培的植物的种子，在苗床上用营养钵育苗，幼苗高 30～50 cm、具有发达的根系时，就可以移栽到重建地点。如果待建地点生境条件较差，需对待建地做适当的整理，保证一定的土壤厚度(30 cm 以上)和良好的排水状况。

第三步，养护阶段。幼苗移栽后，在幼苗间覆盖植物秸秆(如干稻草)，防止水土流失及土壤水分过度蒸发，抑制杂草生长。移栽后一段时间内(1～3 年)，由于树苗尚未长大，需要加强管理，及时浇水、除草，防止杂草生长。移栽后 3 年，植株的高度可达 2 m 左右，林冠基本上郁闭，林下光照减弱，杂草的生长受到抑制，已无须过细管理。

②土壤种子库的应用　土壤种子库是指在土壤上层凋落物和土壤中全部存活种子的总

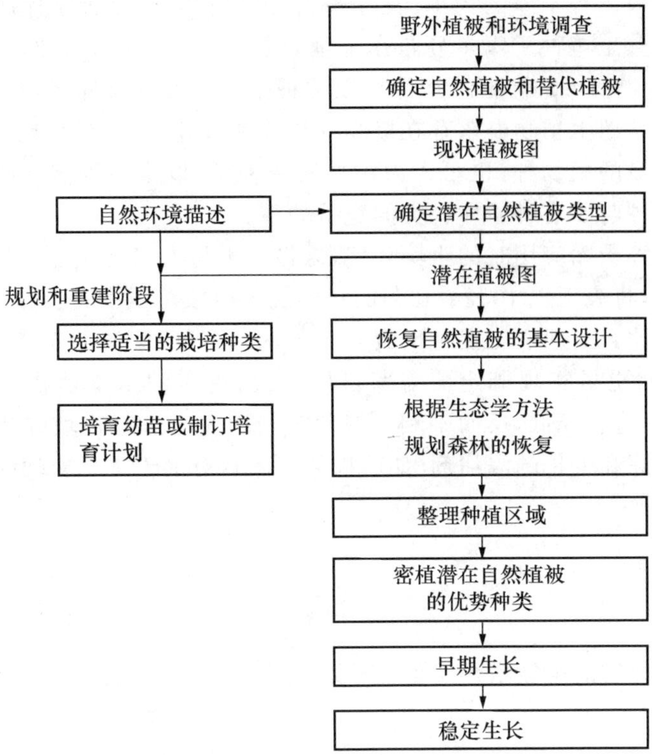

图 11-3　宫胁法植被恢复流程

和。一般用单位面积土壤内所含有的有活力种子的数量来表示种子库的大小。土壤种子库大小与种子的大小、林地面积、演替阶段等因素有关。植物种子成熟后，通过各种传播方式，最终散落到地面上，并保存在土壤中，当光照、温度、水分、土壤等生态条件适宜时就会萌发生长，从而使群落的结构发生变化。在土壤中不是所有种子都能萌发，有些种子被捕食者或分解者破坏，有些因得不到适宜的条件无法萌发而失去活力死亡，另一些种子具有休眠特性则得以保持活力，在土壤中形成种子库。土壤种子库是植被天然更新的种源贮备库，与地上植被存在很高的关联性，会影响到群落的演替。Edward A. Johnson 认为，有较大土壤种子库的森林生态系统在灾变后可以迅速恢复，反之则非常缓慢，特别是在干扰严重和频繁的区域，种子库对地表植被的影响尤其显著。土壤种子库萌发长成的植物，由于对环境适应性好，生长良好，对立地条件的改造作用更明显，在此基础上形成的植物群落更易实现群落更新和演替，比人工林更接近自然植被，物种丰富度高，并有利于群落的稳定和景观的丰富。因此，将土壤种子库用于植被恢复重建受到越来越多的重视，国外有很多研究成果与成功案例，如加拿大的湿地植被恢复、澳大利亚矿山废弃地的植被恢复等。

日本从 20 世纪 70 年代开始将土壤种子库用于植被恢复，最成熟的技术是表土利用绿化法，即利用建设工程中挖掘的表土作为土壤种子库，用于绿化建设，与苗木法、播种法相比较，具有构成种数较多、土壤微生物丰富、对环境适应性好、方便且成本较低等优点，是一种有利于保护生物多样性的绿化方法，多用在自然度较高的区域，如自然公园地区、特别保护区、珍稀物种生育区、乡土自然次生林以及矿山、边坡的绿化中。

利用表土进行绿化的关键是要保证土壤种子库的大小和创造适宜种子萌发生长的条

件。应用时要考虑表土种子库的大小、发芽率、长期保存对土壤种子库的损耗、采集的表土厚度等多方面因素。土壤种子库多分布在土壤表层，随着深度的增加，种子数量逐渐减少，一般采集表土深度4～5 cm就能包含90%以上种子。土壤种子库多取自邻近地区的林地，种子库的种类构成与地上植物群落存在极高的相关性，也决定了绿化地区未来群落的构成，有时为了增加绿化目的植物种，也可人为添加植物种子，以丰富种子库或加大种子库，但要注意新增加的植物种与原有种子库种类的竞争关系。

为了保证土壤种子库应用时的土壤环境，需将表土与人工基质进行混合，日本冈山县胜田郡的绿化工程中，将表土以10%～40%的比例混入植栽基质中，发现木本植物的发芽株数与表土混入量成正比。一般表土混合比例为10%时，将形成稀疏的先锋树种；表土混合比例为20%～30%时，将更早实现既定覆盖率目标、长出更多的木本植物；表土混合比例达到50%以上时，覆盖率将会降低，反而不利于绿化。利用表土进行边坡绿化时，还应混入辅助土壤种子库种子发芽和生长的添加剂（如丛枝菌根菌），有助于更早实现绿化。

4. 活动过程

参考日本明治神宫的植被恢复实例，选取学校附近有代表性的园林生态工程实例参观学习。

日本明治神宫的植被恢复

明治神宫位于东京涩谷区的中心，占地72 hm^2，它于1920年修建，修建前一部分是代代木庭院，大部分是农田和杂草人生的原野，由本多静六主持设计。

本多静六通过大量调查，没有选常用的杉树，理由是城市中杉树比山区的杉树生长差，而是选用了大量的乡土树种，其选择原则是：一是适应本地气候，耐四周袭来的各种危害，能长久健全生长；二是林苑建成后，尽可能不进行人工栽植和采伐也能永久维持森林景观；三是能自然更新，形成庄严的森林景观。树种选择的具体要求是：第一，主要树种为松、青冈栎、柯树、樟树、桧柏、花柏、榉树、矮小的杨桐、大叶黄杨、桃叶珊瑚等；第二，保持自然姿态，不得是庭院树形，且不得是园艺上的新种；第三，不用华美花果树、观赏树或果树类；第四，不用外国引进树种。整个森林的营造以原有红松和新栽培的黑松为中心，以保持暂时景观，不久生长迅速的桧柏、花柏等针叶树占据林冠，最后阔叶常绿树占领林冠，最终形成以樟树、青冈栎、柯树等为主的天然林。在设计之初，设计者就画出了50年、100年、150年后变化状况的树林分布图。

第一阶段：红松、黑松是暂时性存在的上层植物，不久桧柏、花柏、杉树、枞树等稍低的树种与其交替，将来成为主林木青冈栎、柯树、樟树等的下层，灌木类在最下层。

第二阶段：松类遭受桧柏、花柏等挤压，逐渐枯死，数十年后，桧柏、花柏替代松树，占据最上层，松树减少。

第三阶段：青冈栎、柯树、樟树处于优势成为主林木，与枞树、花柏、桧柏、杉树混交，极少有榉树、糙叶树、银杏等大树混交。

第四阶段：继续生长100年后，发展为以青冈栎、柯树、樟树等为优势种的天然林。

事实上，经过80年的演替发展，已经形成了最后阶段的阔叶常绿林，与当初最后阶段的树木设计分布图接近一致。在1971年调查时，林中树木已超过16万株。明治神宫的森林已经成为天然更新、不用人工维护的城市森林，被认为是在城市中人工营建森林的典范。

5. 问题处理

参照日本明治神宫的植被恢复实例，选取学校附近有代表性的城市植被恢复重建工程参观学习，写出一份"××城市植被恢复重建工程介绍"。

活动三　城市湿地生态工程

1. 活动目标

◆知识目标：了解湿地生态工程概念和总体要求；熟悉城市湿地工程技术和人工湿地处理污水工程。

◆能力目标：考察当地有代表性的城市湿地生态工程案例，总结城市湿地工程经验。

2. 活动准备

根据班级人数，按5人一组，分为若干组，每组准备以下材料和用具：当地城市湿地生态工程案例、调查表格、记录本、笔等。

3. 相关知识

湿地是介于水体和陆地之间的生态交错区。湿地一般具有以下三大特征：至少周期性地以耐湿植物或水生植物为优势植物种；底层土主要是湿土；在每年的生长季节，底层水饱和或浅淹水。湿地生态系统为地球上20%的已知物种提供了生存环境，具有不可替代的生态功能，因此享有"地球之肾"的美誉。湿地在保持水源、调节气候、维持生物多样性、抵御洪水、调节径流、净化水质、控制污染等方面具有其他生态系统不可替代的作用，是人类文明进步和文化发展的物质和精神基础。

(1)湿地生态工程概述

据不完全统计，中国沿海湿地目前已经丧失219万 hm^2，围垦湖泊面积已达130万 hm^2 以上，因围垦而消亡的天然湖泊近1 000个。大规模的城镇建设和污染，也使得湖泊减少退化，河流干涸。针对湿地的退化情况，近20年来，我国对东湖、巢湖、滇池、太湖、洪湖、保安湖、鸭儿湖、白洋淀等浅水湖泊的富营养化控制和生态恢复进行了大量的研究，获得了许多成功的经验。建设城市湿地公园是湿地保护和恢复的重要途径，而湿地公园建设就是具体的湿地生态工程。在城市或城市附近利用现有或已退化的湿地，通过人工恢复或重建湿地生态系统，具有物种及其栖息地保护、生态旅游和生态教育的功能。我国在城市湿地栖息地修复、城市湿地景观建设、人工湿地水处理、湿地景观价值评价等方面取得了很大成绩，恢复重建了杭州西溪国家湿地公园、绍兴镜湖国家城市湿地公园、香港湿地公园、上海崇明东滩湿地公园等一批较为成功的湿地公园。

湿地生态工程的总体目标是采用适当的生物、生态及工程技术，逐步恢复退化湿地生态系统的结构和功能，最终达到湿地生态系统的自我持续状态。对于不同的退化湿地生态系统，其重点和要求有所不同。湿地生态恢复的基本目标和要求如下：一是稳定的地表基底。地表基底是生态系统发育和存在的载体，基底不稳定就不可能保证生态系统的演替与发展。我国湿地所面临的主要威胁大都属于改变系统基底类型，这在很大程度上加剧了我国湿地的不可逆演替。二是良好的水文状况。水文条件是湿地最重要的决定因素，它不仅直接影响湿地生态环境的理化性质及营养物质的输入输出，也是最终选择湿地生物群落的主要因素之一，可以说没有水就不存在湿地。良好的水文条件还包括水环境质量。三是丰富的生物种类。首先要形成以湿生植物为主的湿地植被，通过植物与环境条件有机结合，形成多样的栖息地，形成由鸟类、鱼类、两栖动物、底栖动物、昆虫等构成的湿地生物群落。四是湿地的自我维持。恢复湿地生态过程，发挥湿地生态系统的自组织与自我维持功能。五是良好的服务功能。服务功能包括水污染净化功能、局部气候调节功能、景观游憩功能、水文功能等。

(2)湿地生态工程技术

①湿地生境恢复技术　湿地生境恢复的目标是通过采取各种技术措施，提高生境的异质性和稳定性。一般可结合原有湿地类型和地貌景观，形成深水、浅水、滨水、湿生、旱生的多样生境，并利用坡度、光照、沙石、土壤、水体、植物的组合进行小生境营造。湿地生境恢复包括湿地基底恢复、湿地水体恢复和湿地土壤恢复等。

湿地基底恢复技术是通过工程措施，维护基底的稳定性，稳定湿地面积，并对湿地的地形、地貌进行改造；湿地基底恢复技术包括湿地基底改造技术、湿地及上游水土流失控制技术、湿地水体恢复和湿地土壤恢复等。

湿地水体恢复技术包括湿地水文条件恢复和湿地水环境质量改善。湿地水文条件恢复通常是通过筑坝(抬高水位)、修建引水渠等水利工程措施来实现；湿地水环境质量改善技术包括污水处理技术、水体富营养化控制技术等，以生物措施为主，发挥植物净化水质的功能。

湿地土壤恢复技术包括土壤污染控制技术、土壤肥力恢复技术等。对受损湿地土壤进行改造，客土移植，恢复土壤良好的理化性状，恢复湿地植被群落，形成大气—植物—土壤物质交换系统，发挥植物改良土壤、增加土壤肥力、去除土壤污染的功能，特别是通过栽种超富集植物治理重金属污染土壤。

②湿地生物恢复技术　湿地生物恢复的主要内容就是增加物种多样性，包括木本植物、草本植物、鱼类、两栖类、底栖类、鸟类等，重点是丰富陆地与湿地植物多样性，根据湿地条件的差异，选择适宜的植物种类，以乡土植物材料为主，同时兼顾景观效果，通过播种、扦插、移植、土壤种子库等进行种植，通过植物种类、种植位置和配置方式的选择，即为野生动物提供食物和营造多种栖息地，又可形成良好的景观。在湿地恢复初期，沉水植物因漂浮及水体浑

浊，不易生存和繁殖，但在中后期引入可有效维持底泥稳定和水体的清澈。在初期植被覆盖完成后，需进行植物群落管理，进一步优化群落结构，促进自然演替过程。

③湿地栖息地恢复技术　通过合理设计物种与生境间的搭配关系，根据物种的生态学特征和生境类型与大小等，恢复和营造生物栖息环境，为野生动物在其繁殖期、哺育期、越冬期以及迁徙期提供相应的环境。利用湿地自然景观要求，如森林、草地、芦苇地、浅水带等，营造鸟类、哺乳动物栖息地；通过在水底、岸边堆放岩石、原木，铺设沙石，栽种湿生植物等，形成不同的小生境，为水禽类、鱼类等提供生息场所；合理布置挺水植物与水面，为候鸟、水禽类提供平坦开放的空间；通过天然招引（重点是筑巢）和人工放养手段，丰富生物多样性，经过一段时间抚育和自我繁衍平衡后，形成鱼类、两栖类、水禽类等的自然栖息环境，构成较完善的湿地生态链，恢复湿地的生态稳定性和自我维持能力。

④湿地景观恢复技术　在恢复湿地生物、水体等自然景观的同时，创造必要的人工景观和多种生境，增强湿地景观的美学感觉。主要方法有：结合水环境改造工程，采用喜水湿的草本（如芦苇）及灌木和乔木植物，分不同区域对现有和规划水系的驳岸进行处理，用自然、柔和而有修复功能的土质护坡，使土壤与植物相互作用；植物绿化以多样性为原则，尽量使用乡土植物与水生花卉，适当选择常绿树种，形成丰富的景观效果。低洼部分恢复水域采用较多曲折岸线，在空间上形成开敞、幽闭等变化，并形成较多的堤、湾、洲、岛，达到增强景观多样性和增加边缘生境的目的。

⑤植物浮床技术　植物浮床又称植物浮岛、生态浮岛、生态浮床等，是一种栽植水生植物的人工浮体，主要用在底生植物难以生长的开阔水面，作为城市水污染治理与生态景观恢复的一种技术。浮床植物要求根系发达、根茎繁殖能力大，生长快，适应能力强，观赏价值好，配置多种植物，多用本地种，常用的有美人蕉、千屈菜、芦苇、荻、水稻、香根草、香蒲、菖蒲、水浮莲、水芹菜、水蕹菜等（图 11-4）。

图 11-4　浮床植物

植物浮床能够净化水质，主要针对富营养化的水体，通过植物根部的吸收与吸附作用，减少水体中的氮、磷等富营养物质以及其他有害物质，降低水体中的化学耗氧量，控制浮游生物，提高水体透明度。植物浮床能为生物提供栖息空间，创造了适宜鸟类、鱼类及昆虫生活的小生境，如为鸟类提供筑巢条件，为蜻蜓、蝴蝶提供活动空间，为鱼类及底栖生物提供遮蔽、食物等生息空间。植物浮床能改善水体景观，既能通过配置不同植物形成优美景观，又能形成多生物共存的生态岛，呈现出自然生息景观，因此，在一些难以恢复岸边水生植物又有景观要求的城市湖泊、河渠、池塘中应用日益增多。

(3)人工湿地污水处理工程

人工湿地是模拟自然湿地而建造起来的创新生态系统，是在场地上铺上沙石、土壤、煤渣等一种或几种介质构成基质，栽种植物所形成的污水处理新技术。人工湿地有很多优点，建设和运行成本不足污水处理厂的1/3，简便易行，去除污染物的范围广泛，包括氮、磷、硫、有机物、微量元素、病原体等，特别是对氮、磷的去除效果好，生活污水经过湿地处理后，总氮和总磷去除率分别可达70%和90%以上，达到中水要求，而活性污泥法对氮、磷的去除率只能达到30%。在进水污染物浓度较低的条件下，人工湿地对生物化学需氧量(biochemical oxygen demand，BOD_5)去除率可达85%～95%，化学需氧量(COD)去除率可达80%以上，处理出水中BOD_5的浓度在10 mg/L左右，悬浮固体(suspended solid，SS)小于20 mg/L。人工湿地一方面充分发挥生态系统的净化功能，另一方面又促进生态系统的形成，特别是促进植物生长，通过配置不同的湿地植物，可形成良好的湿地景观。

①人工湿地类型　目前的人工湿地系统都是以挺水植物为主体的系统，再根据污水流经系统的方式分为表面流人工湿地、潜流人工湿地和垂直流人工湿地。

表面流人工湿地模拟自然湿地，污水在湿地表面流动，水位较浅，多在0.1～0.9 m，污水中的污染物主要通过沉降和植物茎、根吸附、吸收和分解完成。表面流人工湿地全年或一年中的大多数时间都有流水存在，能为一些湿地生物种提供较好的栖息环境，但在北方地区由于冬季气候寒冷，植物枯死，效果较差。

潜流人工湿地是目前应用最多的人工湿地系统。这种湿地的水面维持在基质床的表面之下，基质通常由矿石和粗沙组成，污水从一端流入，水平流过基质床，净化后由另一端的集水管收集排出。潜流人工湿地能充分利用基质颗粒表面的生物膜、植物根系以及基质的拦截作用净化污水，去污能力较强，且水流在地表以下，受气候影响小，不易滋生蚊蝇，卫生条件好。

垂直流人工湿地的流水综合了表面流人工湿地和潜流人工湿地的特性，水流由基质床表面流入，然后往下垂直流，流过基质后由铺设在出水端底部的集水管汇集排出。垂直流湿地占地较少，硝化能力高于表面流人工湿地或潜流人工湿地，但对有机污染物的去除能力较弱，主要用于处理氨氮含量高的污水。

②人工湿地污水净化机理　污水流过人工湿地达到净化效果，污染物的去除是在湿地生物、水体和湿地基质的相互作用下完成的，这些过程是物理过程、化学过程与生物过程的综合作用。

人工湿地污水净化的物理过程主要是沉降、过滤和吸附作用。湿地植物能通过延缓水流促使悬浮物的沉降，也能通过植株直接拦截、过滤悬浮物，基质(土壤和砾石)充当过滤床过滤污水。湿地植物生长良好、根系发达时，物理过程对净化污水的作用是十分明显的。

人工湿地污水净化的化学过程是指发生在生物、基质、污水间的各种化学反应过程，包括化学沉淀、吸附、离子交换、氧化还原等。物质之间的化学反应(特别是对金属)使可溶性化合物转化成不溶状态，从而在水体中沉淀下来。暴露于大气中能增加氧的供给，促进有机污染物的分解；在太阳辐射下，紫外线能大量杀死病原体；植物分泌的抗生素类化合物也能起到杀死病原体的作用。

人工湿地污水净化的生物过程主要由植物与微生物进行，主要包括光合作用、呼吸作用、发酵作用、氮化作用、去氮化作用和磷的去除 6 种生物反应过程。植物通过光合作用不断生长，一方面从水体中吸收营养元素和污染物，转化为生物量，植物能降解或络合部分有害物质，还能富集有害物质如重金属；另一方面增加水体的含氧量，而氧气增加有助于有机物的生物降解和促进氮化作用。在植物根系进行呼吸作用时，通过湿地植物茎传导到根部的氧气可通过根毛泌漏到其周围的水环境中，在植物根际产生一个富氧区，在水体内维持部分有氧条件。发酵作用是指在缺氧条件下，通过微生物作用使有机碳分解为富能量的化合物，如甲烷、乙醇和挥发性脂肪酸等。氮化与去氮化过程也是通过微生物作用，通过系列氮转化过程，将水体中的有机氮转化为气态氮，而从水体中挥发掉。磷的生物去除是通过基质和基质中的微生物形成的生物膜去除的。

③人工湿地的构建　人工湿地一般作为二级生物处理工艺应用，生活污水经过化粪池处理后、工业污水经过沉淀池处理后可直接进入人工湿地进行处理。

人工湿地一般由底部防渗层、基质层、配水集水管道系统、污水水体和植物群落 5 个部分构成(图 11-5)。

图 11-5　人工湿地

一是底部防渗层：为了防止污水对周围地区和下层土壤的污染，可在底部铺设防渗层。

二是基质层：是人工湿地的主要部分，水平潜流人工湿地的进水区与出水区的填料多用砾石，过滤区多用粗沙，厚度在 50 cm 以上，要保证均匀过水以及植物的正常生长。

三是配水集水管道系统：经过预处理的污水通过配水管进入湿地，一般带孔配水管在湿地进水端沿湿地床宽度布置，保证均匀布水，为控制进、出水流量和净化效果，进、出口一般需布置调节阀。

四是污水水体。污水水体一般是经过初级处理的污水，根据人工湿地的处理能力控制污水流量，保证处理效果，一般水平人工潜流湿地污水停留时间为 4 d 左右。

五是植物群落。植物群落以挺水植物为主，要求根系发达，抗性强，去污效果好，生长快易管理，优先采用本地植物，尽可能增加物种多样性，合理搭配，以提高湿地的处理能力和景观效果。常用植物有芦苇、香蒲、美人蕉、菖蒲、水葱、风车草、灯芯草等，种植芦苇的密度 4～6 株/m^2 为宜。人工湿地净化污水的效果与湿地植物的生长状况密切相关，一般要定期对栽种植物进行收割，达到污染物的去除，如对重金属富集能力强的植物集中处理，可将重金属从湿地中转移出来。

4. 活动过程

以成都市活水公园湿地生态工程为例，选取学校附近有代表性的湿地生态工程参观学习。

成都活水公园湿地生态工程

1994 年，成都开始对府南河进行大规模的治理工作。在府南河治理取得阶段性成绩的同时，1997 年春天，根据美国环境艺术家贝西·达蒙的创意，中国、美国、韩国三国环境专家共同设计、成都市人民政府投资 3 000 万元、占地 2.8 万 m^2 的成都活水公园在府南河畔开工，于 1998 年建成了世界上第一座以水保护为主题、作为先进的人工湿地系统处理污水的城市生态环保公园，日处理污水量超过 300 t。活水公园建成后，获 1998 年国际水岸中心优秀水岸奖最高奖、国际环境设计协会和美国《地域》杂志联合评定的环境设计奖等国际奖项。活水公园已成为成都市风景秀美、动植物资源丰富的一块人工湿地，成为周围居民休闲娱乐的绝妙去处。

活水公园位于成都市一环路内府南河畔，整体设计为鱼形，其主要部分由人工湿地生物净水系统、近自然森林群落和环保教育馆等构成。活水公园以表现水为主题，集水环境、水净化、水教育于一体，通过人工湿地生物净水系统向人们演示了被污染的水在自然界中由浊变清、由死变活的过程，故名“活水”(图 11-6)。

进入公园，首先看到的是鱼眼——一口深 8 m、直径 12 m 的厌氧沉淀池，通过水泵从府南河里抽出的水在此汇集、由厌氧接触与生物膜过滤相结合的方法去除大部分悬浮物和部分可溶性的有机物，使部分高分子有机物分解为动、植物生长的养分(图 11-7)。

河水经过初步沉淀后，顺出水口流入呈连环花瓣状的水流雕塑中，在此经过曝气充氧，进入下游的嫌氧池，有机污染物和重金属将在嫌氧池中得到一定的降解。从嫌氧池出来的水流经由树林、芦苇、蕨类、灌木等组成的几个连续的植物床和植物塘，经过沉淀、吸附、氧化还原、微生物分解、动植物吸收的过程，最后进入养鱼池，此时水流已经达到Ⅲ类水标准，清澈干净，鱼儿在其中自在地游弋。

从死水到活水，中间不加任何化学手段，完全模拟水在自然界中的净化过程，沉淀池、曝

图 11-6　成都活水公园局部

图 11-7　成都活水公园鱼眼工程

气水流、嫌氧池、植物床、植物塘这套人工湿地系统代替了自然界中的池塘、河流、森林，游人从鱼眼走到养鱼池，即可直观明了地了解水在湿地系统中重获新生的过程，认识湿地的重要性，唤起人们爱护水、保护水的意识。

在公园的植被恢复中，注重近自然植物群落的恢复建设，以乡土植物为主，合理定植、配置，经过人工抚育与自然更新、演替，目前已发展成包括乔木层、灌木层、草本层、地被层及附生植物与藤本植物构成的完整的亚热带常绿阔叶林生态系统。目前活水公园森林覆盖率已经超过 80%，形成了多样的生境，成为多种鸟类、野生动物的栖息地，同时发挥了调节周边气候、净化空气的多种生态服务功能。

活水公园较好地模拟和再现了自然环境中污水由浊变清的全过程,展示了人工湿地系统处理污水的工艺,是比传统二级处理更优越的污水处理新工艺。它充分利用湿地中大型植被及其基质的自然净化能力净化污水,并在此过程中促进了大型植物生长,增加绿化面积和野生动物栖息地,有利于良性生态环境的建设。

5. 问题处理

参照成都市活水公园湿地生态工程实例,选取学校附近有代表性的城市湿地生态工程参观学习,写出一份"××城市湿地生态工程介绍"。

活动四 河岸生态工程

1. 活动目标

◆知识目标:了解河岸生态工程概念与河岸带服务功能;熟悉河岸生态工程技术。

◆能力目标:考察当地有代表性的河岸生态工程案例,总结城市河岸工程经验。

2. 活动准备

根据班级人数,按5人一组,分为若干组,每组准备以下材料和用具:当地城市河岸生态工程案例、调查表格、记录本、笔等。

3. 相关知识

(1)河岸生态工程概述

在我国,城市河道的渠化、管道化是普遍存在的现象。对河道进行加宽、加深、裁弯取直,河床和边岸衬砌硬化,筑坝拦水,主要是为了发挥河道的水利功能,但却导致河道生态系统的退化和景观的破碎。将河水限制在河道内,使河岸带丧失了河水的周期性冲刷作用,导致河岸带土壤湿度降低,河滩湿地萎缩甚至消失,水生植被退化,水生生物、水禽的栖息地丧失;同时河岸带水位变动的消失干扰了河流与河岸带之间的物质能量循环,在水位退回期间有机质更替、无脊椎动物与草食性鱼类迁移均被干扰而消失,食物链与生态平衡被打破;将河水隔离开来,就隔绝了河水与土壤、生物的物质能量交流,也丧失了河流对污染的净化功能，严重的使得城市河流变成死河、臭河。

河岸带生态系统是水陆交错地带，是养分管理、沉积物和水土流失控制及保护淡水资源环境系统的重要组成部分，具有独特的植被、土壤、地形地貌和水文特性。河岸植被缓冲带作为河岸带的重要组成部分以及水陆间重要的生态交错带，在控制河岸侵蚀，截留地表径流、泥沙和养分，降解环境污染，净化水质，为水陆动植物提供生境，维护河溪生物多样性和生态系统完整性以及提高河岸景观质量等方面具有重要的功能。河岸带较其他湿地类型生物多样性更加丰富，但同时河岸带也最易遭受人类活动的影响。

从国外城市河道整治的发展趋势来看，尽可能保持河道的自然风貌已成为当今国际上先进城市的治理准则，北美、欧洲、澳大利亚、日本等地区和国家都在积极发展河岸生态工程技术，修建生态河堤，恢复河岸水边植物群落与河畔林。我国近年来也相继开展了生态型河道建设方面的探索，河道整治中的河道护岸技术也由原来的纯工程性措施向生态型河道护岸技术发展。通过对河道进行生态设计，重建河岸植物群落和栖息地，保重生物多样性，恢复河道的自然风貌和河流的生态功能，同时又保证其水利功能。

(2)河岸带服务功能

河岸带的主要功能可以分为廊道功能、缓冲带功能和护岸功能。

①廊道功能　廊道是组成景观的结构单元之一，指景观中与相邻两边环境不同的线状或带状结构，廊道具有生境、传输通道、过滤和阻抑作用以及作为能量、物质和生物(个体)的源或汇的作用。一条典型的自然河川具有河岸带廊道功能及河流廊道功能，其间分布有丰富的植物类型，包括河岸的乔灌木林、湿生植物群落以及河流中的挺水植物群落、浮水植物群落和沉水植物群落，这些植物为其他生物如鸟类、小型哺乳动物、鱼类、两栖类、昆虫提供了良好的栖息、迁移、避难场所，发挥着典型的生物廊道功能。河流廊道最主要的功能就是水和各种有机、无机物质的线性流动，维护着河流生态系统的能量和物质流动，具有宽而浓密植被的河流廊道可控制来自景观本底的溶解物质，减少来自周围景观的各种溶解物污染，保证水质。不间断的河岸植被廊道能维持诸如水温低、含氧高的水生条件，有利于某些鱼类生存；沿河岸的植被覆盖可以减缓洪水影响，并为水生食物链提供有机质，为鱼类等提供生境。

②缓冲带功能　河岸缓冲带是指直接生长在河岸的林地、灌丛或草地。河岸缓冲带的宽度根据土壤和邻近地区的景观条件而定。从水土流失方面考虑，缓冲带的有效宽度与相应时段内地表径流强度、流域坡长和坡度成正比，而与流域地表的粗糙度系数、缓冲带内渗入的水流流速及缓冲带内土壤的吸附能力成反比。Mander发现灌丛和树龄小的林地较树龄大的林地具有更强的去除氮、磷等营养物质的能力，这是由于在这类河岸缓冲带中植被和土壤及土壤微生物的活动能力和吸附能力更强。林地中植被的数量及其郁闭度对河岸缓冲带的功能影响极大。由此可见，河岸缓冲带去除非点源污染的有效性受许多因素的影响，包括缓冲带的大小、带内植物的组成、土地利用情况、土壤类型、地貌、水文、微气候和其他农业生态系统的特性，因此，设计河岸缓冲带是一个十分复杂的过程。

③护岸功能　河岸侵蚀是一个复杂的现象，受多种因素的影响，通常与水流、泥沙和河岸性质(物质组成与质地、受力、地下水水位、渗透力、地层、河岸几何形态及其上生长的植物等)有关。河岸植被覆盖的密度与类型对河岸侵蚀的防护作用影响较大。Zierholx在研究了沼泽湿地对河流和流域泥沙输移时指出：沼泽植被通过保护河岸，覆盖河谷和河床，降低

河床中水流速度，防止水流侵蚀，促进泥沙沉积；反之，孤立的植被在河床中极易遭受江水侵蚀，影响河床形态和泥沙输移。沼泽湿地每年沉积的泥沙量是其他河段沉积泥沙量的 4～20 倍，同其他保护河流、防止泥沙侵蚀的措施相比，在河边建造篱笆、树木和其他土木工程是最经济、自然和有效的方法。当然，植物的护岸作用也是有条件的，在河岸较低时，由于植物根系可以垂直深入河岸内部，植树可以加强河岸的稳定性，但当河岸较高时，由于植物根系不能深入到河堤堤脚，植树则会增加河岸的不稳定性，特别是当河岸易遭受河水侵蚀和底蚀时。当短期的洪水侵蚀河堤并且水位经常发生变化时，草本植物可以有效地发挥防洪和防侵蚀作用，但如果水位较高，淹没时间较长，就需要寻求更好的护岸方法。

(3)河岸带生态工程技术

河岸带生态修复要立足于恢复河岸带的自然生态过程，同时要保证岸坡的稳定，防汛抗洪，景观自然优美。根据河岸带的地理和水文条件，如河岸的坡度、地形、侵蚀情况、防洪要求、景观要求等，采取适宜的生态修复方案(图 11-8)。

图 11-8　河岸带生态工程技术

常见的河岸带生态工程技术有活枝扦插、活枝柴笼、活枝层栽、灌丛垫和复合式生态固岸技术。

①活枝扦插　活枝扦插是利用植物扦插繁殖的能力，将树木枝干直接扦插栽种在坡岸土壤中，快速恢复植物群落的技术。活枝扦插生根后形成根系网络，将岸坡土壤固着在一起，改善土壤结构，发挥固坡作用，新长成的枝叶覆盖地面，有效控制坡岸水土流失。活枝扦插所用植物材料应是扦插易生根的树种，根系较发达，生长较快，繁殖能力强，能在较短时间覆盖地面，以其作为建群种，可以快速恢复河道坡岸的植被，改善坡岸生境，为其他本地植物的恢复提供良好条件，形成完整的近自然坡岸植被缓冲带。活枝扦插可以在岸坡上灵活进行，以控制坡岸局部的侵蚀，也可成行、成片扦插在岸坡上，控制浅层土壤的移动和侵蚀。活枝扦插也可与其他生态工程技术联合应用，以发挥其护坡效果。活技扦插技术一般运用在坡度较小的坡岸，植被较稀少，坡面存在一定程度的土壤侵蚀，没有高强度的冲刷作用。

②活枝柴笼　活枝柴笼是将可扦插繁殖植物的枝干用绳索捆成长条形捆扎束(柴笼)，

用木楔或活枝固定在斜坡的浅槽中，用土压实，所埋枝干生根萌发，长出新的植株，达到护坡效果。活枝柴笼一般沿水平或等高线方向排列，所萌发生长的植株为新构成群落的建群树种，为其他本地植物生长创造良好的生境，同时在近水处栽种挺水植物，以控制常水位附近的坡岸侵蚀，共同构建良好的植被缓冲带。活枝柴笼技术主要应用在坡度较缓、河水流速大、地面侵蚀较严重、植被稀少的坡岸，一般应用在高水位以上的岸坡，也可用在常水位与高水平之间的激浪带。可通过整坡工程减缓坡度以增加坡岸稳定性，利用柴笼控制坡面土壤侵蚀的优势，减少常水位以上坡岸的水土流失。

③活枝层栽　活枝层栽是将灌木枝条按交叉或重叠的方式一层一层地种植在土层中，枝层间的土壤使用土工织物包住，以防在初期土壤垮塌、淋蚀、冲蚀，枝条顶部朝外，根部水平或与坡面垂直埋入坡岸。活枝层栽可有效减缓坡岸径流流速，控制侵蚀，较活枝扦插能更有效地改善坡岸植被生长环境。活枝层栽适用于坡岸较陡、表面径流较大、容易崩塌的河岸。

④灌丛垫　灌丛垫是将灌木枝条铺盖在整个坡岸表面，加以固定，用土压实，灌木枝条生根发芽，长出新的植株，形成整个坡面的保护。灌丛垫技术属于高密度、高强度的植物防护体系，主要用来保护那些土壤团粒结构差、抗侵蚀能力低、植被比较稀少、受坡面径流影响较大的坡岸。灌丛垫新长出的密集枝条大大减少了雨水和地表径流的冲刷作用，而新长出的根形成庞大的地下根系网络，除改善土壤的团粒结构外，也加强了土壤剪切力和紧实度。灌丛垫通常布置在常水位以上的坡岸部分，结合挺水植物，可有效控制常水位附近的侵蚀作用。

⑤复合式生态固岸技术　传统的硬质护坡技术如混凝土板护坡、浆砌石护坡等阻碍河流生态系统的横向联系，破坏了水生生物和湿生生物的生境，也降低了河流的自净能力，但对一些水流冲刷强烈、河岸陡峭、土质疏松的河堤，完全采用植物护坡有时难以满足护坡的要求，因此，可采用生物工程护岸技术与传统工程技术相结合的复合式生态护岸技术。这种生态护岸技术强调植物与工程措施相结合，采用水泥桩、水泥框格砌块、浆砌石块、石笼等护岸，在其间栽种植物，结合上述的植物护坡技术，既达到在复杂地质条件下的固坡作用，又保护了生物、水、土壤之间的物质、能量交流，重建河流生态系统，恢复自然河流景观。复合式生态固岸技术适用于河岸侵蚀比较严重的坡岸及易坍塌的陡坡。

4. 活动过程

以欧洲的河川生态工程为例，选取学校附近有代表性的河岸生态工程参观学习。

欧洲的河川生态工程

在欧洲 321 个典型的河川湿地恢复工程中，根据恢复目的和具体情况，采用的恢复措施不完全相同，有的是多种措施并用。对过渡水域，主要措施包括开放或去除堤防，创建栖息地和疏浚底泥等。常见措施如下。

(1)堤岸自然化

在欧洲许多河流的堤岸采用石块、砾石、混凝土或其他硬质材料进行强化，用以固定河道，防止土壤被侵蚀，但堤岸固化也使河流沿岸大片区域与活跃漫滩分离。对这类堤岸的主要恢复措施就是自然化，具体措施包括植被重建，完全或部分拆除筑堤，去除堤防(包括去除河岸衬板)，允许一定程度的侵蚀，重建防波堤，重建沙洲以及进行各种低影响的建设。

(2)增加侧向连接

欧洲河流漫滩面积已大大减少，在水文上漫滩与河流分离，因此恢复侧向连接成为许多恢复项目的目标。一般通过恢复入水和出水或疏通淤塞水道的方式重新开放河道的分支，还包括恢复被切断的河流曲径，修建新的侧向渠道，恢复漫滩的自然排水，恢复河流与河漫滩砾石坑之间的联系。

(3)创建栖息地

为特定植物和动物创建栖息地的措施得到广泛应用，这些栖息地建设通常是小尺度的群落生境建设，如在裸露的土地表面建立特定植被生境，建立小池塘、小型沙砾岛屿等。

(4)提高水位

为了恢复干涸的湿地，临时或永久性地提高水位的措施频繁采用。在河流恢复中常采用更换或兴建拦河堰的方法，如使用原木堰、沙砾坝或砾石梁提升水位，通过提高湿地地下水位以改善植被的水分条件的措施也常见。

(5)鱼类洄游与食物链控制

通过建造各种方便鱼类通过障碍的鱼梯，重建洄游鱼类的迁徙路线，更进一步的措施是彻底清除鱼类洄游过程中的障碍，这在规模较小的河流和溪涧间是可行的。有大量关于利用鱼类储备恢复湖泊和河流的案例。主要通过去除滤食性鱼类或食底栖鱼类，放养食鱼鱼类，以改变食物链。这种通过利用鱼类来恢复湖泊和河流的措施属于生物调控。

(6)粗放农业

欧盟农业政策的一个总体目标是减少农业土地利用的生态影响，因此湿地的恢复计划包括将集约农业过渡到粗放农业的措施，通常这种过渡包括建立广泛的放牧土地，利用各种动物如传统的牛、马、羊、欧洲野牛等进行放牧的方式已成功应用到许多湿地。

(7)恢复河流形态

恢复溪流与小河的蜿蜒性已被广泛用于低地区域，大尺度的河流漫滩系统恢复工程已在一些河流进行，在更小尺度上通过创建新的河流曲径，扩大河床，增加河底面积以使河流向自然方向恢复。

(8)森林自然化

许多河流沿岸的漫滩森林已经成为树木种植园，特别是杨树种植园，采伐外来树木、恢复天然林已成为部分恢复漫滩项目的手段。

(9)芦苇管理

芦苇湿地的减少通常与水体富营养化和水位调节有关，为了保持健康的芦苇环境，常用的方法是每2～3年对芦苇进行收割或火烧，并清除乔木和灌木，增加收割频率可以防止芦苇湿地的陆生化。

(10)适当清除沉积物

在许多湖泊、筑坝河流和河口存在细颗粒沉积物堆积问题，阻碍生态系统多样性的恢复。尽管局部疏浚主要是为了导航和供水等，但同时也增强了生态系统的功能。对于由富营养化导致的流动污泥沉积则可采用泵出污泥的措施。

(11)自然水位管理

许多欧洲湖泊的水位受到调控，从而减少了湿地边沿的季节性洪水，由于水位调控，自然植被和水没草地已经消失或不连续，严重影响鱼类和水鸟种群的生存。因此，部分恢复自然水平的措施包括季节性水位管理已用于恢复天然湿地。

(12)降低营养负荷

减少营养物质流入通常是恢复富营养化水域的前提，除了减少排放和污水处理外，还可以转移富营养化水，通过建造一个沼泽过滤器或湖泊小湾的方式减少流入到河流的营养物质。减少外源流入养分也可以通过建立农业(施肥)土地与河流之间缓冲带的方式实现。

(13)入侵物种控制与物种的再引入

许多被扰动的湿地发生了严重的外来物种入侵问题，许多漫滩被大规模的外来植物覆盖，导致包括珍稀物种在内的本地生物灭亡，欧洲主要入侵物种有豚草、喜马拉雅凤仙等。动植物入侵也会威胁到生物多样性。此外，许多河流中使用了放养鱼类以加强本地性物种的方法，如在莱茵河放养洄游鲑鱼，并恢复其迁移途径。

(14)其他措施

调整堰的运行模式，使其做最低或季节性流动；用浅滩杆、巨石瀑布或原木堰替换堰坝；栽种水生植物，包括移植水生植物和种植人工水生植物；河道恢复；清除植被以改善水文连通性，或清除芦苇以创造镶嵌景观；窄化河道，以获得更自然的水流条件；结合实地构建，防洪保水；连接破碎化的沼泽以扩大面积。

5. 问题处理

参照欧洲的河川生态工程实例，选取学校附近有代表性的河岸生态工程参观学习，写出一份“××城市河岸生态工程介绍”。

活动五　边坡生态工程

1. 活动目标

◆知识目标：了解边坡生态工程概念与边坡类型；熟悉边坡生态工程技术与边坡植物群落的重建。

◆能力目标：考察当地有代表性的边坡生态工程案例，总结当地边坡生态工程经验。

2. 活动准备

根据班级人数，按 5 人一组，分为若干组，每组准备以下材料和用具：当地边坡生态工程案例、调查表格、记录本、笔等。

3. 相关知识

边坡生态工程是指用植物材料及与土木工程相结合，以减轻边坡坡面的不稳定性和侵蚀，恢复植被覆盖以及自然生态的过程。由于边坡多是修路、挖矿等工程项目形成的，边坡的类型、坡度、高度变化大，影响到边坡的稳定性，而且边坡不同于平地，其土壤、水分、温度、光照等条件都相对恶劣，不利于植物生长，这就对边坡生态工程提出了更高的要求。日本和欧美等发达国家和地区经过几十年研究探索，已经形成植被护坡技术的基础理念和技术方法，而且工艺流程、机械设备、基材等各具特色，成为一门综合性工程应用技术，并将这项技术应用到世界许多国家的铁路、公路、库区、河川堤、矿区采石场复垦、城市开发建设和风景区景观绿化美化中。我国在边坡生态工程技术研究与应用上起步较晚。近年来，随着我国公路建设的大发展以及废弃矿山的生态恢复建设，环境、园林、林业、水土保持等行业专家学者积极开展相关研究与实践，将生态恢复、高分子新材料、肥料学、工程学等领域的新技术应用到坡面绿化实践中，极大地推动了我国边坡生态工程的发展，并初步形成了我国的边坡生态工程理论及技术体系。

(1)边坡类型

按照边坡的质地，可将边坡划分为土质边坡、土石边坡和岩石边坡 3 类。

①土质边坡　土质边坡是有较厚的土层，一般坡度较缓，种植植物相对容易，但工程创面形成的边坡，土层多是生土，土壤理化性质差，缺乏有机物质，不利于植物生长，因此，在种植前有必要对土壤进行改良，添加客土、有机肥料等。稳定的土质边坡可直接种植多年生耐旱耐瘠薄的草本植物与当地适应性强的低矮灌木及藤本植物；不稳定的土质边坡需要采取措施固坡，在稳定的基础上再种植植物，在多雨地区还需要做好排水，以防滑坡。当植物覆盖坡面后，可以阻止地表径流，有效防止冲刷，保持水土。

②土石边坡　土石边坡是混合型边坡，可能全由工程碎石或沙石和土壤构成，坡面极不稳定，雨水冲刷使碎石较易滚落，产生滑坡，影响行车安全，因此，首先要采取固坡措施。根据坡面成因、颗粒大小和组成、密实程度、胶结情况以及地面水和地下水的作用等条件，采用不同的防护措施。对于处于胶结状态且密实度较高的碎(砾)石类土，性质近似于岩层，采用挂网加客土喷播的方法；对于中等密实度或松散的碎(砾)石类土，其边坡的稳定性常处于边缘状态，故采用工程防护加生物防护的方法。碎石边坡上层基本没有土壤，种植植物一般需引入客土，改善土壤条件，并选择耐瘠薄的植物种类。

③岩石边坡　在山区岩石边坡较为常见，其坡度较陡。岩石边坡较坚硬，不易风化，稳定性强，但由于是岩石基层，少有土层，且地表径流冲刷作用强，对于植被恢复重建难度极

大。土壤较少，多数地方不适合植物生长。对于大块的岩石立面，可从底部或顶部种植攀缘植物，逐渐覆盖岩面。对坡度相对较缓的坡面，可先采用工程措施减缓坡度，或整理成阶梯状，挖好种植沟和种植穴，先行客土覆盖再进行植物种植。对于易坠落的大石，一般在公路建设过程中要进行清除，或加设防坠落工程设施，以保证公路安全。

(2)边坡生态工程技术

边坡生态工程技术涉及坡面加固、坡面整理、植物种植与养护技术等，其中的关键是种植技术。常见的种植技术有水泥框格种植、生态袋和植生带、客土喷播、三维植被网、高次团粒喷播、钻孔种植和挡土墙种植等。

①水泥框格种植　对边坡用水泥框固定，可选用菱形框格、六边形框格、主从式框格等，在框内添土栽种植物材料或直接喷附基质与种子，通常采用客土喷播法或植草皮等方法。水泥框格种植多应用在风化较严重的岩质边坡和坡面稳定性差的较高土质边坡。

②生态袋和植生带　生态袋多用无纺布做成透水透气的袋子，装填营养土，混入种子，可根据工程需要，堆码在边坡上，浇水后种子萌发成绿。近年来，有些工程技术公司在袋与袋之间加入固着件，提高了由生态袋码成的挡墙的整体性和牢固性(图11-9)。植生带可直接铺在边坡上，固定、浇水后种子萌发，部分根系能透过扎入下层土壤，植生带多用在土质边坡上。

图 11-9　生态袋护坡

③客土喷播　客土喷播是利用客土喷射系统将土壤、肥料、有机质、保水剂、黏合剂、木纤维、植物种子等按比例均匀混合，根据边坡情况及气候条件加水后均匀喷射到边坡上，人为营造适合植物生长的环境，通过植物生长固定护坡、恢复自然的生态防护工程技术，其核心是在坡面营造既能让植物生长发育而种植基质又不被冲刷的多孔稳定结构。施工时，首先对边坡坡面清理平整，一般只需清除表面杂物即可，然后在坡面上打孔，将机编网铺挂在坡面上，用锚杆或锚钉固定。对于小坡度边坡可不挂网，将植生基质加水直接喷射到坡面

上，首先喷射不含种子的混合料，接着喷射含有种子的混合料，喷射厚度平均约 10 cm，喷射后覆盖无纺布、草帘、遮阳网、稻草等保湿材料，并可防止雨水冲刷。

④三维植被网　三维植被网是由热塑树脂凹凸网和高强度平网复合而成的立体网结构，通过锚杆和支撑绳将其固定在坡面上，中间可填充客土或种植基质，可采用湿法喷播种植基质和植物种子。三维植被网适用于稳定的土质和岩质边坡，特别是土质贫瘠的边坡和土石混填的边坡，可以起到固土防冲并改善植草质量的效果。三维植被网及植物根系可起到浅层加筋的作用，这种复合体系具有抗冲刷能力，能够达到有效防护边坡的目的（图 11-10）。

图 11-10　三维植被网护坡

⑤高次团粒(SF)喷播　高次团粒就是人工将植物纤维、保水材料、稳定材料、疏松材料、肥料、客土等按一定比例配合形成团粒结构丰富的土壤，运用专业设备将这种土壤混合物以及植物种子喷射到边坡坡面形成一定的厚度，盖上无纺布，淋水养护直至成坪的一种绿化技术。其核心是用高次团粒剂使客土形成密实结构，植物纤维在其中起到类似植物根茎的网络作用，造就耐降雨侵蚀、牢固透气、与自然表土相近的生长基础，主要用于岩石边坡、硬质土沙地、贫瘠土地等困难立地条件，可达到快速绿化、保护环境和绿化美化的效果(图 11-11)。

⑥钻孔种植　按一定平面布置在边坡上挖沟或钻孔，然后在沟或孔体内填土，播种或移栽绿化植物，适合于硬度较大的土质边坡或稳定的岩质边坡，在钻孔种植技术的基础上发展出一种直接机械钻孔灌浆同时栽种植物的技术，无须另外浇水，极大地提高了工作效率。

⑦挡土墙种植　目前有一些新型挡土墙可应用于公路建设，既可稳定边坡又能达到绿化效果，如花池挡土墙、台阶式挡土墙等。花池挡土墙是将预制的波形挡土板沿坡面呈阶梯状安装，在波谷内填土绿化；台阶式挡土墙采用钢筋混凝土结构，沿坡面做成台阶状，在每级台阶中填土绿化。

(3)边坡植物群落的重建

边坡生态工程的关键是植被的恢复与重建，这是因为植物具有良好的固土护坡作用。

图 11-11　高次团粒(SF)喷播护坡

植物护坡主要依靠坡面植物的地上茎叶与地下根系的作用。

①护坡植物的选择　护坡植物应适应当地的立地条件，以本地植物为主。由于坡面立地条件相对较差，对植物的适应性提出了更高的要求，只有当植物生长良好，才能更好地发挥护坡作用。乡土植物适应本地环境条件，抗逆性强，适应粗放管理，应作为护坡植物的首选，如在华北山地，荆条、酸枣、柠条、山桃、榆树的耐瘠薄性极强，可用于边坡绿化。

植物的护坡效果与根系的状况密切相关，根系发达、根系延伸长的植物护坡效果好，如常用的香根草，根系长达 3 m。木本植物直根系树种比须根系树种效果好，扎根深，固坡固土力强。

草本植物生长快，喷播草本植物种子后，一般 2～3 个月即可覆盖坡面，因此得到广泛应用，其中禾本科和豆科植物应用最多。禾本科植物生长较快，根量大，护坡效果好；豆科植物生长较慢，由于可以固氮，故较耐瘠薄，耐粗放管理。所以在种植时应选择禾本科植物作为先锋植物，而且种植量应比豆科植物多。在护坡上应用的禾本科植物一般有高羊茅、黑麦草、狗牙根、早熟禾以及香根草等，豆科植物一般有白三叶、紫花苜蓿等。近年乡土草本植物应用逐渐增多，因其适应性好，自然繁殖能力强，竞争性强，更易形成地被植物群落，即使开始种植的是草坪草，几年以后也会被本地野草逐渐取代。木本植物包括灌木和乔木，要求适应性强，抗逆性强，繁殖力高，景观效果好。边坡绿化中也普遍使用攀缘植物。

可用于边坡种植的植物资源很多，但应注意降低养护成本，以灌木为主，兼顾乔木与地被植物，草本植物根系较浅，植被恢复期长，效果较差；主要选用抗旱和耐贫瘠的植物种，主根发达和分生力强的植物材料，以种子繁殖的植物为主，无性繁殖种类为辅，因前者主根更发达,有利植物生长和发挥固坡护坡功能。

②植物群落的重建　边坡植物群落构建的早期目标是快速覆盖坡面,而最终目标是保证群落的稳定性和与周边植被的协调一致性。因此,以草本植物作为先锋群落,可以是草坪或以引进草为主的群落,逐渐过渡到乡土地被群落,待坡面被覆盖,坡面生态条件较稳定,再发展到木本植物群落。我国南方地区,雨量丰沛,植物生长快,在条件适宜的坡面可直接发展木本植物群落。总之,要根据所处地域与边坡的生态条件以及演替规律,确定植物种类与群落的构成(图 11-12)。

图 11-12　边坡护坡植物群落

最终的边坡植被应是近自然植被,与周边的地带性植被接近,因此,要保证乡土植物特别是乔灌木的良好生长。考虑到坡面的稳定性,慎用高大乔木,在有景观要求的边坡,可多用花灌木和小乔木,以丛植方式为主。在有条件地区也可直接采集周围地区的土壤种子库用于边坡绿化,往往能获得良好的效果。

4. 活动过程

以北京永定河生态复合型边坡修复技术为例,选取学校附近有代表性的边坡生态工程参观学习。

北京永定河生态复合型边坡修复技术应用

永定河是北京的母亲河,历史悠久,河道经过长时间逐渐形成了许多大大小小的沙坑,由于坑壁陡峭,大部分卵砾石裸露地表,部分地段分布有杂填土,因此,在河道主体工程施工之前，特别区分了杂填土和原有种植土，将杂填土运弃后，留下了原有种植土，为后期绿化工程做好了准备。随着科学技术的发展，喷混凝土、植生槽等新型技术成为开发建设项目生态修复的主要技术手段，并取得良好的效果。

永定河河道生态治理采用了新型的护岸材料，主要以连柴柳枝与各种柔性护岸相互结合，柳枝可用作护岸中的栅栏、筑堤的材料，也可以当作附生海苔的材料使用，这些枝条也被称作"柳木"或"枝柴"，可形成连柴栅栏植物护岸的形式。加工连柴栅栏需要长度为1.5～3 m、直径为10～25 mm的枝条，并需要应用活木桩（长度约为0.8 m）、死木桩（长度约为0.8 m）和粗麻绳若干（直径为5～30 mm），对连柴栅栏进行锚固。这种新型的生态护岸，可促进地表水和地下水的交换，滞洪补枯、调节水位，恢复河中动植物的生长，利用动植物自身的功能净化水体。这种护岸既能稳定河床，又能种植芦苇、菖蒲、鸢尾等高等级的水生植物和水柳等根系较为发达的水边植物，形成自然的水陆过渡带，使河岸趋于自然形态从而更好地形成河流生物链。同时，水边植物可以削减波浪对河道冲刷的影响。在传统的水利工程水土保持建设中，人工植物措施类型和植物物种单一，缺乏多样性。同时土地经施工扰动后，土壤板结，肥力降低，有机质减少，直接恢复植被将影响其生长效果，以致植被恢复后生态效益低下，易退化。如在水利工程网格梁植草护坡施工时，在网格梁完成施工后，未经土壤改良便散播单一草籽，其边坡生态效果极差。因此，实际施工中，应在网格梁内先进行除杂整治，然后覆盖种植土30～40 cm。选择狗牙根、紫花苜蓿、三角梅、黄花槐等进行草、灌配置，效果会非常好。要注意的是，在植被重建前，应对施工迹地进行除杂清理，所有植物根系、种子需建植在肥沃的种植土上，以保证植物生长效果。

在水利工程水土保持生态修复植物物种的选择上，应遵循以下原则：植物物种应适合项目区的自然环境，同当地物种不互克；耐贫瘠、耐干旱、抗逆；速生、管理粗放，应优先考虑能固氮的物种；生态效益明显，兼具景观观赏性；在不同区域的建植时，应考虑植物根系对工程的影响。

永定河河道生态治理工程的植物景观设计理念是形成以溪流湿地为主的生态景观带，故此在地被植物材质的选择上，主要选择了适合沙质土壤条件的地被植物，如紫花地丁、二月兰、麦冬等，这些地被具有耐瘠薄、生命力强等多种特点，便于后期粗放式的养护管理。在植物材质的应用上，以混播为主，打造大色块的大地景观效果，形成单一色调，多种材质。三年一遇洪水线以上覆土相对较厚，且离水面有一定的距离，相对来说比较干旱，故此种植主要以灌乔为主。乔灌下较阴处，种植耐阴的单一品种，如麦冬、二月兰、白三叶等。在阳光充足的地方种植各种旱生草本组合，形成缀花草坪。三年一遇洪水线以内土壤条件比较湿润，种植以各种湿生组合为主。湿生组合以开红花植物为主，主要为红蓼、红花酢浆草、沼生柳叶菜。河岸线高程内搭配多种挺水及浮水植物，丰富水面景观形成了门城湖、莲石湖、宛平湖、晓月湖等几个重要湖面景观。主要的植物品种有荷花、荇菜、再力花、梭鱼草、凤眼莲（图11-13）。

图 11-13　修复后的永定河两岸

5. 问题处理

参照北京永定河生态复合型边坡修复技术应用实例，选取学校附近有代表性的边坡生态工程参观学习，写出一份“××边坡生态工程介绍”。

【师生互动】

将全班按 6～10 人标准分为若干团队，以学校附近的城市、园林生态工程为依据，调查以下内容，并进行团队互动，提出合理化建议。

1. 当地有哪些典型的城市植被恢复与重建案例？
2. 当地有哪些典型的城市湿地生态工程案例？
3. 当地有哪些典型的河岸生态工程案例？
4. 当地有哪些典型的边坡生态工程案例？

【知识拓展】

如果同学们想了解更多的知识，可以通过下面渠道进行学习：

1. 阅读杂志
(1)《生态学报》
(2)《应用生态学报》
(3)《生态学杂志》
(4)《城市生态系统》
(5)《中国园林》
2. 浏览网站
(1)中国生态网　http://www.zgshtw.com/
(2)环境生态网　http://www.eedu.org.cn/
(3)中国科学院生态研究中心　http://www.rcees.ac.cn/
(4)中国生态工程网　http://www.cneect.cn/
(5)中国风景园林网　http://www.chla.com.cn/
3. 阅读书籍
(1)《园林生态学》(第2版),冷平生主编,中国农业出版社
(2)《园林生态学》(第2版),张先平主编,中国农业出版社
(3)《园林生态学》,姚方,张文颖主编,黄河水利出版社
(4)《城市园林生态学》,徐惠风等编著,中国林业出版社
(5)《风景园林生态学》,廖飞勇主编,中国林业出版社

参考文献

[1] 宋志伟.园林生态与环境保护.北京:中国农业大学出版社,2008.
[2] 冷平生.园林生态学.2版.北京:中国农业出版社,2011.
[3] 张先平.园林生态学.2版.北京:中国农业出版社,2016.
[4] 廖飞勇.风景园林生态学.北京:中国林业出版社,2014.
[5] 刘旭,张翠丽,迟春明.园林生态学实验与实践.成都:西南交通大学出版社,2015.
[6] 贾东坡,陈建德.园林生态学.重庆:重庆大学出版社,2014.
[7] 徐惠风,金研铭,白军红,等.城市园林生态学.北京:中国林业出版社,2010.
[8] 刘方明,田立娟,丛慧颖.园林生态学.哈尔滨:黑龙江大学出版社,2014.
[9] 姚方,张文颖.园林生态学.郑州:黄河水利出版社,2010.
[10] 宋志伟.植物生长环境.3版.北京:中国农业大学出版社,2015.
[11] 宋志伟.植物生长与环境.北京:中国农业出版社,2014.
[12] 宋志伟.土壤肥料.4版.北京:中国农业出版社,2015.
[13] 唐文跃,李晔.园林生态学.北京:中国科学技术出版社,2011.
[14] 苏加鹏,马晓梅.园林植物环境.北京:科学出版社,2015.
[15] 温国胜,等.园林生态学.北京:化学工业出版社,2007.
[16] 谷茂.园林生态学.北京:中国农业出版社,2007.
[17] 刘常福,陈玮.园林生态学.北京:科学出版社,2003.
[18] 刘建斌.园林生态学.北京:气象出版社,2005.
[19] 邓小华.环境生态学.北京:中国农业出版社,2006.
[20] 张合平,刘云国.环境生态学.北京:中国林业出版社,2005.
[21] 李建龙.现代城市生态与环境学.北京:高等教育出版社,2006.
[22] 张宝杰.城市生态与环境保护.哈尔滨:哈尔滨工业大学出版社,2002.
[23] 赵运林,邹冬生.城市生态学.北京:科学出版社,2005.
[24] 杨小波,吴庆书,等.城市生态学.北京:科学出版社,2000.
[25] 马光,胡仁禄.城市生态工程学.北京:化学工业出版社,2003.
[26] 于志熙.城市生态学.北京:中国林业出版社,1992.
[27] 戴天兴.城市环境生态学.北京:中国建材工业出版社,2002.